WiSo-KURZLEHRBÜCHER
Reihe Betriebswirtschaft

Meckl
Internationales Management

Internationales Management

mit 96 Abbildungen und
Fragen zur Selbstkontrolle

von

Prof. Dr. Reinhard Meckl

Universität Bayreuth
Lehrstuhl für Internationales Management

Verlag Franz Vahlen München

VERLAG
VAHLEN
MÜNCHEN
www.vahlen.de

ISBN 3 8006 3170 9

© 2006 Verlag Franz Vahlen GmbH, Wilhelmstr. 9, 80801 München
Satz: DTP-Vorlagen des Autors
Druck und Bindung: Druckhaus „Thomas Müntzer" GmbH
Neustädter Str. 1–4, 99947 Bad Langensalza
Gedruckt auf säurefreiem, alterungsbeständigem Papier
(hergestellt aus chlorfrei gebleichtem Zellstoff)

Für Heidrun,

Johanna und

Alexander

Ziel und Aufbau des Lehrbuchs

„Internationalisierung" bzw. in der Extremform „Globalisierung" sind inzwischen zentrale ökonomische Komponenten jeder entwickelten Volkswirtschaft. Gerade für die Bundesrepublik Deutschland mit einem hohen Exportanteil und einem großen Volumen an Direktinvestitionen im Ausland stellen die Geschäftsaktivitäten in anderen Ländern einen wertvollen Beitrag zur wirtschaftlichen Entwicklung dar.

Basis dieser immer stärker werdenden Verflechtung von Volkswirtschaften sind Internationalisierungsstrategien und deren Umsetzung auf einzelwirtschaftlicher Ebene. Auf Grund der hohen Wettbewerbsintensität, die auf den meisten internationalen Märkten herrscht, setzt eine erfolgreiche internationale Tätigkeit eine dezidierte Planung der Internationalisierungsstrategien und eine Umsetzung auf hohem konzeptionellen und methodischem Niveau voraus. Internationalisierung stellt in den meisten Fällen hohe und auch spezifische Anforderungen gerade an die kaufmännischen Qualifikationen des Managements von Unternehmen.

Die Herausbildung des Internationalen Managements als Teildisziplin der Betriebswirtschaftslehre ist auf diese Herausforderungen der internationalen Unternehmenstätigkeit zurückzuführen. Ziel dieses Lehrbuchs ist es, die theoretischen Grundlagen des Internationalen Managements zu legen und darauf aufbauend die grundlegenden Kenntnisse für eine erfolgreiche Bearbeitung eines Auslandsmarktes zu vermitteln.

Dazu werden im *ersten Kapitel* die begrifflichen Grundlagen definiert und wesentliche Daten und auch Formen zur Tätigkeit von Unternehmen im Ausland gezeigt. Auf diese Formen wird in späteren Kapiteln regelmäßig zurückgegriffen. Ein eigener Abschnitt zur Einordnung und inhaltlichen Beschreibung von „Management" soll den Bezug zur generellen Managementlehre herstellen.

Die Theorien und konzeptionellen Grundlagen im *zweiten Kapitel* zeigen die wichtigsten Erklärungsansätze und Managementmodelle für internationale Unternehmenstätigkeit. Hier wird die Basis für das Verständnis der Wirkungszusammenhänge im Internationalen Management gelegt. Die Theorien sind eingeteilt in verschiedene Sichtweisen („views"). Diese Sichtweisen beleuchten die Wirkungszusammenhänge im Internationalen Management aus der Perspektive unterschiedlicher Theoriebereiche der Wirtschaftswissenschaften und führen in ihrer Gesamtheit zu einer theoretischen Basis für das Fach, wenngleich von einer geschlossenen Theorie des Internationalen Managements noch nicht gesprochen werden kann.

Auf Grund der hohen Relevanz der Auslandstätigkeit für viele Unternehmen hat die Internationalisierung regelmäßig erheblichen Einfluss auf die Führung des Gesamtunternehmens. Das *dritte Kapitel* trägt dem Rechnung. Strategien und Organisationsmodelle werden nach dem in internationalen Unternehmen als Paradigma interpretierbaren Gegensatz zwischen Standardisierung und Differenzierung bzw. Zentralisierung und Dezentralisierung modelliert, da diese Sichtweise aus didaktischer Sicht einen guten Zugang zu dem Themenbereich bietet.

Internationales Management ist im Rahmen der Betriebswirtschaftslehre ein Querschnittsfach, das die wesentlichen Funktionsfelder eines Unternehmens berührt. Dies kommt im *vierten Kapitel* zum Ausdruck. Die betriebswirtschaftlichen Funktionsfelder, angefangen von der internationalen Beschaffung bis hin zum Controlling in internationalen Unternehmen werden in ihren internationalen Spezifika erläutert.

Der Schritt in einen Auslandsmarkt und die langfristige Bearbeitung dieses Marktes sind mit Risiken verbunden, die im nationalen Umfeld nicht oder zumindest nicht in der Schärfe bestehen. Möglichkeiten zum Management dieser Risiken werden im *fünften Kapitel* besprochen. Zunächst werden dabei die allgemeinen Geschäftsrisiken im Ausland thematisiert, bevor auf das Länderrisiko und das Wechselkursrisiko als typische zusätzliche Risikokomponenten im Auslandsgeschäft eingegangen wird.

Das *sechste Kapitel* beschäftigt sich mit einem Phänomen, das den Geschäftserfolg im internationalen Bereich maßgeblich beeinflussen kann. Das interkulturelle Management als Teilbereich des Internationalen Managements analysiert die Wirkungen von soziokulturellen Unterschieden auf den Erfolg von Management in unterschiedlichen Kulturkreisen und leitet Empfehlungen zur Beseitigung von Konfliktpotenzialen in diesem Bereich ab.

Aus didaktischen Gründen wurden die genannten Themenbereiche in einzelne Kapitel getrennt. Es ist aber zu beachten, und das wird bei der Behandlung der einzelnen Themen auch deutlich gemacht, dass es erhebliche Interdependenzen zwischen diesen Themenbereichen gibt. In jedem Abschnitt werden zum besseren Verständnis des behandelten Themas Literaturquellen angegeben, die entweder die grundlegenden Quellen zum Thema darstellen oder eine detaillierte Abhandlung dazu enthalten. Zur didaktischen Erleichterung wird viel mit Graphiken gearbeitet, die im Text erläutert werden. Am Ende eines jeden Kapitels befinden sich Fragen zum Inhalt des Kapitels, die als Kontrollfragen zur Überprüfung der Lernfortschritte konzipiert sind.

Inzwischen ist die Literatur zum Internationalen Management nahezu unüberschaubar groß geworden. Es ist nicht möglich, aber das ist auch nicht die Intention eines Lehrbuchs, die vielen Richtungen der Forschung im Internationalen Management in Gänze zu referieren. Vielmehr ist das Lehrbuch so aufgebaut, dass es die wichtigen Teilgebiete des Internationalen Managements behandelt und dabei die Erkenntnisse aus der Forschung einfließen. Es richtet sich vor allem an Studierende des Grund- und Hauptstudiums bzw. von Bachelorstudiengängen, die Internationales Management als Schwerpunktfach enthalten. Für einschlägige Masterstudiengänge kann es als Grundlagenliteratur dienen.

Das Lehrbuch hat profitiert von der tatkräftigen Unterstützung durch meine Mitarbeiter und die studentischen Hilfskräfte am Lehrstuhl für Internationales Management an der Universität Bayreuth. Frau Petra Valentin hat mit großem Engagement die technische Erstellung des Buches durchgeführt und koordiniert. Herr Dipl.-Kfm. Dominik Schultheiß hat bemerkenswerte inhaltliche Anregungen und Beiträge geliefert und das Lay-out übernommen. Herrn Stefan Hähnel danke ich für seine konstruktiven inhaltlichen Anmerkungen aus studentischer Sicht. Frau Adler, Frau Bogenschütz und Herr Glaser-Gallion waren mit diversen Arbeiten bei der Erstellung und Korrektur des Manuskripts befasst, wofür ich mich ebenfalls bedanke. Schließlich möchte ich mich bei den zahlreichen Bayreuther Studenten bedanken, die durch ihre Diskussionsbeiträge in den Vorlesungen, Übungen und Seminaren wichtige Anregungen zu Inhalt und Didaktik gegeben haben.

Ich würde mich freuen, wenn möglichst viele Leser ein Feed-back geben und insbesondere Verbesserungsvorschläge zu dem Buch machen würden. Die Anmerkungen sollten an folgende E-Mail-Adresse geschickt werden: bwl9@uni-bayreuth.de

Prof. Dr. Reinhard Meckl   Bayreuth, Juli 2006

Inhaltsübersicht

Inhaltsverzeichnis

XVIII   *Inhaltsverzeichnis*

Abkürzungsverzeichnis

AG	Aktiengesellschaft
AICPA	American Institute of Certified Public Accountants
ALP	at arm's length principle
APEC	Asia-Pacific Economic Cooperation
ASEAN	Association of South-East Asian Nations
AStG	Außensteuergesetz
BERI	Business Environment Risk Intelligence
BetrVG	Betriebsverfassungsgesetz
BSC	Balanced Score Card
BSP	Bruttosozialprodukt
bzgl.	bezüglich
bzw.	beziehungsweise
DCF	Discounted Cash Flow
d.h.	das heißt
EPRG	ethnozentrisch, polyzentrisch, regiozentrisch, geozentrisch
EU	Europäische Union
FAZ	Frankfurter Allgemeine Zeitung
FDI	Foreign Direct Investment
F&E	Forschung und Entwicklung
GAINS	Gestalt Approach of International Business Strategy
GmbH	Gesellschaft mit beschränkter Haftung
HK	Herstellkosten
IAS	International Accounting Standards
IFRS	International Financial Reporting Standards
IM	Internationales Management
IT	Information Technology
IuK	Informations- und Kommunikationssystem
LAN	local area network
lt.	laut
M&A	Mergers and Acquisitions

MIS	Management-Informations-System
MNE	multinational enterprise
MU	Mutterunternehmen
NAFTA	North American Free Trade Agreement
OECD	Organisation for Economic Cooperation and Development
OLI	ownership, location and internalization advantages
ORI	Operations Risk Index
OTC	over the counter
PLC	Product Life Cycle
POR	Profit Opportunity Recommendation Index
PRI	Political Risk Index
R&D	research & development
TG	Tochtergesellschaft
TU	Tochterunternehmen
u.a.	und andere / unter anderem
u.U.	unter Umständen
UNCTAD	United Nations Conference on Trade and Development
Univ.	Universität
US-GAAP	United States Generally Accepted Accounting Principles
USA	United States of America
usw.	und so weiter
vgl.	vergleiche
WTO	World Trade Organization
z.B.	zum Beispiel

Abbildungsverzeichnis

Tabellenverzeichnis

1. Grundlagen des Internationalen Managements

1.1 Begriff und Bedeutung der internationalen Unternehmenstätigkeit

Einer der grundlegenden Trends in der Ökonomie als Ganzes und der Betriebswirtschaft im Speziellen ist die zunehmende Verflechtung über Ländergrenzen hinweg. Die erhebliche Verstärkung der Beziehung zwischen den Volkswirtschaften zeigt sich am Volumen der ausgetauschten Waren zwischen den Ländern. Abbildung 1-1 macht die beeindruckende Entwicklung des Weltaußenhandels am Beispiel des Exports deutlich (zu Details zum Außenhandel vgl. Abschnitt 1.2.2).

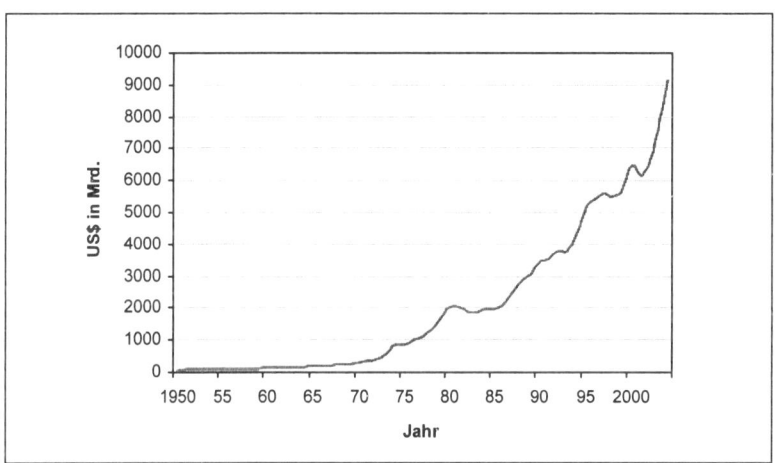

Abb. 1-1:   Entwicklung des Exportvolumens weltweit (Quelle: Daten aus www.wto.org, International trade statistics)

Die Bundesrepublik Deutschland partizipiert überdurchschnittlich an dieser Entwicklung. Die Wettbewerbsfähigkeit der deutschen Unternehmen sicherte in den vergangenen Jahren hohe Volumina von Nachfrage aus dem Ausland. Ohne diese hohen Wachstumsraten im Export, die Deutschland an die Spitze der exportierenden Nationen gebracht haben, wäre die gesamtwirtschaftliche Entwicklung in Deutschland in den letzten Jahren wohl in eine Rezession abgeglitten. Abbildung 1-2 zeigt die Steigerung der deutschen Exporte.

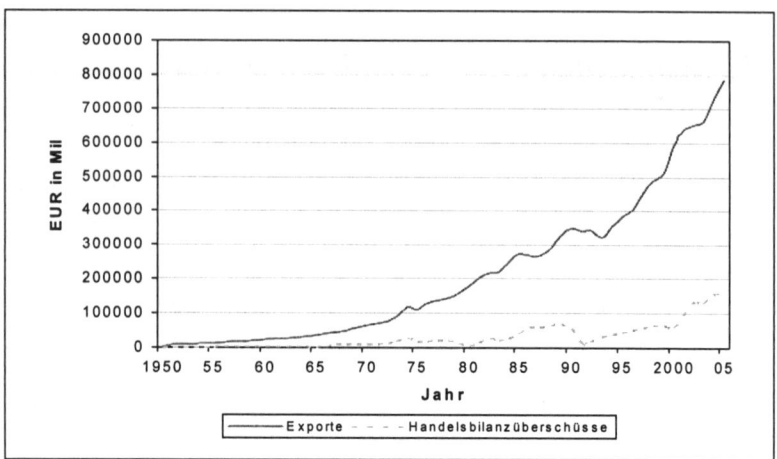

Abb. 1-2:   **Deutsche Exporte und Handelsbilanzüberschüsse (Quelle:**
              www.destatis.de, **Deutsche Exporte und Handelsbilanzüberschüsse)**

Die verstärkte Verbindung der Volkswirtschaften durch Außenhandel findet ihre Entsprechung in den zeitgleich zunehmenden Investitionen der Unternehmen im Ausland.

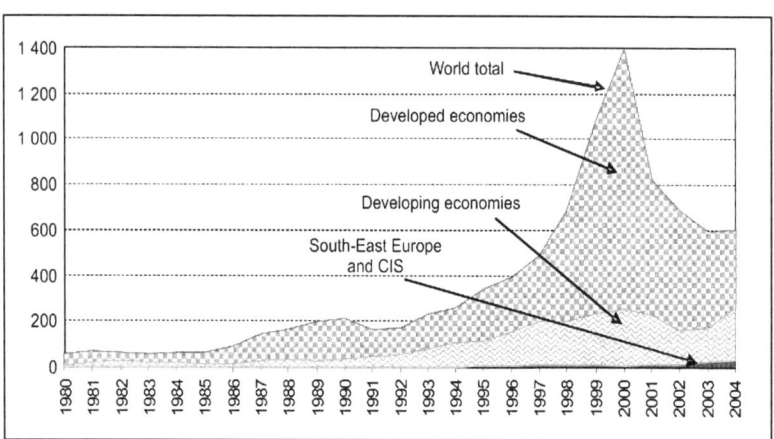

Abb. 1-3:   *Entwicklung der weltweiten Direktinvestitionen (Quelle: UNCTAD,*
              World Investment Report 2005, 3)

Diese ausländischen Direktinvestitionen (vgl. im Detail dazu Abschnitt 1.2.4) zeigen eine stetige Aufwärtsentwicklung mit einem Ausreißer in 1999-2001, der im Wesentlichen mit den damals sehr hohen Börsenkursen und damit zusammenhängend hohen Preise für Unternehmenskäufe im Ausland, so genannten Mergers & Acquisitions, zusammenhängt. Dieser bisher ungebrochene Trend ist umso bemerkenswerter, als die Investition von Eigenkapital im Ausland, z.b. zum Aufbau einer Produktionsstätte, in den meisten Fällen eine hohe Bindung des investierenden Unternehmens an den Auslandsmarkt impliziert und damit auf ein langfristiges Engagement schließen lässt. Internationale Unternehmenstätigkeit ist damit keine Modewelle, sondern ein neues, zusätzliches Paradigma in der Ökonomie (für einen kritischen Blick auf die Tätigkeit internationaler Großunternehmen vgl. Ghauri/Buckley 2002).

Die Gründe für diese Entwicklung sind vielfältiger Natur:

*   Öffnung von bisher abgeschotteten Märkten:
    Regierungen weltweit fördern nun schon seit einigen Jahren die außenwirtschaftliche Verflechtung ihrer Länder. Die Deregulierung und Liberalisierung wichtiger Infrastrukturmärkte wie z.b. Telekommunikation oder Energieversorgung sind nicht nur in der Europäischen Union ein wichtiger Punkt bei der Schaffung eines einheitlichen Binnenmarkts. Der nun mögliche Zugang zu den früher geschlossenen Märkten des kommunistischen Ostblocks hat ein weiteres Internationalisierungspotenzial erschlossen. Generell ist zu beobachten, dass administrative Erleichterungen, insbesondere für ausländische Direktinvestitionen, in vielen Ländern vorgenommen werden, wie Abbildung 1-4 zeigt.

Item	1991	1992	1993	1994	1995	1996	1997	1998	1999	2000	2001	2002	2003	2004
Number of countries that introduced changes in their investment regimes	35	43	57	49	64	65	76	60	63	69	71	70	82	102
Number of regulatory changes	82	79	102	110	112	114	151	145	140	150	208	248	244	271
of which:														
More favourable to FDI	80	79	101	108	106	98	135	136	131	147	194	236	220	235
Less favourable to FDI	2	-	1	2	6	16	16	9	9	3	14	12	24	36

Abb. 1-4: *Änderungen in den nationalen Regelungen für ausländische Direktinvestitionen (Quelle: UNCTAD, World Investment Report 2005, 26)*

*   Nutzung ausländischer Marktpotenziale:
    Seit einigen Jahren zeigen viele Länder außerhalb der klassischen Industrieländer in Europa und Nordamerika hohe Wachstumsraten. China, Indien oder auch Brasilien sind wichtige Beispiele hierfür. Unternehmen aus den klassischen Industrieländern versuchen, die sich dadurch ergebenden Marktpotenziale durch Außenhandel und Direktinvestitionen zu erschließen.

*   Technische Standardisierung und Konvergenz von Kundenpräferenzen:
    Vor allem im Investitionsgüterbereich ist eine zunehmende Standardisierung der Technologien bzw. eine verstärkte Öffnung von Schnittstellen

zwischen Technologien, die in den einzelnen Ländern verwendet werden, zu beobachten. Dies erleichtert die Internationalisierung der Absatztätigkeit erheblich, da keine oder nur geringe zusätzliche Aufwendungen für Anpassentwicklung getätigt werden müssen. Diese Angleichung ist auch im Konsumgüterbereich, zumindest in Teilbereichen, zu beobachten.

• Verbesserte Logistik:
Steigende Kapazitäten z.b. in der Containerschifffahrt, die einen guten Teil der internationalen Güterbewegungen übernimmt, gekoppelt mit leistungsfähigen Logistiksystemen, die eine schnelle und sichere Beförderung der Waren erlauben, haben den früher als Engpass angesehenen Faktor des Transports der Güter auch ins weit entfernte Ausland beseitigt.

Hinzu kommen die traditionellen Gründe für internationale Unternehmenstätigkeit, wie z.B. die Risikodiversifikation oder die Nutzung komparativer Kostenvorteile, die in Abschnitt 2.2 und Abschnitt 2.6.4 im Detail bei den theoretischen Erklärungsansätzen besprochen werden, und die Internationalisierungsbewegungen generell fördern.

Durch diese Gründe und die oben gezeigte empirisch Entwicklung kommt dem Phänomen des „Internationalen Unternehmens" inzwischen eine erhebliche Bedeutung sowohl in der Praxis, als auch in der Forschung der Wirtschaftswissenschaften und insbesondere in der Betriebswirtschaftslehre, zu. Auf die auf den ersten Blick banale Frage, wie ein internationales Unternehmen genau zu charakterisieren ist, gibt es aber keine präzise, generell akzeptierte Definition bzw. Beschreibung. Die nahe liegende Festlegung, dass Unternehmen, die Tätigkeiten außerhalb der Grenzen ihres Heimatlandes durchführen, als international zu bezeichnen sind, ist so allgemein, dass inhaltlich damit kaum Managementmaßnahmen abgeleitet werden können. Zur stärkeren Differenzierung können grundsätzlich qualitative und quantitative Definitionsansätze unterschieden werden.

Einen *qualitativen Ansatz* bietet Perlitz (vgl. 2004, 10): „Eine Unternehmung (gilt) dann als international, wenn die Auslandsaktivitäten zur Erreichung und Sicherstellung der Unternehmensziele von wesentlicher Bedeutung sind." Problematisch ist hier die Bestimmung der „wesentlichen Bedeutung", da nicht eindeutig zu klären ist, wo die Schwelle des „wesentlich" liegt. Für Pausenberger ist ein Unternehmen dann international, wenn „es sich dauerhaft in einem Auslandsmarkt integriert, was in erster Linie durch Investitionen und Produktion im Ausland erreicht wird" (1992, 200). Allerdings wäre bei dieser Begriffsauffassung die Außenhandelstätigkeit nicht enthalten, da hier im Wesentlichen nur die Direktinvestitionen im Ausland ein Unternehmen als „international" qualifizieren würden.

Quantitative Ansätze versuchen, eine Kennzahl zu finden, die deutlich macht, ob ein Unternehmen als „international" bezeichnet werden kann oder nicht. Ein Unternehmen ist erst dann international, wenn „der Exportumsatz zusammen mit dem Umsatz ausländischer Tochtergesellschaften und Beteiligungen größer als der Inlandsumsatz geworden ist" (Meissner 1995, 169). Nur wenn die erstellte und abgesetzte Leistung eines Unternehmens mindestens zur Hälfte im Ausland umgesetzt wird, würde ein Unternehmen als international gelten. Diese Schwellensetzung ist zwar intuitiv plausibel, würde aber einen großen Teil international tätiger Unternehmen von der Betrachtung ausschließen.

Eine andere, häufig verwendete Kennzahl betrifft den Anteil der ausländischen Mitarbeiter. So könnte ein Unternehmen dann als „international" bezeichnet werden, wenn eine bestimmte prozentuale Grenze beim Anteil von Mitarbeitern aus einem anderen Land als dem Heimatland des Unternehmens überschritten wird. Die zur vorherigen Definition analoge Schwelle wäre 50%. Allerdings könnte diese, um den oben genannten Nachteil zu verringern, auch z.b. auf 20% gesetzt werden.

Eine Definition, die auf die Kapitalinvestitionen abstellt und damit den qualitativen Ansatz von Pausenberger konkretisiert, nimmt auf den Anteil des im Ausland investierten Kapitals am Gesamtkapital Bezug. Ein Unternehmen wäre dann international, wenn ein Teil des Vermögens des Unternehmens, z.b. 25%, im Ausland investiert ist.

Die quantitativen Beschreibungen von dem was unter internationalem Unternehmen zu verstehen ist, sind damit auch nicht frei von einer gewissen Willkür der Festlegung der Schwellen der Kennzahlen. Die qualitativen Ansätze bleiben letztendlich ungenau. Bisher fehlt damit eine generell gültige Definition von „Internationales Unternehmen". Es stellt sich ohnehin die Frage, ob eine digitale Festlegung, also ein Unternehmen ist international oder nicht, sinnvoll ist. Angesichts der erheblichen Unterschiede in den Inhalten und den Intensitäten des Auslandsengagements der Unternehmen und deren Auswirkungen für das Management ist eine graduelle Unterscheidung des internationalen Engagements eines Unternehmens eher zielführend. Es würde damit nicht festgelegt, ob ein Unternehmen international ist oder nicht, sondern lediglich der Grad der Internationalisierung würde beschrieben. Abbildung 1-5 auf der folgenden Seite bietet eine mögliche konzeptionelle Grundlage für dieses Vorgehen.

Die Anzahl der bearbeiteten Länder ist unbestreitbar ein Indikator für den Grad der Internationalisierung. Dieser wird ergänzt durch die Art der im Ausland allokierten Funktionen. Hier wird sichergestellt, dass die Unternehmen, die mit komplexen Funktionen, wie z.B. der Produktion, im Ausland vertreten sind, auch einen höheren Internationalisierungsgrad zugesprochen bekommen. Wird eine Auslandsgesellschaft unterhalten, die auch die Unterstützungsfunktionen, wie Finanzierung oder Unternehmensplanung, selbstständig erledigt, so deutet dies auf einen hohen Grad der Relevanz des Auslandsgeschäfts hin.

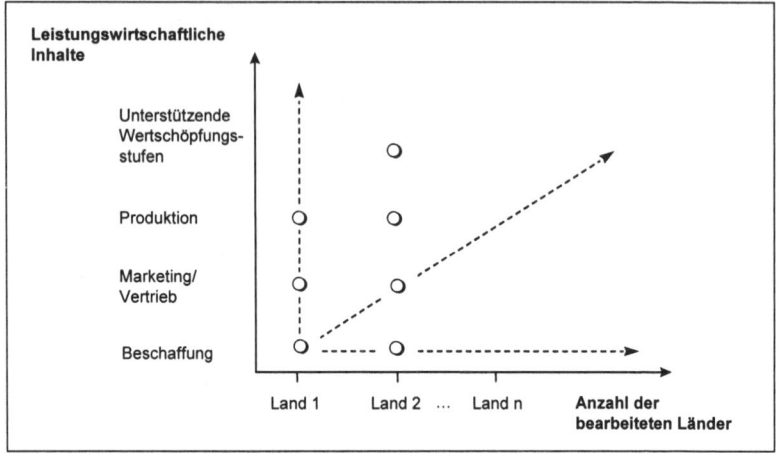

Abb. 1-5:   Bestimmung des Internationalisierungsgrads von Unternehmen

Diese internationalen Unternehmen sind Untersuchungsgegenstand des „Internationalen Managements". Die zentrale Aufgabe des Internationalen Managements besteht somit darin, für die originären Fragestellungen, die sich aus den internationalen Aktivitäten dieser Unternehmen ergeben, Lösungen, Instrumente und Methoden für ein unternehmenszielförderndes Management zu entwickeln (vgl. ähnlich Macharzina/Wolf 2005, 925; Perlitz 2004, 20).

Die sich neu durch die internationalen Einflussvariablen ergebenden Fragestellungen zeichnen sich im Allgemeinen durch eine *höhere Komplexität* und *zusätzliche Einflussgrößen* im Vergleich zum nationalen Betrachtungsfeld aus. Gerade im internationalen Geschäft ist die Beachtung von funktionalen und logischen Interdependenzen zwischen den einzelnen Entscheidungsfeldern eines Unternehmens wichtig. Dies wird durch den Querschnittscharakter des Internationalen Managements deutlich. Bei einer Internationalisierung der Geschäftsaktivitäten sind in den meisten Fällen mehrere, ab einer bestimmten Schwelle wohl der größte Teil der betrieblichen Funktionen, Entscheidungen und Abläufe betroffen und müssen auf die neue Situation ausgerichtet werden. Internationales Management ist aus diesem Blickwinkel ein wesentlicher Teil eines General-Management-Ansatzes (vgl. dazu auch Perlitz 2004, 21).

1.2 Formen internationaler Geschäftsaktivitäten

1.2.1 Überblick über Formen des Auslandsengagements

In Abschnitt 1.1 wurde bereits auf die grundlegende Unterteilung von internationalen Aktivitäten in Außenhandels- und Direktinvestitionstätigkeit hingewiesen. Bei einer detaillierten Betrachtung der Formen des Auslandsengagements ergibt sich der in Abbildung 1-6 skizzierte Überblick. Neben reinen Handelsbeziehungen und den strategischen Investitionen im Ausland, die Teil der Kapitalanlagen in anderen Ländern sind, sind als Zwischenform noch Beziehungen ohne Kapitalbeteiligung, die aber über reine Handelsbeziehungen hinausgehen, zu nennen. Die in Abbildung 1-6 genannten Formen werden in den folgenden Abschnitten besprochen (für ein Entscheidungsmodell zur Wahl des Markteintritts vgl. z.B. Helm 1997).

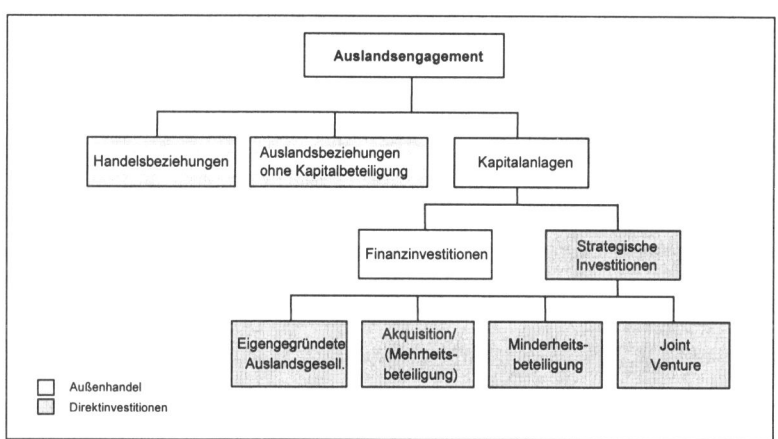

Abb. 1-6:   Formen des Auslandsengagements

1.2.2 Handelsbeziehungen von Unternehmen ins Ausland

Hinter dem Begriff der Handelsbeziehungen verbergen sich grenzüberschreitende Käufe und Verkäufe, die ein Unternehmen im Ausland tätigt. Sie unterscheiden sich von Käufen und Verkäufen im Inland zunächst nur durch ihren grenzüberschreitenden Charakter. Ähnlich wie im Inland werden von Unternehmen im Wesentlichen Vorprodukte und Dienstleistungen im Ausland für die eigene Leistungserstellung beschafft, hergestellte Produkte oder Dienstleistungen im Ausland abgesetzt. Abbildung 1-7 zeigt die grundlegenden Formen dieser grenzüberschreitenden Handelsbeziehungen.

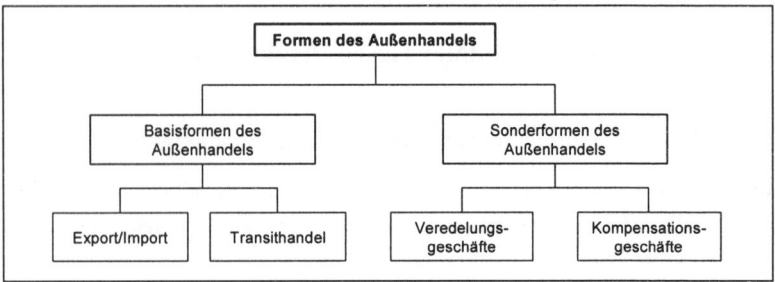

Abb. 1-7:   Formen des Außenhandels (Quelle: Kutschker/Schmid 2005, 16)

Der *Export und Import* als klassische Form des Außenhandels bezeichnet den Verkauf von selbst erstellten Waren an einen Kunden im Ausland (Export) bzw. den Bezug von Waren von ausländischen Geschäftspartnern (Import). Bei der Abwicklung von Export/Import ist zu unterscheiden, ob zwischen dem Hersteller und dem Kunden noch Absatzstufen zwischengeschaltet sind, was man dann als indirekten Export/Import bezeichnet. Abbildung 1-8 macht die Varianten deutlich.

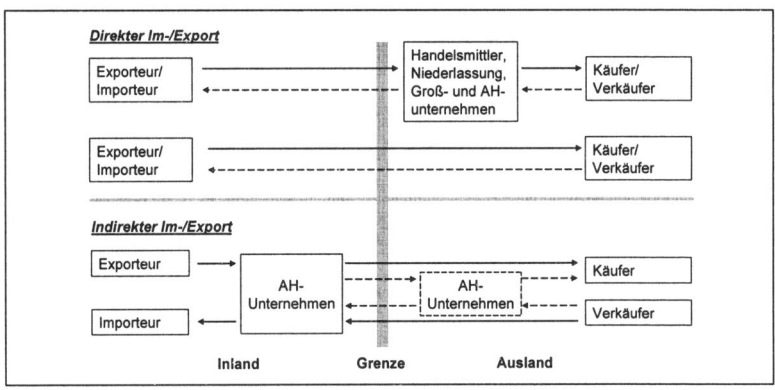

Abb. 1-8:   Direkter und indirekter Außenhandel (Quelle: in Anlehnung an Jahrmann 2004, 49-50)

Bei der direkten Variante sind im Inland keine Zwischenstufen vorhanden, so dass der Exporteur/Importeur direkt mit ausländischen Partnern zu tun hat. Der Importeur ist Endverbraucher des Produkts. Diese Variante tritt insbesondere bei Investitionsgütern und im Europageschäft auf, da hier oftmals eine gute eigene Kenntnis der Auslandsmärkte durch den Hersteller vorhanden ist. Allerdings besteht die Notwendigkeit eigener Kundenakquisitionen und Marktpflege. Eine eigene Export-/Importabteilung, die mit der Abwicklung solcher Geschäfte betraut ist, muss ebenfalls eingerichtet werden.

Bei der indirekten Variante ist z.B. eine Export/Import-Agentur zwischengeschaltet. Die Aufgabe bzw. der Wertbeitrag solcher Agenturen liegt in der Identifikation von geeigneten ausländischen Lieferanten/Kunden und in der Abwicklung des grenzüberschreitenden Teils des Geschäfts, also z.B. die Erledigung der Zollformalien. Für den Hersteller/Endverbraucher ist dies dann ein inländischer Warenverkauf/-kauf. Spezifische Kenntnisse über den Auslandsmarkt sind nicht nötig. Bevorzugt wird diese Variante bei geringen und/oder unregelmäßigen Absatzmengen sowie problemlosen Serienprodukten, bei denen der direkte Kundenkontakt nicht unbedingt Vorteile bringt. Die Agentur lässt sich ihre Dienste durch einen Aufschlag auf den Preis bezahlen.

Transithandel liegt dann vor, wenn ein Händler die Ware von einem ausländischen Kunden erwirbt und sie weiterverkauft an einen Kunden in einem Drittland. Abbildung 1-9 zeigt die Beziehung an einem Beispiel.

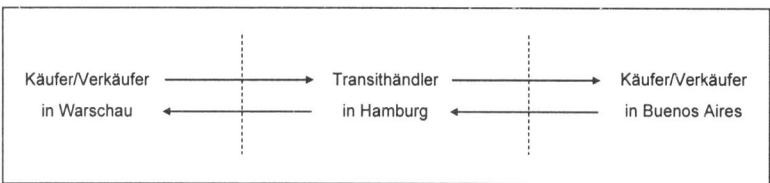

Abb. 1-9:   *Grundstruktur des Transithandels (Quelle: Jahrmann 2004, 58)*

Traditionell werden in diesem Außenhandelsverfahren landwirtschaftliche Güter gehandelt. Immer bedeutender wird auch der Großeinkauf von Massenprodukten zu Sonderkonditionen auf Grund der großen Absatzmenge und der Weiterverkauf innerhalb einer Region wie z.B. Europa.

Veredelungsgeschäfte zeichnen sich dadurch aus, dass Waren aus dem Ausland im Inland bearbeitet, verarbeitet oder ausgebessert werden und dann wieder in das ursprüngliche Herkunftsland geschickt werden (vgl. Jahrmann 2004, 60). Aktive Veredelung liegt vor, wenn die Ver- und Bearbeitung im Inland erfolgt, passive Veredelung, wenn die Waren zur Veredelung ins Ausland geschickt werden.

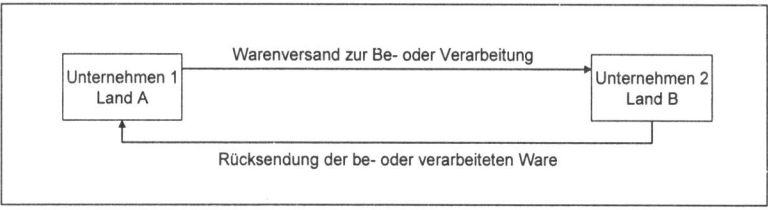

Abb. 1-10:   *Grenzüberschreitender Veredelungsverkehr (Quelle: Jahrmann 2004, 60)*

Aus deutscher Sicht findet häufig eine passive Veredelung durch die Verlagerung von arbeitsintensiven Teilen der Produktion ins Ausland, z.B. nach Osteuropa, statt. Sind die arbeitsintensiven Teile gefertigt, wird das Halbfertigprodukt wieder nach Deutschland verbracht und fertig produziert.

Kompensationsgeschäfte liegen vor, wenn zwischen den Partnern aus den verschiedenen Ländern Realgüter getauscht werden. Der Tausch von Fertigprodukten gegen Rohstoffe, über die ein Land verfügt, wie z.B. Erdöl, ist das häufigste Beispiel aus diesem Bereich.

1.2.3 Auslandsbeziehungen ohne Kapitalbeteiligung

Diese Formen des Auslandsengagements (vgl. Abbildung 1-6) zeichnen sich dadurch aus, dass engere Beziehungen zu ausländischen Partnern als die reinen Kauf- und Lieferbeziehungen aus dem vorigen Abschnitt eingegangen werden. Allerdings geht die Intensität der Beziehung nicht so weit, dass die Unternehmen über Kapitalinvestitionen miteinander verbunden wären. Die wichtigsten Grundformen dieser Art der Beziehungen zum Ausland sind die Lizenz, Franchising und Verträge für eine langfristige Kooperation zwischen den Unternehmen. Diese Formen des Auslandsengagements werden auch als „vertragliche Ressourcenübertragung" bezeichnet (vgl. z.B. Abschnitt 2.9.2)

Eine *Lizenz* ist die Befugnis, das Recht eines anderen gewerblich zu nutzen. Grundlagen sind Patente, Gebrauchsmuster, Warenzeichen, Copyrights oder auch kaufmännisches Know-how. Durch den Lizenzvertrag wird dem ausländischen Partner das Recht gegeben, z.B. ein bestimmtes Patent zu nutzen.

Was die Lizenzinhalte betrifft, so wird gerade im internationalen Bereich eine Fülle von verschiedenen inhaltlichen Rechtsübertragungen durch Lizenzen vorgenommen. Produkt-, Vertriebs-, Marken- oder auch Fertigungslizenzen werden dabei in vielen Fällen ergänzt durch Managementverträge, die die Übertragung des zur Nutzung der Lizenz notwendigen Wissens regeln (vgl. Jahrmann 2004, 62-63). Wichtig ist dabei die genaue Festlegung des Leistungskatalogs der Managementverträge und vor allem des Umfangs der übertragenen Rechte. So ist es bei internationalen Lizenzen regelmäßig eine wichtige Frage, in welchem Land bzw. in welcher Region der ausländische Lizenznehmer das Produkt vertreiben darf.

Neben den Inhalten sind vor allem die Lizenzgebühren ein wichtiger Verhandlungsgegenstand. Die Gebühren regeln die Rückflüsse, die der Lizenzgeber für die Übertragung der Rechte erhält. Eine fixe Summe, die z.B. jedes Jahr über die Laufzeit der Lizenz zu entrichten ist, ist ein Modell. Häufiger sind aber erfolgsbezogene Vergütungen. Die Höhe der Lizenzgebühren ist hier gebunden an eine vorher definierte Kennzahl, wie z.B. produzierte Stückzahl oder erzielter Umsatz/Gewinn des in Lizenz gefertigten oder vertriebenen Produkts. Je nach gewählter Variante ergeben sich deutliche Unterschiede im Risiko/Chancen-profil. In der fixen Variante hat der Lizenzgeber nur das Insolvenzrisiko des Lizenznehmers zu tragen. Ansonsten ist der Auslandsmarkterfolg für ihn irrelevant, was bei der erfolgsbezogenen Variante nicht der Fall ist. In der Praxis werden häufig Mischmodelle gewählt, die eine relativ niedrige fixe Vergütung und eine Erfolgsbeteiligung vorsehen.

Wie ist die Lizenzvergabe an ausländische Unternehmen als Marktbearbeitungsform zu beurteilen? Tabelle 1-1 stellt die wichtigsten Vor- und Nachteile gegenüber.

Vorteile	Nachteile
Einsparung von Managementressourcen	Lizenznehmer kann zum Konkurrenten werden
Geringerer Bedarf an Kapitalressourcen als bei anderen Markteintrittsvarianten	Komplexe Vertragsverhandlungen und Vertragsgestaltung
Geringerer Informationsbedarf als bei anderen Markteintrittsvarianten	Schwierige und aufwändige Partnersuche
Unmittelbarer Kapitalrückfluss auf forschungs- oder technologieintensive Produkte	In manchen Ländern Unsicherheit hinsichtlich der rechtlichen Grundlagen, Praxis und Durchsetzbarkeit in Bezug auf gewerbliche Schutzrechte
Risikoteilung mit Lizenznehmer	Gefahr des Missbrauchs der Rechte, mangelnde Vertragstreue
Geringe Steuerungsintensität beim Lizenzgeber	Beschränkte Steuerungs- und Kontrollmöglichkeiten
Transportkosten entfallen	Gefahr der Marktblockade, wenn keine Mindestmengen vereinbart
Umgehung tarifärer und nicht-tarifärer Handelshemmnisse möglich	Über lange Laufzeit können Unzufriedenheiten beim Lizenzgeber über als mangelhaft empfundene Marktdurchdringung oder beim Lizenzgeber z.B. über den Verlust von Marktvorteilen (wie z.B. eines technologischen Vorsprungs) entstehen
Ausgeprägte Marktkenntnis des lokalen Partners	Zuwiderlaufende Handlungen: kurzfristiges Verwertungsinteresse beim Lizenzgeber vs. langfristige Marktbearbeitung beim Lizenznehmer
Verringerung des politischen Risikos (Enteignung)	

Tab. 1-1: Vor- und Nachteile bei der Vergabe von Lizenzen an ausländische Lizenznehmer (Quelle: in Anlehnung an Jahrmann 2004, 66; Keegan/Schlegelmilch/Stöttinger 2002, 319-320; Fuchs/Apfelthaler 2002, 184)

Die grundlegende Gefahr ergibt sich vor allem durch die mögliche Absicht des Lizenznehmers, mittelfristig eine selbstständige Bearbeitung seines Heimatmarkts unter zu Hilfenahme seines Wissens aus der Lizenz durchzuführen. Dadurch kann die Auslandsstrategie des Lizenzgebers um Jahre zurückgeworfen werden, wenn bei Kündigung der Lizenz durch den Lizenznehmer eine eigenständige Marktbearbeitung aufgebaut oder ein neuer Partner gesucht werden muss. Eine weitere Gefahr ergibt sich dadurch, dass die Durchsetzung von Schadensersatzansprüchen aus Lizenzverletzungen, wie z.B. der Nichtbeachtung regionaler Beschränkungen, in vielen Ländern immer noch schwierig ist.

Das *Franchising* kann als Sonderform der Lizenz interpretiert werden. Hier vergibt der Lizenzgeber ein komplexes Paket an Rechten an den Franchisenehmer und übt gleichzeitig einen starken Einfluss auf den Lizenznehmer und die Führung des Franchisegeschäfts aus. Es wird meistens eine Kombination aus Schutzrechten plus Know-how zur Verfügung gestellt. Managementunterstützung, Finanzierungsunterstützung, Marketingstrategie, Warenzeichen bis hin zu gezielten Schulungen des Personals werden vereinbart. Im internationalen Bereich tritt diese Form der Auslandsmarktbearbeitung insbesondere im Handel, Konsumgüter- und Dienstleistungsbereich auf. Ein typisches Beispiel wäre McDonalds (zu Details und Beispielen von Franchising vgl. z.B. Niehoff/Reitz 2001, 55–61).

Internationale Kooperationen bezeichnen eine auf einer expliziten Vereinbarung beruhende, langfristige, freiwillige Zusammenarbeit zwischen wirtschaftlich und rechtlich selbstständigen Unternehmen mit Sitz in unterschiedlichen Ländern zur Erreichung eines gemeinsamen Ziels durch bewusste Verhaltensabstimmung (vgl. Meckl 1993, 11). Explizit nicht hierunter fallen Formen der Zusammenarbeit, die den Einsatz von Eigenkapital mit dem Ziel des Beteiligungserwerbs, wie das z.B. bei Joint Ventures der Fall ist (vgl. dazu im Detail Abschnitt 1.2.4.4), vorsehen. In der Literatur und auch der Unternehmenspraxis werden solche Kooperationen mit diversen Begriffen, wie z.B. strategische Allianzen oder Wertschöpfungspartnerschaften, bezeichnet.

Die Inhalte einer solchen vertraglichen Zusammenarbeit können unterschiedlichster Natur sein. Ein geeignetes Ordnungskriterium ist die Orientierung an den betriebswirtschaftlichen Funktionsfeldern.

- *Beschaffungskooperation:*
  Einkaufsgemeinschaften mit ausländischen Partnern, in deren Land benötigte Roh-, Hilfs- oder Betriebsstoffe zur Verfügung stehen, mit dem Ziel der Realisierung von Volumeneffekten und Senkung der Einkaufspreise sind Beispiele hierfür.

- *F&E-Kooperation:*
  Ein steigender Investitionsbedarf und kürzer werdende Innovationszyklen lassen eine Zusammenarbeit mit dem Ziel der Teilung der F&E-Kosten, der Zusammenlegung komplementärer Kenntnisse und der zeitlichen Beschleunigung von F&E-Projekten gerade mit Partnern, die den Auslandsmarkt, für den das zu entwickelnde Produkt bestimmt ist, gut kennen, als vorteilhafte Strategie erscheinen (vgl. auch Abschnitt 4.3 zur Internationalisierung von F&E).

- *Produktionskooperation:*
  Die Konzentration auf diejenigen Fertigungsschritte in der Produktion, in denen ein Partner spezifische Vorteile aufweist, kann Inhalt einer solchen Kooperation sein. Die Vergabe von arbeitsintensiven Produktionsschritten an ausländische Partner mit niedrigeren Kosten ist ein häufiger Fall.

- *Marketingkooperation:*
  Diese wohl am häufigsten praktizierte internationale Kooperationsform beinhaltet z.B. die Nutzung des Vertriebssystems des ausländischen Partners in seinem Heimatmarkt. Dadurch können eigene Investitionen in den langwierigen Aufbau einer Vertriebsorganisation vermieden werden.

Neben funktionsbezogenen Inhalten werden regelmäßig internationale Kooperationen zur Abgabe von Angeboten für Groß- und Daueraufträge und deren Abarbeitung gebildet (vgl. Jahrmann 2004, 72).

Generell lassen sich die Ziele, die mit internationalen Kooperationen verbunden sind, in drei Gruppen einteilen (vgl. Meckl 1993, 23-24). Bei den *Ertragssteigerungszielen* wird versucht, z.b. durch den beschleunigten Markteintritt und der Nutzung der Marktkenntnisse des Partners, höhere Erträge zu erzielen, als im Alleingang möglich wäre. Die *Kostenreduzierungsziele* gründen sich, wie oben angedeutet, insbesondere auf die Teilung von Kosten mit dem Partner und die Nutzung von Volumeneffekten. Die *Risikominderungsziele* erreicht man durch Nutzung von Investitionen, die der Partner bereits getätigt hat. Vor allem für kleine und mittelständische Unternehmen bieten solche Kooperationen damit deutliche Vorteile (vgl. allgemein zur Internationalisierung von kleinen und mittelständischen Unternehmen z.B. Audretsch 2003)

Diesen Chancen und Vorteilen stehen allerdings auch erhebliche Risiken gegenüber. Solche Kooperationen können relativ leicht von beiden Seiten wieder aufgelöst werden. Baut nun die Internationalisierungsstrategie in Richtung eines Kernmarktes (vgl. dazu im Detail Abschnitt 3.2.3.2) auf eine solche Kooperation und der ausländische Partner entscheidet sich nach einer gewissen Zeit doch für einen Alleingang, so ist wertvolle Zeit verloren gegangen und die Bearbeitung des Auslandsmarkts muss von vorne beginnen. Eventuell steht dem Unternehmen dann der frühere Kooperationspartner als Konkurrent gegenüber, der die Erfahrungen und das Wissen aus der Zusammenarbeit nun für sich einsetzt. Dass Kooperationen gerade im internationalen Feld labile Gebilde sind, liegt häufig an unterschiedlichen strategischen Zielsetzungen der Partner (vgl. Schenk 1998, 173-174) und in Missverständnissen, die vor allem durch die soziokulturellen Unterschiede entstehen (vgl. im Detail Abschnitt 6.2).

1.2.4 Ausländische Direktinvestitionen (FDI)

1.2.4.1 Chancen und Risiken ausländischer Direktinvestitionen

Ausländische Direktinvestitionen liegen dann vor, wenn ein Transfer von Kapital ins Ausland mit dem Ziel der operativen Kontrolle und Einflussnahme auf die ausländischen Geschäftsaktivitäten vorgenommen wird. Abbildung 1-6 zeigt, dass die auch als Foreign Direct Investment (FDI) bezeichneten Direktinvestitionen in die Gruppe der Kapitalanlagen im Ausland eingeordnet werden können. Allerdings gibt es wesentliche Unterschiede zu den ebenfalls in dieser Gruppe angesiedelten Portfolioinvestitionen (vgl. Abbildung 1-6). Tabelle 1-2 stellt die Unterschiede heraus.

	Direktinvestition	Portfolioinvestition
Motive	Ertrags- und Kontrollmotive	Ertrags- und Risikomotive
Transferierte Ressourcen	Kapital, Anlagegüter, Technologien, Mitarbeiter, Know-how, im Ausland erwirtschaftete Gewinne	Kapital
Anlageformen	Anteile am Grund- bzw. Stammkapital bestehender Unternehmen, Unternehmensneugründungen	Aktien, Immobilien- und Investmentfonds
Zeithorizont	langfristig	kurz- bis mittelfristig

Tab. 1-2: Direktinvestitionen vs. Portfolioinvestitionen (Quelle: in Anlehnung an Hymer 1976)

Die Unterscheidungsmerkmale machen deutlich, dass für das Internationale Management die ausländischen Direktinvestitionen von Interesse sind, da nur sie es erlauben, mit dem Einsatz von Kapital eine zielorientierte Internationalisierungsstrategie aufzubauen. Generell können folgende Chancen und Vorteile aus ausländischen Direktinvestitionen erwartet werden:

- *Starke Präsenz in und Erschließung neuer Absatzmärkte:*
  Direktinvestitionen implizieren einen hohen Bindungsgrad eines Auslandsengagements. Dies signalisiert den Geschäftspartnern und auch den Wettbewerbern, dass eine langfristige Bearbeitung des ausländischen Marktes
  geplant ist.

- *Verbesserung der Wettbewerbsfähigkeit:*
  Durch Nutzung komparativer Vorteile des Auslands, z.b. bei der Kostenposition in der Produktion oder auch durch den Zugang zu billigeren Rohstoffen, können Vorteile für das Gesamtunternehmen, die sich nicht nur auf
  diesen einen Markt beschränken, erreicht werden.

- *Bessere Kontrolle der Auslandsaktivitäten:*
  Eigentumsrechte verbriefen grundsätzlich die Verfügungsgewalt über die
  eingesetzten „assets". Dies erlaubt zumindest eine Mitbestimmung bzgl. der
  Art und Weise der Geschäftsführung, was z.b. bei der Lizenzvergabe (vgl.
  Abschnitt 1.2.3) nicht der Fall ist.

- *Niedrigere Transportkosten und keine Einfuhrprobleme:*
  Die physische Nähe zum Markt und der lokale Wertschöpfungsanteil erlauben Kosteneinsparungen durch eine leichtere Logistik und die Umgehung
  etwaiger tarifärer oder auch nicht-tarifärer Beschränkungen staatlicherseits.

- *Steueranreize und Investitionsförderungen des Gastlandes:*
  Kapitalinvestitionen wirken positiv für die lokale Wirtschaft, weswegen
  von Regierungsseite diese Investitionen, gerade wenn dadurch Arbeitsplätze geschaffen werden, häufig durch erhebliche Subventionen oder generell
  Erleichterungen gefördert werden.

Auf der *Risikoseite* ergeben sich folgende Überlegungen:

- *Hoher Kapitalbedarf und langfristige Kapitalbindung:*
  Je nach gewählter Form der Direktinvestition sind Eigenkapitalmittel zur
  Verfügung zu stellen, die zumindest bei Akquisitionen nicht so einfach und
  schnell wieder abgezogen werden können. Dies ist die Kehrseite der langfristigen Bindung an den Auslandsmarkt.

- *Politische Risiken und staatliche Reglementierungen:*
  Durch die hohe Bindungsintensität ist das investierende Unternehmen auch
  von den politischen Rahmenbedingungen und deren Änderungen abhängig.
  In Ländern, in denen keine stabilen politischen Verhältnisse herrschen,
  kann dies zu einer erheblichen Beeinträchtigung der unternehmerischen
  Spielräume führen.

* *Wirtschaftliche Risiken:*
  Die ökonomischen Rahmenbedingungen des Auslandsmarktes haben erhebliche Auswirkungen auf den geschäftlichen Erfolg. Dies gilt zwar auch für Handelsbeziehungen. Allerdings ist bei einer deutlichen Verschlechterung der ökonomischen Rahmenbedingungen die Erzielung einer adäquaten Rendite auf das eingesetzte Kapital oder auch das gesamte eingesetzte Kapital bei FDI gefährdet.

Diese allgemeinen Chancen und Risiken werden ergänzt durch Spezifika verschiedener Formen von Direktinvestitionen im Ausland. Wie in Abbildung 1-6 enthalten, können unter dem Überbegriff der FDI mehrere Formen unterschieden werden, die in den folgenden Abschnitten einzeln betrachtet werden.

1.2.4.2 Gründung einer Tochtergesellschaft im Ausland

Die *Gründung und der Aufbau einer 100%igen Tochtergesellschaft* stellt die klassische Form des Alleingangs in einen ausländischen Markt dar. Als genereller Vorteil ist das große alleinige Steuerungspotenzial mit der Möglichkeit der Etablierung eines eigenen Marktauftritts bei dieser Internationalisierungsvariante zu nennen. Hinzu kommt, dass der Abfluss von Know-how besser kontrolliert werden kann, als das z.B. bei dem in Abschnitt 1.2.4.4 besprochenen Joint Venture möglich ist. Wichtig ist im internationalen Kontext auch, dass die Wettbewerbsvorteile des investierenden Unternehmens gut auf die eigene Tochtergesellschaft übertragen werden können.

Problematisch kann ein hoher Kapitaleinsatz sein. Durch die Notwendigkeit, lokales Personal zu akquirieren und sowohl die internen Strukturen des Unternehmens als auch die Kanäle zum Markt erst aufzubauen, ist zusätzlich ein beträchtlicher Zeitbedarf gegeben.

Bevor in den *Prozess der Gründung* eingestiegen wird, ist vom gründenden Unternehmen als Erstes zu klären, welche strategische Rolle die Auslandsgesellschaft im Unternehmensverbund spielt. Dies kann entlang der in Abschnitt 3.4, insbesondere Abbildung 3-18, dargestellten Rolleneinteilung geschehen (vgl. auch Meckl 2002). Ist dies geschehen, können die im Laufe der operativen Gründung einer ausländischen Tochtergesellschaft auftretenden Einzelentscheidungen im Hinblick auf diese strategische Rolle gefällt werden. Folgende konstitutiven und inhaltlichen Entscheidungen sind zu treffen (vgl. Meckl 2002):

Rechtsformwahl

Die eigene Rechtspersönlichkeit als lokale Gesellschaft ist ein definitorisches Element einer Auslandsgesellschaft. Welche Rechtsform gewählt werden sollte, bestimmt sich im Einzelfall nach folgenden Kriterien:

- *Grundsätze der Unternehmensführung:*
  Eine geforderte Homogenität der Rechtsform aller Auslandsgesellschaften oder die gewünschte Einflussnahme auf Auslandsgesellschaften über bestimmte Gremien lassen einige Rechtsformen von vornherein ausscheiden.

- *Haftungsbeschränkung:*
  Um das Risiko aus dem Auslandsengagement zumindest formal-rechtlich auf das eingezahlte Kapital der Gesellschaft zu beschränken, empfiehlt sich eine gesellschaftsrechtliche Form, die z.B. der GmbH oder der AG in Deutschland entspricht. Die Haftung beschränkenden Kapitalgesellschaften sind denn auch die am weitaus häufigsten gewählte Form bei Tochterunternehmen im Ausland (vgl. Holland 1995, 39).

- *Finanzierung:*
  Im Vordergrund steht hier die Frage nach der Höhe des aufzubringenden Eigenkapitals. Die Höhe variiert von Land zu Land. Zum zweiten müssen der Tochtergesellschaft ausreichende Mittel zur Durchführung der Geschäftsaktivitäten zur Verfügung gestellt werden, was ebenfalls von der Rechtsform beeinflusst wird.

- *Gründungsaufwand:*
  Die Kosten der Gründung und die zu erfüllenden Formalitäten, wie z.B. die Eintragung ins Handelsregister, sind hier zu betrachten.

- *Publizitätsvorschriften:*
  Häufig ist der Muttergesellschaft nicht daran gelegen, die Jahresabschlüsse der regionalen Tochtergesellschaften einer breiten Öffentlichkeit zugänglich zu machen. Aus diesem Grund ist zu beachten, ob die nationalen Vorschriften eine Veröffentlichung vorsehen.

- *Steuerliche Überlegungen:*
  Ziel ist hier die Minimierung der Steuerbelastung der Auslandsgesellschaft durch die Rechtsformwahl.

Standortentscheidung

Diese so genannte „site selection", also die Auswahl eines Standorts im gewählten Zielmarkt, kann sich der bewährten Verfahren zur Standortwahl bedienen. Als Bewertungskriterien kommen hier die Lohnkosten, die Verfügbarkeit und ausreichende Qualität von benötigtem Personal, Transport- und Telekommunikationsinfrastruktur, für eine Region gewährte Subventionen, Nähe zu Kunden und Zulieferern und ähnliches in Frage (für eine detaillierte Auflistung der Kriterien vgl. z.B. Meckl 2002; Sanval 2001, 294). Als nächstes müssen die Bewertungen so aggregiert werden, dass eine Kennzahl als Basis für die Entscheidung generiert wird. Dies kann für eine Grobauswahl der Standorte, z.B. durch das Nutzwertanalyseverfahren, geschehen (zum Nutzwertanalyseverfahren vgl. z.B. Kaiser 1989, 1848). Dazu werden die oben genannten Bewertungskriterien zunächst gewichtet. Ist die Auslandsgesellschaft als Produktionsgesellschaft geplant, die eine arbeitsintensive Fertigung zu möglichst niedrigen Kosten durchführen soll, wiegt z.B. das Lohnkostenargument schwer. Dann wird jeder Standort bzgl. jedes Kriteriums bewertet. Die zugewiesene Punktzahl für einen Standort für ein Bewertungskriterium wird mit dem Gewicht multipliziert. Die gewichteten Punkte werden über alle Kriterien addiert. Es ergibt sich für jeden Standort eine Punktzahl, die zumindest eine erste Rangordnung für die „sites" erlaubt.

Kapitalstruktur und Finanzierung der Auslandsgesellschaft

Bei der Festlegung der Kapitalstruktur, vereinfachend im folgenden definiert als Relation zwischen Eigen- und Fremdkapital, ist es nicht möglich, auf eine allgemeingültige Optimierungsregel zurückzugreifen, da die Spezifika der Branche, die Größe und das Risikoprofil des Unternehmens die anzustrebende Kapitalstruktur beeinflussen. Als spezifische Einflussfaktoren auf die Kapitalstruktur lassen sich für Auslandsgesellschaften identifizieren:

- *Rechtsformabhängige Vorschriften:*
  Bei der Gründung von Kapitalgesellschaften ist in den meisten Ländern ein Mindesteigenkapital einzuzahlen.

- *Finanzbedarf der Auslandsgesellschaft im operativen Geschäft:*
  Die Kapitalstruktur beeinflusst maßgeblich die Kreditwürdigkeit und damit die Fähigkeit der Auslandsgesellschaft, sich liquide Mittel zur Finanzierung des operativen Geschäfts zu besorgen.

- *Länderspezifische Gegebenheiten:*
  Die Kapitalstruktur kann sich an den Usancen, d.h. an den Bräuchen und Gepflogenheiten im Geschäftsverkehr des Gastlands orientieren, indem die durchschnittliche Eigenkapitalquote in der bearbeiteten Branche in dem Gastland ermittelt und die Tochtergesellschaft entsprechend ausgestattet wird.

- *Risiken des Auslandsmarkts:*
  Eine niedrige Eigenkapitalquote ist insbesondere für Länder zu empfehlen, in denen eine hohe politische Instabilität, Kapitaltransferbeschränkungen und/oder ein hohes Währungsrisiko gegeben sind (vgl. Büschgen 1997, 463-464). Durch das niedrige Eigenkapital wird das Risiko beschränkt.

- *Unternehmenspolitische Überlegungen:*
Aus Gesamtunternehmenssicht kann es z.b. im Hinblick auf eine Bonitäts-
einstufung durch Rating-Agenturen sinnvoll sein, eine einheitliche Kapitalstruktur für alle Gesellschaften des Konzerns zu erreichen. Außerdem wird
die erfolgsbezogene Steuerung der Auslandsgesellschaften vereinfacht (vgl.
Eckert 1997, 393).

Neben der Kapitalstrukturentscheidung sollte bereits bei der Gründung überlegt
werden, wie die Finanzdispositionen in der Auslandsgesellschaft gestaltet werden. Insbesondere ist hier festzulegen, wie die An- und Einbindung in das Cash-
Management des Gesamtunternehmens aussieht (vgl. dazu auch Abschnitt
4.6.2).

Organisatorische Entscheidungen

Die vertikale Anbindung an die Muttergesellschaft und die horizontale Verbindung mit anderen Gesellschaften des Konzerns wird im Wesentlichen beeinflusst von der strategischen Rolle der zu gründenden Tochtergesellschaft (siehe
oben bzw. Abschnitt 3.4). Je nach Führungsstruktur des Gesamtunternehmens
ist eine Aufteilung der Entscheidungsmacht zwischen der Mutter und den ausländischen Tochtergesellschaften festzulegen. Dies geschieht durch Wahl einer
der in Abschnitt 3.3 erläuterten Organisationsformen für international tätige
Unternehmen.

Personalwirtschaftliche Aspekte bei der Gründung von Auslandsgesellschaften

Am Beginn der personalwirtschaftlichen Überlegungen in der Gründungsphase
steht die Planung der benötigten Personalkapazitäten für die Auslandsgesellschaft. Dabei empfiehlt es sich, zwischen den Führungsebenen und den ausführenden Stellen zu unterscheiden. Während für die ausführenden Stellen die
„normalen" Konzepte der quantitativen und qualitativen Personalbedarfsbe-
stimmung, wie sie auch im nationalen Rahmen verwendet werden, Anwendung
finden (vgl. z.B. Drumm 2005, 239-284), müssen bei der Bedarfsplanung für
die Führungspositionen einige Besonderheiten beachtet werden. Bei der quantitativen Bedarfsermittlung von Führungspositionen ist zu beachten, dass die aus
dem Inland bekannten Leitungsspannen evtl. deutlich verkleinert werden müssen. Insbesondere in der Anfangsphase der Auslandsgesellschaft müssen Führungskräfte einen erheblichen Teil ihrer Arbeitszeit auf den Wissenstransfer hin
zu ihren neuen Mitarbeitern verwenden, was eine erhöhte Betreuungsintensität
zur Folge hat. Außerdem ist zu berücksichtigen, dass die Fluktuationsrate bei
Führungskräften im Ausland relativ hoch ist (vgl. Weber/Festing/Dowling/
Schuler 2001, 134), was ebenfalls für eine nicht zu knappe Ausstattung mit
Führungspersonal spricht (vgl. dazu auch Abschnitt 4.5).

1.2.4.3 Kauf eines Unternehmens im Ausland (Mergers & Acquisitions)

Mergers & Acquisitions (M&A) sind Transaktionen, die durch den Übergang von Leitungs- und Kontrollbefugnissen an Unternehmen auf andere Unternehmen gekennzeichnet sind. Wesentliches Kriterium ist dabei die Änderung der Eigentumsverhältnisse am Eigenkapital (zu Details zu internationalen M&A vgl. z.B. Meckl 2004a; Lucks/Meckl 2002). Diese Form der Internationalisierungsstrategie hat in den letzten Jahren erheblich an Bedeutung gewonnen. Abbildung 1-11 zeigt das Volumen aller, also auch der inländischen, Akquisitionen im Laufe der letzten Jahre. Die Ausreißer in den Jahren 1999 und 2000 sind vor allem auf die hohen Börsenkurse und in Folge damit auch hohen Unternehmenspreise zurückzuführen.

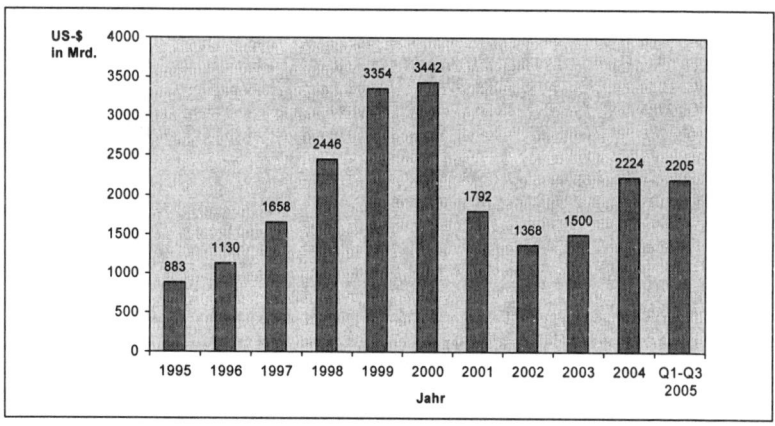

Abb. 1-11: Wert der weltweiten M&A-Transaktionen (Quelle: Dealogic M&A Global Datenbank 2006)

Regelmäßig tauchen in den Medien Ankündigungen über internationale Großakquisitionen auf, die die Strukturen ganzer Branchen weltweit verändern. Die feindliche Übernahme der Mannesmann AG durch Vodafone ist aus deutscher Sicht wohl das markanteste Beispiel, das Übernahmeangebot von E.ON (Deutschland) für Endesa (Spanien) ein Weiteres, aktuelleres. Die Vorteile der Internationalisierung durch dieses so genannte exogene Wachstum ergeben sich durch:

- einen schnellen Zugriff auf Ressourcen des gekauften Unternehmens und damit einen schnellen Zugang zum Auslandsmarkt. So können z.B. ein Vertriebssystem oder auch lokale F&E-Kapazitäten des gekauften Unternehmens genutzt werden, um die eigenen Produkte technologisch an den Auslandsmarkt anzupassen und sie über das Vertriebssystem schnell in den Markt zu bringen,

• ein geringeres Risiko eines Scheiterns des Markteintritts. Etablierte Kundenbeziehungen und ein stabiles bestehendes Geschäft bilden, bei Bewältigung der Integrationsschwierigkeiten (siehe weiter unten), eine gute Basis für den weiteren Ausbau der Marktposition,

• den Auftritt im ausländischen Markt als inländisches Unternehmen. Dies ist insbesondere dann gut möglich, wenn die gekaufte inländische Marke beibehalten wird und die eigenen Produkte unter dieser Marke vertrieben werden können.

Diesen Vorteilen stehen folgende Nachteile gegenüber:

• Regelmäßig ist beim Kaufpreis z.b. im Vergleich zum letzten Börsenkurs eine Übernahmeprämie zu zahlen, die durchaus 30% und mehr betragen kann. Diese Prämie muss durch Realisierung von Synergien erwirtschaftet werden.

• Es bestehen erhebliche Risiken bei der Integration des gekauften Unternehmens. Empirische Studien geben zwar kein genaues Bild, allerdings sind Misserfolgsquoten von bis zu 50% keine Seltenheit (vgl. im Detail Meckl/Sodeik/Fischer 2006). Die Schwierigkeiten resultieren aus Struktur- und Kulturkonflikten, da das gekaufte Unternehmen, insbesondere wenn es erfolgreich ist, eine eigene Unternehmens- und wenn es ein anderes Heimatland hat, eine eigene Soziokultur aufweist. Widerstände gegen eine Integration und eine soziokulturell begründete Ablehnung behindern eine Realisierung der oben beschriebenen Vorteile (vgl. dazu z.B. Gertsen/Søderberg/Torp 1998).

Angesichts der stark steigenden Wettbewerbsintensität, der hohen Innovationsraten und der immer wichtiger werdenden Volumenvorteile ist aber zu erwarten, dass gerade zur internationalen Expansion M&A weiter an Bedeutung gewinnen werden (vgl. Lucks/Meckl 2002, 7).

M&A in ihrer engen Definition umfassen Komplett- oder zumindest Mehrheitsübernahmen. Abbildung 1-6 zeigt auch noch eine *Minderheitsbeteiligung* als Markteintrittsform. Diese sind häufig eine erste Stufe der Bearbeitung eines Auslandsmarktes. Eine meist kleine Eigenkapitalbeteiligung am Vertriebspartner oder eine Sperrminorität an einem wichtigen F&E-Partner wären Beispiele für diese Variante. Die im Vergleich zu M&A wichtige Stärke dieser Variante ist der niedrigere Kapitaleinsatz und das dadurch verminderte Risiko, das sich auch durch die Möglichkeit der Erfahrungssammlung in der Zusammenarbeit mit dem ausländischen Partner ergibt. Das zentrale Problem dieser Variante liegt darin, dass die Einflussnahme auf die Geschäftspolitik des Partners eng begrenzt sein kann und deshalb eine zielgenaue Ausrichtung der Zusammenarbeit auf die eigene Strategie nicht möglich ist.

1.2.4.4 Joint Venture als Markteintrittsform

Bei einem Joint Venture gründen zwei oder mehr Muttergesellschaften eine gemeinsame Tochtergesellschaft, an der sie mit festgelegten Verhältnissen am Eigenkapital beteiligt sind (vgl. allgemein zu Joint Ventures z.B. Raffée/Eisele 1993). Im Rahmen einer internationalen Markteintritts- bzw. -bearbeitungsstrategie werden Joint Ventures mit lokalen Unternehmen gegründet. Das Joint Venture hat die Aufgabe, in einem bestimmten Geschäftsfeld den Markt im Auftrag der Muttergesellschaften zu bearbeiten. Häufig wird dazu vom ausländischen Unternehmen Kapital und Know-how eingebracht, während der inländische Partner z.B. Personal und das Vertriebssystem zur Verfügung stellt.

Es ergeben sich ähnliche Argumente für und gegen ein Joint Venture wie bei der grenzüberschreitenden Kooperation (vgl. Abschnitt 1.2.3). Es muss ein nur geringerer Kapitalaufwand als bei eigenständigem Eintritt aufgebracht werden. Die Informationen des einheimischen Partners über den Auslandsmarkt können genutzt werden. Es findet eine Risiko- und Kostenteilung statt. Das Personal des Partners kann genutzt werden.

Auf der anderen Seite besteht auch hier eine Abhängigkeit vom Partner, die dann problematisch wird, wenn der einheimische Partner strategische Interessen verfolgt, die mit denen des Auslandsunternehmens nicht kompatibel sind. Eine mittelfristig angestrebte eigenständige Bearbeitung des Heimatmarktes wäre ein solch konfliktäres Ziel mit allen negativen Konsequenzen für die Internationalisierungsstrategie.

Angesichts des geringeren Ressourcenaufwands sind Joint Ventures häufig für mittelständische Unternehmen die Internationalisierungsvariante der Wahl.

1.3 „Management" – Einordnung und Inhalte

„Management" ist ein schillernder Begriff, der inzwischen weit über den Bereich der Betriebswirtschaft hinaus verwendet wird. Die damit einhergehende Ausweitung des Begriffsinhalts hat zu Unklarheiten bzgl. des originären Inhalts von „Management" geführt. Umso wichtiger ist eine genaue Inhaltsbestimmung des Begriffs, bevor man das Adjektiv „international" davor setzt.

Management wird aus wirtschaftswissenschaftlicher Sicht in zwei Dimensionen definiert (vgl. dazu z.B. Hungenberg/Wulf 2004, 21-31). Zum einen wird *Management als Institution* verstanden. Als Institution umfasst das Management alle Aufgaben- und Funktionsträger, die Entscheidungs- und Anordnungskompetenz haben. Je nach Stellung in der Unternehmenshierarchie lassen sich grundsätzlich drei Managementebenen unterscheiden, die in Tabelle 1-3 dargestellt sind.

Top-Management	Middle-Management	Lower-Management
Oberste Unternehmensleitung: Vorstand, Geschäftsführer	Mittlere Führungsebene: Werksleiter, Abteilungsdirektoren	Untere Führungsebene: Büroleiter, Werksmeister

Tab. 1-3: Management als Institution

Die Merkmale dieser Begriffsauffassung beinhalten folgende Komponenten:

• Es erfolgt eine Institutionalisierung des Managements mittels rechtlicher und organisatorischer Regelungen im Unternehmen.

• Wesentliches Kennzeichen der Träger von Management als Institution ist die Ausstattung der Person des Managers mit der Befugnis zur Weisungserteilung gegenüber unterstellten Instanzen und Personen.

• Das zweite wichtige Kriterium ist die Ausstattung dieser Manager mit Entscheidungsbefugnissen, deren Gültigkeit durch die oben genannten organisatorischen Regelungen bestimmt wird.

Manager sind damit Führungskräfte, die auf Grund ihrer formalen Position unternehmerische Funktionen ausüben und auch die Verantwortung für ihre Entscheidungen zu tragen haben.

Zum zweiten wird *Management als Funktion* definiert. Als Funktion umfasst das Management im weitesten Sinne alle zur Steuerung eines Unternehmens notwendigen Aufgaben und Entscheidungen. Als wichtigste Managementfunktionen werden Planung, Kontrolle, Personalführung und Organisation angesehen (vgl. z.B. Remer 2004, 86-94).

Die funktionalen Aufgaben des Managements werden unterteilt in sachbezogene und personenbezogene Aufgaben. Inhalt der sachbezogenen Aufgaben ist die zielorientierte Gestaltung, Koordination und Steuerung von Teilsystemen und Prozessen im Unternehmen. Die dazu geforderten Kompetenzen sind Fachwissen, Problemlösungsfähigkeit, Lernfähigkeit und auch Kreativität. Bei den personenbezogenen Aufgaben steht die zielorientierte Beeinflussung von Mitarbeitern im Vordergrund, um das Verhalten der Mitarbeiter mit den Unternehmenszielen in Einklang zu bringen. Dazu ist ein hohes Maß an Sozialkompetenz, die sich z.B. durch Teamfähigkeit, Kommunikationsfähigkeit, Konfliktfähigkeit und Konsensfähigkeit zeigt.

Beide Varianten der Begriffsauffassung sind auch in der internationalen Perspektive von „Management" relevant und werden je nach Problemstellung in den nachfolgenden Kapiteln thematisiert.

Fragen zur Wiederholung und Selbstkontrolle

1. Was versteht man unter einem „internationalen Unternehmen"? Welche Ansätze gibt es, um internationale Unternehmen von nationalen Unternehmen abzugrenzen und hinsichtlich ihres Internationalisierungsgrads zu beschreiben?

2. Erläutern Sie die Grund- und Sonderformen des Außenhandels!

3. Ein Unternehmen, das seine Auslandsmärkte über „Export" bearbeiten möchte, kann dazu die Alternativen des direkten oder des indirekten Exports wählen. Legen Sie die Unterschiede von direktem und indirektem Export dar und erläutern Sie kurz die wesentlichen Vor- und Nachteile dieser beiden Formen des Außenhandels!

4. Ein mittelständisches Unternehmen will sich im Ausland engagieren und möchte von Ihnen beraten werden, ob es dies durch Exporte, den Aufbau einer Tochtergesellschaft im Ausland oder den Abschluss eines Kooperationsvertrages mit einem anderen Unternehmen tun soll. Welche Argumente und Entscheidungskriterien können Sie dem Unternehmen an die Hand geben?

5. Diskutieren Sie Vor- und Nachteile der „Gründung einer Tochtergesellschaft" und des „Kaufs eines Unternehmens" als Internationalisierungsstrategien und bewerten Sie die Strategien!

2. Theorien und konzeptionelle Basis des Internationalen Managements

2.1 Einordnung und Charakteristika von Internationalisierungstheorien

2.1.1 Wissenschaftstheoretische Fundierung: Was ist eine Theorie?

Will man sich auf wissenschaftlichem Niveau mit dem Phänomen des Internationalen Managements beschäftigen und nicht nur auf das fallbezogene Versuchs-Irrtum-Prinzip vertrauen, so liegt der erste Schritt in der Klärung der theoretischen Grundlagen dieses Forschungsfelds. Das Ziel der theoretischen Fundierung des Internationalen Managements besteht in der Identifikation von allgemeingültigen Wirkungsbeziehungen, die als Ausgangspunkt für die Ableitung von Gestaltungsempfehlungen verwendet werden können.

In diesem zweiten Kapitel werden theoretische Ansätze auf ihre Leistungsfähigkeit im Bereich des Internationalen Managements untersucht. Die Theorien sind größtenteils nicht originär aus dem Internationalen Management, da es solche – abgesehen von volkswirtschaftlichen Ansätzen zum Außenhandel – (noch) nicht gibt. Vielmehr stammen sie aus den generellen theoretischen Grundlagen des Faches Betriebswirtschaftslehre und werden auf das hier untersuchte Themenfeld übertragen.

Bevor diese Übertragungen im Einzelnen vorgenommen werden, ist es empfehlenswert, sich kurz mit einigen wissenschaftstheoretischen Grundüberlegungen vertraut zu machen. Zwar wird der Begriff „Theorie" mal mit positiver, mal mit negativer Konnotation häufig verwendet. Allerdings zeigt sich bei genauerer Diskussion, dass der Begriff und vor allem das Gedankengebäude, das hinter einer wissenschaftlichen Theorie steht, in vielen Fällen nur diffus verwendet werden. Nahezu jedes Wissenschaftsfach hat im Laufe seiner Entwicklung eigene Spezifika des Theoriebegriffs entwickelt. Allerdings gibt es zentrale Überlegungen zum Theoriebegriff, die sich in nahezu jeder wissenschaftlichen Teildisziplin wieder finden. Im Folgenden werden einige dieser Grundlagen, angewendet auf das wirtschaftswissenschaftliche Themengebiet, skizziert, wobei nicht der Anspruch erhoben wird, dass sie vollständig oder allein gültig sind (für eine breite Darstellung der wissenschaftstheoretischen Grundlagen der Wirtschaftswissenschaften vgl. z.B. Raffée/Abel 1979).

Basis der wissenschaftlichen Arbeitsweise ist das Bilden von *Hypothesen.* Hypothesen sind bedingte Aussage über einen inhaltlichen Zusammenhang der Realität. In ihrer idealtypischen Form werden sie in einer „Wenn…, dann…"- Aussage gebildet. Der „Wenn-Teil" beschreibt die Bedingungskonstellation, unter der die Hypothese gilt. Hier sind die Prämissen enthalten, bei deren Vorliegen eine Aussage, die im „Dann-Teil" getroffen wird, als gültig unterstellt wird (zur Prämissenkritik vgl. z.B. Erlei/Leschke/Sauerland 1999, 15-16). Diese Aussage ist in vielen Fällen eine Gestaltungsempfehlung, im hier behandelten Fall für Managementmaßnahmen bei internationalen Aktivitäten. Von einer wissenschaftlichen Hypothese spricht man im Übrigen nur, wenn die Aussage im Prinzip falsifizierbar ist. Rein subjektive Feststellungen (z.B. „das ist schön") fallen auch bei Vorliegen von Bedingungen nicht hierunter. Als Beispiel für eine wissenschaftliche Hypothese kann folgende Aussage formuliert werden:

„Wenn ein Auslandsmarkt ein hohes Wachstum aufweist, die Wettbewerbsintensität dort gering ist und ein Unternehmen über die notwendigen Ressourcen verfügt, dann soll ein Eintritt in diesen Auslandsmarkt erfolgen."

Dieser Zusammenhang kann im Prinzip widerlegt werden, wenn nachgewiesen werden kann, dass es alternative, höher rentierliche Möglichkeiten der Verwendung von Ressourcen, unter Beachtung des Risikoprofils der Alternative, gibt. An diesem Beispiel sieht man auch, dass die Wenn-Komponente aus mehreren Bedingungen bestehen kann. Ein wichtiges Kriterium bei der Beurteilung von Hypothesen und letztendlich von ganzen Theorien besteht in der Vollständigkeit der Bedingungskonstellation.

Wesentlich ist des Weiteren für die Beurteilung einer Theorie das Qualitätsniveau der zu Grunde liegenden Hypothesen. Die Plausibilität eines vermuteten Zusammenhangs stellt die erste „Prüfschwelle" dar. Ist eine Hypothese nicht nur plausibel, sondern auch empirisch getestet, so spricht man von einer nomologischen Hypothese. Dieses Niveau würde man sich bei jeder Theorie wünschen (zu einer detaillierteren Unterscheidung von Arten und Niveaus von Hypothesen vgl. Raffée 1974, 37).

Diese Hypothesen sind die Grundbausteine der Theorien. Das vielzitierte Theoriengebäude z.B. einer wissenschaftlichen Teildisziplin besteht aus vielen einzelnen Hypothesen, die nach dem in Abbildung 2-1 gezeigten Prinzip miteinander verknüpft werden. Einzelhypothesen, die sich inhaltlich mit einem abgegrenzten Gebiet befassen, werden inhaltlich zu so genannten *Theoremen* zusammengefasst. Mehrere Theoreme ergeben ein *Axiom.* Axiome sind übergeordnete, allgemeingültige Zusammenhänge in einer wissenschaftlichen Teildisziplin. Insbesondere in den Naturwissenschaften sind diese Axiome von großer Bedeutung.

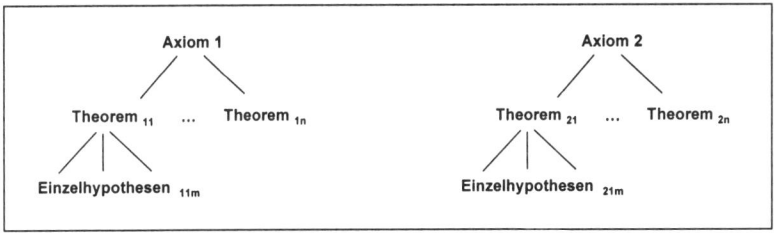

*Abb. 2-1:   Grundstruktur eines Theoriegebäudes (Quelle: in Anlehnung an
              Schanz 1988, 24-32)*

Eine Theorie stellt damit ein in sich logisches und konsistentes System (Gebäude) von Hypothesen dar. Die Qualität einer Theorie bestimmt sich nach dem Niveau der Einzelhypothesen und der Konsistenz ihrer Verknüpfung.

Die in den Abschnitten dieses zweiten Kapitels erläuterten theoretischen Ansätze versuchen, solche Hypothesen für das Internationale Management bzw. Teilbereiche daraus zu entwickeln und miteinander zu verknüpfen, um damit zu theoretisch fundierten Gestaltungsempfehlungen zu kommen.

2.1.2 Entwicklungslinien und Forschungsschwerpunkte des Internationalen Managements

Vom Forschungsgegenstand her lässt sich der Themenbereich der Erforschung internationaler Unternehmenstätigkeit wie in Abbildung 2-2 dargestellt einteilen.

Abb. 2-2:   Forschungsschwerpunkte des Internationalen Managements (Quelle: in Anlehnung an Welge/Holtbrügge 2003, 33)

Der interkulturelle Vergleich von Instrumenten und Methoden des Managements stellt auch vom Forschungsansatz her ein separates Feld im Rahmen der

Erforschung der internationalen Unternehmenstätigkeit dar. Ziel ist es hier, Managementmethoden in verschiedenen soziokulturellen Bedingungen zu beschreiben und deren Effizienzwirkung zu untersuchen, um im zweiten Schritt Empfehlungen bei der Übertragung von Managementstilen auf einen anderen Kulturkreis abzuleiten (vgl. im Detail dazu Abschnitt 6.2).

Im Rahmen des Überbegriffs der Internationalen Managementforschung kann zum einen die internationale Unternehmensführung, auch zu bezeichnen als Internationales Management im engeren Sinn, verstanden werden. Betrachtet werden hier die Auslandsaktivitäten als separate, mit besonderen Spezifika behaftete Managementfelder. Des Weiteren wird als Aufgabe des Managements eines international tätigen Unternehmens die Berücksichtigung der Interdependenzen des nationalen mit dem internationalen Geschäft als auch die Interdependenzen zwischen einzelnen Auslandsmärkten gesehen („Management multinationaler Unternehmen"; vgl. dazu z.b. Kapitel 3.2.4). Die internationale Betriebswirtschaft schließlich legt den Schwerpunkt auf das Management der Geschäftsprozesse und die Instrumente zur Abwicklung internationaler Geschäftsaktivitäten (vgl. dazu z.b. Abschnitt 5.3).

Bei einer inhaltlichen Lokalisierung der internationalen Managementforschung entlang der Zeitachse ergibt sich das in Abbildung 2-3 dargestellte Bild.

Forschungs-schwerpunkte Internationales Management	70er Jahre	80er Jahre	90er Jahre	00er Jahre
Implentation der Internationa-lisierung			Führung/Steuerung in internationalen, integrierten Netzwerken (Bartlett/Ghoshal, Macharzina)	Interkulturelles Management, Optimierung von Führungsmodellen (z.B. durch neue Kommunikations-medien)
Formen/Strategie der Interna-tionalisierung		Ausgestaltung von Internationalisie-rungsstrategien (z.B. Heenan/ Perlmutter, Porter, Ohmae)	Entwicklung globaler Wettbewerbsstrate-gien (z.B. Meffert)	Ausbau der Markt-position auf interna-tionalen Märkten und internationale Optimierung der Wertschöpfungskette
Gründe der Internationa-lisierung	Theorie der IU, Theorie des Außenhandels (z.B. Dunning)	Liberalisierung, Deregulierung	Realisierung globaler Wettbewerbsvorteile	Entstehung von Weltmärkten

Abb. 2-3:   Zeitliche und inhaltliche Entwicklungslinien der Forschung im Internationalen Management

Wie in den folgenden Abschnitten zu sehen sein wird, haben die meisten der besprochenen Theorien des Internationalen Managements ihre Wurzeln in den *70er Jahren* oder kurz davor (vgl. für einen Überblick auch Macharzina 2003).

Dies rührt daher, dass in dieser Zeit das Phänomen der Internationalisierung zum ersten Mal für größere Bereiche der Volkswirtschaften eine gewichtige Rolle spielte. In den Theorien wurde versucht, in einem ersten Schritt die Frage zu beantworten, warum Unternehmen überhaupt eine internationale Tätigkeit aufnehmen und in einem zweiten Schritt zu klären, wie dies im Einzelnen auszusehen hat.

In den *80er Jahren* erfuhr die Internationalisierung in der Wirtschaftspraxis, zumindest in den Ländern der damaligen westlichen politischen Zone, eine deutliche Beschleunigung durch verstärkte Bemühungen, die nationalen Schranken für eine Ausweitung der Unternehmenstätigkeit zu senken. So wurde z.b. die Öffnung wichtiger Infrastrukturmärkte für ausländische Investoren vorangetrieben. Im Zuge des generellen Bedeutungsgewinns der strategischen Planung in der Unternehmensführung wurde auch für die Internationalisierung ein Instrumentarium zur planerischen Vorbereitung und Bewältigung der internationalen Aktivitäten entwickelt. Zu dieser Zeit wurden die ersten internationalen Führungsmodelle generiert (vgl. z.b. Heenan/Perlmutter 1979).

Nicht zuletzt durch die geänderten politischen Bedingungen wurde der Auf- bzw. in vielen Fällen der Ausbau der internationalen Aktivitäten durch den Eintritt großer, bisher weitgehend geschlossener Volkswirtschaften in den internationalen Austausch zum zentralen Gegenstand der Führung von Unternehmen in den 90er Jahren. Nun ging es nicht mehr nur darum, für einen bestimmten Auslandsmarkt eine Strategie zu entwickeln. Vielmehr kam es jetzt darauf an, die Interdependenzen nationaler Aktivitäten zu beachten und auf dieser Basis globale Strategien zu konzipieren. Für die Führung von solchen international tätigen Unternehmen bedeutete dies einen enormen Komplexitätszuwachs. Aus diesem Grund wurden in den *90er Jahren* zunehmend Führungsmodelle für komplex strukturierte, heterogen organisierte Unternehmen entwickelt.

Seit *Beginn des aktuellen Jahrhunderts* ist zu beobachten, dass in vielen Branchen, z.b. im High-Tech-Bereich, zunehmend Weltmärkte entstehen, die mit ihrer hohen Wettbewerbsintensität die Segmentierung der Welt in nationale Märkte kaum mehr zulassen. Ähnliche Nachfragestrukturen, standardisierte Technologien und weltweit die gleichen Wettbewerber sind Kennzeichen dieser globalen Märkte. Für die meisten Unternehmen kommt es darauf an, einen Ausbau ihrer internationalen Aktivitäten zu erreichen, immer mit dem Ziel der Optimierung ihrer gesamten Wertschöpfungskette vor Augen. Bei der Implementierung ist zunehmend auf die Berücksichtigung von interkulturellen Fragen zu achten, weshalb dieser Themenbereich auch als Forschungsgegenstand relevanter wurde.

In den folgenden Abschnitten werden einzelne Theorien, die in diesen Zeitstrahl eingeordnet werden können, inhaltlich und vor allem hinsichtlich ihres Leistungspotenzials für das Internationale Management thematisiert.

Nach der übergeordneten makroökonomischen Betrachtung des Außenhandels im folgenden Abschnitt werden die einzelnen Theorieansätze nach „Sichtweisen" („views") geordnet. Begonnen wird mit Theorien, die explizit die für das Internationale Management so wichtige Zeitperspektive thematisieren (vgl. Abschnitt 2.3). Die marktorientierten Ansätze in Form von strategischen und industrieökomomischen Konzeptionen (vgl. Abschnitt 2.4) und die ressourcenorientierten Theorien (vgl. Abschnitt 2.5) spiegeln zwei zentrale Einteilungskriterien betriebswirtschaftlicher Modelle wider. Der Tatsache, dass wertorientierte Unternehmensführung in den letzten Jahren zu einem zentralen Paradigma der Betriebswirtschaftlehre geworden ist, trägt Abschnitt 2.6 mit den kapitalmarkttheoretischen Ansätzen im Rahmen des „value-based view" Rechnung. Da auch im Internationalen Management nicht alle empirisch zu beobachtenden Entscheidungen rein rational-logisch erklärt werden können, liegt die Berücksichtigung verhaltenswissenschaftlicher Ideen im Rahmen des „behavioural view" (vgl. Abschnitt 2.7) nahe. Die Zuordnung zu den einzelnen Sichtweisen ist manchmal nicht absolut eindeutig. Sie bietet aber aus didaktischer Sicht viele Vorteile, da so die zentrale Aussage einer Theorie einer Betrachtungsweise zugeordnet werden kann. Übergeordnete Betrachtungen aus der Institutionenökonomie und die integrierte Theorie von Dunning ergänzen die einzelnen „Sichtweisen".

2.2 Volkswirtschaftliche Theorien zur Erklärung von Außenhandel

Außenwirtschaftliche Handelsbeziehungen von Unternehmen stehen als weit verbreitete Form internationaler Aktivitäten auf der ökonomischen Agenda seit Jahren mit an der Spitze. Der große Stellenwert dieser Form des Auslandsengagements wird empirisch insbesondere am Beispiel Deutschland deutlich: ohne die stetig wachsende Exportbranche, die im Jahr 2004 mit 5,5 Prozent Wachstum wesentlich zur Steigerung der gesamtwirtschaftlichen Produktion beitrug (vgl. Jahresgutachten 2005/06 des Sachverständigenrates, 88; vgl. auch Abschnitt 1.1), wäre Deutschland in den letzten Jahren in eine Rezession geraten. Für viele Unternehmen stellen die Exporte den Wachstumstreiber der letzten Jahre dar, was Grund genug ist, sich auch aus Sicht des Internationalen Managements mit den theoretischen Grundlagen des Außenhandels zu befassen.

So aktuell die Diskussion auch anmutet, ihre historischen Wurzeln reichen weit zurück. Die erste wichtige Abhandlung zur Thematik Außenhandel war ein Essay des schottischen Philosophen David Hume im Jahre 1758 mit dem Titel „Of the balance of trade", 20 Jahre vor dem wohl bekannteren Werk von Adam Smith „The Wealth of Nations" (vgl. Krugman/Obstfeld 2003, 25). Mittlerweile existieren in der Literatur eine Vielzahl von Theorien, welche die Internationalisierung von Volkswirtschaften, Branchen und vor allem auch Unternehmen mit Hilfe des Außenhandels erklären wollen. Einige von ihnen werden auf den nächsten Seiten betrachtet (vgl. für eine detailliertere Behandlung von Außenhandelstheorien z.B. Dixit/Norman 1998).

Die Theorie der absoluten Kostenvorteile von A. Smith

Adam Smith vertrat die These, dass Außenhandel einem Land den größten Nutzen bringt, wenn es die Güter exportiert, die es absolut kostengünstiger produziert und dafür Güter importiert, die im Ausland absolut kostengünstiger hergestellt werden.

Produktionskosten / Liter	Bier	Whisky
Deutschland	10 €	20 €
Großbritannien	20 €	10 €

Im obigen hypothetischen Beispiel (vgl. ähnlich z.b. Welge/Holtbrügge 2003, 51-53) würde sich Deutschland auf die Herstellung von Bier und Großbritannien auf die Herstellung von Whisky spezialisieren. Bei Außenhandel ergäben sich folgende Handelsströme: Deutschland würde Bier exportieren und Whisky importieren, wohingegen Großbritannien Bier importieren und Whisky exportieren würde.

Nach Smith's These wäre somit Außenhandel für ein Land, das alle Güter kostengünstiger produzieren könnte, nicht vorteilhaft. David Ricardo zeigte aber, dass Handel zwischen Ländern auch Wohlstand fördernd sein kann, wenn es keine absoluten Kostenvorteile gibt.

Die Theorie der komparativen Kostenvorteile von D. Ricardo

Nach David Ricardo findet Außenhandel auch dann statt, wenn sich jedes Land auf die Produktion der Güter spezialisiert, bei denen es komparative Kostenvorteile hat und diese Güter international gegen Güter tauscht, die sich in inländischer Produktion nur mit komparativen Kostennachteilen herstellen lassen.

Diese Hypothese knüpfte er in ihrer einfachsten Form an die Annahme, dass zur Herstellung der Güter nur der homogene Produktionsfaktor Arbeit benötigt wird. Eine weitere wichtige Annahme ist die Mobilität von Arbeitskräften innerhalb eines Landes und die Immobilität zwischen Ländern. Des Weiteren geht Ricardos Modell von zwei Ländern, zwei Produkten und kompetitiven

Produkt- und Faktormärkten unter Vernachlässigung von Transportkosten aus. Dies soll anhand eines einfachen Beispiels illustriert werden.

Produktionskosten / Liter	Bier	Whisky
Deutschland	5 €	9 €
Großbritannien	20 €	10 €

Im obigen wiederum hypothetischen Beispiel wird deutlich, dass Deutschland gegenüber Großbritannien beide Güter absolut kostengünstiger produzieren kann. Dennoch kommt es nach Ricardo zu Außenhandel, da die Außenhandelsstruktur nicht aus absoluten Vorteilen hergeleitet werden kann, sondern sich nach dem relativen Vorteil richtet. In unserem Beispiel hat Deutschland den relativen Vorteil in der Bierherstellung und Großbritannien in der Whiskyproduktion. Dementsprechend werden sich beide Länder spezialisieren und das jeweilige Gut exportieren. Diese Spezialisierung bringt beiden Ländern Außenhandelsgewinne. Handel kann als Methode der indirekten Produktion aufgefasst werden und erhöht die Produktions- und Konsummöglichkeiten beider Länder. In beiden Fällen erweitert der Handel die Optionen und beschert so den Einwohnern beider Länder einen Zugewinn an Wohlstand.

Dieser Zugewinn an Wohlstand lässt sich auch rechnerisch belegen: nehmen wir an, in beiden Ländern werden jeweils 5 Liter der beiden Güter nachgefragt. Sind beide Länder autark und stellen jeweils 5 Liter Bier und Whisky selbst her, so ergeben sich für Deutschland Produktionskosten in Höhe von 70 Euro und für Großbritannien in Höhe von 150 Euro, so dass die Produktionskosten insgesamt 220 Euro betragen. Spezialisieren sich beide Länder gemäß ihres komparativen Vorteils, so produziert Deutschland mit Produktionskosten in Höhe von 50 Euro 10 Liter Bier, von denen es 5 Liter nach Großbritannien exportiert. Großbritannien hingegen wendet 100 Euro für die Produktion von 10 Litern Whisky auf, von denen es 5 Liter nach Deutschland exportiert. Diese Form der Spezialisierung führt insgesamt zu einem Wohlfahrtsgewinn in Höhe von 70 Euro, da die Produktionskosten unter Außenhandel mit 150 Euro deutlich geringer sind als die Produktionskosten von 220 Euro unter Autarkie. Dieser Wohlfahrtsgewinn kommt dabei nicht nur Großbritannien zu Gute, das in dem Beispiel die schlechtere Kostenposition in beiden Gütern hat. Deutschland profitiert ebenfalls in Höhe von 20 Euro zusätzlicher Wohlfahrt.

Im empirischen Befund erweist sich das Ricardo-Modell allerdings als zu einfach, um Außenhandel zwischen Ländern umfassend zu erklären. Außerdem enthält es die oben genannten starken Vereinfachungen, die in der Realität so nicht gelten. Die Hauptaussage, wonach ein Land jene Produkte exportiert, bei dem seine Arbeitsproduktivität relativ am höchsten ist, auch wenn das Land bei keinem Produkt absolute Vorteile hat, findet jedoch generell empirische Unterstützung.

Faktorproportionen-Theorien: Das Heckscher-Ohlin-Modell

Der Erklärungsansatz, dass Faktorausstattungsunterschiede die einzige Ursache für Außenhandel sind, führte zu einer weiteren einflussreichen Theorie auf dem Gebiet der Außenwirtschaftslehre. Sie stammt von zwei schwedischen Ökonomen, Eli Filip Heckscher und Bertil Ohlin, der 1977 den Nobelpreis für Wirtschaftwissenschaften erhielt, und wird daher häufig als Heckscher-Ohlin-Modell bezeichnet. Da diese Theorie die komparativen Vorteile eines Landes auf das Zusammenwirken von Unterschieden in der Faktorausstattung der einzelnen Länder und den unterschiedlichen Faktorintensitäten einzelner Produkte zurückführt, wird sie auch als Faktorproportionen-Theorie bezeichnet. Nach dieser Theorie entstehen komparative Vorteile durch die unterschiedliche Ausstattung eines Landes mit den Produktionsfaktoren Arbeit und Kapital. Nach Heckscher-Ohlin spezialisiert sich eine Volkswirtschaft auf jene Produkte und exportiert diese, welche die reichlich vorhandenen Produktionsfaktoren besonders intensiv verwenden. Dabei kommt es zudem zwischen handelnden Volkswirtschaften zu einem Faktorpreisausgleich. Diese Konvergenz führt zu einem Ausgleich der relativen Preise von Arbeit und Kapital, d.h. durch Außenhandel ergeben sich dieselben Lohnsätze und Renditen in den beteiligten Volkswirtschaften. Hintergrund dieser These ist die im Modell unterstellte Vorstellung, dass mit Handel von Gütern indirekt auch Produktionsfaktoren gehandelt werden.

So einfach und einleuchtend diese Sichtweise auch ist, in der Realität beobachten wir insbesondere bei Lohnsätzen keinen Faktorpreisausgleich. Um zu erfahren, weshalb die Prognosen dieses Modells keine empirische Unterstützung finden, hilft ein Blick auf die dem Modell zugrunde liegenden Annahmen. Im Modell werden beispielsweise Transportkosten nicht betrachtet, die aber in Form von Zöllen und nicht-tarifären Handelshemmnissen den Handel und somit den Faktorpreisausgleich erheblich behindern können. Des Weiteren ist die Annahme der Produktion homogener Güter unter gleicher Technologie mit der Realität nicht vereinbar.

Erweiterung der Faktorproportionen-Theorie durch Samuelson und Stolper

Samuelson und Stolper erweiterten das Modell von Heckscher-Ohlin hinsichtlich zwei zentraler Aspekte: zum einen erhielt das Modell eine mathematische Fundierung, was empirische Überprüfung erleichterte. Zum anderen stellten Samuelson und Stolper die These auf, dass der Anstieg des relativen Preises eines Gutes zu einer Erhöhung der Entlohnung des Produktionsfaktors führt, der bei der Produktion dieses Gutes intensiv genutzt wird, und zu einem Rückgang der Entlohnung des anderen Produktionsfaktors. Die relative Faktorentlohnung hängt entgegen dem Heckscher-Ohlin-Modell also nicht vom Faktorbestand, sondern nur vom Güterpreis ab. Internationaler Handel führt somit zu einer Aufhebung der internationalen Faktorpreisunterschiede. Außenhandel kann folglich als eine zur Direktinvestition alternative Form der Auslandsmarktbearbeitung angesehen werden.

Die Relevanz dieser vorgestellten Außenhandelstheorien für die Ableitung konkreter Handlungsempfehlungen für das Internationale Management ist allerdings beschränkt. Wie auf den vorhergehenden Seiten gezeigt wurde, liefern Außenhandelstheorien eine fundamentale Erklärung für die Vorteilhaftigkeit von Außenhandel. Gleichwohl berücksichtigen diese Modelle lediglich länderspezifische, nicht aber unternehmensspezifische Motive und argumentieren letztlich primär aus volkswirtschaftlicher Sicht. Des Weiteren kann zwar unter der Prämisse immobiler Produktionsfaktoren Außenhandel erklärt werden, eine Erklärung für Direktinvestitionen liefern diese Theorien jedoch nicht und weisen somit einen geringen Aussagegehalt für die Entstehung „moderner" multinationaler Unternehmen auf, die regelmäßig unterschiedlichste Formen von Direktinvestitionen in ihren internationalen Engagements aufweisen (vgl. Abschnitt 1.2.4).

2.3 Phasenorientierte Internationalisierungsansätze – Der „dynamic view"

2.3.1 Die Produktlebenszyklustheorie nach Vernon

Die phasenorientierten Ansätze im Internationalen Management repräsentieren die explizit *dynamische Sichtweise* bei der Internationalisierung von Geschäftsaktivitäten. Dynamisch bedeutet, dass nicht punktuell zu einem bestimmten Zeitpunkt der Stand und die Inhalte des Auslandsengagements betrachtet werden, sondern dass in einer Längsschnittanalyse die Internationalisierung im Zeitablauf analysiert wird. Dementsprechend wird die Expansion ins Ausland als Prozess verstanden, der als Abfolge von vielen Einzelmaßnahmen darstellbar ist.

Dieser Prozessansatz kann in der Realität regelmäßig nachgewiesen werden. Empirisch gesehen ist dabei auffällig, dass Muster in der Abfolge der Einzelmaßnahmen festgestellt werden können. Die phasenorientierten Ansätze, die damit stark empirisch ausgerichtet sind (vgl. Müller/Kornmeier 2002, 282), versuchen, diese Muster durch Festlegung einer idealtypischen Abfolge von Internationalisierungsaktivitäten zu verallgemeinern. Sie teilen den Internationalisierungsprozess dazu in verschiedene Phasen ein. Das vorrangige Ziel dieser Ansätze liegt in der Erklärung und der situativen Erfolgsbewertung dieser Muster, um letztendlich Erfolg versprechende Empfehlungen zur schrittweisen Ausweitung der Aktivitäten ins Ausland ableiten zu können.

Der wohl bekannteste Ansatz aus dieser Art von Internationalisierungsmodellen ist die Produktlebenszyklustheorie von Vernon (vgl. 1966). Das Ziel des Ansatzes besteht darin, ein möglichst allgemein gültiges Muster der Zusammenhänge von Innovation, Produktion, des Außenhandels und der ausländischen Direktinvestitionen zu finden. Vernon integriert dabei Erkenntnisse zur Entstehung von Innovationen und deren Überführung in markttaugliche Produkte mit Überlegungen zum Export und zur Verlagerung der Produktion solcher Produkte ins Ausland (vgl. Ietto-Gillies 2005, 70). Den Ausgangspunkt der Überlegungen Vernons bildet die Betrachtung der USA der 50er und 60er Jahre, die als Paradebeispiel einer hoch entwickelten Industrienation mit einem hohen Pro-Kopf-Einkommen und gleichzeitig hohen Lohnstückkosten aufwartete. Daraus folgert er, dass unter diesen Bedingungen Innovationen in den USA früher und schneller als in anderen Ländern, unterteilt in andere Industrienationen, wie z.b. Westeuropa, und in Entwicklungsländer, eintreten (vgl. Vernon 1966, 192-193).

Als Leitgedanke für die weitere Entwicklung seiner Argumentation verwendet Vernon ein idealisiertes Schema zur Beschreibung des Lebenszyklus eines Produkts. Vier Phasen können unterschieden werden: Die Innovations-, die Export-, die Direktinvestitions- und die Reimportphase. Vernon identifiziert in empirischen Beobachtungen in den USA der 50er und 60er Jahre spezifische Ausprägungen, was die Produktgestaltung, die Marktbedingungen, die Produktbedingungen und den Produktionsstandort betrifft, entlang des Lebenszyklus eines Produkts. Abbildung 2-4 skizziert graphisch den Verlauf von Produktionsvolumen und inländischem bzw. ausländischem Konsum in den einzelnen Phasen.

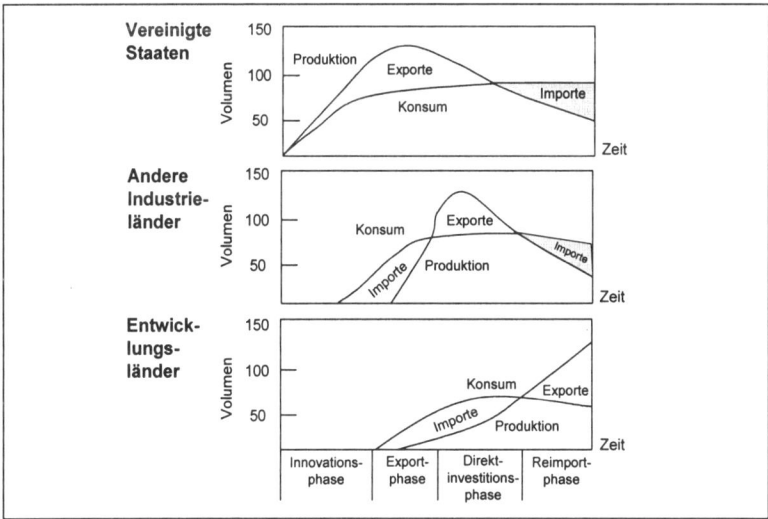

Abb. 2-4:   Der Produktlebenszyklus nach Vernon (Quelle: in Anlehnung an Vernon 1966; Welge/Holtbrügge 2003, 58)

Der argumentative Zusammenhang, der hinter den Kurven steht, wird in Tabelle 2-1 verdeutlicht (vgl. zu den einzelnen Argumenten auch Stein 1998, 65).

	Innovationsphase	Exportphase	Direktinvestitionsphase	Reimportphase
Produkt-gestaltung	Technologische und marktliche Unsicherheit	Käuferpräferenzen erkundet. Anpassung der Produktmerkmale. Mittlere Kommunikationsintensität	Technische Produktmerkmale fixiert	Technische Produktmerkmale fixiert, evtl. Anpassung an Auslandsmärkte
Markt-bedin-gungen	Geringe Preiselastizität der Nachfrage. Quasi-monopolistische Marktstellung	Steigende Preiselastizität der Nachfrage und Wettbewerbsintensität. Zunehmender Bekanntheitsgrad in anderen Industrieländern	Hohe Preiselastizität der Nachfrage und Wettbewerbsintensität auch in anderen Industrieländern	Starker Preiswettbewerb weltweit
Produk-tionsbe-dingungen	Instabile Produktionsprozesse und häufige Veränderung des Produktionsverfahrens. Hoher Anteil qualifizierter Arbeitskräfte und flexibler Produktionseinrichtungen vonnöten	Allmählich Massenfertigung mit Nutzung von Volumeneffekten, steigende Kapitalintensität	Massenproduktion mit standardisierten Produktionsprozessen, hoher Bedarf an gering ausgebildeten Arbeitskräften und hohe Kapitalintensität	Hocheffiziente Produktion mit Volumeneffekten und Faktorkosten als wichtige Wettbewerbsvariablen
Produk-tions-standort	Ausschließlich Stammlandproduktion (hier: USA); (geringe) Exporte in andere Industrieländer	Größtenteils Stammlandproduktion und Export in andere Industrieländer, deren Unternehmen (noch) nicht in der Lage sind, das Produkt zu fertigen; beginnende Verlagerung der Produktionsstandorte in diese Länder	Hohe Direktinvestitionen in andere Industrieländer und beginnend in Schwellen-/ Entwicklungsländer, beginnende Reimporte (hier: in die USA)	Konzentration der Produktion in Schwellen- und Entwicklungsländer auf Grund von Kostenvorteilen und Reimporte in Industrieländer

Tab. 2-1:   *Beschreibung der Lebenszyklusphasen in Anlehnung an Vernon (vgl. 1966)*

Vernon sieht in einer Produktinnovation den Anstoß für die Produktion und den Absatz eines Produktes. Er hat sich empirisch mit den USA beschäftigt, weswegen er auch dieses Land als Ausgangspunkt nimmt. Gegen Ende der *Innovationsphase* in den USA entwickelt sich auch in anderen Industrieländern eine Nachfrage nach dem Produkt, die durch Importe aus den USA befriedigt wird. Die in der Innovationsphase gegebenen Ausprägungen finden sich in Tabelle 2-1 in der entsprechenden Spalte. Dadurch entsteht Außenhandel, der im weiteren Verlauf in der von Vernon als *Exportphase* titulierten Zeitspanne abgewickelt wird. Die Produktgestaltung, die Nachfragestruktur und die Produktionsbedingungen sind durch die Konstellationen dieser Phase gegeben (vgl. Tabelle 2-1,

Spalte „Exportphase"). Durch die Ausweitung der Produktions- und Absatzmenge stabilisieren sich die Produktionsbedingungen und die Kenntnisse über die Nachfragestruktur noch weiter. Andere Industrieländer fangen an, ebenfalls Produktionskapazität aufzubauen und selbst zu exportieren, vor allem die Entwicklungsländer. Am Anfang der *Direktinvestitionsphase* (vgl. Tabelle 2-1) haben das Produkt, der Markt dafür und die Produktionskonstellation einen hohen Standardisierungsgrad erreicht. Jetzt werden aus den USA und den anderen Industrieländern Direktinvestitionen, vor allem in den Entwicklungsländern, vorgenommen, da die Produktionsprozesse stabil sind und die Kostenvorteile der Entwicklungsländer genutzt werden können.

Diese „Direktinvestitionsphase" (vgl. Abbildung 2-4) wird zu einer *Reimportphase*, die durch Bezug des Produkts aus den Entwicklungsländern gekennzeichnet ist, wodurch nach der Direktinvestitionsphase wieder Außenhandel zu verzeichnen ist.

Die Lebenszyklustheorie von Vernon ist eine der am häufigsten zitierten und verwendeten Theorien im Internationalen Management. Die Stärken des Ansatzes von Vernon sind insbesondere in der endogenen Berücksichtigung von Änderungen der Produkt-, Produktions- und Marktbedingungen zu sehen. Diese Elemente werden auf plausible Art und Weise miteinander verbunden und ergeben ein in sich konsistentes Argumentationsmuster zur Erklärung von Internationalisierungsschemata. Durch die explizite Integration von Innovation und technologischem Fortschritt gelingt die Verbindung zu anderen Internationalisierungsansätzen, wie z.B. zum technologischen Lückenhandel (vgl. Abschnitt 2.5.3.2). Auf diese Art und Weise werden Außenhandels- mit Direktinvestitionsentscheidungen verbunden und unter Branchen- und Wettbewerbsbedingungen abgeleitet (vgl. Ietto-Gillies 2005, 76).

Vernon selbst hat aber auch die Grenzen seines Ansatzes aufgezeigt (vgl. z.B. Vernon 1979). Änderungen in der Marktstruktur in vielen Branchen führen zu einer Innovationsrate und einer Wettbewerbsintensität, die die parallele Einführung eines Produkts auf vielen nationalen Märkten notwendig macht, um den erlangten, aber nur kurzfristig verteidigbaren Innovationsvorsprung schnell in Umsätze transferieren zu können. Dies gilt vor allem für große multinationale Unternehmen, so dass die Vernon-Theorie zunehmend eher für mittelständische Unternehmen mit einem noch vergleichsweise niedrigen Internationalisierungsgrad relevant ist. Der zweite Kritikpunkt betrifft den angenommenen idealtypischen Verlauf des Produktlebenszyklusses. Der unterstellte Verlauf ist in der Realität häufig nicht anzufinden. Der Zyklus stellt keine exogene Größe dar, sondern kann durch die Unternehmen, z.B. durch Produktvariationen, sowohl inhaltlich als auch zeitlich verändert werden (vgl. Welge/Holtbrügge 2003, 59). Des Weiteren ist durch einen besseren länderübergreifenden Austausch von Informationen und durch Zwischenhändler der zeitlich versetzte länderspezifische Verlauf des Zyklusses inzwischen wohl eher die Ausnahme. Hinzu kommt, dass die in den letzten Jahren zunehmend eingesetzten Alternativen zum Auslandsmarkteintritt mit Direktinvestitionen, also z.B. Joint Ventures oder Kooperationen (vgl. Abschnitte 1.2.3 und 1.2.4.4) nicht berücksichtigt werden. Aus diesen Gründen ist die konkrete Ableitung von Empfehlungen zur Gestaltung einer produktspezifischen Internationalisierungsstrategie allein auf Basis der Vernon-Theorie unvollständig.

2.3.2 Der lerntheoretische Internationalisierungsansatz nach Johanson/Vahlne („Uppsala-Ansatz")

Ähnlich wie beim Produktlebenszyklus nach Vernon definieren auch *Johanson/Vahlne* mehrere Phasen eines Prozesses zur Ausweitung der Geschäftsaktivitäten ins Ausland (vgl. Johanson/Vahlne 1977, 1990; Bäurle 1996, 66-90). Anders als bei Vernon sind aber nicht Innovation und externe Größen bestimmend für die Art und die Inhalte der Internationalisierung. Die zentrale Determinante des Internationalisierungsprozesses sind für Johanson/Vahlne vielmehr Lernprozesse, die Unternehmen bei verschiedenen Entwicklungsstufen ihrer Auslandstätigkeit durchlaufen. Dementsprechend erfolgt in diesem auch als Uppsala-Schule bezeichneten Modell die Ausweitung der Auslandsaktivitäten eher inkremental, d.h. in kleinen, gut planbaren Schritten, als revolutionär, also in einem großen Wurf. Die Elemente eines solchermaßen verstandenen Phasenprozesses sind in Abbildung 2-5 enthalten.

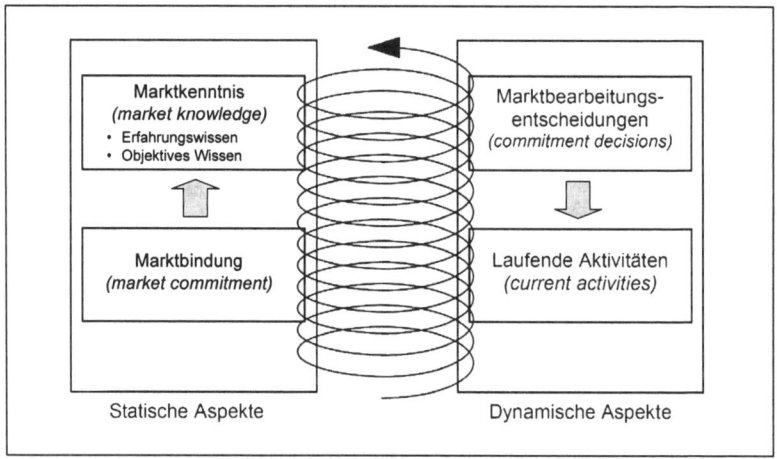

Abb. 2-5:   *Internationalisierungsstufen nach Johanson/Vahlne (Quelle: Johanson/Vahlne 1977, 26)*

Das Modell enthält *statische Aspekte* in Form eines erreichten Grades der Marktbindung und einer erworbenen Marktkenntnis. Die Marktbindung ist durch den Transfer von Ressourcen ins Ausland gegeben (vgl. Kutsch-ker/Schmid 2005, 459-460). Durch Kapitaltransfers werden Plattforminvestitionen, z.B. in Form der Gründung einer Tochtergesellschaft in einem Auslandsmarkt, getätigt. Produkte, einheimisches und entsandtes Personal, aber auch die Beziehungen zu Lieferanten im Auslandsmarkt, zu Kunden und zu staatlichen Einrichtungen, begründen eine Einbindung des Unternehmens in die Strukturen des Auslandsmarktes. Je stärker diese Einbindung, also je größer die Marktbindung, desto schwieriger ist das Engagement des Unternehmens in diesem Land revidierbar. Die Marktkenntnis ist eng verbunden mit dem Ausmaß der Marktbindung. Durch die Aktivitäten im Auslandsmarkt und die Etablierung von Beziehungen zu einheimischen Gruppen kann das Unternehmen Informationen über Marktstrukturen, Wettbewerber, Kundenpräferenzen und über das rechtliche und kulturelle Umfeld gewinnen. Objektives Wissen kann durch Sammlung von Daten, z.B. über Marktvolumen oder Kaufkraft, gewonnen werden, wohingegen Erfahrungswissen im Wesentlichen aus den direkten Beziehungen zu oben genannten Gruppen entsteht.

Ein Prozess muss immer *dynamische Aspekte* enthalten. Diese berücksichtigen Johanson/Vahlne durch Entscheidungen über die weiteren „Internationalisierungsschritte" und die daraus resultierenden „laufenden Geschäftsaktivitäten" (vgl. Abbildung 2-5, rechte Seite). Auf der Basis der erreichten Marktbindung und der damit verbundenen Marktkenntnis müssen Unternehmen entscheiden, ob und wie sie die Aktivitäten im Ausland ausbauen. Diese Entscheidung über die Veränderung der Marktbindung, die z.B. in der Umwandlung einer nicht mit Eigenkapital unterlegten Kooperation in eine Beteiligung an dem ausländischen Partner bestehen kann, beeinflusst wiederum die Art der laufenden Geschäftsaktivitäten.

Wesentlich für das Verständnis des Uppsala-Modells ist das Zusammenspiel der statischen und der dynamischen Aspekte. Jede Entscheidung über einen Ausbau der internationalen Aktivitäten verändert das laufende Geschäft, was wiederum die Marktbindung beeinflusst und zu einer Veränderung der Marktkenntnisse führt. Eine veränderte Marktkenntnis bildet die Basis für weitergehende Entscheidungen zur Veränderung des ausländischen Geschäfts. Der beschriebene Zusammenhang kann beliebig oft im Rahmen eines Internationalisierungsprozesses durchlaufen werden. Die Spirale zwischen den Einzelkomponenten des Modells (vgl. Abbildung 2-5) verdeutlicht diesen Zusammenhang. Grundsätzlich ist das Modell auch auf einen Rückzug aus dem Auslandsmarkt anwendbar. Allerdings wird es normalerweise zur Erklärung des Aufbaus einer Auslandspräsenz verwendet.

Entlang dieser „Internationalisierungsspirale" verlaufen die beschriebenen Lernprozesse und Ausbauentscheidungen. Allerdings müssen diese logisch-plausiblen Aussagen über die Determinanten des Internationalisierungsprozesses noch ergänzt werden um inhaltliche Konkretisierungen. Johanson/Vahlne definieren dazu einen nach ihrem Modell idealtypischen Internationalisierungsverlauf entlang der so genannten *„establishment chain"* (vgl. 1977, 24-25):

(1) keine internationalen Aktivitäten,

(2) regelmäßiger Export unter Zuhilfenahme von Export-/Importagenturen,

(3) Vertriebsgesellschaften im Ausland,

(4) Produktionsgesellschaften im Ausland.

Der Schritt von einer Stufe zur nächsten erfolgt entlang der oben beschriebenen Spirale. Grundsätzlich gilt dieses Muster für alle Branchen und auch für alle Länder. Was nun allerdings die zeitliche Abfolge der Bearbeitung unterschiedlicher ausländischer Märkte betrifft, so identifizieren die Autoren die *„psychic distance"* als Haupteinflussfaktor. „The psychic distance is defined as the sum of factors preventing the flow of information from and to the market. Examples are differences in language, education, business practices, culture and industrial development" (Johanson/Vahlne 1977, 24). Zuerst werden Märkte ausgewählt und bearbeitet, die eine große psychische Nähe aufweisen. Aus deutscher Sicht wäre dies z.B. der österreichische Markt. Die psychische Nähe zeichnet sich durch eine ähnliche Kultur und Umgangsformen im geschäftlichen Bereich aus. Erst wenn das Unternehmen sich hier etabliert hat und Marktwissen aufgebaut hat, werden psychisch weiter entfernte Auslandsmärkte in Angriff genommen.

Bei einer *Bewertung der Leistungsfähigkeit des Uppsala-Modells* ist als Stärke hervorzuheben, dass die Autoren ausgehend von der Beobachtung empirisch regelmäßig auftretender Muster eine in sich logische und konsistente Theorie entwickeln. Auf Grund der empirischen Basis hat diese Theorie grundsätzlich einen hohen Erklärungswert (zur genaueren Erläuterung der empirischen Studien vgl. z.B. Bäurle 1996, 71-72). Allerdings sind in späteren Untersuchungen wichtige Einschränkungen identifiziert worden, die eine nachlassende Erklärungskraft des Modells mit zunehmendem Internationalisierungsgrad der Branche bzw. des Unternehmens postulieren. Abbildung 2-6 zeigt diesen Zusammenhang.

Generell gesprochen sinkt der Erklärungsgehalt des Modells mit zunehmendem Internationalisierungsgrad der Branche bzw. des betrachteten Unternehmens. Ein hoher Internationalisierungsgrad der Branche macht es Unternehmen schwer, sich die Zeit zu nehmen, die Internationalisierungsspirale „hochzulaufen", da sie auf Auslandsmärkten auf Unternehmen und Kunden treffen, die bereits Wettbewerbsvorteile aus internationaler Tätigkeit ziehen. Ist das Unternehmen bereits stark internationalisiert, so ist ein internationales Wissenspotenzial angesammelt, das die nur inkrementale Erweiterung der Auslandsaktivitäten als nicht mehr notwendig erscheinen lässt. Der Erklärungsgehalt ist damit insbesondere in der Anfangsphase von Internationalisierungsentwicklungen in einem Unternehmen und einer Branche hoch. Da allerdings inzwischen die meisten Branchen und auch viele Unternehmen bemerkenswerte ausländische Aktivitäten aufgebaut haben, hat der Johanson/Vahlne-Ansatz in seiner Leistungsfähigkeit unter diesem Gesichtspunkt verloren.

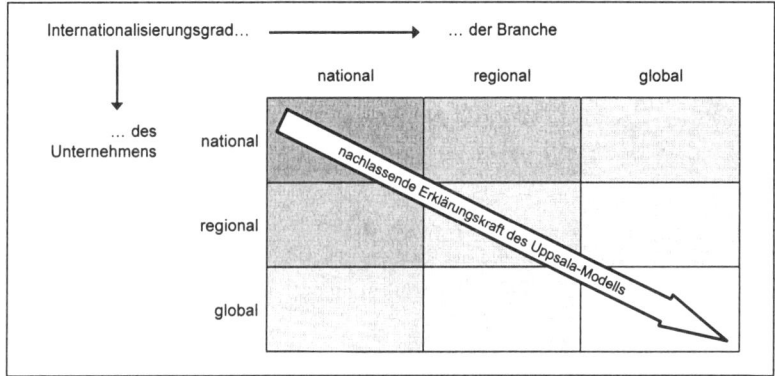

Abb. 2-6:   Erklärungspotenzial des Uppsala-Modells (Quelle: Vahlne/Nordström 1993, 545)

Positiv fällt auf, dass zum ersten Mal Überlegungen zur Sammlung von Wissen und dessen Verarbeitung auf organisatorischer Ebene angestellt wurden. Dadurch wird eine Determinante integriert, die vor allem in dynamischen Branchen hohe Relevanz hat.

Ein wichtiger Einwand gegen das Modell ist seine Linearität und damit Inflexibilität (vgl. z.B. Ietto-Gillies 2005, 128). Strategische Überlegungen, z.B. zur Ziellandwahl (vgl. Abschnitt 3.2.3.2), sind nicht enthalten. Genauso werden viele wichtige Determinanten der Internationalisierung aus dem marktlichen Umfeld bestenfalls indirekt über das Marktwissen abgebildet. Hinzu kommt, dass Effizienzbetrachtungen, wie sie z.B. bei Vernon (vgl. Abschnitt 2.3.1) eine zentrale Rolle spielen, kaum integriert werden. Zunehmend wird, gerade in dynamischen Branchen, eine eher revolutionäre Bearbeitung von Auslandsmärkten durch die einmalige Investition hoher Kapitalmittel beobachtet (vgl. Kutschker/Schmid 2005, 463). Auch wird der genaue Zeitpunkt, wann von einer Stufe bzw. Form der Marktbearbeitung auf Grund ausreichenden Marktwissens auf die nächste Stufe bzw. Form übergegangen werden soll, nicht thematisiert, was die Ableitung konkreter Empfehlungen für die Entwicklung von Auslandsstrategien stark einschränkt.

2.4   Strategische / industrieökonomische Modelle im IM – Der „market-based view"

2.4.1   Grundlagen des „market-based view"

Geht es darum, Erfolg versprechende Strategien für ein Unternehmen zu entwickeln, so denkt man naheliegenderweise zunächst an eine *Analyse der Märkte*, auf denen sich ein Unternehmen bewegt. Ziel der Analyse ist es, mögliche Erfolgspotenziale für ein Unternehmen zu identifizieren und darauf aufbauend Maßnahmenkataloge zur Nutzung dieser Potenziale zu entwickeln. Dieser klassische Ansatz aus dem Bereich der Unternehmensplanung wurde inhaltlich und methodisch wesentlich von Michael Porter geprägt (vgl. vor allem 1980; generell zum „market-based-view und den Analyseinstrumenten vgl. z.B. Hungenberg 2004, 86-129; Lynch 2003, 81-195). Er entwickelte Methoden wie die Branchenstrukturanalyse (vgl. 1998, 3-33) oder Konzepte zu generischen Strategien (vgl. 1998, 34-46), die die Denkweise sowohl in der theoretischen als auch in der praktischen Unternehmensplanung prägten.

Im Zentrum des Denkens steht die Wettbewerbsfähigkeit eines Unternehmens und in diesem Zusammenhang das Erreichen von Wettbewerbsvorteilen. Basis dafür ist eine exakte Analyse der Märkte eines Unternehmens. Abbildung 2-7 zeigt diese Märke im Umfeld eines Unternehmens.

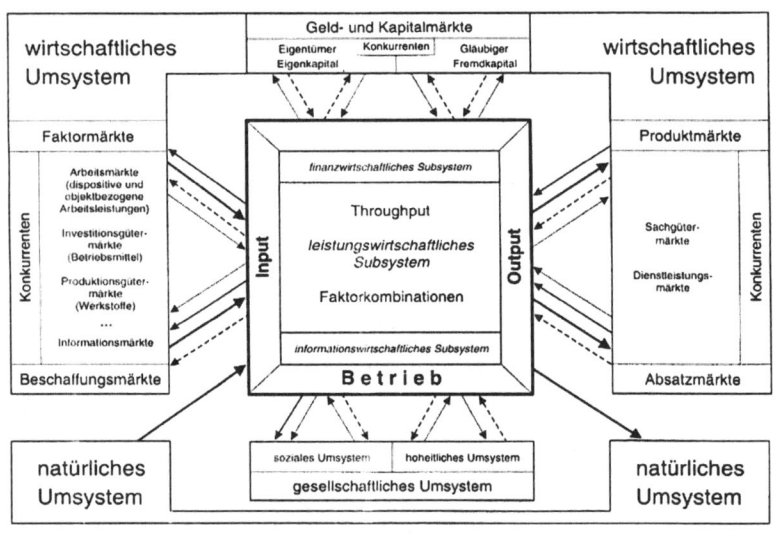

Abb. 2-7: Märkte und Akteure im Umfeld eines Unternehmens (Quelle: Zelewski 1999, 67)

Diese Idee der Ableitung sinnvoller Strategien aus der Konstellation der Märkte, die ein Unternehmen umgeben, macht gerade auch im internationalen Umfeld Sinn. Die Grundthese der strategischen und industrieökonomischen Ansätze im Internationalen Management besagt, dass ein Unternehmen Erfolgspotenziale auf Auslandsmärkten suchen und die eigene Strategie entsprechend gestalten muss, um erfolgreich zu sein. Dabei kommt es darauf an, auf diesen Auslandsmärkten Wettbewerbsvorteile gegenüber den einheimischen und internationalen Konkurrenten zu generieren, um langfristig erfolgreich sein zu können.

Von besonderem Interesse bei der Analyse ist naturgemäß der Absatzmarkt, für den auch die meisten Analyseinstrumente vorliegen. Die Stärken und Schwächen der *Lieferanten* und der *Wettbewerber* und vor allem die Präferenzen der *Kunden* liegen hier im Fokus der Analyse. Allerdings sollten im internationalen Umfeld die *Faktormärkte* im Ausland, die evtl. günstigere Beschaffungskosten für Produktionsfaktoren bieten oder die nationalen Geld- und Kapitalmärkte, die die Senkung der Finanzierungskosten möglich machen können, keinesfalls vernachlässigt werden. Dies gilt in noch gesteigertem Maße für das gesellschaftliche Umfeld, das sich z.b. hinsichtlich soziokultureller oder rechtlicher Differenzen von Land zu Land zum Teil erheblich unterscheiden kann (vgl. dazu Abschnitt 6.2). Die Erkenntnisse, die aus der Analyse der Märkte und Umfeldfaktoren gewonnen werden, müssen dann in einem strukturierten Planungsprozess in die Genese einer Strategie zur Bearbeitung des Auslandsmarktes überführt werden (vgl. dazu im Detail Abschnitt 3.2.1).

2.4.2 Die Theorie des monopolistischen Vorteils

Der am stärksten rezipierte Ansatz aus dem Feld der strategischen/industrieökonomischen Modelle geht auf die zum Teil bereits in den späten fünfziger Jahren entstandenen Arbeiten von *Hymer* zurück, die von *Kindleberger*, Hymers Doktorvater, überarbeitet und letztendlich, über ein Jahr nach Hymers Tod, veröffentlicht wurden (vgl. als Originalquellen Hymer 1976, Kindleberger 1969, 11-36). Hymer begründet als erster eine Unterscheidung von internationalen Direktinvestitionen in zwei Typen, die in der Literatur in der Folge stark beachtet wurden (vgl. zur generellen Einordnung auch Abbildung 1-6).

Direktinvestition vom Typ 1:
Hierunter subsumiert Hymer Investitionen im Ausland, die primär unter Renditegesichtspunkten getätigt werden. Ziel ist es, durch die Allokation von Kapital im Ausland eine größere Sicherheit des eingesetzten Kapitals bei zumindest gleichen Renditeerwartungen zu erreichen. In der in Abschnitt 1.2.1, Abbildung 1-6 gezeigten Einteilung der Markteintrittsformen würden die Finanzinvestitio-

nen unter diesen Typ fallen. Erklärt werden kann dieser Typ der Direktinvestition mit kapitalmarkttheoretischen Erklärungsansätzen (vgl. dazu Abschnitt
2.6).

Direktinvestition vom Typ 2:
Für Hymer interessanter sind die Investitionen des zweiten Typs. Er unterteilt
die Zielsetzungen dieses Typs in ein Nebenmotiv und zwei Hauptmotive. Das
Nebenmotiv zielt eher wieder ab auf kapitalmarkttheoretische Überlegungen.
Durch Diversifikation soll das Risiko der Geschäftsaktivitäten insgesamt gesenkt werden. Rugman hat diesen Gedanken aufgenommen und zur Portfoliotheorie der internationalen Investitionen ausgebaut (vgl. Abschnitt 2.6.4.2).

Das *Hauptmotiv 1* sieht Hymer in dem Bestreben der Unternehmen, die Kontrolle über Aktivitäten im Ausland auszuüben. Abbildung 1-6 in Abschnitt 1.2.1
zeigt unter den strategischen Investitionen, die gleichzustellen sind mit den Typ
2-Investitionen, dass durch die Auswahl der Direktinvestitionsform die kom-
plette oder zumindest teilweise Kontrolle über die Auslandsinvestitionen ausgeübt werden kann. Ein wesentliches Ziel der Kontrollerreichung ist nach Hymers Vorstellungen die Reduktion bis hin zur Ausschaltung von Wettbewerb
auf Auslandsmärkten. Die Akquisition von Wettbewerbern im Auslandsmarkt
zur Eliminierung eines Konkurrenten ist ein typisches Beispiel, das hierunter
fallen würde (vgl. Kutschker/Schmid 2005, 406). Liegt z.B. ein internationales
Oligopol vor, so kann durch die Fusion zweier Anbieter ein Gewinnzuwachs
durch Reduktion des Wettbewerbs erreicht werden (vgl. im Detail zum Nachweis Stein 1998, 43-45). Hymer nennt aber auch die notwendigen Rahmenbedingungen. Das Vorliegen einer Wettbewerbsbeziehung oder einer potenziellen
Wettbewerbsbeziehung muss ergänzt werden durch relativ hohe Markteintrittsbarrieren in den nationalen Markt, in dem der Wettbewerb herrscht. Diese Bedingung sichert – genauso wie die Voraussetzung, dass nur eine kleine Zahl von
Unternehmen im Oligopol sein darf –, dass nicht neu eintretende Wettbewerber
die Intensität der Konkurrenzbeziehung wieder steigern und z.B. Preiserhö-
hungsspielräume wieder zunichte machen (vgl. Hymer 1976, 25-40).

Diesem Hauptmotiv 1 von Hymer kann aber entgegengehalten werden, dass es
keinesfalls so sein muss, dass in einem zahlenmäßig kleinen Oligopol bis hin
zum Duopol eine geringe Wettbewerbsintensität herrscht. Der sehr harte Kon-
kurrenzkampf zwischen Boeing und Airbus im Bereich der Langstreckenflugzeuge ist ein prominentes Gegenbeispiel.

Das *Hauptmotiv 2* war namensgebend für die Überlegungen von Hymer und
begründet wegen dieser damals innovativen Idee die weite Verbreitung der
Theorie. Die Ausgangsthese von Hymer in diesem Feld seiner Theorie besagt,
dass Unternehmen in ihren Heimatmärkten grundsätzlich Wettbewerbsvorteile

gegenüber ausländischen Konkurrenten haben, die in den Heimatmarkt eintreten. Diese „heimischen" Wettbewerbsvorteile, von Hymer als „barriers to international operations" bezeichnet, können liegen in (vgl. Kindleberger 1969, 12-13; Hymer 1976, 32-35):

- einem Informationsvorsprung der einheimischen Anbieter bzgl. des ökonomischen, rechtlichen und kulturellen Umfelds des Marktes,

- zusätzlichen Risiken ausländischer Unternehmen, wie Wechselkurs- oder Transportrisiken,

- rechtlichen Regelungen, die ausländische Unternehmen benachteiligen,

- Vorbehalten von Kunden oder Lieferanten gegenüber ausländischen Unternehmen,

- Zusatzkosten der ausländischen Unternehmen (Transport, technische Anpassung der Produkte, doppelter Jahresabschluss etc).

Angesichts dieser durchaus plausiblen Ausgangsthese muss man sich die Frage stellen, wie Unternehmen überhaupt erfolgreich in einen ausländischen Markt eindringen und sich dort etablieren können, wenn doch diese „natürlichen" Wettbewerbsnachteile bestehen. Die Lösung dieser Frage liegt in spezifischen Wettbewerbsvorteilen, die Unternehmen herausbilden und die die genannten Nachteile gegenüber den heimischen Anbietern kompensieren und wenn möglich überkompensieren müssen. Diese Vorteile bezeichnet Hymer als „monopolistische Vorteile".

Eine Quelle für diese monopolistischen Vorteile liegt in unvollkommenen Güter- und Faktormärkten. Auf Gütermärkten ergeben sich Wettbewerbsvorteile z.b. durch die höhere Innovationsfähigkeit einzelner Unternehmen (vgl. dazu auch die Theorie der technologischen Lücke in Abschnitt 2.5.3.2) oder durch überlegene Marketingfähigkeiten. Sie führen dazu, dass Unternehmen zumindest kurz- und mittelfristig höhere Erfolgspotenziale auch auf Auslandsmärkten haben als ihre heimischen Wettbewerber. Unvollkommenheiten auf den Faktormärkten liegen zum einen begründet in unterschiedlichen Beschaffungskosten für Produktionsfaktoren für Unternehmen aus verschiedenen Ländern und auch differierender Qualität eines Faktors, insbesondere des Faktors Arbeit, in verschiedenen Ländern. Kindleberger weist zusätzlich auf Patente, die technologisches Wissen schützen, als Quelle von Unvollkommenheiten bei der Beschaffung von Technologie hin (vgl. 1969, 14-15).

Eine weitere Gruppe von Unvollkommenheiten liegt in Größenvorteilen („economies of scale") und Erfahrungskurveneffekten (vgl. dazu z.b. Lynch 2003, 496-499), die insbesondere Anbieter realisieren können, die auf mehreren nationalen Märkten tätig sind. Größenvorteile und Erfahrungskurveneffekte führen zu einer günstigeren Kostenposition und damit zu einem, in Hymers Terminologie, „monopolistischen" Vorteil.

Als letztes ist als verzerrender Faktor auch die „Einmischung" des Staates in die Marktstrukturen zu nennen. Die Begrenzung des Markteintritts durch den Staat durch tarifäre oder nicht-tarifäre Regelungen, die eine Erhöhung der Wettbewerbsintensität durch weitere ausländische Wettbewerber verhindert, sind Beispiele hierfür. Eine solche teilweise Abschottung trägt dazu bei, dass einmal in den Märkten etablierte Anbieter ihre monopolistischen Vorteile auch längerfristig nutzen können (vgl. dazu und allgemein zu den Gründen für monopolistische Vorteile Kindleberger 1969, 13-27).

Die Stärken der Hymer-Kindleberger-Überlegungen liegen in der Identifikation empirisch relevanter und nachweisbarer Entscheidungsvariablen für die internationale Direktinvestition. Insbesondere die Überlegungen zum monopolistischen Vorteil waren innovativ und decken einen wichtigen Teil der Erfolgsfaktoren für die Internationalisierung ab. Hinzu kommt, dass vor allem die ressourcenorientierte Theorie als geeignete Grundlage für den Ansatz gesehen werden kann, da sie einzelwirtschaftliche Wettbewerbsvorteile durch unterschiedliche Ausstattungen mit Ressourcen begründen kann und dies auch Relevanz für den internationalen Bereich hat (vgl. genauer dazu Abschnitt 2.5).

Die wesentlichen *Kritikpunkte* betreffen denn auch die Phänomene, die Hymer/Kindleberger nicht erklären können (vgl. z.B. Stein 1998, 50-51). Crossinvestments, die beim oligopolistischen Parallelverhalten (vgl. Abschnitt 2.4.3) im Mittelpunkt stehen, entziehen sich hier einer schlüssigen Erklärung, da sie nicht zur Nutzung, sondern zur Beseitigung von Wettbewerbsvorteilen getätigt werden. Schwerwiegender ist noch, dass die Vorteilhaftigkeit alternativer Markteintrittsformen - wie Export oder Auslandsproduktion - nicht begründet werden kann. Eine weitere Gruppe von Gegenargumenten betrifft die Transferierbarkeit von Wettbewerbsvorteilen. Die Übertragung eines technologischen Vorsprungs kann durch erhebliche Zusatzkosten bei der Adaption der Produkte zunichte gemacht werden (vgl. Pausenberger 1982, 334). Auch ist nicht klar, ob ein Vorteil in einem Land auch einen Vorteil in einem anderen Land darstellt. Die Frage, wann ein monopolistischer Vorteil vorliegt, ist damit schwierig zu beantworten.

Auch ist wohl zu konzedieren, dass die „natürlichen" Vorteile der einheimischen Unternehmen immer mehr abnehmen durch die neuen Informations- und Kommunikationstechnologien, den generellen Trend zur Öffnung nationaler Märkte und die Konvergenz von Konsumentenpräferenzen. Damit würde die Ausgangsthese von Hymer für dieses zweite Hauptmotiv an Gültigkeit verlieren.

2.4.3 Die Theorie des oligopolistischen Parallelverhaltens

Eine wesentliche Komponente der industrieökonomischen Betrachtungsweise beschreibt die Aktionen und Reaktionen der Wettbewerber in einem Markt. Maßnahmen von Unternehmen, die ein gegebenes Wettbewerbsgleichgewicht verändern, provozieren nach dieser Sichtweise Gegenmaßnahmen, die darauf abzielen, das alte Gleichgewicht wieder herzustellen.

Knickerbocker hat für das Internationale Management eine solche Argumentationskette entwickelt (vgl. als Originalquelle 1973). Er stellt die These auf, dass bei einer oligopolistischen Struktur auf einem Markt eine Internationalisierungsmaßnahme eines Oligopolisten zu einer Reaktion der anderen Oligopolisten in Form einer „Follow-the-Leader"- oder einer „Cross-investment"-Strategie führt.

Als Ausgangssituation wird ein oligopolistisches Gleichgewicht auf den einzelnen nationalen Märkten angenommen. Bei einem solchen oligopolistischen Gleichgewicht ist die Industriestruktur durch eine relativ hohe Anbieterkonzentration, hohe Markteintrittsbarrieren und stabile Marktanteile gekennzeichnet. Das Verhalten der Wettbewerber kann als defensiv bezeichnet werden. Das Ergebnis sind in vielen Fällen hohe operative Margen und Ergebnisbeiträge. Ein nationaler oder internationaler Oligopolist stört das Gleichgewicht durch Investition in einen ausländischen Markt. Die oben genannten zwei Reaktionstypen können dann unterschieden werden.

Bei der „*Follow-the-Leader*"-Reaktion werden Investitionen in dem Land, in dem der „Leader" investiert hat, erklärt. Der nationale Erstinvestor (Leader) investiert in einem Auslandsmarkt. Dadurch verschafft er sich potenzielle Wettbewerbsvorteile durch

- Erfahrungen in dem Auslandsmarkt, die er auch auf den Heimatmarkt übertragen kann,

- Größenvorteile bzw. Vorteile durch einen kostengünstigeren Produktionsstandort, wodurch er auf dem Heimatmarkt die Preise senken kann,

- Reputationseffekte bei den ausländischen Kunden, die ihm einen hohen Marktanteil sichern und auch auf den Heimatmarkt ausstrahlen können.

Durch die Erstinvestition des Leaders ist das oligopolistische Gleichgewicht auf dem Heimatmarkt gestört. Die Folge ist, dass Wettbewerber (Follower) sich dazu veranlasst sehen, selbst Direktinvestitionen im Ausland zu tätigen, um ihre relative Position im Oligopol wiederzuerlangen und die Wettbewerbsvorteile des Leaders zu kompensieren.

Bei der „Cross-investment"-Reaktion werden Investitionen in dem Land, aus dem der Leader stammt, erklärt. Die Ausgangssituation ist so zu beschreiben, dass das Gleichgewicht in einem nationalen Oligopol durch das Eindringen eines ausländischen Wettbewerbers (Leader) gestört wird. Es ergeben sich Nachteile für die Wettbewerber des nationalen Oligopols, da sie nicht über die Vorteile des Erstinvestors verfügen (siehe oben) und mit einer Verringerung des eigenen Marktanteils im nationalen Markt rechnen müssen. Dies gilt natürlich insbesondere dann, wenn der „Eindringling" einen monopolistischen Vorteil nach Hymer aufweist (vgl. Abschnitt 2.4.2). Die Konsequenz ist, dass die Oligopolwettbewerber (Follower) aus dem Zielland des Erstinvestors Gegeninvestitionen in dessen Heimatland tätigen, um das internationale Gleichgewicht wieder herzustellen und der Einschränkung der eigenen Machtposition im Heimatmarkt entgegen zu wirken. Diese Argumentationskette begründet damit auch die Entstehung von internationalen Oligopolen.

Bei der Beurteilung dieser Oligopoltheorie ist zunächst auf den empirischen Nachweis durch Knickerbocker (1973) und Graham (1978) zu verweisen, auch wenn die Studien schon ein gewisses Alter aufweisen. Das beschriebene Verhaltensmuster wird gestützt durch die später entwickelte Spieltheorie, die solche Gegenmaßnahmen rational begründen kann. Allerdings gelten die Aussagen nur für Oligopolmärkte. Außerdem werden Auslandsinvestitionen hier nur als defensive Reaktion aufgefasst. Wie kann aber das Verhalten des „Initiators", also des Leaders, erklärt werden? Dazu muss offensichtlich auf andere Ansätze zurückgegriffen werden. Dass Parallelverhalten bei ausländischen Direktinvestitionen auftritt, ist durchaus beobachtbar. Allerdings kann dieses auch durch andere, nicht-oligopolistische Gründe bedingt sein. Marktstrategische Überlegungen (vgl. Abschnitt 3.2) oder auch behavioristische Wirkungsmechanismen (vgl. Abschnitt 2.7) können ebenfalls eine wichtige Rolle spielen.

2.4.4 Der Netzwerkansatz

Betrachtet man größere international tätige Unternehmen, so fällt auf, dass die gesellschaftsrechtliche Struktur in vielen Fällen sehr heterogen ist. Die Unternehmen haben hundertprozentige Tochterunternehmen im Ausland oder sie haben Mehr- oder Minderheitsbeteiligungen. Sie schließen Joint Ventures oder sind über Joint Ventures oder Beteiligungen der Tochterunternehmen wiederum mit ausländischen Partnern verbunden. Eine Vielzahl von Kooperationsabkommen und/oder Lizenzverträgen begründet die längerfristige Zusammenarbeit mit Unternehmen in verschiedensten nationalen Märkten. Ergänzt werden diese rechtlich und vertraglich unterlegten Beziehungen durch eine Zusammenarbeit mit Partnern ohne expliziten Vertrag, die sich über Jahre hinweg herausgebildet hat. Bei einer Visualisierung dieser vielfältigen Beziehungen ergibt sich ein Bild, das in Abbildung 2-8 exemplarisch dargestellt ist.

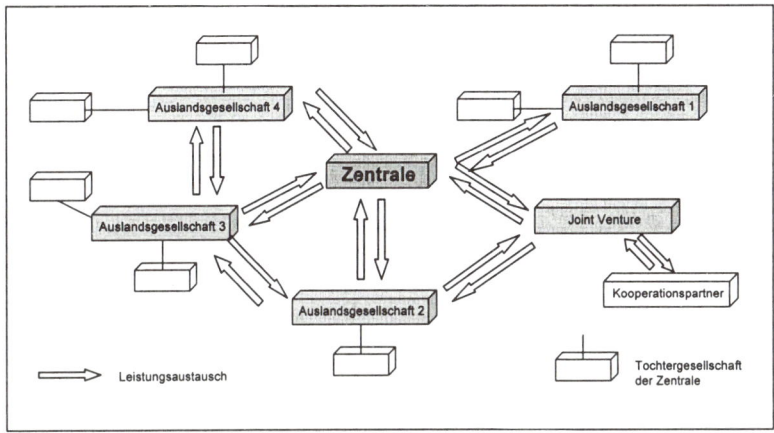

Abb. 2-8: *Das Netzwerkmodell eines internationalen Unternehmens (Quelle: Meckl 2000, 138)*

Angesichts dieser Struktur macht es Sinn, von einem *internationalen Netzwerk* zu sprechen (vgl. allgemein zu Netzwerken und zur Netzwerktheorie z.b. Sydow et al. 1995; Gemünden/Ritter/Walter 1997; Noriah/Eccles 1992; für einen Überblick über internationale Netzwerkmodelle vgl. Renz 1998, 63). In Anlehnung an Sydow (vgl. 1992, 78-79) können solche Netzwerke definiert werden als eine Organisationsform ökonomischer Aktivitäten, die sich durch komplexreziproke, eher kooperative denn kompetitive und relativ stabile Beziehungen zwischen wirtschaftlich abhängigen Organisationseinheiten in verschiedenen Ländern auszeichnet. *Interne Netzwerke* werden durch die Beziehungen zwischen der Zentrale und den Tochtergesellschaften und zwischen den Tochtergesellschaften gebildet, die *externen Netzwerke* durch die Beziehungen zu Kunden, Lieferanten, Wettbewerbern und gegebenenfalls zu Forschungsinstituten. Netzwerke versuchen, die Vorteile des Marktes mit seinem Effizienzdruck und die Vorteile der unternehmensinternen Abwicklung mit ihren Synergien zu vereinen. Sie stellen damit eine typisch hybride Abwicklungsform unternehmerischer Aktivitäten zwischen Markt und Unternehmen dar. Diese organisatorischen Strukturen werden häufig ergänzt durch soziale Netzwerkstrukturen (vgl. dazu Abschnitt 2.7.3).

Netzwerke bieten bei der Lösung von internationalisierungsrelevanten Problemen ein besonderes Lösungspotenzial, das in Tabelle 2-2 deutlich wird.

Probleme bei Internationalisierung		Lösungspotenzial durch Netzwerkbildung
• unbekanntes Marktumfeld, dadurch hohe Unsicherheit	⇒	Erfahrungen von einheimischen Netzwerkpartnern verringern Unsicherheit
• hoher Ressourceneinsatz bei Alleingang	⇒	Zugriff auf bestehende Ressourcen des Partners, z.B. Vertriebssystem
• häufig großer Zeitbedarf bis zur Etablierung am Markt	⇒	sehr schneller Marktzugang
• administrative Markteintrittsschranken	⇒	Status eines „einheimischen" Unternehmens
• technologische Barrieren	⇒	Technologie-Adaptation durch Partnerunternehmen
• kulturelle Divergenzen	⇒	Geschäftsabwicklung durch Einheimische
• erhebliche zusätzliche Managementkapazität nötig	⇒	Kapazität durch Partner bereitgestellt

Tab. 2-2:   *Lösungspotenzial von Netzwerken bei Internationalisierungsproblemen*

Bartlett/Ghoshal (vgl. 1987) sehen auf Grund dieser Stärken der Netzwerkstrukturen dieses Konstrukt als die anzustrebende Organisationsform für ihren Idealtypus einer Internationalisierungsstrategie - die „transnationale Strategie" – an (vgl. im Detail dazu Abschnitt 3.2.3.1). Allerdings stellen solche Netzwerkstrukturen Organisationsformen mit besonderen Anforderungen an die Konstruktion und das Management dar. Als potenziell nachteilig ist zu bedenken, dass:

- Netzwerke komplexe Strukturen mit unklaren Weisungs- und Kommunikationsbeziehungen aufweisen,

- dadurch ein potenziell hoher Koordinationsaufwand entsteht,

- der mit dem Verlust der Entscheidungsautonomie einhergeht,

- und des Weiteren ein explizites und hoch entwickeltes Schnittstellenmanagement nötig macht, was allerdings

- die „Opportunismusgefahr" durch Netzwerkpartner nicht gänzlich beseitigen kann.

Bei internationalen Netzwerken ist es deshalb Voraussetzung, dass ein explizites Management ihrer Strukturen erfolgt, um ihre positiven Potenziale realisieren zu können.

2.4.5 Der Konfigurationsansatz („GAINS"-Ansatz)

Der Konfigurationsansatz stammt ursprünglich aus der Organisationstheorie. Die zentrale Idee ist die Definition von *Konfigurationen.* Eine Konfiguration ist dadurch gekennzeichnet, dass sie eine Gruppe homogener Unternehmen repräsentiert, die sich durch eine ähnliche Ausprägungskonstellation unternehmensinterner Faktoren und Umweltkonstellationen auszeichnet (vgl. Meckl 2000,

116, Beispiele für Konfigurationen finden sich bei Mintzberg 1992, 207). Typische *unternehmensinterne Merkmale* sind die Organisationsstruktur, die Führungsphilosophie, die qualitative und quantitative Ressourcenausstattung und auch die Unternehmenskultur. *Unternehmensexterne Merkmale* werden z.b. gebildet von der Wettbewerbsintensität und der Technologieentwicklung (vgl. z.b. Meyer/Tsui/Hinings 1993, 1175; als Grundlagenquelle vgl. Miller/Friesen 1984; allgemein zum Konfigurationsansatz Meckl 2000, 116-122; Henselek 1996).

Die zentrale Aussage des Konfigurationsansatzes in Bezug auf die Internationalisierung besagt, dass die Ausprägungen eines „*set*" an internen und externen Variablen die Form und den Grad der Internationalisierung eines Unternehmens bestimmen. Dabei ist das Ziel, eine möglichst hohe Stimmigkeit („*fit*") zu erreichen. Führt eine Internationalisierungsstrategie bei einer bestimmten Konfiguration, also bei einer vorgegebenen Ausprägung interner und externer Variablen, zum Erfolg, so liegt ein „fit" vor und man bezeichnet diese Konfiguration, also im Endeffekt diese Strategie/Variablenkombination als „*Gestalt*".

Macharzina/Engelhard haben den Konfigurationsansatz auf das Themenfeld der Internationalisierung von Unternehmen übertragen (vgl. 1991). Zu einem gegebenen Unternehmenstyp, der durch eine bestimmte Variablenausprägung gekennzeichnet ist, soll eine „stimmige" Internationalisierungsstrategie gefunden werden. Dieses Modell bezeichnen die Autoren als *GAINS-Ansatz* (*G*estalt *A*pproach of *I*nternational Business *S*trategy). Tabelle 2-3 zeigt einige Kombinationen, die als „Gestalt" identifiziert wurden.

	Non-Exporters	Re-active Exporters	Active Exporters
Environment			
Home market condition	–	saturated	not necessarily saturated
Domestic sales	–	declining	stable
Political environment	–	export stimulation measures	export stimulation measures
Organization			
Company age	–	frequently older than active exporters	frequently younger than re-active exporters
Organizational structure:			
Centralization, standardization	high	–	low
Flexibility	low	–	high
R&D intensity	no R&D activities	low R&D intensity	high R&D intensity
Firm's products	–	few patented products	patented products and more products in the introduction and growth stage of the PLC
Domestic expansion	local / regional expanded	national expanded	national expanded
Strategy-making			
Marketing strategy	–	no product-adaption	product-adaption
Strategic planning	no commitment	low commitment	high commitment
Advertising	less aggressive than active exporters	less aggressive than active exporters	more aggressive than non-exporters and re-active exporters
Information search	ignorant	unsystematically	systematically
Export destination	–	markets with high psychic and geographic proximity	markets with low psychic and geographic proximity

Tab. 2-3: Beispiele für „Gestalten" (Quelle: Macharzina/Engelhard 1991, 37)

Die erste Spalte zeigt exemplarisch einige Variablen, die für den Erfolg von Internationalisierungsstrategien von Bedeutung sind. Die weiteren Spalten enthalten jeweils unterschiedliche Strategien für Export als Bearbeitungsform von Auslandsmärkten. In den Zellen ist die Ausprägung der jeweiligen Variablen enthalten, so dass insgesamt eine Gestalt entsteht.

Die entscheidende Frage ist, woher diese Konfigurationen kommen, so dass man Gestalten überhaupt definieren kann. Im Wesentlichen stammen im Rahmen des Konfigurationsansatzes die inhaltlichen Erkenntnisse aus der Beobachtung der Realität, also aus empirischen Untersuchungen. Es wird überprüft, welche Kombinationen sich in der Praxis bewährt haben und welche nicht erfolgreich waren. Hier setzt auch die Kritik an dem Ansatz an. Folgende *Schwächen* des Konfigurationsansatzes und seiner Übertragung auf die Internationalisierungsfragen werden gesehen (vgl. dazu z.B. Meckl 2000, 121):

• eine eindeutige Beschreibung und Abgrenzung von Konfigurationen kann im Einzelfall schwierig sein,

• die Messung des Erfolgs einer vermuteten Gestalt ist nicht eindeutig, da andere, nicht betrachtete Variablen eine Rolle spielen können,

• die zentrale Forderung nach Stimmigkeit zwischen den konfigurationskonstitutiven Variablen und der Strategie wird durch Mess- und Operationalisierungsprobleme aufgeweicht,

• wie ist es zu interpretieren, wenn „Missgestalten" erfolgreich am Markt agieren?

Allerdings weist die Theorie auch *Stärken* auf:

• die Definition von Idealtypen von Unternehmen erlaubt eine transparente, konzeptionell saubere Vorgehensweise,

• es findet eine Berücksichtigung multivariater Einflüsse auf die Internationalisierungsstrategie statt,

• konkrete, typenbezogene Empfehlungen können für das Internationale Management abgeleitet werden, wodurch die Theorie einen starken Anwendungsbezug erhält.

2.5 Die ressourcenorientierte Theorie im IM – Der „resource-based view"

2.5.1 Wesentliche Aussagen des „resource-based view"

Der ressourcenorientierte Ansatz (vgl. generell dazu z.b. Burr et al. 2005, 16-31; Wolf 2005, 412-434; Lynch 2003, 197-350; Bouncken 2000) geht von der Grundthese aus, dass die einem Unternehmen zur Verfügung stehenden Ressourcen letztendlich dessen Wettbewerbsfähigkeit bestimmen. Ressourcen werden unterschiedlich abgegrenzt. Allen Kategorisierungsversuchen ist aber gemein, dass zumindest zwischen materiellen und immateriellen Ressourcen unterschieden wird. In einigen Literaturquellen werden explizit noch die Mitarbeiter als wichtiges Ausstattungsmerkmal definiert. Materielle Ressourcen umfassen im Wesentlichen Vermögenswerte, wie sie in der Bilanz auf der Aktivseite dargestellt sind. Immaterielle Ressourcen hingegen bezeichnen z.b. Patente und F&E-Ergebnisse als Vermögensgegenstände, die auch in der Bilanz auftauchen können. Zusätzlich werden aber auch noch Organisations- oder spezifische Produktionsprozesse, der Ruf eines Unternehmens bzw. das Image von Marken des Unternehmens oder die Unternehmenskultur hier erfasst. Mitarbeiter eines Unternehmens sind Träger spezifischer Kenntnisse und Fähigkeiten, Erfahrungen und auch von Motivation und Loyalität zum Unternehmen, was sie ebenfalls als wichtige, einige Autoren sagen zentrale Ressource des Unternehmens erscheinen lässt (für eine detaillierte Beschreibung möglicher Ressourcen vgl. z.B. Grant 1991, S. 122).

Eine Spezifizierung des ressourcenorientierten Ansatzes findet sich in Form des *Kernkompetenzansatzes* (vgl. dazu im Detail z.B. Prahalad/Hamel 1990; Schreyögg/Steinmann 2000, 222-227; Meckl 1997). Kernkompetenzen sind definiert als unternehmensspezifische Ressourcen, die nur schwer imitierbar sind und damit dauerhafte Wettbewerbsvorteile begründen. Materielle Ressourcen sind relativ leicht durch die Wettbewerber nachzuvollziehen. Eine besonders effiziente Produktionsmaschine z.b. kann zumindest mittelfristig auch von anderen Produzenten hergestellt werden. Anders sieht dies bei den meisten immateriellen Ressourcen aus. Eine kostenminimale und gleichzeitig zeiteffiziente Ablauforganisation in der Produktion oder ein ausgefeiltes Qualitätssicherungssystem sind wesentlich schwerer zu imitieren. Die großen Markterfolge von Toyota werden im Wesentlichen auf ein hocheffizientes Produktionssystem zurückgeführt. Die anderen Automobilhersteller versuchen schon seit vielen Jahren, dies zu imitieren, was bisher aber keinem zufrieden stellend gelang. Vielleicht liegt dies auch an speziellen Fähigkeiten oder einer besonderen

Motivation der Mitarbeiter von Toyota, so dass sich allgemein auch die Ressource Mitarbeiter als Quelle einer Kernkompetenz qualifizieren kann. Die wichtigste normative Aussage des ressourcenorientierten Ansatzes betrifft die Strategiegenese und -auswahl. Demnach sollen nur Strategien generiert und ausgewählt werden, die auf Basis der Ressourcenausstattung des Unternehmens Erfolg versprechend verwirklicht werden können. Diese Aussage steht in offensichtlichem Gegensatz zum marktorientierten Ansatz (vgl. Abschnitt 2.4.1), der eine Orientierung an den Marktgegebenheiten, wie z.b. der Kundennachfrage oder dem Wettbewerberverhalten, fordert. Übertragen auf das Internationale Management bedeutet die Grundaussage des ressourcenorientierten Ansatzes, dass die Internationalisierung eines Unternehmens nach Art, Umfang und Zeit von der zur Verfügung stehenden Ressourcenbasis des Unternehmens abhängig gemacht werden sollte. Weniger die Wachstumsraten eines ausländischen Marktes, sondern vielmehr adäquate Sprach- und Marktkenntnisse der Mitarbeiter, eine Technologie, die ohne große Veränderungen auf den Auslandsmarkt gebracht werden kann, oder ein Marketingkonzept, das kaum variiert werden muss, wären dementsprechend ausschlaggebend für die Auswahl eines Zielmarktes.

Ressourcenorientierte Theorien im Internationalen Management stellen bzgl. der Internationalisierung vor allem folgende Fragen:

- Sind die für die Internationalisierung relevanten Ressourcen intern oder zumindest extern verfügbar und können sie beschafft werden?

- Können Ressourcen in unterschiedlichen Umwelten, also Auslandsmärkten, entwickelt werden, um so Lerneffekte zu generieren?

- Können gleiche Ressourcen in unterschiedlichen Ländern gleich oder anders genutzt werden?

2.5.2 Ressourcentransferbasiertes Grundsatzmodell

Dieses Grundsatzmodell beschäftigt sich insbesondere mit den beiden letzten Fragen. Die zentrale These lautet: Durch die Übertragung von Ressourcen von einem Land auf ein anderes können Wettbewerbsvorteile erzielt und eine langfristige Präsenz im Auslandsmarkt aufgebaut werden. Genauer spezifiziert muss sich die These allerdings auf die in 2.5.1 beschriebenen Kernkompetenzen beziehen. Nur wenn Ressourcen übertragen werden können, die Kernkompetenzen begründen, ist ein nachhaltiger Wettbewerbsvorteil zu erwarten. Leicht imitierbare Ressourcen können von den Wettbewerbern, in diesem Fall wahrscheinlich von den Unternehmen, die den Zielmarkt als Heimatmarkt betrachten, leicht nachgeahmt werden.

Das wichtigste Anliegen dieses Grundsatzmodells ist es, eine Beschreibung der Transferierbarkeit von Ressourcen zu erstellen. Abbildung 2-9 unternimmt den Versuch der Einteilung verschiedener Ressourcen im Hinblick auf dieses Kriterium.

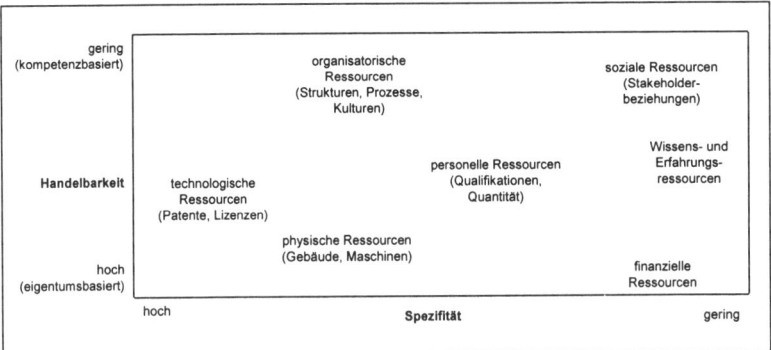

Abb. 2-9:   *Internationale Transferierbarkeit von Ressourcen (Quelle: in Anlehnung an Welge/Holtbrügge 2003, 82)*

Grundsätzlich gilt, dass bei hoher Handelbarkeit und geringer Spezifität eine Übertragung unproblematisch ist. Allerdings sind in diesem Bereich typischerweise die am leichtesten imitierbaren Ressourcen angesiedelt, weniger die Kernkompetenzen. Noch relativ gute Möglichkeiten der Transferierbarkeit bieten sich, wenn hochspezifische Ressourcen mit guter Handelbarkeit auf eine Tochtergesellschaft im Ausland übertragen werden. Problematischer wird dies, wenn sie auf einen Partner, z.b. Vertriebs- oder Joint Venture-Partner, übertragen werden sollen. Die Markteintrittsform (vgl. dazu Abschnitt 1.2.1) entscheidet hier also mit über die Erfolgsträchtigkeit der Übertragung. Vor allem bei geringer Handelbarkeit, wie sie z.b. bei spezifischen Wissen, personellen Ressourcen und hoher Spezifität allgemein tendenziell besteht, ist eine Übertragung auf unternehmensexterne Beteiligte kaum oder nur sehr schwer möglich. Dies kann z.b. im Fall einer minder- oder mehrheitlich akquirierten Auslandsgesellschaft Probleme verursachen. Selbst bei der Übertragung auf eine eigengegründete Tochtergesellschaft können sich z.b. kulturelle Barrieren durch die hohe Spezifität ergeben.

Dieses Grundsatzmodell liefert damit ein relativ grobes Schema für die Möglichkeiten zur Übertragung vorhandener Ressourcen auf Auslandsmärkte, womit ein erster Hinweis auf die Erfolgsträchtigkeit einer Auslandsstrategie abgeleitet werden kann. Allerdings werden weitergehende Überlegungen, z.b. zur Verbesserung und Anpassung der Ressourcen im Auslandsmarkt vor allem durch Lerneffekte und Erfahrungen, nicht angestellt.

2.5.3 Technologiebasierte Modelle

2.5.3.1 Internationale Technologieverträge

Ähnlich wie im nationalen Rahmen wird auch bei der internationalen Betrachtung von Ressourcen den technologischen Fähigkeiten von Unternehmen eine besondere Aufmerksamkeit gewidmet. Die Grundthese hier besagt, dass technologische Ressourcen von Unternehmen erfolgreich verwendet werden können, um zu internationalisieren. Zur Internationalisierung auf Basis dieses Ressourcenvorteils stehen auch spezielle Formen der Bearbeitung eines ausländischen Markts zur Verfügung (vgl. dazu auch Abschnitt 1.2.3). Der Abschluss von internationalen Technologieverträgen, z.B. in Form von Lizenzverträgen, Knowhow- oder technischen Beratungsverträgen, stellt insbesondere auf die Vermarktung der Kernkompetenz „technologisches Wissen" ab. Die Gründe für den Abschluß solcher Verträge sind vielfältig (vgl. Perlitz 2004, 102-104):

* Verwertung eigener Technologie mit Hilfe von Partnern, da unternehmensinterne Restriktionen eine Eigenverwertung unmöglich machen,

* Verwertung von Überschusstechnologie (Technologie, die vom Unternehmen nicht genutzt werden kann),

* Abgabe von Technologien an Lieferanten, um die Qualität sicherzustellen,

* Technologiegewinnung/-sicherung, z.B. durch internationale Kreuzlizenzabkommen,

* Vermeidung von gerichtlichen Auseinandersetzungen, z.B. bei Patentklagen,

* Anti-Trust-Überlegungen durch Zugangsgewährung zur eigenen Technologie.

Es ist aber festzustellen, dass solche Technologieverträge in der Regel zu einem Auslandsengagement mit geringer Bindungsintensität führen, was insbesondere an der fehlenden Notwendigkeit der Übertragung bemerkenswerter Kapitalressourcen liegt. Gerade dies wird aber z.von vielen, vor allem mittelständischen, Unternehmen als großer Vorteil gesehen, hält sich dadurch doch auch das Risiko des Auslandsengagements in Grenzen.

2.5.3.2 Die Theorie der „technologischen Lücke"

Überlegene technologische Ressourcen auf Grund einer hohen Innovationsfähigkeit von Unternehmen in einem Land verwendet auch die Theorie der technologischen Lücke zur Erklärung von internationalem Handel und in einer späteren Phase von Direktinvestitionen im Ausland (vgl. Posner 1961). Die Argumentationskette kann gut anhand von Abbildung 2-10 erläutert werden.

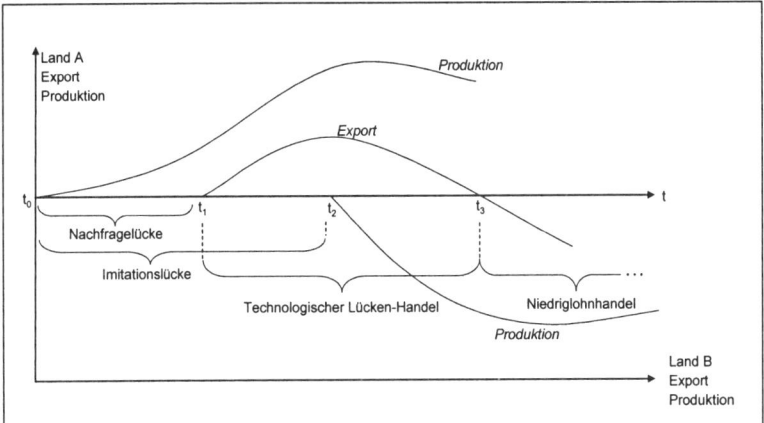

Abb. 2-10: Wirkungsmechanismus der technologischen Lücke (Quelle: in An-lehnung an Perlitz 2004, 70)

Durch die Innovation eines Unternehmens in Land A in t_0 entsteht dort ein neu-es Produkt, das im Zeitablauf entlang des idealtypischen Lebenszyklusses eines Produkts produziert wird (siehe Produktionskurve in Abbildung 2-10). In Land B fehlt diese Innovation. Generell wird im Rahmen dieses Ansatzes für Land B unterstellt, dass das technologische Entwicklungsniveau dort niedriger ist als in Land A und die Lohnkosten ebenfalls nicht das Niveau von Land A erreichen. Das neue Produkt wird in Land B zunächst (bis t_1) auch nicht nachgefragt, da die Information über die Innovation dort erst verbreitet werden muss und das Unternehmen aus Land A auch erst seinen Heimatmarkt bedient. Von t_0 bis t_1 ergibt sich damit eine *Nachfragelücke*. Da das neue Produkt aber annahmege-mäß einen höheren Nutzen als die vorherigen Generationen bietet, entsteht auch in Land B ab t_1 Nachfrage. Diese wird durch Exporte aus Land A befriedigt, so dass sich hier eine Begründung für internationalen Handel aus unterschiedli-chen technologischen Ressourcen in verschiedenen Ländern ableiten lässt. In t_2 beginnen dann aber auch die Unternehmen in Land B mit der Produktion des neuen Gutes bzw. einer Variante davon. Von t_0 bis t_2 ist damit eine *Imitations-lücke* entstanden, die durch Zeit verbrauchende Lerneffekte oder die Entwick-lung von Alternativtechnologien zur Umgehung von Patenten erklärt werden kann. Entsprechend geht der Export von Land A in Land B mit dem Ansteigen der Eigenproduktion von Land B zurück, bis in t_3 der Export gänzlich zum Er-liegen kommt (siehe Abbildung 2-10). Der Zeitraum von t_1 bis t_3 definiert damit den *internationalen technologischen Lückenhandel*. Ab t_3 ist dann auch denk-bar, dass es zu einem Import in Land A aus dem Land B kommt, insbesondere dann, wenn im Land B deutlich günstigere Produktionsfaktoren gegeben sind.

Diese Phase ab t$_3$ wird deshalb auch als *Phase des Niedriglohnhandels* bezeichnet.

In Abwandlung zu diesem Grundmodell kann auch angenommen werden, dass das Unternehmen A auf Basis seiner Erfahrungen in der Produktion eine Direktinvestition in Land B tätigt und dort eine eigene Produktion aufbaut, so dass im Rahmen der Theorie der technologischen Lücke auch Direktinvestitionen erklärt werden können. Das Argumentationsmuster liefert Vernon mit der Produktlebenszyklustheorie (vgl. Abschnitt 2.3.1), so dass sich hier eine interessante Ergänzung zwischen den beiden Ansätzen ergibt.

Eine zentrale Größe des Ansatzes ist die Dauer der Imitationslücke. Sie wird bestimmt durch die technologische Leistungsfähigkeit der Unternehmen in den Auslandsmärkten, also in dem Beispielfall im Land B. Wird die Imitationslücke von Direktinvestitionen aus Land A geschlossen, so spielen die Größe, die Nachfragestruktur und das durchsetzbare Preisniveau in Land B eine wichtige Rolle für die Zeitspanne von der Innovation bis zur Direktinvestition in Land B. Nach Schließung der Imitationslücke wird die Höhe und die Dauer des verbleibenden Exports von Land A nach Land B bestimmt durch den Unterschied in der Lohnkostenhöhe zwischen den beiden Ländern und auch, ob in Land A durch Massenproduktion und damit verbundene Volumeneffekte ein niedriges Kostenniveau trotz hoher Lohnkosten erreicht werden kann (vgl. Perlitz 2004, 72).

Basis der Theorien sind Unterschiede in der Innovationsfähigkeit der Unternehmen in den betrachteten Ländern. Damit wird eine einzelwirtschaftliche Managementvariable zur Erklärung von Außenhandel und Direktinvestitionen verwendet, was grundsätzlich als positiv aus Sicht des Internationalen Managements zu sehen ist. Die Theorie zeigt damit die hohe Relevanz eines durch Innovation begründeten Wettbewerbsvorteils und ist damit konsistent mit der Theorie des monopolistischen Vorteils nach Hymer (vgl. Abschnitt 2.4.2).

Für die Theorie spricht auch, dass sie vielfach empirisch bestätigt wurde. So wurde der idealtypische Verlauf am Beispiel der Internationalisierung des VW Käfers in 70er Jahren nachgewiesen. Die meisten dieser empirischen Nachweise wurden allerdings in den 70er und 80er Jahren durchgeführt. Angesichts der deutlichen Beschleunigung der internationalen Markteinführung durch die stark erhöhte Wettbewerbsintensität in den internationalen Märkten stellt sich aber die Frage, ob die Imitationslücke wirklich noch eine nennenswerte Zeitspanne umfasst oder ob nicht viele Unternehmen gezwungen sind, Produkte gleichzeitig in vielen Auslandsmärkten nach der Sprinklerstrategie (vgl. Abschnitt 3.2.3.3) einzuführen.

2.6 Kapitalmarkttheoretische Modelle im IM – Der „value-based view"

2.6.1 Theoretische Basis des „value-based view"

Der Markt zur Beschaffung von benötigten und zur Anlage von überschüssigen Finanzmitteln stellt für die meisten Unternehmen, insbesondere wenn sie an einer Börse notiert sind, einen der zentralen Umfeldmärkte dar (vgl. auch Abbildung 2-7). In den letzten Jahren ist zudem zu beobachten, dass im Zuge der Shareholder-Value-Diskussion die direkte oder indirekte Einflussnahme des Kapitalmarkts auf Unternehmensentscheidungen deutlich zugenommen hat. Manager entscheiden deutlich stärker als früher auch in Deutschland, wo Kapitalmarktüberlegungen lange Zeit von eher untergeordneter Bedeutung waren, mit Blick auf die Auswirkungen ihrer Entscheidungen auf den Aktienkurs oder das Rating ihres Unternehmens. Internationalisierungsentscheidungen und der Wertbeitrag des Auslandsgeschäfts sind Größen, die den Unternehmenswert aus Sicht des Kapitalmarkts beeinflussen, weswegen gerade auch Aspekte des internationalen Geschäfts im Hinblick auf ihre Kapitalmarktwirkungen untersucht werden müssen.

Die Kapitalmarkttheorie hat zur Beurteilung von Geschäftsentscheidungen, wie z.B. Investitionen, inzwischen ein ausgefeiltes theoretisches Gerüst entwickelt. Am bekanntesten ist dabei der oben erwähnte *„shareholder-value"-Ansatz*, der inzwischen als die vorherrschende theoretische Richtung in diesem Bereich angesehen werden kann (vgl. dazu z.B. Rappaport 1998; Laas 2004, 9-24). Zur instrumentellen Ausformulierung der theoretischen Überlegungen wurden auch Methoden entwickelt, die in Form von quantitativen Ansätzen bei der Einhaltung der jeweiligen Prämissen eine eindeutige Entscheidung über die Vorteilhaftigkeit von Managementmaßnahmen erlauben. Am bekanntesten sind Barwertverfahren z.B. zur Bestimmung der Vorteilhaftigkeit von Strategien, wie beispielsweise Internationalisierungsstrategien (vgl. dazu auch Abschnitt 3.2.4).

Es ist nahe liegend, die theoretischen Überlegungen aus der Kapitalmarkttheorie und die zur Verfügung stehenden Instrumente zu nutzen, um weiteres Erklärungspotenzial für die internationale Tätigkeit von Unternehmen zu erschließen und, falls möglich, Entscheidungshilfen für das Management dieser Aktivitäten zu erhalten.

2.6.2 Die (erweiterte) Zinssatztheorie

Die *einfache Zinssatztheorie* versucht, Direktinvestitionen auf der Basis von Kapitalströmen zu erklären, die durch *Unterschiede in der Höhe der Realver-*

zinsung in den einzelnen Ländern zustande kommen. Dementsprechend wird der Produktionsfaktor Kapital aus Ländern mit einer niedrigen Verzinsung in Länder mit einer höheren Verzinsung transferiert, was letztendlich zu Direktinvestitionen in den Hochzinsländern führt (vgl. Stein 1998, S. 40). Dieser Ansatz zeigt damit eine deutliche Nähe zu Außenhandelstheorien, die mit unterschiedlichen Faktorausstattungen arbeiten, die wiederum differierende Preise für die Faktoren zwischen den Ländern bedingen (vgl. dazu auch Abschnitt 2.2).

In einer Erweiterung wurde die doch sehr einfach und eindimensional konstruierte Zinsatztheorie um weitere Erklärungsvariablen der internationalen Kapitalströme angereichert. Die Kosten, die entstehen, wenn Informationen über die voraussichtlich zu erzielende Verzinsung im Auslandsmarkt eingeholt werden, und die Transaktionskosten, die zumindest bei komplexen Arten des Kapitaltransfers, wie der Errichtung eines Produktionswerks im Ausland, nicht unerheblich sind, werden in einer ersten Stufe in das Kalkül einbezogen. Dies führt qualitativ aber nicht zu einem anderen Ergebnis: nach wie vor gilt, dass Kapital von niedrig verzinsenden Ländern in hoch verzinsende fließt. Lediglich die Zinsdifferenz muss größer sein (vgl. Kutschker/Schmid 2005, 399).

Die zweite Stufe der Erweiterung berücksichtigt auch Risikoaspekte, die sich bei einem Kapitaltransfer ergeben. Hier kommen alle in Abschnitt 1.2.4 erläuterten Risiken einer Direktinvestition in Betracht. Damit verliert aber der Zinssatz sein Aussagepotenzial zum Teil, da die individuelle Risikoeinschätzung und -neigung der Investoren maßgeblich die Richtung des Kapitalstroms bestimmt. Der Kalkulationszinssatz zur Bewertung von Investitionsprojekten im Ausland enthält damit eine subjektive Komponente.

Die Zinssatztheorie und ihre Erweiterungen behandeln Direktinvestitionen aus strategischer Sicht wie Portfolioinvestitionen (vgl. dazu Abbildung 1-6). Empirische Ergebnisse zeigen aber, dass sich die beiden Typen von Kapitaltransfers ins Ausland, was Richtung und Volumen betrifft, durchaus unterschiedlich bewegen, so dass es offensichtlich diskriminierende Einflussvariablen gibt, die von der Zinssatztheorie nicht abgebildet werden können (vgl. Kutschker/Schmid 2005, 400; Wilkins 1999).

2.6.3 Der Währungsraumansatz von Aliber

Die bei der erweiterten Zinssatztheorie über die Risikoüberlegungen nur indirekt berücksichtigte Währung rückt bei Aliber in das Zentrum der Betrachtung (vgl. als grundlegende Quellen Aliber 1993; 1971; 1970). Die grundlegende Aussage lautet: Unternehmen und Investoren aus Hartwährungsländern verwenden niedrigere Kalkulationszinssätze für Investitionsprojekte als Unternehmen und Investoren aus Weichwährungsländern. Deshalb investieren Unternehmen aus Hartwährungsländern tendenziell mehr Kapital in Weichwährungsländer als umgekehrt. Ein Hartwährungsland ist gekennzeichnet durch die Aufwertungserwartung gegenüber der Währung des jeweils betrachteten anderen Landes. Von einem Weichwährungsland spricht man, wenn die Investoren eine Abwertung der Währung erwarten.

Zur Begründung seiner These konstruiert Aliber folgende Argumentationskette:

(1) Unternehmen aus Hartwährungsländern werden mit einem niedrigeren Kalkulationszinssatz von den internationalen Eigen- und Fremdkapitalinvestoren bewertet. Die niedrigeren Diskontierungssätze bei unterstelltem Barwertverfahren resultieren aus der Aufwertungserwartung und führen zu tendenziell höheren Marktwerten für Unternehmen aus diesen Ländern.

(2) Der höhere Marktwert erlaubt eine billigere Refinanzierung und senkt sowohl die Eigen- als auch die Fremdkapitalkosten.

(3) Mit diesem tendenziell niedrigeren Kapitalkostensatz werden Investitionsprojekte (auch die im Ausland!) bewertet.

(4) Unternehmen aus Hartwährungsländern realisieren damit mehr Projekte im Ausland als Unternehmen aus Weichwährungsländern, die den Wertzuschlag der internationalen Investoren nicht bekommen.

(5) Tendenziell kommt es damit per Saldo zu einem Direktinvestitionsfluss von Hartwährungsräumen in Weichwährungsräume.

Die Stärken des Währungsraumansatzes liegen in seinem Bezug zu kapitalmarkttheoretisch abgesicherten Investitionskalkülen, die auch in der Praxis der Unternehmen bei Kapitalallokationsentscheidungen eine wichtige Rolle spielen.

Allerdings bewegt sich die Argumentation Alibers in einer Welt, in der die nationalen Kapitalmärkte noch als weitgehend geschlossen angesehen werden. Dies ist aber inzwischen nicht mehr der Fall. Die Refinanzierung zumindest großer Unternehmen aus Weichwährungsländern ist auch auf den Kapitalmärkten von Hartwährungsländern möglich. Das hohe Volumen von Emissionen von Unternehmensanleihen aus potenziellen Weichwährungsländern in Regionen mit starken Währungen und auch das Zusammenwachsen der Eigenkapitalmärkte der einzelnen Länder zeigen dies. Des Weiteren werden die Direktinvestitionen in Währungsräumen, die über nationale Grenzen hinausgehen, wie z.B. der Euro-Zone, nicht erklärt. Dies gilt auch für Cross-investments (vgl. dazu Abschnitt 2.4.3). Hinzu kommt die Monokausalität des Ansatzes (vgl. Stein 1998, S. 54). Strategische Überlegungen zu Wachstumsaussichten einzelner Branchen in anderen Ländern werden beispielsweise nicht berücksichtigt, so dass insgesamt gesehen der Ansatz von Aliber doch erhebliche Lücken in der Erklärung internationaler Direktinvestitionen aufweist.

2.6.4 Risikoportfoliotheorien zur Erklärung internationaler Direktinvestitionen

2.6.4.1 Grundsätzliches zur Portfoliotheorie

Vor der Anwendung der Portfoliotheorien auf die internationale Fragestellung werden im Folgenden zunächst die für die hier verfolgte Thematik relevanten Grundlagen dieses kapitalmarkttheoretischen Ansatzes dargelegt (für eine detaillierte Darstellung vgl. z.B. Franke/Hax 2004).

Das Ziel der Portfoliotheorie liegt in der Ableitung von Handlungsempfehlungen bei der optimalen Zusammenstellung risikobehafteter Anlagealternativen. Im klassischen Fall handelt es sich bei den Anlagealternativen um Wertpapiere mit unterschiedlichen Risiko-Ertrags-Relationen. Für solche Portfolien aus Wertpapieren hat Markowitz bereits 1952 folgende Optimierungsüberlegungen formuliert:

Es wird angenommen, dass ein Wertpapier eine erwartete Rendite, gemessen mit Hilfe des Erwartungswerts der Einzahlungen, erbringt. Die Investition in das Wertpapier ist mit einem Risiko verbunden, das durch die Standardabweichung gemessen wird. Das Risiko wird definiert als die Streuung der tatsächlichen Ergebnisse um den Erwartungswert der Einzahlungen.

Solchermaßen beschreibbare Wertpapiere werden im nächsten Schritt zu einem Portfolio kombiniert. Die Rendite des Portfolios ergibt sich aus der Summe der Erwartungswerte aller einzelnen Wertpapiere im Portfolio. Das Risiko ist maximal so hoch wie das Mittel der Risiken der Einzelanlagen, gewichtet mit den jeweiligen Portfolioanteilen. Allerdings kann das Risiko auch deutlich unter diesem Mittelwert liegen. Hier setzen die Überlegungen von Markowitz an. Ziel muss es für risikoaverse Investoren sein, das Portfolio so zusammenzustellen, dass bei einem gegebenen Ertrag nur ein möglichst geringes Risiko akzeptiert werden muss oder bei einem gegebenen Risikoniveau ein maximaler Ertrag erzielt wird.

Wie kann das Risiko durch geschickte Zusammenstellung einzelner Wertpapiere gesenkt werden? Der Schlüssel zur Lösung dieses Problems liegt in der Verbundwirkung der Wertpapiere, die sich durch ihre *Korrelation* zeigt. Die Korrelation ist in diesem Zusammenhang das Maß dafür, in welchem Ausmaß sich die Renditen von Wertpapieren im Gleichlauf oder unterschiedlich bei Änderungen von Umfeldvariablen bewegen. Drei Extremfälle sind denkbar: die Renditen bewegen sich völlig gleich, d.h. der Korrelationskoeffizient würde als Maß des Gleichlaufs den Wert 1 annehmen. Eine vollständig negative Korrelation führt zu einem Koeffizienten von -1 und würde bedeuten, dass bei einer

Änderung der Rendite eines Wertpapiers sich die Rendite des Vergleichspapiers in dem selben Maße in die entgegen gesetzte Richtung bewegen würde. Ein Koeffizient von 0 würde eine Unabhängigkeit der Wertpapiere implizieren. Nimmt man als Beispiel eine Änderung des Ölpreises, so wird die Grundidee deutlich. Eine Aktie aus dem Automobilbereich würde bei einem starken Anstieg des Ölpreises eher einen Rückgang der aus der Aktie erzielbaren Erträge erwarten lassen, da stark steigende Treibstoffpreise zu einem Rückgang der Absatzzahlen führen könnten. Es liegt eine negative Korrelation vor. Eine Aktie eines Ölproduzenten hingegen ließe eher steigende Renditen über die erhöhten Rückflüsse aus den Ölverkäufen erwarten. Es liegt eine positive Korrelation vor.

Die Kunst beim Zusammenstellen von Portfolien liegt darin, solche Wertpapiere zu finden, die möglichst negativ korreliert sind. Denn dies führt dazu, dass das Gesamtrisiko des Portfolios geringer ist als das gewogene Mittel der Einzelrisiken der Wertpapiere bei unterstellter gleicher Rendite. Allerdings hat diese so genannte „Risikovernichtung" auch ihre Grenzen. Zum einen ist es in der Realität kaum möglich, -1-korrelierte Wertpapiere zu identifizieren. Die meisten Wertpapiere weisen einen Korrelationskoeffizienten zwischen 0 und +1 auf und haben eine entsprechend niedrigere risikovernichtende Wirkung. Eine konzeptionelle Grenze ergibt sich durch das systematische Risiko, auch Marktrisiko genannt. Ab einem gewissen Punkt kann durch Hinzunahme eines weiteren Wertpapiers das Risiko nicht weiter gesenkt werden, da das allgemeine Marktrisiko, das sich z.b. durch politische Instabilität ergibt, nicht mehr von Einzelunternehmen abhängig ist. Abbildung 2-11 macht den Zusammenhang zwischen diesem systematischen und dem unsystematischen Risiko, das sich aus den Einzelunternehmen heraus ergibt, deutlich.

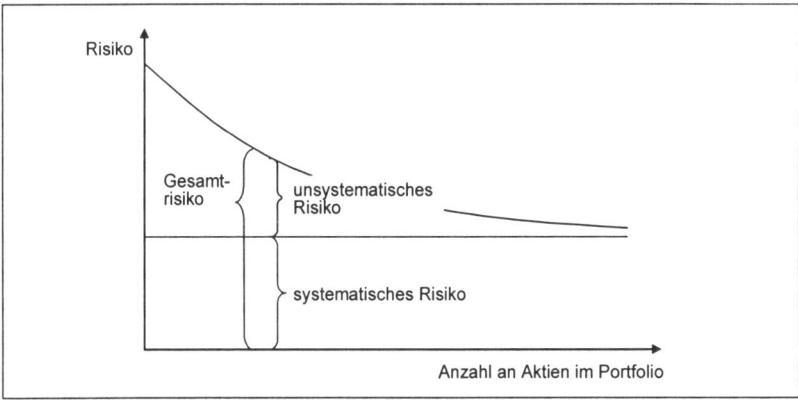

Abb. 2-11: Systematisches und unsystematisches Risiko im Portfoliomodell (Quelle: Stein 1998, S. 131)

Ziel der Zusammenstellung von Portfolien ist es also nicht, möglichst risikoarme Papiere zu finden, sondern unter Berücksichtigung der Renditeerwartungen eine Zusammenstellung mit möglichst hoher Risikoreduktion zu erreichen (zur Kritik des Portfolioansatzes, insbesondere was die Prämissen betrifft vgl. z.B. Frankel/Hax 2004, 315-328).

2.6.4.2 Anwendung der Portfoliotheorie auf Fragen des Internationalen Managements

Die ersten Überlegungen zur Übertragung des Portfolioansatzes auf Internationalisierungsaspekte hat Lessard formuliert (vgl. 1979). Er stellte in einer empirischen Untersuchung fest, dass durch die Integration von Aktien aus mehreren Ländern insgesamt ein internationales systematisches Risiko erreicht werden kann, das niedriger liegt als das systematische Risiko eines Landes. Der ökonomische Begründungszusammenhang liegt in der unterschiedlichen Reaktion einzelner Volkswirtschaften auf exogene Ereignisse, was eine Korrelation von weniger als 1 bedeutet. Abbildung 2-12 fasst das Ergebnis Lessards aus US-amerikanischer Sicht zusammen.

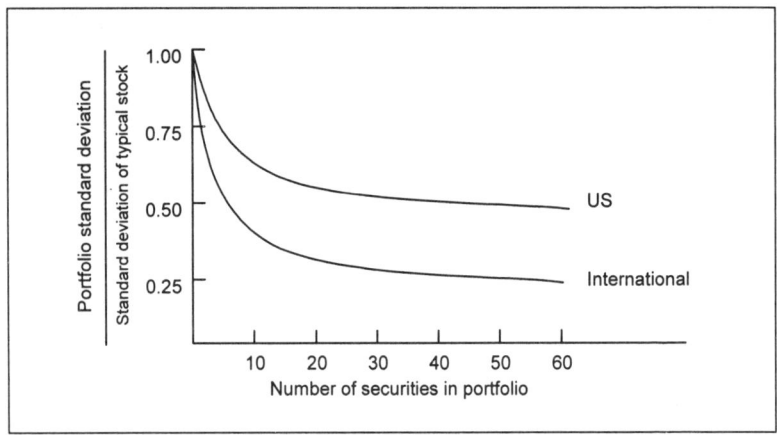

Abb. 2-12: Risikodiversifikation durch internationale Aktiendiversifikation (Quelle: Lessard 1979, 255; 1974)

Aufbauend auf diesen Überlegungen hat sich ein Erklärungsmuster für internationale Unternehmen entwickelt, das maßgeblich durch Rugman beeinflusst wurde (vgl. als Originalquellen 1980, 1979, 1975). Rugman geht in seiner grundlegenden These davon aus, dass die internationale Diversifizierung von Risiken das zentrale Motiv für Direktinvestitionen darstellt.

Hierzu interpretiert er ein international tätiges Unternehmen als ein Portfolio von Investitionen in verschiedenen Ländern. Die Realinvestitionen werden analog den Wertpapieren eines Portfolios behandelt. Dementsprechend, wie Abbildung 2-12 und die Vorarbeiten von Lessard zeigen, ist eine Risikovernichtung durch die Investitionen des Unternehmens in verschiedenen, kleiner 1 korrelierten Ländern gegeben. International agierende Unternehmen stellen damit ein *optimiertes Realinvestitionsbündel* aus Sicht der Portfoliotheorie dar.

Um die Theorie von Rugman beurteilen zu können, ist zunächst zu klären, ob der Korrelationskoeffizient der Auslandsinvestitionen überhaupt kleiner 1 ist. Dafür sprechen:

• konjunkturelle Unterschiede in den Ländern bzw. Regionen,

• unterschiedliche Phasen der Produkt- und Technologiezyklen in verschiedenen Ländern, die im internationalen Vergleich zu zeitlich verschobenen Rückflüssen führen,

• Variationen in der Marktbearbeitung, dem Marketing oder generell dem Geschäftsmodell,

• Währungsveränderungen und unterschiedliche Länderrisiken.

Argumente dagegen sind:

• eine zunehmende wirtschaftliche Verflechtung der wichtigsten Volkswirtschaften führt zu einem stärkeren Gleichklang der konjunkturellen Entwicklung,

• auf Grund des erheblichen Wettbewerbsdrucks und der raschen Produktgenerationenfolge werden die Phasenverschiebungen im Produktlebenszyklus immer kürzer.

Insgesamt gesehen ist, trotz gegenläufiger Tendenzen, immer noch davon auszugehen, dass die Korrelation zumindest zwischen den großen Wirtschaftsräumen einen Wert von kleiner 1 besitzt, die Überlegungen von Rugman aus dieser Sicht also Erklärungspotenzial haben.

Allerdings ist noch eine zweite Ebene von Gegenargumenten zu beachten. Um die Vorteile der internationalen Risikominderung zu erreichen, kann ein Investor auch andere „Investitionsvehikel" benutzen. So kann er:

• ein eigenes Portfolio mit Aktien ausländischer Unternehmen zusammenstellen, oder

• einen international investierenden Investmentfonds kaufen, der diese Investitionen vornimmt.

Rugman sieht beide Alternativen im Vergleich zum Kauf von Anteilen an einem international tätigen Unternehmen als suboptimal an (vgl. Rugman 1977). So weisen seiner Ansicht nach diese Unternehmen Transaktionsvorteile durch die Qualifikation der Manager, Nutzung professioneller Finanzierungsinstrumente und durch ein gutes Informationsmanagement auf. Außerdem besitzen die Realinvestitionen durch ihr sehr spezifisches Risiko-Ertrags-Profil ein höheres Potenzial an Risikovernichtung als internationale Finanzinvestitionen. Zusätzlich sind Informations- und Suchkosten zu beachten, die der Investor selbst erbringen muss oder die ihm über die Fondsverwaltungsgebühr in Rechnung gestellt werden. Kapitalverkehrsbeschränkungen können ebenfalls auftreten.

Die Rechtfertigungsargumente, die Rugman für seinen Ansatz ins Feld führt, können aber auch wieder in Frage gestellt werden. So wird eine effiziente Risikoreduzierung auf Investorenebene durch die inzwischen auch durch das Internet deutlich gesunkenen Such- und Informationsbeschaffungskosten gefördert. Außerdem vernachlässigt Rugman in seinen Überlegungen Agency-Kosten (vgl. dazu auch Abschnitt 2.8.3). Manager handeln nicht ausschließlich im Sinne ihrer Anteilseigner, weswegen bei dem Umweg zur internationalen Risikodiversifizierung über international tätige Unternehmen diese Kosten eingerechnet werden müssen.

Der letztendliche empirische Beweis zur Rugman-These fehlt bisher. Wie bei allen kapitalmarkttheoretischen Ansätzen ist auch hier anzumerken, dass definitionsgemäß nur ein singulärer Aspekt als Erklärungsvariable verwendet wird. Obwohl, wie zu Beginn des Kapitels erläutert, diese kapitalmarkttheoretischen Überlegungen zunehmend Relevanz erlangt haben, stellen sie aber dennoch nur eine Kategorie von Erklärungsvariablen dar, die durch die vorher bereits beschriebenen Überlegungen, z.B. zu marktstrategischen oder ressourcenorientierten Aspekten, ergänzt werden müssen.

2.7 Verhaltenswissenschaftliche Theorien im IM – Der „behavioural view"

2.7.1 Grundüberlegungen zum „behavioural view"

Die bisher erläuterten theoretischen Ansätze zur Erklärung von Internationalisierung und deren Gestaltungsmuster rekurrieren letztlich alle auf rationale Entscheidungsprozesse zur Selektion der erfolgversprechendsten Schritte ins Ausland. Der verhaltensorientierte Ansatz setzt andere Prämissen, was das Entscheidungsverhalten generell, aber im speziellen auch im Internationalen Management, betrifft. Ausgehend von den behavioristischen Entscheidungsmodellen von Cyert und March (vgl. 1963) wird der in den quantitativen Ansätzen unterstellte „rational economic man" durch den „behavioural man" ersetzt (vgl. dazu auch Macharzina 2003, 51). Dieser zeichnet sich dadurch aus, dass motivationale, kognitive und/oder emotionale Aspekte bei der Entscheidungsfindung im Mittelpunkt stehen, während die rein rationalen, meist quantifizierten Entscheidungsmodelle des „rational economic man" bestenfalls eine untergeordnete Rolle spielen.

Als grundlegende Annahme unterstellt die verhaltensorientierte Argumentation den Individuen, also z.b. den Managern, die über eine Internationalisierungsstrategie entscheiden, eine *begrenzte Kapazität*, was die Aufnahme und Verarbeitung von entscheidungsrelevanten Informationen betrifft. Dies bedingt auch das in der Praxis häufig nicht beachtete *Informationsparadoxon*: ein zu viel an Informationen verschlechtert sogar die Entscheidungsqualität. Hinzu kommt, dass nur unvollkommene Informationen, die unsicher sind oder nur wenig Entscheidungsrelevanz besitzen, vorhanden sind.

Ein zusätzliches Kennzeichen des „behavioural man" sind *Entscheidungsanomalien*, denen er unterliegt (vgl. genauer dazu z.b. Müller/Kornmeier 2002, 456-459). Eine starke Gewichtung der zuerst aufgenommenen Information (Reihenfolgeeffekt), die grundsätzliche Tendenz, Alternativen, die den Status Quo nur wenig oder nicht verändern, zu präferieren (Konservatismus) oder die mangelnde Bereitschaft, Fehler einzugestehen, gehören zu diesen Anomalien, die bei den verhaltenswissenschaftlichen Ansätzen unterstellt werden.

Neben diesen Restriktionen auf der kognitiven Seite kommen *individuelle Ziele* hinzu, die das Entscheidungsverhalten maßgeblich beeinflussen. Diese individuellen Ziele wiederum sind, so die Annahme, Ergebnis eines Sozialisationsprozesses des Individuums. Je nach Wertegerüst der Gruppe, in der das Individuum aufwächst bzw. sich bewegt, unterscheiden sich die individuellen Ziele und damit letztendlich auch das Entscheidungsverhalten. Im Hinblick auf die Überlegungen zu den soziokulturellen Unterschieden, die im Internationalen Management eine große Rolle spielen (vgl. Abschnitt 6.2), erhält diese Annahme besondere Relevanz. Ein weiterer Anreiz ist das Streben nach sozialer Bestätigung, das am ehesten erreicht wird, wenn die anerkannten Werte der sozialen Gruppe umgesetzt werden.

Insgesamt gesehen verwenden die verhaltenswissenschaftlichen Theorien damit ein deutlich differenzierteres Menschenbild als die quantitativen Ansätze. Auf der negativen Seite dieser Modelle ist zu vermerken, dass die abgeleiteten Hypothesen und Aussagen auf Grund dieser Differenziertheit in den meisten Fällen nur situative Geltung besitzen, da sie sich an den individuellen Charakteristika von Entscheidungsträgern orientieren. Die Berücksichtigung dieser Differenziertheit hat auch wichtige Auswirkungen auf Aussagen zur Internationalisierung von Unternehmen, wenn man für die dortigen Entscheidungsträger ein solches Menschenbild unterstellt.

2.7.2 Die verhaltensorientierte Theorie der Internationalisierung von Aharoni

Die ersten umfassenden Überlegungen zur Internationalisierung auf Basis der oben skizzierten verhaltenswissenschaftlichen Annahmen hat Aharoni in einer auch heute noch viel zitierten Studie angestellt (vgl. 1966). Sein Ziel ist die Erklärung von ausländischen Direktinvestitionen unter Zuhilfenahme der angenommenen Verhaltensmuster von Individuen. Er identifiziert vier Phasen des Investitionsentscheidungsprozesses:

1. Anstoßphase („decision to look abroad"):
Wesentlich sind für Aharoni die Initialkräfte, die letztendlich ursächlich sind für die Direktinvestitionen (vgl. 1966, 54). Hier kommen die verhaltenswissenschaftlichen Komponenten stark zum Tragen. So kann z.B. ein *interner Anstoß* durch persönliche Interessen und Erfahrungen eines Managers entstehen. Ein Studium in einem bestimmten Land, ein Urlaubsaufenthalt, besondere Sprachkenntnisse oder verwandtschaftliche Beziehungen sind bei Aharoni typische Einflussvariablen auf die Initiierung eines Entscheidungsprozesses zu Direktinvestitionen in einem Land. Eine daraus abgeleitete These von Aharoni besagt, dass Auslandinvestitionen umso eher vorgenommen werden, je stärker die individuellen Auslandserfahrungen der Manager eines Unternehmens sind. Der Unterschied zur instrumentell-logischen Analyse, z.B. der rationalen Selektion eines Zielmarktes im Rahmen des strategischen Planungsansatzes (vgl. Abschnitt 3.2.1), wird deutlich. *Externe Anstöße* entstehen durch Mitläufereffekte, wenn andere Unternehmen, Konkurrenten oder auch Kunden im Ausland investieren. Eine Bedrohung durch die Investitionen von ausländischen Wettbewerbern im eigenen Heimatmarkt wirkt ebenfalls als Initialkraft. Hier decken sich die Überlegungen von Aharoni mit den Erkenntnissen von Knickerbocker (vgl. dazu im Detail Abschnitt 2.4.3).

Für Aharoni ist die Anstoßphase entscheidend, da er die Initiierung eines Prozesses zur Entscheidung über eine Direktinvestition als zentral für die Internationalisierung ansieht, auch wenn es letztendlich zur Entscheidung der Nichtinvestition kommen sollte.

2. Bewertungsphase („investigation process"):
Gemäß den Annahmen der verhaltenswissenschaftlichen Theorie geht Aharoni davon aus, dass bei der detaillierten Bewertung möglicher Direktinvestitionen Informationen nur selektiv wahrgenommen und verarbeitet werden und diese Wahrnehmung stark von der Art der Initialkraft aus der ersten Phase abhängt. Dabei gilt, dass bei der Entscheidungsfindung weniger ein *Optimierungsgedanke* im Vordergrund steht („optimizing"), wie er von den quantitativen Ansätzen

angenommen wird. Vielmehr orientieren sich die Beteiligten an *Satisfizierungs-überlegungen* („satisficing"). Solange ein aktueller Zustand oder eine Strategie, in diesem Fall eine Internationalisierungsstrategie, zufrieden stellende Ergebnisse liefert, ist die Tendenz der Beibehaltung des Status Quo vorherrschend. Auch hier verwendet Aharoni wieder konsequent die Annahmen des verhaltenswissenschaftlichen Ansatzes.

3. *Investitionsentscheidungsphase („decision to invest"):* Den letztendlichen Investitionsentscheidungsprozess modelliert Aharoni als *Verhandlungsprozess* zwischen Einzelpersonen und/oder Gruppen im Unternehmen. Die unter 2.7.1 beschriebenen Sozialisations- und Werteaspekte der Gruppe, in diesem Fall der Unternehmensleitung, spielen dabei annahmegemäß eine größere Rolle als die rein rationalen Überlegungen.

4. *Überprüfungs- und Nachverhandlungsphase („reviews and negotiations")* In dieser Phase nehmen, wie indirekt bei der Entscheidungsfindung in den vorhergehenden auch schon, Erfahrungen und Lerneffekte eine zentrale Rolle ein. Diese Effekte können zu einer teilweisen, evtl. auch weitgehenden, Veränderung des Internationalisierungsansatzes führen.

Der Ansatz von Aharoni wird auch heute noch in der Literatur breit wahrgenommen. Dies liegt an folgenden *Stärken* der Theorie:

- Modellierung einer verhaltenswissenschaftlich dominierten Internationalisierungsentscheidung in einem gut nachvollziehbaren Stufenprozess,

- eine sehr praxisrelevante Kategorie von Einflussvariablen auf Internationalisierungsentscheidungen wird berücksichtigt,

- Erklärung des Phänomens, dass Direktinvestitionsentscheidungen in der Praxis in einigen Fällen streng rationale Kriterien nicht erfüllen,

- Erklärung des Phänomens, dass sehr erfolgreiche Unternehmen im Inland ihre Geschäftsaktivitäten nicht ins Ausland ausweiten.

Allerdings unterliegt der Ansatz von Aharoni wie alle verhaltenswissenschaftlichen Theorien einigen Restriktionen:

- der Ansatz beobachtet und interpretiert die suboptimale Realität, macht aber keine Vorschläge, wie eine Internationalisierung optimal gestaltet werden sollte,

- Einstellungen und (Auslands-)Erfahrungswerte von Führungskräften sind nur schwer operationalisierbar, so dass eine empirische Überprüfung dieses Teils des Ansatzes schwer fällt (vgl. Welge/Holtbrügge 2003, 62),

- die Modellierung und inhaltliche Ausgestaltung des Stufenprozesses gilt im Wesentlichen nur für die Anfangsphase einer Internationalisierung, hat also auf Grund des inzwischen stark fortgeschrittenen Internationalisierungsgrads vieler Unternehmen an Bedeutung verloren.

Aharoni erreicht, abschließend bewertet, durch seinen Ansatz ein besseres Verständnis der Realität, das aber dazu genutzt werden muss, eine Optimierung der Internationalisierungsentscheidungen und -strategien zu erreichen.

2.7.3 Soziale Netzwerktheorien und Internationalisierung

Die Implikationen von horizontalen und vertikalen Beziehungen zwischen Unternehmen, verstanden als organisatorisch-vertragliche Relationen, spielen schon seit einigen Jahren eine wichtige Rolle bei der Beschreibung und Erklärung von Formen von Auslandsaktivitäten (vgl. dazu auch Abschnitt 2.8). Solche multiplen Beziehungen bestehen aber nicht nur zwischen anonymen Organisationseinheiten. Letztendlich basieren sie auf persönlichen Beziehungen zwischen Mitarbeitern - insbesondere natürlich in Führungspositionen - von Unternehmen und spielen bei der Internationalisierung des Geschäfts eine wichtige Rolle. In Fortführung einer Hypothese von Aharoni (vgl. Abschnitt 2.7.2) kann die Annahme getroffen werden, dass die Art der Internationalisierung auch bestimmt wird durch die *individuellen Beziehungen*, die Entscheidungsträger in einem Unternehmen auf den internationalen Märkten haben. Diese Beziehungen sind als Form eines sozialen Netzwerks interpretierbar. Da sie wesentlich durch die individuellen Verhaltensweisen bestimmt sind, fällt die soziale Netzwerktheorie unter die verhaltenswissenschaftlichen Ansätze. Wall/Rees identifizieren drei Ebenen von sozialen Netzwerken, die bei internationalen Beziehungen eine Rolle spielen (vgl. 2004, 60):

Makro-Netzwerke:

Der Aufbau von Beziehungen zu staatlichen und marktlichen Institutionen in einem Zielmarkt und die Art der entstehenden Netzwerke bestimmen gerade zu Beginn der Ausweitung der Geschäftsaktivitäten in ein anderes Land die Inhalte und vor allen die Umsetzungsgeschwindigkeit der Internationalisierungsstrategie. Der Eintritt in den chinesischen Markt ist ein gutes Beispiel hierfür.

Interorganisationale Netzwerke:

Die bestehenden Beziehungen zu Managern anderer Unternehmen, die vielleicht schon auf Auslandsmärkten vertreten und bereit sind, Lern- und Erfahrungseffekte auf Grund persönlicher Beziehungen weiterzugeben, sind ein Beispiel für die Wirkung sozialer Netzwerke auf dieser Ebene.

Intraorganisationale Netzwerke:
Interne Netzwerke in einem bereits international tätigen Unternehmen haben Auswirkungen z.b. auf Investitionsentscheidungen in den Auslandsmärkten.

Die mit einer negativen Konotation belegten „Seilschaften" oder „Cliquen" zwischen Managern der Zentrale und einzelnen Tochtergesellschaften können, unabhängig oder vielleicht sogar gegen rational-ökonomische Überlegungen, z.b. die Allokation von Finanzmitteln oder die Festlegung von Verrechnungspreisen maßgeblich beeinflussen.

Die Existenz und die Wirkung sozialer Netzwerke in der Unternehmenspraxis sind nicht zu leugnen. Insofern gilt hier, wie bei Aharoni auch schon, dass ein durchaus praxisrelevantes Phänomen durch die soziale Netzwerktheorie betrachtet wird. Der konkrete Nachweis und auch die Ableitung von optimierenden Gestaltungsvorschlägen fallen aber schwer.

2.8 Institutionenökonomische Betrachtungen im Internationalen Management

2.8.1 Anwendung der Institutionenökonomie im Internationalen Management

Ziel der „Neuen Institutionenökonomie" ist die Ableitung von effizienten institutionellen Regelungen zur Organisation des Austauschs von ökonomischen Leistungen (vgl. Ebers/Gotsch 1995, 185; zur wissenschaftshistorischen Entwicklung und zum Überblick vgl. Erlei/Leschke/Sauerland 1999, Reuter 1994, Hax 1991, Barney/Ouchi 1986; für eine Anwendung auf die interne Unternehmensorganisation z.b. Theuvsen 1997). Diese Institutionen sind interpretierbar als mögliche Koordinationsformen arbeitsteiliger wirtschaftlicher Aktivitäten in und außerhalb von Unternehmen. Der Property-Rights-Ansatz als grundlegende Theorie innerhalb der Institutionenökonomie (vgl. zu einem Überblick z.b. Schreyögg 1988; Picot 1981 und die grundlegende Arbeit von Alchian/Demsetz 1972) konzentriert sich auf die mit Gütern verbundenen Verfügungsrechte, wie z.b. das Recht zur Nutzung oder Veränderung eines Gutes. Das Problem der Verteilung dieser Verfügungsrechte wird durch die Transaktionskostentheorie und die Prinzipal-Agenten-Theorie abgebildet. Erstere bildet die theoretische Grundlage der so genannten *Internalisierungstheorie* im Internationalen Management, die sich mit der Fragestellung beschäftigt, unter welchen Bedingungen Unternehmen bestimmte Aktivitäten internalisieren, d.h. in das Unternehmen „hineinholen". Im Mittelpunkt der *Prinzipal-Agenten-Theorie*, die im Anschluss daran vorgestellt wird, steht die Untersuchung einer Auftraggeber-

Auftragnehmer-Beziehung, mit deren Hilfe sich die koordinativen Beziehungen zwischen Zentrale und Auslandsgesellschaften abbilden lassen.

2.8.2 Die Internalisierungstheorie

2.8.2.1 Der Transaktionskostenansatz als theoretischer Bezugsrahmen

Wie bereits erwähnt, thematisieren die Internalisierungsansätze im Internationalen Management vor allem die Bedingungen, unter denen Unternehmen bestimmte Aktivitäten selbst, d.h. in ihrer eigenen Hierarchie abarbeiten, also internalisieren. Damit stellen sie letztendlich nichts anderes dar als die Übertragung transaktionskostentheoretischer Überlegungen auf die internationale Unternehmenstätigkeit. Zum besseren Verständnis werden daher, bevor die Internalisierungsansätze der Internationalisierung im Speziellen vorgestellt werden, die wichtigsten Grundaussagen der Transaktionskostentheorie erläutert.

Als Begründer der *Transaktionskostentheorie* kann Coase (vgl. 1937) angesehen werden, der als erster die Kosten der marktlichen Koordination als Begründungstatbestand für die Existenz von Unternehmen identifizierte. Die wesentlichen Weiterentwicklungen wurden vor allem von Alchian/Demsetz (vgl. 1972) und Williamson geleistet. Die nachfolgenden Ausführungen basieren in wesentlichen Teilen auf dem Transaktionskonzept von Williamson (vgl. z.B. 1990a, 1990b, 1985, 1975).

Die Transaktionskostentheorie versucht, dasjenige institutionelle Arrangement zu bestimmen, das eine kostenminimale Abwicklung einer ökonomischen Austauschbeziehung zwischen Transaktionspartnern gewährleistet. Williamson bezeichnet als Transaktion, „wenn ein Gut oder eine Leistung über eine technisch trennbare Schnittstelle hinweg übertragen wird" (vgl. 1990a, 1). Transaktionen können mit Hilfe von drei Kriterien beschrieben werden (vgl. Williamson 1985, 52-62; Ebers/Gotsch 1995, 211-214):

- *Transaktionsspezifität (asset specifity):*
  Eine hohe Spezifität liegt dann vor, wenn die erstellte und ausgetauschte Leistung auf spezialisierte Inputs zurückgreift, so dass der Inhalt des Austauschs spezifisch auf beide oder einen Transaktionspartner zugeschnitten ist.

- *Unsicherheit (uncertainty):*
  Die situativen Bedingungen einer Transaktion und deren Entwicklung in der Zukunft sind unsicher. Der zweite Grund für Unsicherheit stellt darauf ab, dass das Verhalten der Transaktionspartner zwar ex ante festgeschrieben werden kann, sich aber die Partner nicht in jedem Fall daran halten.

- *Häufigkeit (frequency):*
  Hier ist die Anzahl identischer, d.h. vom Inhalt her gleicher Transaktionen gemeint.

Was die Verhaltensannahmen betrifft, die den an der Transaktion beteiligten Individuen zugesprochen werden, geht der Transaktionskostenansatz, wie die „Neue Institutionenökonomie" generell, von einem durch ökonomische Interessen und Eigennutzorientierung geleiteten Individuum aus. Drei Verhaltensannahmen werden unterstellt:

- *Begrenzte Rationalität:*
  Basis dieser Annahme ist das Bild eines rational handelnden Menschen. Allerdings gelingt es ihm nicht, sich in jeder Situation rational zu verhalten, da jeder Transaktionspartner nur über unvollständige Informationen verfügt und auch nur eine begrenzte Informationsverarbeitungskapazität besitzt (vgl. Hanke 1993, 8).

- *Opportunismus:*
  Hierunter wird ein strategisches, die Eigeninteressen verfolgendes Verhalten der Akteure verstanden (vgl. Williamson 1975, 26), das sich im Extremfall durch Betrug und Täuschung zeigen kann. Auch subtilere Formen, wie z.B. das Zurückhalten von Informationen oder das Verschweigen zusätzlicher Handlungsalternativen, die zu einer Schädigung des Partners führen, fallen hierunter.

- *Risikoneutralität:*
  Diese Annahme dient eher der Vereinfachung der Argumentation und kann ohne Beschädigung der Hauptaussagen der Theorie fallen gelassen werden (vgl. Ebers/Gotsch 1995, 210).

Die Verhaltensannahmen und die Transaktionscharakteristika beeinflussen die *Transaktionskosten*. Eine eindeutige, allgemein akzeptierte Definition für Transaktionskosten liegt in der Literatur noch nicht vor (für einen Überblick über einige Definitionen vgl. z.B. Michaelis 1985, 80). Eine inzwischen weit verbreitete, weil anschauliche Einteilung liefert Picot (vgl. 1982, 270). Er identifiziert

- *Anbahnungskosten:*
  Informationssuche über potenzielle Transaktionspartner,

- *Vereinbarungskosten:*
  Kosten der Verhandlungen, Vertragsformulierung, Einigung,

- *Kontrollkosten:*
  Kosten der Sicherstellung des vereinbarten Leistungsumfangs, wie z.B. Überwachungs- und Absicherungskosten,

• *Anpassungskosten:*
  Kosten der Durchsetzung von Vertragsänderungen, z.B. zur Lösung von Konflikten, sowie die Kosten der Nachverhandlungen.

Was den Einfluss der Transaktionscharakteristika (s.o.) auf die Transaktionskosten betrifft, so gilt, dass die Transaktionskosten umso höher sind, je größer die Transaktionsspezifität und die Unsicherheit und je kleiner die Häufigkeit der Transaktion ist. Um nun zu einem anwendbaren Aussagegerüst der Transaktionskostentheorie zu kommen, muss das Effizienzziel des Transaktionskostenansatzes deutlich gemacht werden. Das Effizienzkriterium des Transaktionskostenansatzes lautet: *Wähle diejenige institutionelle Form des Austausches, die die Transaktionskosten minimiert* (vgl. auch Ebers/Gotsch 1995, 208). Die Transaktionskostentheorie stellt damit auf einen kostenorientierten Effizienzbegriff ab. Die konkrete Auswahl der effizientesten Beziehung hängt von den oben beschriebenen Annahmen und von den Charakteristika der zu bewertenden Transaktion ab. Abbildung 2-13 macht die Beziehungen und die logische Vorgehensweise graphisch deutlich.

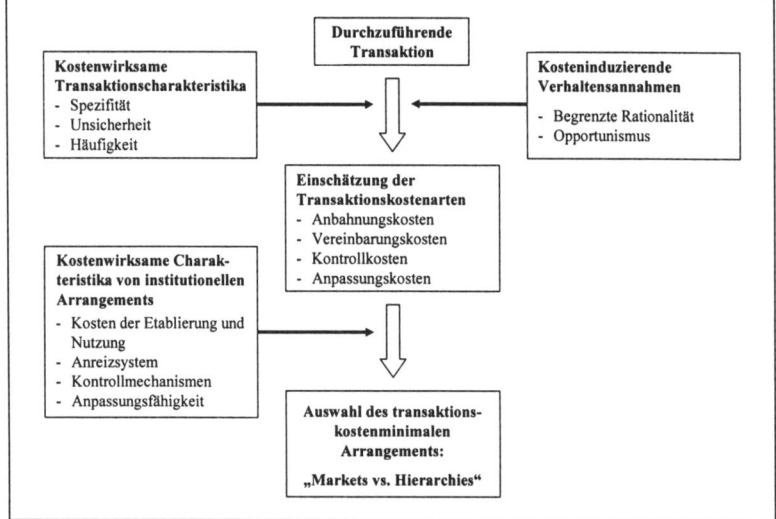

Abb. 2-13:   Auswahl effizienter Regelungen auf Basis der Transaktionskostentheorie (Quelle: Meckl 2000, 89)

Ergebnis dieses Auswahlprozesses ist eine Handlungsempfehlung zur Etablierung eines kostenminimalen institutionellen Arrangements für die Abwicklung einer bestimmten Transaktion. Diese Alternative ist im Sinne der Transaktionskostentheorie als effizient einzustufen. Sie kann in ihrer Extremform eine Abwicklung einer Transaktion über den Markt oder im Unternehmen („hierarchy") vorsehen.

2.8.2.2 Die Internalisierungstheorie des Internationalen Managements

Während Coase gar nicht und Williamson, der die Überlegungen von Coase aufgegriffen und weiterentwickelt hat, nur am Rande auf die internationale Unternehmenstätigkeit eingehen (vgl. z.b. Williamson 1985, 290-294), ist es anderen Autoren, darunter Buckley und Casson (vgl. z.B. 1985, Casson 1992), Rugman (vgl. 1997, 1980), Hennart (1993a, b; 1982) und Teece (1986, 1981) zu verdanken, dass die transaktionskostentheoretischen Überlegungen auf die Internationalisierung von Unternehmen übertragen wurden. Die Hauptaussage der Internalisierungstheorie zur Erklärung internationaler Unternehmensaktivitäten lautet: Unternehmen können bestimmte grenzüberschreitende Transaktionen entweder über den Markt (z.b. mittels Lizenzierung), oder aber unternehmensintern, z.b. in Form von Direktinvestitionen, abwickeln. Eine interne Abwicklung ist immer dann lohnend, wenn die Kosten des externen Marktes die der internen Abwicklung übersteigen oder eine marktliche Abwicklung in Ermangelung eines externen Marktes gar nicht oder nur erschwert möglich ist. Anders ausgedrückt: Internalisierung ist umso lohnender, je größer die Nettovorteile sind, welche die Alternative *Unternehmen* gegenüber der Alternative *Markt* aufweist.

In der Literatur lassen sich mehrere Varianten der Internalisierungstheorie im Bereich des Internationalen Managements finden. So stellen Buckley und Casson (vgl. 1976/1991) in ihrer so genannten „Long-Run-Theory" – dem wohl bekanntesten und in der Literatur am häufigsten zitierten Ansatz zur internationalen Internalisierung – vor allem die Internalisierung von Know-how und Erfahrung in den Vordergrund. Als Gründe für die interne Abwicklung von Transaktionen, die mit diesen Feldern verbunden sind, identifizieren sie z.b. die fehlende Möglichkeit der Preisdifferenzierung beim Verkauf von Wissen, was eine Marktbeziehung schwierig macht. Bewertungsprobleme beim Verkauf von Wissen auf Grund von Informationsasymmetrien zwischen Käufer und Verkäufer (vgl. dazu z.B. Kubitschek/Meckl 2000, 745-746) sind ein weiterer Faktor für eine Marktunvollkommenheit, welcher die Internalisierung von Know-how und Erfahrung besonders begünstigt (vgl. Buckley/Casson 1976/1991, 37-39; Buckley 1981, 77).

Ein weiteres Internalisierungsmotiv, auf das auch Magees Ansatz der Aneignungsmöglichkeiten internationaler Unternehmen hinweist (vgl. 1981), ist der Schutz der Eigentums- und Verfügungsrechte und die Verhinderung von Wissensabflüssen. Vor allem, wenn keine geeigneten institutionellen Vorkehrungen, etwa ein leistungsfähiger Patentschutz, zur Verfügung stehen, wird Internalisierung von vielen Unternehmen als probates Mittel zum Schutz geistigen Eigentums gewählt. Fehlender Patentschutz oder große Schwierigkeiten bei der Durchsetzung von Schadensersatzansprüchen aus Vertragsverletzungen können bei internationalen Beziehungen oft auftreten.

Das Spektrum der Beispiele zeigt, dass prinzipiell fast alles, wo der Markt versagt bzw. wo er im Vergleich zum Unternehmen nicht die effizientere Lösung darstellt, internalisiert werden könnte. Wird die Betrachtung aber auf die rein transaktionskostenbezogenen Aspekte der Internalisierung verkürzt, so sieht sich die Internalisierungstheorie dem Vorwurf der Vernachlässigung anderer relevanter Einflussfaktoren ausgesetzt, da bezüglich der Qualität des Austausches die ceteris paribus-Bedingung implizit gesetzt wird, weil nur die Kostenseite betrachtet wird (vgl. Meckl 2000, 90). Doch selbst die Transaktionskosten in ihrer Reinform im Sinne von Picot (vgl. Abschnitt 2.8.2.1) lassen sich nur äußerst schwierig operationalisieren und noch schwieriger quantifizieren (vgl. z.B. Hammes/Poser 1992). Diese fehlende Konkretisierung hat dazu geführt, dass eine aus betriebswirtschaftlicher Sicht wünschenswerte „Transaktionskostenrechnung" (vgl. dazu z.B. Albach 1988, für einen Versuch z.B. Matje 1996) bisher nicht verfügbar ist.

Ein weiterer als zentraler Kritikpunkt vorgebrachter Einwand setzt an den Verhaltensannahmen an. Das wesentliche Argument hier ist der Vorwurf der Verkürzung des Menschenbildes auf opportunistisches Verhalten. Abgesehen davon, dass Opportunismus bei verschiedenen Akteuren auch unterschiedlich ausgeprägt sein dürfte (vgl. Eigler 1996, 53; Föhr 1991, 73), werden andere Beweggründe für Verhalten und auch ökonomisch schwer fassbare Tatbestände, wie z.B. Vertrauen, ausgeklammert. Darüber hinaus wird der Internalisierungstheorie der Vorwurf entgegengebracht, sie berücksichtige die in der Realität stark vertretenen Mischformen zwischen Markt und Unternehmen, wie beispielsweise Franchisingnetzwerke oder strategische Allianzen, nur unzureichend. Gerade diese Formen treten aber im internationalen Umfeld häufig auf (vgl. Abschnitt 1.2.2).

Zusammenfassend lässt sich festhalten, dass die Internalisierungstheorie ein theoretisch elegantes, weil logisch konsistentes Konzept zur Systematisierung und Bestimmung der Bedingungen, unter denen bestimmte Transaktionen internalisiert werden, darstellt. Sie lässt aber offen, warum diese Internalisierung gerade auf internationaler Ebene, und nicht nur auf nationaler Ebene, erfolgt und liefert damit eigentlich keine originäre Begründung der Internationalisierung. Auf Grund der einschränkenden Annahmen und Operationalisierungsprobleme lassen sich die Internalisierungsansätze nur schwer auf konkrete Entscheidungsprobleme im Internationalen Management anwenden.

2.8.3 Die Prinzipal-Agenten-Theorie

Im Mittelpunkt der Prinzipal-Agenten-Theorie steht eine Auftraggeber-Auftragnehmer-Beziehung (für einen Überblick vgl. z.b. Picot/Dietl/Franck 1997, 82-90; Ebers/Gotsch 1995, 195-208; für eine ausführliche Darstellung z.b. Erlei/Leschke/Sauerland 1999, 69-168 und die grundlegende Arbeit von Jensen/Meckling 1976). Ein Prinzipal (Auftraggeber) überträgt die Erfüllung einer Aufgabe an einen Agenten (Auftragnehmer). Damit der Agent die gestellte Aufgabe erfüllen kann, wird er gleichzeitig vom Prinzipal mit Entscheidungsrechten und Verfügungsrechten über Ressourcen ausgestattet. Beispiele für solche Beziehungen sind das Eigenkapitalgeber-Manager-Verhältnis oder auch die Arzt-Patient-Beziehung. Die grundsätzlichen Vorteile für den Prinzipal ergeben sich aus den allgemeinen Überlegungen zur Arbeitsteilung und Delegation. Der Agent bekommt für seine Tätigkeit im einfachsten Fall eine Vergütung und „verkauft" damit seine spezifische Arbeitskraft. Ziel der Prinzipal-Agenten-Theorie ist die Ableitung der ökonomisch effizienten Vertragsgestaltungen zwischen den beiden Akteuren. Folgende institutionellen und verhaltensorientierten Prämissen spielen dabei eine Rolle:

- *Asymmetrische Informationsverteilung:*
  Der Prinzipal befindet sich aus informationstheoretischer Sicht in einer nachteiligen Situation. Der Agent kann seine Handlungsalternativen und den von ihm geleisteten Beitrag zum Erfolg der Aufgabenerfüllung besser einschätzen.

- *Individuelle Nutzenmaximierung:*
  Primäres Ziel ist die Verwirklichung der eigenen Präferenzen. Das schließt opportunistisches Verhalten im Sinne von Täuschung, Leistungszurückhaltung und im Extremfall Betrug ein.

- *Risikodivergenzen:*
  Dem Prinzipal wird normalerweise Risikoneutralität unterstellt. Für den Agenten ist es plausibel anzunehmen, dass er eher risikoavers eingestellt sein wird, da sein Einkommen zu einem hohen Ausmaß von der Aufgabenerfüllung abhängt.

Diese Prämissen führen zu Zielkonflikten. Der Prinzipal ist an einer Aufgabenerfüllung zu möglichst geringen Kosten interessiert. Der Agent hat annahmegemäß Anreize für ein Verhalten, das den Prinzipal schädigt. Seiner Nutzenkalkulation entspricht plausiblerweise eine Reduzierung der Arbeitsleistung, die z.b. zu einem Freizeitgewinn oder zu einer Kostenersparnis für ihn führt. Dies impliziert eine Täuschung des Prinzipals im Sinne einer Übertreibung des Beitrags des Agenten zum Erfolg, was zu einer überhöhten Entlohnung des Agenten führen kann (vgl. Hartmann-Wendels 1992, 74). Konsequenz der Annahmen sind die so genannten *Agency-Kosten*. Unter ihnen werden alle Kosten, auch Opportunitätskosten, subsumiert, die dadurch entstehen, dass die Ziele der beiden Akteure Konflikte aufweisen. Neben Steuerungs- und Kontrollkosten des Prinzipals zählen dazu auch Garantiekosten des Agenten, die z.B. in Form von Reportingsystemen anfallen, die der Prinzipal fordert. Vor allem ist aber entgangener Gewinn des Prinzipal auf Grund der suboptimalen Aufgabenerfüllung des Agenten gemeint (vgl. im Detail dazu Jensen/Meckling 1976, 308; - Ebers/Gotsch 1995, 198).

Damit ergibt sich das Effizienzkriterium des Prinzipal-Agenten-Ansatzes: *Die Vertragsbedingungen müssen so gestaltet sein, dass die Agency-Kosten minimiert werden.* Zur Verringerung der Agency-Kosten gibt es einige Vorschläge in der Literatur. Der Prinzipal hat die Möglichkeit, durch gezielt gesetzte Anreize die Agency-Kosten zu verringern. So kann z.B. über eine Ergebnisbeteiligung des Agenten eine Gleichrichtung der Ziele erfolgen (vgl. Laux 1990, 6-7). Eine zweite Möglichkeit besteht in der direktiven Verhaltenssteuerung durch den Prinzipal (vgl. Laux 1995, 5-6). Das Verhalten des Agenten wird vertraglich festgelegt, Vertragsverletzungen werden bestraft. Enge Grenzen für dieses Instrument liegen dann vor, wenn die Aufgaben unstrukturiert sind und das beste Verhalten von einer Vielzahl von Umweltzuständen abhängt. Die dritte Möglichkeit des Prinzipal besteht in der Einrichtung so genannter „governance mechanisms". Durch Kontroll- und Informationssysteme, die Auskunft über Aktionen und Verhalten des Agenten geben, durch Leistungsvergleiche mit anderen Agenten und durch regelmäßige Berichtspflichten erweitert der Prinzipal seine Informationsbasis.

Die breite Anwendbarkeit der Grundidee des Prinzipal-Agenten-Ansatzes führt zu einem Erklärungsgerüst, das geradezu prädestiniert erscheint, die koordinativen Beziehungen zwischen Zentrale und Auslandsgesellschaften in einem international tätigen Unternehmen abzubilden (für erste empirische Ergebnisse dieser Übertragung vgl. O'Donnell 2000; allgemein zur Anwendung auf die Internationalisierungsentscheidung vgl. Glaum 1996, 79-94). Abbildung 2-14 zeigt eine derartige Modellierung des Verhältnisses zwischen der Zentrale und einer Auslandsgesellschaft als Prinzipal-Agenten-Beziehung.

Die Zentrale überträgt als Prinzipal die Verantwortung und die Durchführung der Geschäftsaktivitäten in einer Region oder auch bezüglich einer bestimmten Produktgruppe einer Auslandsgesellschaft, wodurch sich ein klassisches Prinzipal-Agenten-Verhältnis ergibt. Allerdings können sich die Ziele der Auslandsgesellschaft deutlich von denen der Zentrale unterscheiden (vgl. auch Noriah/Ghoshal 1994, 492).

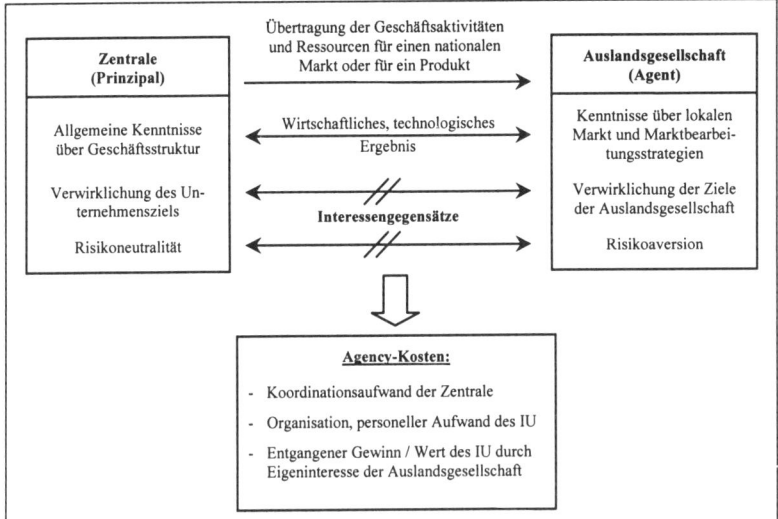

Abb. 2-14:   Übertragung des Prinzipal-Agenten-Ansatzes auf das Steuerungs-
problem zwischen Zentrale und Auslandsgesellschaft (Quelle:
Meckl 2000, 95)

Das Bestreben einer Auslandsgesellschaft, größere Entscheidungsautonomie
oder größere Verfügungsrechte über Ressourcen und den selbst erwirtschafteten
Cash Flow zu erreichen, sind Beispiele für eine Zieldivergenz. Das Resultat
sind die in Abbildung 2-14 dargestellten Agency-Kosten. Das Mittel zur Senkung dieser Agency-Kosten ist die Errichtung eines adäquaten, heißt die Agency-Kosten minimierenden Koordinationssystems, das über Anreize, Verhaltenssteuerung   und   organisatorische   Koordinationsmechanismen   funktioniert.
Anreize können sich beispielsweise aus einer Beteiligung der Auslandsgesellschaft bzw. des Managements der Auslandsgesellschaft an der Zielerreichung
des internationalen Unternehmens ergeben. Eine wertsteigerungsbezogene Bezahlung wäre ein Beispiel. Verhaltensorientierte Koordinationsmechanismen
können zum Beispiel in expliziten Verhaltensnormen, welche für das gesamte
Unternehmen verbindlich festgeschrieben werden, bestehen. Als Beispiele für
strukturelle Koordinations-, Kontroll- und Regelungsmechanismen lassen sich
Berichtspflichten und eine Personalunion bei Führungspositionen zwischen
Zentrale und Auslandsgesellschaft anführen.

Bei einer Bewertung der Prinzipal-Agenten-Theorie ist zunächst festzustellen,
dass der Ansatz ein konsistentes Hypothesensystem aufspannt, das als ökono-
misches Kriterium zur Gestaltung von Beziehungen zwischen Akteuren auch
bzw. gerade im internationalen Umfeld relevant ist. Als solches muss dem An-

satz zu Gute gehalten werden, dass er nicht nur explikatives und exploratives, sondern auch normatives Potenzial aufweist, d.h. er bietet konkrete Lösungsinstrumente für die festgestellten Probleme an.

Die Kritik an diesem Ansatz bezieht sich im Wesentlichen auf die zeitliche Perspektive. Die bei der Transaktionskostentheorie berücksichtigte zeitliche Anpassung der Verträge und der institutionellen Arrangements fehlt weitgehend. Dadurch ergeben sich auch Probleme bei der Dynamisierung des Ansatzes. Des Weiteren ist die einseitige Sichtweise zu bemängeln. Vorschläge zur Senkung der Agency-Kosten werden primär aus Sicht des Prinzipals entwickelt, obwohl auch der Agent solche Kosten zu tragen hat. Ähnlich schwerwiegend wie im Fall der Transaktionskostentheorie wiegt das Operationalisierungsproblem des Effizienzkriteriums, also der Agency-Kosten. Während Steuerungs- und Kontrollkosten zumindest noch grob abgeschätzt werden können, bereitet dies bei den entgangenen Gewinnen durch ihren Opportunitätskostencharakter große Schwierigkeiten.

Zusammenfassend ist festzuhalten, dass die Prinzipal-Agenten-Theorie im Internationalen Management zwar im Wesentlichen nur auf die Beziehung Zentrale–Auslandsgesellschaften sinnvoll angewendet werden kann, auf diesem Gebiet aber wichtige Erklärungs-/Empfehlungspotenziale für die Ausgestaltung eines internationalen Koordinationssystems bietet.

2.9 Das eklektische Paradigma von Dunning

2.9.1 Erklärungsanliegen und Komponenten der Theorie

In den vorangegangenen Abschnitten wurde eine Vielzahl von Ansätzen zur Erklärung internationaler Unternehmenstätigkeit vorgestellt, die sich sowohl hinsichtlich ihres Erklärungsobjektes als auch der zu Grunde liegenden Argumentationslogik zum Teil erheblich unterscheiden. Die Vielzahl und Heterogenität der dargestellten Ansätze verdeutlicht, dass das Phänomen der Internationalisierung von Unternehmensaktivitäten einen vielschichtigen und komplexen Problembereich darstellt, dessen allumfassende Beschreibung keiner der vorgestellten Ansätze allein zu leisten vermag. Vielmehr stellen die einzelnen Ansätze Analysewerkzeuge dar, die jeweils unterschiedliche Facetten des Untersuchungsgegenstandes „Internationalisierung" erhellen.

Motiviert von der Unzufriedenheit mit dem partialanalytischen Charakter der bestehenden Theorien, entwickelte John Dunning (vgl. als grundlegende Quellen 1977, 1979) einen Ansatz, der den Anspruch erhebt, Internationalisierung umfassender zu erklären als alle bisherigen Theorien. Seit seiner erstmaligen

Präsentation auf dem in Stockholm abgehaltenen Nobel-Symposium „The International Allocation of Economic Activity" im Jahr 1976 hat sich Dunnings „eklektischer Ansatz" zu einem der am häufigsten zitierten und zugleich meist kritisierten Ansätze zur Erklärung internationaler Unternehmensaktivitäten entwickelt. Der Begriff *eklektisch* (von griech. *eklegein*, „auswählen") bringt zum Ausdruck, dass Dunning auf eine Reihe bestehender Ansätze, vor allem die Theorie des monopolistischen Vorteils (vgl. Abschnitt 2.4.2), die Standorttheorie und die Internalisierungstheorie (vgl. Abschnitt 2.8.2.2), zurückgreift. Die Anfangsbuchstaben der drei daraus abgeleiteten Säulen, die Dunning schließlich zu seinem eklektischen Ansatz verknüpft, namentlich *ownerhip advantages*, *location advantages* und *internalization advantages*, haben dem Dunningschen Aussagesystem auch die Bezeichnung „OLI-Paradigma" eingebracht.

Das zentrale Erklärungsanliegen der eklektischen Theorie ist es, die Vorteilhaftigkeit bestimmter Markteintritts- bzw. Marktbearbeitungsformen in Abhängigkeit von der Ausprägung unternehmensinterner und -externer Bedingungen aufzuzeigen.

Hinsichtlich der *Markteintritts- und Marktbearbeitungsformen* unterscheidet Dunning zwischen vertraglichen Ressourcentransfers (z.B. Lizenzverträgen), Exporten und Direktinvestitionen (vgl. im Detail zu den Formen Abschnitt 1.2).

Die Modellierung der relevanten unternehmensinternen und -externen Bedingungen erfolgt durch so genannte *Vorteilskategorien*, die ihren Ursprung in den verschiedenen, eklektisch zusammengeführten Theorieströmungen haben. Im Einzelnen unterscheidet Dunning zwischen drei Vorteilskategorien:

Eigentumsvorteile (ownership advantages):

Eigentumsvorteile sind unternehmensspezifische Wettbewerbsvorteile, die das internationale Unternehmen gegenüber seinen Wettbewerbern, insbesondere gegenüber denen des jeweiligen Ziellandes der Internationalisierungsentscheidung, aufweist. Mit dem Konzept der Eigentumsvorteile übernimmt Dunning wesentliche Teile des Gedankengutes der in Abschnitt 2.4.2 vorgestellten Theorie des monopolistischen Vorteils. Analog zu Hymer und Kindleberger argumentiert Dunning, dass ausländische Unternehmen bzw. deren Tochtergesellschaften gegenüber inländischen Unternehmen zunächst zahlreiche Wettbewerbsnachteile aufweisen. Sie sollten daher, um international tätig zu sein, über unternehmensspezifische Wettbewerbsvorteile verfügen, um ihre „cost of foreignness" (Kutschker/Schmid 2005, 454) zu überwinden. Dunning unterscheidet zwischen drei Kategorien von Eigentumsvorteilen (vgl. Dunning 1977, 401).

- *generelle Eigentumsvorteile*, die sich unmittelbar aus dem exklusiven Besitz von bzw. dem Zugang zu tangiblen und intagiblen Ressourcen und Vermögensgegenständen ergeben und die daher jedes Unternehmen unabhängig von langjähriger Existenz und Internationalität aufweisen kann. In diese Kategorie fallen beispielsweise Managementkompetenzen, Marken, Patente und Schutzrechte oder auch Technologievorsprünge.

- *Eigentumsvorteile, die aus der langjährigen Existenz und Branchenerfahrung* eines Unternehmens gegenüber neuen Marktteilnehmern resultieren. Derartige Vorteile können vor allem im günstigeren Zugang zu Rohstoffen und Vorprodukten, besserer Marktkenntnis, Positions- bzw. Spezialisierungsvorteilen sowie Verbund- und Synergievorteilen bestehen.

- *Eigentumsvorteile, die in der Internationalität eines Unternehmens selbst begründet liegen.* Dazu zählen insbesondere verbesserte Möglichkeiten zur Arbitrage von Marktunvollkommenheiten, z.B. mittels Transferpreisgestaltung (vgl. dazu Abschnitt 4.6.3) oder erweiterte Möglichkeiten der geographischen Risikodiversifikation.

Internalisierungsvorteile (internalization advantages):

Das theoretische Fundament der zweiten Vorteilskategorie, der Internalisierungsvorteile, bilden die auf den Transaktionskostenansatz von Coase zurückzuführenden Internalisierungsansätze (vgl. Abschnitt 2.8.2.2). Internalisierungsvorteile sind Vorteile, die sich aus der unternehmensinternen Durchführung – der Internalisierung – von Aktivitäten ergeben, d.h. die Nettovorteile, welche die Alternative *Unternehmen* gegenüber der Alternative *Markt* aufweist. Sie sind umso größer, je größer die Marktunvollkommenheiten sind, gegen die sich ein Unternehmen schützt oder die es zu seinem eigenen Vorteil auszunutzen versucht.

Wie die Mehrzahl der Vertreter der internationalen Internalisierungsansätze fasst auch Dunning den Begriff der Internalisierungsvorteile deutlich weiter als die traditionelle Transaktionskostentheorie und weist auf Internalisierungsvorteile in nahezu allen Bereichen des Unternehmens hin. Erwähnt werden von Dunning neben der Vermeidung oder Reduzierung von Transaktionskosten unter anderem die Arbitrage von Währungsraum- und Steuerdifferenzen, insbesondere durch die Möglichkeiten internationaler Transferpreisgestaltung, der Schutz der Eigentums- und Verfügungsrechte, die Verhinderung von Wissensabflüssen, staatliche Internalisierungsanreize sowie das Nichtvorhandensein eines externen Marktes (vgl. 1979, 276).

Standortvorteile (location advantages):

Standortvorteile ergeben sich aus der Durchführung von Aktivitäten an einem bestimmten Standort. Hierbei kann es sich um Vorteile für Stamm- oder Gastländer handeln. Der Nettostandortvorteil ergibt sich aus der Summe der vorteilhaften Standortfaktoren abzüglich der Nachteile, die ein bestimmter Standort gegenüber einem anderen Standort, z.b. im Heimatland des Unternehmens, aufweist. Grundsätzlich kann nahezu jeder nur denkbare Standortfaktor unter bestimmten Voraussetzungen einen Standortvor- oder -nachteil begründen. Als Beispiele für die Vielzahl von Standortfaktoren führt Dunning die Verfügbarkeit und die Kosten von Rohstoffen und Arbeitskräften, absatzmarktbezogene Faktoren, politische, rechtliche und soziokulturelle Faktoren sowie die psychische Distanz an (vgl. 1979, 276).

2.9.2 Grundlegende Aussagen der eklektischen Theorie

Dunning geht es darum, die Vorteilhaftigkeit bestimmter Markteintritts- bzw. Marktbearbeitungsformen in Abhängigkeit von der Ausprägung der drei beschriebenen Vorteilskategorien – Eigentumsvorteile, Internalisierungsvorteile und Standortvorteile – aufzuzeigen.

Dunning argumentiert, dass ein Unternehmen, will es auf einem ausländischen Markt tätig sein, in jedem Fall über einen unternehmensspezifischen Eigentumsvorteil, etwa in Form einer überlegenen Ressourcenausstattung, verfügen muss, um seine Nachteile der Unvertrautheit mit dem fremden Markt gegenüber den Unternehmen des jeweiligen Ziellandes zu kompensieren. Das Vorhandensein von Eigentumsvorteilen stellt damit die „conditio sine qua non" (Kutschker/Schmid 2005, 454) der Internationalisierung dar. Wann aber wird sich ein Unternehmen innerhalb des Spektrums der möglichen Markteintritts- und Marktbearbeitungsstrategien nun für (1) Formen der vertraglichen Ressourcenübertragung, wann für (2) Export und wann für (3) Direktinvestitionen entscheiden?

Verfügt ein Unternehmen über firmenspezifische Eigentumsvorteile, z.B. innovative Marken und Produkte, kann diese im Ausland jedoch selbst nicht besser verwerten als andere Akteure, d.h. darüber hinaus keine Vorteile aus der Internalisierung ziehen, so wird es der *vertraglichen Ressourcenübertragung* den Vorzug geben. Dann wird es z.B. das Recht, ein bestimmtes Produkt für den jeweiligen Auslandsmarkt herzustellen und dort zu vertreiben, an einen ausländischen Partner mit entsprechender Erfahrung in der Bearbeitung des jeweiligen Auslandsmarkts, z.B. in Form einer Lizenz, verkaufen. Da das Unternehmen in einem solchen Fall die Produktion für den jeweiligen Auslandsmarkt ohnehin nicht selbst durchführt, erübrigt sich zugleich die Suche nach potenziellen Produktionsstandorten und damit die Frage nach dem Vorliegen von Standortvorteilen.

Ist es hingegen für das Unternehmen günstiger, seine Erfolgspotenziale selbst zu nutzen, also zu internalisieren, anstatt sie an ausländische Unternehmen zu verpachten oder zu verkaufen, so wird es die Marktbearbeitung durch eine Ausweitung der eigenen Geschäftsaktivitäten und nicht etwa mittels vertraglicher Lösungen anstreben. Die Ausweitung der eigenen Geschäftsaktivitäten wird das Unternehmen schließlich in dem Land vornehmen, dessen Standortfaktoren die bestmögliche Realisierung der Eigentums- und Internalisierungsvorteile ermöglichen. Handelt es sich dabei um das Heimatland des Unternehmens, d.h. liegen keine Standortvorteile im Gastland vor, so wird *exportiert*.

Zu *Direktinvestitionen* in Form ausländischer Produktionsstandorte kommt es nur dann, wenn alle drei Vorteilskategorien vorliegen, d.h. neben Eigentums- und Internalisierungsvorteilen auch Standortvorteile im Ausland existieren. Andernfalls werden Auslandsmärkte vom Stammland aus bedient.

Dunning modelliert die Internationalisierung als Entscheidungsprozess, in dem das Unternehmen in einem ersten Schritt prüft, ob überhaupt Eigentumsvorteile vorliegen, in einem zweiten Schritt nach den Möglichkeiten ihrer Verwertung fragt und sich gegebenenfalls in einem dritten Schritt für die bestmögliche Standortalternative entscheidet. Abbildung 2-15 macht diesen Prozess grafisch deutlich.

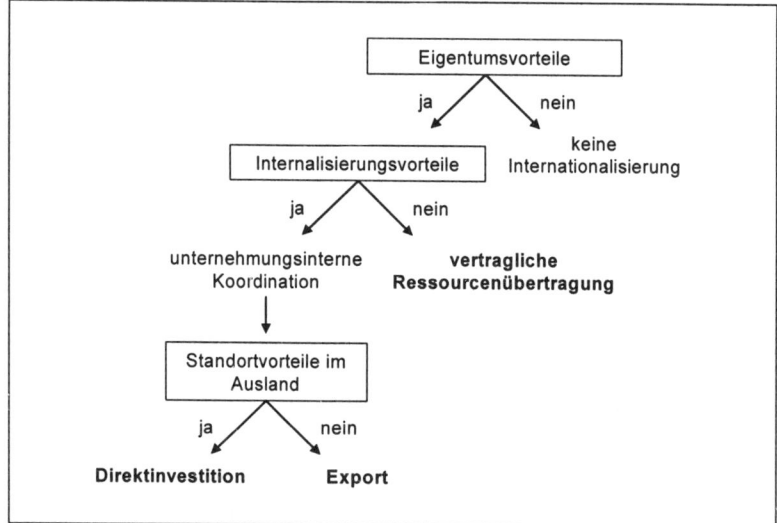

Abb. 2-15:   Der Entscheidungsprozess zur Internationalisierung bei Dunning (Quelle: Kutschker/Schmid 2005, 456)

2.9.3 Beurteilung der eklektischen Theorie und ihrer Erweiterungen

Dunning selbst bezeichnet seine Theorie als „simple, yet profound construct" (Dunning 2000, 163), als „rich and robust framework" (Dunning 1988, 11) zur Erklärung der komplexen Zusammenhänge internationaler Unternehmensaktivität. Und in der Tat gelingt es Dunning, ein *robustes und größtenteils schlüssiges Argumentationsgebäude* aufzubauen, mit dessen Hilfe sich weite Teile der seinerzeit und auch heute noch aktuellen Entwicklungen internationaler Unternehmenstätigkeit erklären lassen. Durch die *Integration bisher unverbunden bestehender Einzeltheorien* in ein konsistentes Argumentationsgebäude kommt Dunnings Ansatz das Verdienst zu, den Vorwurf des „partikulären Erklärungspotenzials" der zu Grunde liegenden Einzelansätze zumindest teilweise überwunden zu haben.

Diese Integration verhilft seinem Ansatz zu einem *umfassenden Erklärungspotenzial*, welches über das der Summe der integrierten Einzelaktivitäten hinausgeht, indem im Rahmen einer integrativen Betrachtung verschiedene Formen des Markteintritts und der Marktbearbeitung berücksichtigt und verschiedene Vorteilskategorien erklärt werden (vgl. Agarwal/Ramaswami 1992, 2). Vor allem die Tatsache, dass im Rahmen einer *integrativen Betrachtung* neben internationalem Handel und Direktinvestitionen auch Lizenz- und Technologieverträge als dritte Form internationaler Unternehmensaktivitäten berücksichtigt werden, hat dem Ansatz zu großer Popularität verholfen und ist als Stärke zu sehen. Darüber hinaus zeichnet sich Dunnings Ansatz dadurch aus, dass er nicht nur deskriptiver, sondern auch normativer Natur ist, d.h. er weist nicht nur ein hohes Erklärungspotenzial auf, sondern erlaubt darüber hinaus die *Ableitung konkreter Gestaltungsempfehlungen* (vgl. Brouthers/Brouthers/Werner 1999). Zudem konnte die *empirische Relevanz* des Ansatzes zum Teil erfolgreich nachgewiesen werden (vgl. zur empirischen Bestätigung u.a. Dunning 1980).

Trotz seiner zahlreichen Verdienste wurde Dunnings Ansatz stark kritisiert. Die Fülle der Kritik, die bei einem Ansatz mit umfassendem Anspruch nicht ausbleiben kann, ist Ausdruck der intensiven Aufmerksamkeit, die Dunnings Ansatz in den letzten Jahrzehnten zuteil wurde und sollte nicht als Hinweis auf eine, verglichen mit anderen Ansätzen, unterdurchschnittliche Erklärungsleistung interpretiert werden.

In ihrer grundlegenden Aussage erweckt die eklektische Theorie den Anschein großer Systematik der Vorteilskategorien. Tatsächlich bestehen jedoch *deutliche Überschneidungen und Interdependenzen der einzelnen Elemente innerhalb der Vorteilskategorien sowie zwischen den drei Vorteilskategorien*. So entstehen viele Eigentumsvorteile von Unternehmen erst durch Internalisierung. Beispiele sind die Verbesserung der Verhandlungsmacht gegenüber Zulieferern und Abnehmern durch vertikale sowie gegenüber Wettbewerbern durch horizontale Integration oder die Verwertung von F&E-Ergebnissen in eigenen Produktinnovationen. Enge Interdependenzen bestehen auch zwischen Eigentums- und Standortvorteilen: zum einen hängt die Vorteilhaftigkeit bestimmter Standortfaktoren in hohem Maße von den unternehmensspezifischen Charakteristika ab. Es dürfte einleuchtend erscheinen, dass etwa für einen Nischenanbieter des Premiumsegments andere Standortfaktoren relevant sind als für einen Volumenhersteller standardisierter Produkte der gleichen Branche. Zum anderen beeinflussen Standortvorteile aber nicht nur die Realisierung von Eigentumsvorteilen, sie können auch Quelle selbiger sein: häufig investieren international tätige Unternehmen nicht nur deswegen im Ausland, weil sie dort ihre bestehenden monopolistischen Vorteile bzw. Eigentumsvorteile ausnutzen wollen, sondern vielmehr versuchen, im Ausland auch neue Vorteile zu erringen. Damit kann der erste Schritt – die Prüfung der Existenz von Eigentumsvorteilen – nicht unabhängig vom zweiten und dritten Schritt – der Prüfung der Existenz von Internalisierungs- und Standortvorteilen – erfolgen (vgl. Abbildung 2-15). Diese Überschneidungen werden von Dunning kaum untersucht.

Die *unzureichende Operationalisierung und kausale Verknüpfung der strukturellen und kontextuellen Variablen* zählt zu den am häufigsten genannten Kritikpunkten an Dunnings eklektischem Aussagesystem (vgl. z.B. Macharzina/Engelhard 1991, 27-28). Am Ende bleibt auf Grund der *unzureichenden Mess- und Operationalisierbarkeit des Vorteilsbegriffs* nur der Gesamterfolg messbar (vgl. Itaki 1991, 450-454).

Ein weiterer Kritikpunkt an Dunnings Ansatz ist die *unzureichende Berücksichtigung unternehmenspolitischer und strategischer Aspekte.*

Darüber hinaus weist Dunnings Ansatz einen deutlichen *bias in Richtung homo oeconomicus* auf (vgl. Randøy/Dibrell 2002, 121; Macharzina/Engelhard 1991, 27); die Erkenntnisse der verhaltenswissenschaftlichen Ansätze (vgl. Abschnitt 2.7) werden nicht ausgiebig genug berücksichtigt. Als ebenfalls nicht weitgehend genug wird von einigen Kritikern die *Berücksichtigung dynamischer Aspekte* erachtet. Dunning erkennt zwar, dass sich die einzelnen Vorteilskategorien im Zeitablauf verändern können, er vertieft derartige dynamische Betrachtungen in seinen Ausführungen jedoch nicht weiter, weswegen sein Ansatz als eher statisch zu werten ist (vgl. Kutschker/Schmid 2005, 457).

Dunnings Ansatz postuliert zudem, dass in einem bestimmten Auslandsmarkt *immer nur eine Strategie effizient* sein kann. Die Realität zeigt jedoch, dass Unternehmen in ein- und demselben Land bei ähnlichen Aktivitäten parallel bzw. simultan unterschiedliche Markteintritts- und Marktbearbeitungsformen wählen und damit durchaus Erfolg haben (vgl. Stehn 1992, 63). Trotz rudimentär vorhandener Versuche, das Paradigma auf Dienstleistungsunternehmen anzuwenden (vgl. Dunning/Kundu 1995; Dunning/McQueen 1981) ist und bleibt die primäre Domäne des Dunningschen Paradigmas die Erklärung internationaler Produktion. Damit bleibt es *im Wesentlichen nur für Industrieunternehmen relevant.*

Nicht zuletzt wird Dunnings Aussagesystem häufig der Vorwurf entgegengebracht, dass die zu Grunde liegenden *Einzelgedanken schon in anderen Theorien,* insbesondere der Theorie des monopolistischen Vorteils von Hymer, formuliert seien und es somit gar keine eigenständige Theorie begründe (vgl. z.b. Kutschker/Schmid 2005, 456). Dunning begegnet dieser Kritik mit der Feststellung, dass seine „systemic theory" weniger eine alternative Theorie sei denn vielmehr eine, die die Quintessenzen der bestehenden Theorien herausgreift und zusammenführt (vgl. Dunning 1977, 407).

Angesichts der teils heftigen Kritik hat Dunning seinen Ansatz, an dem er seit mehreren Jahrzehnten festhält, vor dem Hintergrund der Umweltdynamik und des sich verändernden Unternehmensverhaltens mehrfach verteidigt bzw. angepasst (vgl. u.a. Dunning 2000; 1995 und1988).

So gesteht Dunning vor dem Hintergrund des Vorwurfs der mangelnden Berücksichtigung unternehmenspolitischer bzw. strategischer Aspekte die Notwendigkeit ein, die Motive für die Entscheidung über internationale Produktionsstandorte stärker zu berücksichtigen, als dies bislang geschehen ist. In späteren Veröffentlichungen unterscheidet Dunning daher zwischen drei Hauptmotiven für die Entscheidung, Produktion international auszuweiten, (vgl. Dunning 1988, 11-13): erstens die Nähe zum bzw. die Erschließung des Absatzmarktes („import substituting manufacturing" bzw. „market-seeking"), zweitens den verbesserten Zugang zu Inputfaktoren („resource-seeking" bzw. „supply-oriented") und drittens das Streben nach globaler Effizienz („efficiency-seeking" bzw. „export platform manufacturing").

Später ergänzt Dunning mit dem Motiv des „strategic asset seeking" den Katalog der Direktinvestitionsmotive schließlich um eine vierte Stoßrichtung und weitet die Betrachtung damit auf den Fall aus, in dem Direktinvestitionen nicht primär aus dem Motiv der grenzüberschreitenden Verwertung bestehender, sondern der *Aneignung neuer bzw. der Anreicherung bestehender Eigentumsvorteile* heraus getätigt werden (vgl. Dunning 2000, 165).

Insgesamt gesehen macht Dunning deutlich, wie schwierig, wenn nicht gar unmöglich es ist, eine einzige, umfassende Theorie der Internationalisierung zu entwickeln. Den Anspruch, Internationalisierung detailliert ökonomisch zu modellieren, hat das eklektische Paradigma allerdings auch nie erhoben. Die Stärken der Theorie Dunnings liegen in anderen Bereichen. Als „an envelope for economic and business theories of MNE activity" (Dunning 2000, 163) verbleibt ein positiver Beitrag der Theorie Dunnings in jedem Fall darin, dass sie mit ihrer Unterscheidung zwischen Eigentums-, Internalisierungs- und Standortvorteilen dem Theoretiker ein mögliches Strukturierungsraster an die Hand gibt, um die im Zusammenhang mit der Internationalisierung relevanten grundlegenden Einflussfaktoren zu systematisieren. Dem Entscheidungsträger in der Praxis kann sie als möglicher Ausgangspunkt einer Stärken-/Schwächen-/Umweltanalyse Anstöße geben, in welche Richtungen Unternehmen nach einem Wettbewerbsvorteil suchen sollten.

2.10 Zusammenfassung und Ausblick zu den Theorien des IM

In der Tabelle 2-4 werden die behandelten Theorien zum Internationalen Management überblicksartig zusammengefasst.

Theorie \ Merkmale	Analyseebene	Erklärungs-faktoren	Managementimplikationen
Außenhandels-theorien	Volkswirtschaften	Kosten-/ Produktivitäts-unterschiede	Sehr allgemeine Überlegungen zu Kosten-/ Standortvorteilen
Produktlebens-zyklustheorie von Vernon	Produkte	Stellung eines Pro-dukts im Produkt-lebenszyklus	Lebenszyklusorientierte Wahl der Internationalisierungsform
Lerntheorie der Internationali-sierung von Johanson/Vahlne	Entscheidungs-prozesse in Unternehmen	Marktbindung und Marktwissen	Förderung von organisatorischen Lernprozessen in Bezug auf Internationalisierung
Monopolistische Vorteilstheorie	Unternehmen	Eigentumsvorteile	Aufbau und Sicherung unter-nehmensspezifischer Vorteile
Oligopolistisches Parallelverhalten	Unternehmen	strategisches Verhalten	aktive Gegenstrategie gegen Wettbewerber entwickeln
Netzwerkansatz	Gruppe von Unternehmen	Verhaltens-abstimmung	Nutzung der potentiellen Netzwerkvorteile
Konfigurations-ansatz	Unternehmen	„fit" zwischen exter-nen und internen Variablen	Herstellen des „fit"
Ressourcen-transferbasiertes Grundsatzmodell	Unternehmen und Länder	Fähigkeit des Ressourcen-transfers	Identifikation komparativer Res-sourcenvorteile und deren Kom-bination zu international über-tragbaren Ressourcenbündeln
Technologie-basierte Modelle und „technologi-sche Lücke"	Technologiebereich von Unternehmen	Technologische Unterschiede	Schaffung und Ausnutzung von technologischen Unterschieden auf internationalen Märkten

Merkmale Theorie	Analyseebene	Erklärungs- faktoren	Managementimplikationen
Erweiterte Zinssatztheorie	Internationale Kapitalmärkte	Unterschiede in Investitionsrenditen	Identifikation von höheren Renditen im Ausland
Währungsraum- ansatz	Währungsräume	Erwartete Währungs- veränderungen	Kapitalkostenunterschiede in Weichwährungs- und Hart- währungsländern
Risikoportfolio- theorien	Risikostruktur von Unternehmen	Korrelation zwischen Einzel- märkten < 1	Diversifikation in < 1 korrelierte Märkte
Verhaltens- orientierte Theorie von Aharoni	Entscheidungs- prozesse in Unter- nehmen	Eingeschränkt rationales Verhalten zentraler Entschei- dungsträger	Verbesserung der Informations- versorgung zentraler Entschei- dungsträger
Soziale Netzwerke	Beziehungen Unternehmen - Umwelt	Individuelle Beziehungen der Manager	Persönliche Beziehungen ins Ausland gezielt aufbauen
Internalisie- rungstheorie	Unternehmen	Internalisierungs- vorteile	Wahl der Internalisierungsform in Abhängigkeit von Trans- aktionskosten
Prinzipal-Agent	Beziehung Prinzipal - Agent	Kosten-/ Anreiz- systeme zwischen Prinzipal und Agent	Bewusste Gestaltung der Beziehung zu den Auslands- gesellschaften
Eklektische Theorie von Dunning	Unternehmen	Eigentums-, Stand- ort- und Internalisie- rungsvorteile	Wahl der Internalisierungsform in Abhängigkeit von spezifischen Vorteilskategorien

Tab. 2-4: Synoptische Darstellung der behandelten Theorien im Internationalen Management

Neben den Betrachtungen der einzelnen Ansätze sind die übergreifenden Überlegungen und die Interdependenzen zu beachten. Diese wurden in der Besprechung einzelner Theorien als Stärke des jeweiligen Modells bereits referiert.
Trotz der Ergänzungen und gegenseitigen Unterstützung zwischen vielen Theorien und trotz des eklektischen Ansatzes von Dunning (vgl. Abschnitt 2.9) muss
festgehalten werden, dass die Vielzahl von theoretischen Ansätzen zur Erklärung von internationaler Unternehmenstätigkeit und zur Ableitung von Gestaltungsempfehlungen für das Management im Ausland nicht darüber hinwegtäuschen kann, dass es eine umfassende theoretische Erklärung für das behandelte
Phänomen nicht gibt. Angesichts der extrem vielfältigen Einzelaspekte des
Themas und der sehr heterogenen Struktur der inhaltlichen Fragen, mit denen
sich das Forschungsfeld Internationales Management auseinander zu setzen hat,
ist es auf absehbare Zeit wohl auch nicht zu erwarten, dass ein solcher umfassender Theorieansatz entsteht.

Fragen zur Wiederholung und Selbstkontrolle

1. Erläutern Sie die historischen Schwerpunkte und Entwicklungslinien der Forschung im Internationalen Management und begründen Sie diese jeweils!

2. Stellen Sie anhand von zwei Außenhandelstheorien dar, warum Außenhandel aus theoretischer Sicht für alle Beteiligten Vorteile bringt, und begründen Sie Ihre Antwort mit Beispielen! Was führt zu Einschränkungen der beiderseitigen Vorteile in der Realität?

3. Stellen Sie das Produktlebenszykluskonzept von Vernon in seinen Grundzügen dar und erläutern Sie anhand dieses Konzeptes die generellen Merkmale einer prozesstheoretischen Betrachtungsweise der Internationalisierung von Unternehmen!

4. „Die Internationalisierung eines Unternehmens kann typischerweise als ein kontinuierlich verlaufender Prozess beschrieben werden". Erläutern und diskutieren Sie diese Aussage anhand des lerntheoretischen Internationalisierungsansatzes nach Johanson/Vahlne!

5. Die Theorie des monopolistischen Vorteils von Hymer/Kindleberger unterscheidet zwischen „Direktinvestitionen vom Typ 1" und „Direktinvestitionen vom Typ 2". Was sind die Unterschiede zwischen beiden, und wie stehen sie im Zusammenhang mit den namensbegründenden „monopolistischen Vorteilen"? Was sind die Entstehungsursachen für derartige Vorteile?

6. Welche Internationalisierungsgründe liefert die Theorie des „oligopolistischen Parallelverhaltens"? Diskutieren Sie Aussagegehalt und Leistungsfähigkeit der Theorie für das Internationale Management!

7. Erläutern Sie das Netzwerk als theoretische Interpretation eines internationalen Unternehmens. Diskutieren Sie, inwieweit grenzüberschreitende Netzwerke typische internationalisierungsrelevante Probleme zu verringern vermögen!

8. Was sind „Gestalten", und welches sind die wesentlichen Ziele und Inhalte des Konfigurationsansatzes? Welches Erklärungspotenzial bietet dieser Ansatz für das Internationale Management?

9. Stellen Sie die „ressourcenorientierte Theorie der Unternehmensführung" dar und diskutieren Sie deren Anwendung auf Probleme der internationalen Unternehmensführung!

10. Wie kann internationale Unternehmenstätigkeit unter Rückgriff auf technologieorientierte Argumente erklärt werden? Erläutern Sie Ihre Aussagen anhand von Beispielen!

11. Geben Sie die wichtigsten Aussagen der Theorie der „technologischen Lücke" wieder. Sehen sie den hierin unterstellten Wirkungsmechanismus als empirisch bestätigt an?

12. Diskutieren Sie folgende These: „Internationale Direktinvestitionen lassen sich auf der Basis von Kapitalströmen erklären, die durch Unterschiede in der Höhe der Realverzinsung in den einzelnen Ländern zustande kommen"!

13. Erläutern Sie die Argumentation, die der Aussage, dass internationale Direktinvestitionen tendenziell von Hartwährungsländern in Weichwährungsländer fließen, zu Grunde liegt!

14. Auf einer Informationsveranstaltung ihrer Bank zu „lukrativen Anlagemöglichkeiten in Deutschland" werden Sie mit der Aussage konfrontiert: „Durch ihr Auslandsengagement weisen international tätige Unternehmen ein deutlich höheres Risikoprofil als nur national tätige Unternehmen auf, weswegen risikoaverse Investoren keine Anteile an solchen Unternehmen kaufen sollten". Überzeugen Sie Ihr Gegenüber unter Rückgriff auf eine geeignete kapitalmarktorientierte Internationalisierungstheorie vom Gegenteil!

15. Erläutern Sie die Grundannahmen des „behavioural view" und beschreiben Sie einen verhaltenswissenschaftlichen Ansatz zur Erklärung von Internationalisierung. Bewerten Sie generell das Leistungspotenzial von verhaltenswissenschaftlichen Ansätzen zur Internationalisierung!

16. Erläutern Sie die Prinzipal-Agenten-Theorie. Wo kann diese Theorie im Rahmen des Internationalen Managements angewandt werden?

17. Beschreiben Sie die Komponenten der eklektischen Theorie von John Dunning und geben Sie jeweils Beispiele. Zeigen Sie anschließend auf der Basis dieser Komponenten die Vorteilhaftigkeit unterschiedlicher Markteintritts- und Marktbearbeitungsstrategien auf! Worin sehen Sie die zentralen Stärken und Verdienste der Theorie Dunnings gegenüber anderen Theorien?

3. Führung von internationalen Unternehmen

3.1 Führungsmodelle für internationale Unternehmen

3.1.1 Die Komplexität der Führung von internationalen Unternehmen

Die in Kapitel 2 behandelten Theorien liefern Erklärungsansätze und teilweise zumindest Empfehlungen für das Management von internationalen Geschäftsaktivitäten. Der nächste logische Schritt besteht in der Übersetzung der theoretischen Ansätze und Empfehlungen in Konzepte, die die Entwicklung von Internationalisierungsstrategien und generell den Auf- und Ausbau von Aktivitäten im Ausland zum Gegenstand haben. Im Folgenden wird deduktiv vorgegangen. Zunächst werden in diesem Kapitel 3 Überlegungen zur *Führung des Gesamtunternehmens* mit den strategischen und organisatorischen Fragen behandelt. Im nachfolgenden Kapitel werden dann top-down die Fragen in den einzelnen *Funktionsfeldern* thematisiert, bevor in Kapitel 5 auf einzelne operative Probleme der konkreten Abwicklung von internationalen *Geschäftsprozessen*, wie z.B. das Management der Wechselkursrisiken, eingegangen wird.

Macharzina weist darauf hin, dass Unternehmensführung als Begriff nicht eindeutig definiert ist und hierunter eine Vielzahl unterschiedlicher Inhalte und Aufgaben verstanden werden (vgl. 2003, 36). In den Definitionsversuchen taucht aber regelmäßig die Idee auf, dass Führung auf dieser Ebene vor allem mit dem Treffen von Entscheidungen zu tun hat, die Grundsatzcharakter haben, durch eine hohe Bindungswirkung und Irreversibilität gekennzeichnet sind, das gesamte Unternehmen betreffen, meistens einen hohen monetären Wert zum Gegenstand haben und einen geringen Strukturierungsgrad aufweisen (vgl. Macharzina 2003, 41-42). Als Folge dieses doch sehr kleinen gemeinsamen Nenners der vorherrschenden Auffassungen von Unternehmensführung gibt es auch nicht das allgemein akzeptierte Führungsmodell für Unternehmen. Vielmehr zeigt sich, dass es viele methodisch und theoretisch teilweise durchaus widersprüchliche Ansätze gibt, die unterschiedlichste Sichtweisen verfolgen.

Angesichts dieses Befundes zu allgemeinen Unternehmensführungsmodellen überrascht es nicht, dass es auch in der Führung internationaler Unternehmen unterschiedlichste Modelle zur Lösung dieser zentralen Managementaufgabe gibt. Bevor auf einige der am häufigsten diskutierten eingegangen wird, ist es sinnvoll, Spezifika der Unternehmensführung im internationalen Umfeld explizit herauszuarbeiten, da diese den Unterschied der mit internationalen Herausforderungen konfrontierten Führung von der rein nationalen begründen. Der grundsätzliche Unterschied besteht darin, dass die internationale Unternehmensführung mit einem deutlich größeren Maß an Heterogenität zurecht kommen muss. Dieser Heterogenität muss in den Führungskonzepten explizit Rechnung getragen werden, führt sie doch generell zu einer höheren Komplexität der Führungsaufgabe. Die Komplexität wird begründet durch die Vielzahl von Faktoren, die berücksichtigt werden müssen, und ihrer Interdependenzen (vgl. Hartung 1997, 13). Grundsätzlich sind sowohl interne als auch externe Faktoren für die internationalen Unternehmen komplexitätserhöhend, wobei Pausenberger aber zurecht feststellt, dass die „heterogene Umwelt (...) in ihrer Einwirkung auf die Unternehmenspolitik das konstitutive Merkmal der internationalen Unternehmung darstellt" (1982, 119). Diese zusätzlichen Umweltmerkmale lassen sich nach folgenden Kategorien gruppieren (vgl. Meckl 2000, 18-19):

Politisch-rechtliche Umweltbedingungen:
Handels-, arbeits- und grundlegende gesellschaftsrechtliche Regelungen und Gesetze und auch die institutionelle Gestaltung des Rechtssystems sowie die generelle Stabilität des politischen Systems in den bearbeiteten Ländern erfordern eine flexible Anpassung an diese Bedingungen, was auch interne Regelungen im Unternehmen, z.B. Kontroll- und Entscheidungssysteme, betreffen kann.

Ökonomische Umweltbedingungen:
Gesamtwirtschaftliche Indikatoren, wie z.B. die Einkommensentwicklung und Kaufkraft, haben Auswirkungen auf die Nachfrage in einem Land. Inflations- und Wechselkursentwicklungen und die allgemeinen infrastrukturellen Gegebenheiten sowie die Faktorpreise und die Produktivität sind wichtige Implikationen für die Art des Engagements in einem Gastland. Unterschiedliche Strategien von Konkurrenten führen zu divergierenden Wettbewerbsintensitäten und erfordern länderspezifische Gegenstrategien.

Soziokulturelle Umweltbedingungen:
Nationenspezifische Normen, Verhaltensregeln, Sitten und Gebräuche schaffen einen kulturspezifischen Rahmen, der in den Beziehungen zu Externen, aber vor allem auch zu den Mitarbeitern aus dem jeweiligen Kulturkreis zu berücksichtigen ist.

Es zeigt sich also, dass die zusätzlich zu berücksichtigenden Faktoren und ihre teilweise unscharfen Inhalte und Interdependenzen eine generell erhöhte Komplexität der Führung von internationalen Unternehmen bedingen. Diese Komplexität ist in der Konzeption einer grundlegenden Führungsphilosophie, wie sie in den beiden nachfolgend (vgl. Abschnitte 3.1.3 und 3.1.4) vorgestellten Modellen zum Ausdruck kommt, zu berücksichtigen und mittels entsprechender strategischer (vgl. Abschnitt 3.2) und organisatorischer/informatorischer (vgl. Abschnitte 3.3, 3.4 und 3.5) Regelungen zu bewältigen.

3.1.2 Standardisierung vs. Differenzierung als Grundproblem der Führung von internationalen Unternehmen

Bevor auf die Beispiele zu den Führungsmodellen eingegangen wird, noch eine Vorbemerkung zu einer der zentralen Fragen in der Führung von internationalen Unternehmen. Es ist die Frage, ob ein internationales Unternehmen eine Sichtweise verfolgt, die eher die Zentrale im Heimatland des Unternehmens als Mittelpunkt sieht, oder ob die rechtlichen und organisatorischen Einheiten im Ausland große Spielräume eingeräumt bekommen, was die Führung ihrer national ausgerichteten Geschäfte betrifft. Generell steht dahinter die Frage, ob – trotz der vielen divergierenden Faktoren, die internationale Unternehmen betreffen (vgl. Abschnitt 3.1.1) – eine gleiche „Behandlung" aller nationalen Märkte sinnvoll, unter Kostengesichtspunkten vielleicht sogar effizient, ist. Eine allgemeingültige Antwort kann auf dieses Problem sicher nicht gegeben werden. So sprechen z.b. die von einigen vermutete weltweite Konvergenz von Konsumentenpräferenzen oder die zunehmende Kompatibilität von technischen Normen für die Möglichkeit der homogenen Betrachtung mehrerer nationaler Märkte. Die unbestreitbar vorliegenden kulturellen und rechtlichen Unterschiede begrenzen andererseits die globale Gleichbehandlung (vgl. Keegan/Schlegelmilch/Stöttinger 2002 Kap. 3 und 4; Müller/Kornmeier 2002, 158).

Diese Frage nach der Standardisierung oder Differenzierung ist deswegen so wichtig, weil sie entscheidende Auswirkungen auf die Verteilung der Entscheidungskompetenzen in allen wichtigen Bereichen des internationalen Unternehmens hat. Dementsprechend finden sich in nahezu allen Modellen der Unternehmensführung im internationalen Umfeld immer Überlegungen zur Lösung dieses Spannungsverhältnisses. In der Strategiefrage beispielsweise sehen Bartlett/Ghoshal dieses Spannungsverhältnis zwischen globaler Integration vs. lokaler Anpassung (vgl. Abschnitt 3.2.2), in der organisatorischen Fragestellung beschreibt das Begriffspaar Zentralisation und Dezentralisation dieses Problemfeld (vgl. Abschnitt 3.2.3.1).

Auch aus didaktischer Sicht bietet dieser Ansatz einen Weg, einen ersten Zugang zum Themenfeld der Führung von internationalen Unternehmen zu bekommen, da sich viele Einzelfragen, die sich mit der detaillierten Ausgestaltung von Managementmaßnahmen befassen, letztendlich auf dieses Spannungsverhältnis zurückführen lassen.

3.1.3 Das E.P.R.G.-Modell

Gerade das E.P.R.G.-Modell von Perlmutter (vgl. als Grundsatzquellen Perlmutter 1969; Heenan/Perlmutter 1979; Wind/Douglas/Perlmutter 1973) stellt diese Frage nach der Verteilung der Entscheidungskompetenzen im internationalen Unternehmen in das Zentrum der Betrachtung. Dieses Führungsmodell definiert vier Konzeptionen, nach denen ein internationales Unternehmen grundsätzlich geführt werden kann.

Das *ethnozentrische Führungsmodell* geht von einer eindeutigen Dominanz der Muttergesellschaft im Heimatland des Unternehmens aus. Führungspositionen im Ausland werden grundsätzlich mit Mitarbeitern aus dem Stammland besetzt. Nur unwichtige operative Entscheidungen dürfen vor Ort getroffen werden. Die Entscheidungskompetenzen bei allen wichtigen Fragen liegen in der Zentrale. Das Kontrollniveau ist sehr hoch. Die Tochtergesellschaften werden im Wesentlichen durch detaillierte Direktiven aus dem Stammhaus geführt. Hinter diesem Konzept steht die Überzeugung, dass das Personal aus dem Stammhaus und generell die Entscheidungen im Stammhaus lokalen Mitarbeitern und den Entscheidungen, die sie treffen, qualitativ überlegen sind. Die Besetzung der Führungspositionen im Ausland mit Stammlandmitarbeitern stellt außerdem das Verständnis zwischen Zentrale und der Führung im Ausland sicher.

Probleme ergeben sich bei diesem Führungskonzept dann, wenn der Auslandsmarkt sich deutlich vom Stammland unterscheidet. Es ist fraglich, ob in der Zentrale mit den Denkmustern aus dem Heimatmarkt die Auslandskunden effizient bedient werden können. Ein Korrektiv für falsche Entscheidungen durch das Management vor Ort ist nicht gegeben, da diese Manager die Denkweise der Zentrale teilen.

Das *polyzentrische Führungsmodell* trägt diesen Unterschieden Rechnung. Hier wird das Management in den Auslandsgesellschaften vor Ort rekrutiert und mit größeren Entscheidungsbefugnissen ausgestattet. Es bildet sich dadurch, weltweit gesehen, für jeden Markt ein eigenes „Entscheidungszentrum", wovon sich der Name dieses Konzepts ableitet. Die Auslandsgesellschaft empfängt entsprechend nur wenige Weisungen aus dem Stammland und agiert grundsätzlich als eigenverantwortliche Einheit. Die Kontrolle ist gering.

Der Vorteil dieses Konzepts liegt in der Flexibilität. Es ist möglich, dass durch eine Anpassung an lokale Gegebenheiten auch Märkte bearbeitet werden können, die sich deutlich vom Heimatmarkt unterscheiden. Problematisch kann allerdings die Übertragung von Wettbewerbsvorteilen auf den Auslandsmarkt sein, was laut der monopolistischen Vorteilstheorie von Hymer (vgl. Abschnitt 2.4.2) aber zumindest aus theoretischer Sicht notwendig ist. Auch erscheint ein effizientes Wissensmanagement schwierig (vgl. dazu Abschnitt 3.5.3). Die Nutzung von Volumeneffekten ist ebenfalls nur schwer zu realisieren.

Das regiozentrische Führungsmodell ähnelt dem polyzentrischen. Allerdings werden hier nationale Märkte, die ähnliche Bedingungen aufweisen und vor allem geringe Eintrittsbarrieren untereinander haben, zu einer Region zusammengefasst und aus einer regionalen Zentrale heraus gesteuert. Innerhalb dieser Region ist die Zusammenarbeit zwischen den nationalen Aktivitäten sehr eng und wird durch die Regionalzentrale koordiniert. Die Koordination zur Muttergesellschaft oder zu anderen Regionen ist fallweise zu entscheiden, grundsätzlich aber nicht von zentraler Bedeutung für dieses Modell. Die Besetzung von Führungspositionen wird mit Mitarbeitern aus der Region vorgenommen, wobei Nationalitäten innerhalb der Region keine Rolle spielen.

Wichtig für den Erfolg dieses Modells ist die Homogenität der Region. Es sind in den letzten Jahren zunehmend Beispiele für solche Regionen zu identifizieren. Das Bestreben vieler Länder, sich zu regionalen Wirtschaftsräumen mit Abschaffung der Marktbarrieren und einer weitgehenden Integration der nationalen Volkswirtschaften bis hin zu einer gemeinsamen Währung zusammenzuschließen, fördert das regiozentrische Modell. Die EU ist ein Beispiel für eine solche Regionalisierung (für Details zum regionenbezogenen Management vgl. Abschnitt 6.1).

Das geozentrische Modell sieht die Welt als einen einheitlichen Markt. Dementsprechend wird ein globaler Führungsansatz gewählt, der aber, im Gegensatz zum ethnozentrischen Ansatz, nicht die Strukturen und das Führungspersonal aus dem Heimatland des Unternehmens als Standard vorgibt. Vielmehr wird das Unternehmen als Netzwerk von nahezu gleichberechtigten nationalen oder regionalen Organisationen, die ihre Märkte bearbeiten, gesehen. Diese Netzwerkorganisation erfordert ein hohes Maß an Kommunikation und Abstimmung (vgl. dazu auch Abschnitt 3.3.3). Die Führungspositionen werden „beyond passport" besetzt, d.h. derjenige, der am besten geeignet ist für eine Position, wird sie, ungeachtet seiner nationalen Herkunft, erhalten.

Das geozentrische Modell stellt höchste Anforderungen an die Koordination und vor allem auch an die Internationalität und kulturelle Kompetenz der Mitarbeiter. Die entstehenden Koordinationskosten müssen durch Synergien aus der Zusammenarbeit über Ländergrenzen hinweg überkompensiert werden. Das Fehlen eines übergeordneten Koordinators und das Vertrauen auf selbstorganisatorische Kräfte können hier negativ sein.

Tabelle 3-1 fasst die wesentlichen Kennzeichen der Einzelmodelle von Perlmutter zusammen.

	Ethnozentrisch	Polyzentrisch	Reglozentrisch	Geozentrisch
Organisation	Komplex im Heimatland, einfach bei den Tochtergesellschaften	Unterschiedlich und voneinander unabhängig	Hohe gegenseitige Abhängigkeit auf regionaler Ebene	Zunehmende Komplexität und weltweit eine hohe gegenseitige Abhängigkeit
Entscheidungskompetenz	Stark auf die Muttergesellschaft konzentriert	Gering von Seiten der Muttergesellschaft	Große regionale Headquarters und/oder große Zusammenarbeit zwischen den Tochtergesellschaften einer Region	Weltweite Zusammenarbeit zwischen der Muttergesellschaft und den Tochtergesellschaften
Kontrolle	Standards des Heimatlandes werden auf Leistungs- und Personenbeurteilung angewendet	Lokale Bestimmungen	Regionale Bestimmungen	Universale und lokale Standards
Kommunikation	Hohe Anzahl von Aufträgen, Weisungen und Ratschlägen an die Tochtergesellschaften	Gering (mit der Muttergesellschaft und den anderen Tochtergesellschaften)	Gering mit der Muttergesellschaft, u.U. hoch mit den regionalen Headquarters und hoch zwischen den einzelnen Ländern	Beide Wege, sowohl mit der Muttergesellschaft als auch zwischen den Tochtergesellschaften
Geographische Identifikation	Nationalität der Muttergesellschaft	Nationalität des Gastlandes	Regionales Unternehmen	Weltweites Unternehmen unter Wahrung nationaler Interessen
Managementaufgaben / -rekrutierung	Mitarbeiter der Muttergesellschaft werden für weltweite Schlüsselpositionen ausgebildet	Mitarbeiter des Gastlandes werden für Schlüsselpositionen im eigenen Land ausgebildet	Regionale Mitarbeiter werden für Schlüsselpositionen in der ganzen Region ausgebildet	Die besten Mitarbeiter auf der ganzen Welt werden für weltweite Schlüsselpositionen ausgebildet

Tab. 3-1:   Das E.P.R.G.-Modell von Perlmutter (Quelle: Heenan/Perlmutter 1979, 18; Perlitz 2004, 121-122)

Dieses Führungsmodell von Perlmutter hat seine Stärken in der ordnenden Funktion, die aus der Einteilung in die vier Typen entsteht. Es werden gut abgrenzbare und in ihren Auswirkungen auf wesentliche Variablen der Unternehmensführung, wie Organisation oder Personalrekrutierung, eindeutig beschreibbare Typen gebildet. Durch die mögliche Beschreibung der für einen Erfolg des Typs notwendigen Rahmenbedingungen können auch konkrete Empfehlungen zur Wahl eines der vier Typen abgegeben werden.

Allerdings fehlt bislang der Nachweis eines idealtypischen Entwicklungsmodells für Unternehmen, das z.B. den Startpunkt beim ethnozentrischen Modell und den Wechsel auf das poly- und regiozentrische Modell bis hin zum geozentrischen Ansatz in Abhängigkeit eines steigenden Internationalisierungsgrads nachweisen würde. Auch ist zu beobachten, dass mehrere der definierten Konzepte nebeneinander in einem Unternehmen bestehen können, was die oben als Stärke beschriebene Ordnungsfunktion wieder relativiert. Zudem liegt dem E.P.R.G.-Ansatz eine hoch aggregierte Typisierung zu Grunde. Gestaltungsempfehlungen zu operativen Fragestellungen sind kaum ableitbar.

3.1.4 Das Triade-Modell

Eine gänzlich andere Sichtweise auf die Führung internationaler Unternehmen nimmt Ohmae ein (vgl. 1985). Wie der Name schon impliziert, teilt dieses Führungsmodell die für internationale Unternehmen interessante Welt in drei Regionen auf (vgl. zum Überblick Abbildung 3-1).

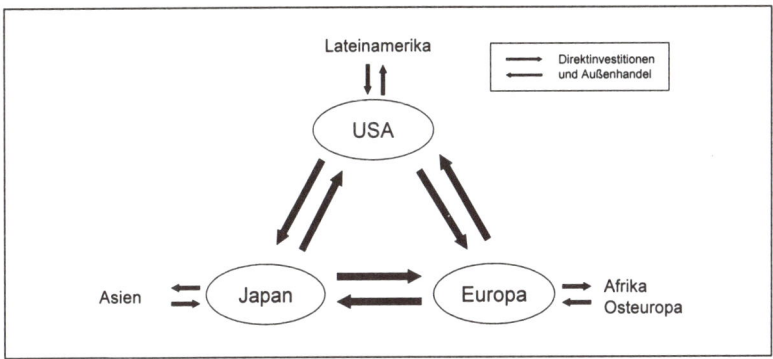

Abb. 3-1: *Das Triade-Modell von Ohmae (Quelle: in Anlehnung an Ohmae 1985, 168).*

Gemäß ihrem wirtschaftlichen Gewicht bilden Nordamerika, (West-)Europa und Japan die Triade-Märkte. Das Ziel eines internationalen Unternehmens muss es sein, in jedem dieser Märkte ein „Insider" zu werden. Dies bedeutet, dass das Unternehmen einen stabilen und verteidigbaren Marktanteil in jedem dieser Märkte erreicht und von den Kunden in einem Triade-Markt nicht mehr als ausländisches Unternehmen betrachtet wird. Ausgehend von diesen Zentren der wirtschaftlichen Tätigkeit können dann regional angrenzende Märkte, wie im europäischen Fall Osteuropa oder auch Nordafrika, im japanischen Fall der Rest Asiens und im amerikanischen Fall der südliche Teil des Kontinents, bearbeitet werden.

Der Ansatz ähnelt dem regiozentrischen Modell von Perlmutter, wobei Ohmae sich bei den Regionen eindeutig festlegt (vgl. Meckl 2000, 20). In den 80er Jahren, als Ohmae sein Modell entwickelt hat, hatten die Aussagen angesichts der Verteilung der wirtschaftlichen Aktivitäten in der Welt eine hohe Gültigkeit. Allerdings lässt die Entwicklung der letzten 15 Jahre das Modell als nicht mehr zeitgemäß, teilweise sogar als falsch, erscheinen. Es birgt die große Gefahr, dass bei einer Konzentration auf die Triade-Märkte die hohen Wachstumschancen in Ländern, die nicht direkt zur Triade gehören, nicht wahrgenommen werden können (vgl. zur Aktualität und empirischen Überprüfung des Triade-Modells z.B. Rugman/Verbeke 2004, 4-6). Es ist schwer vorstellbar, dass die japanische Tochtergesellschaft die Erschließung des viel versprechenden chinesischen Markts „nebenher" übernimmt. Eine konzentrierte Aktion zum Aufbau einer Marktposition in dieser wachsenden Region oder auch auf dem indischen Subkontinent, der bei Ohmae gar nicht auftaucht, scheint eher geboten.

3.2 Strategien der Internationalisierung

3.2.1 Das Phasenmodell der internationalen strategischen Planung

Eine Strategie kann definiert werden als ein Aktionsplan, der sich mit gegenwärtigen und zukünftigen Entwicklungen im Umfeld eines Unternehmens befasst und Entscheidungen über finanzielle und menschliche Ressourcen darstellt, um Leistung zu steigern und langfristige Ziele zu erreichen (vgl. zur Begriffdiskussion und zu den Grundlagen des strategischen Managements ausführlich z.b. Hungenberg 2004; zu Knyphausen-Aufseß 2004, S. 1383-1392).

Strategien und generell gesprochen das strategische Management bilden einen zentralen Bestandteil der Führung eines Unternehmens, da Festlegungen in diesem Bereich eine hohe Bedeutung für den Erfolg bis hin zum Überleben des Unternehmens haben.

Die Bedeutung des strategischen Managements im Rahmen des Internationalen Managements ist als sehr hoch einzustufen. Die risikoreiche und teilweise komplexe Ausweitung der Geschäftsaktivitäten in bisher unbekannte Länder bedarf einer expliziten und strukturierten Vorbereitung. Dies hat im Rahmen eines internationalen strategischen Managements zu erfolgen. Insbesondere muss darauf geachtet werden, dass die Länder-, Regional- oder auch die Globalstrategien konsistent sind mit den anderen Strategieebenen des Unternehmens (eine umfassende Diskussion zu dieser Problematik findet sich bei Bausch 1996). Abbildung 3-2 zeigt schematisch das Zusammenspiel der unterschiedlichen Strategieebenen.

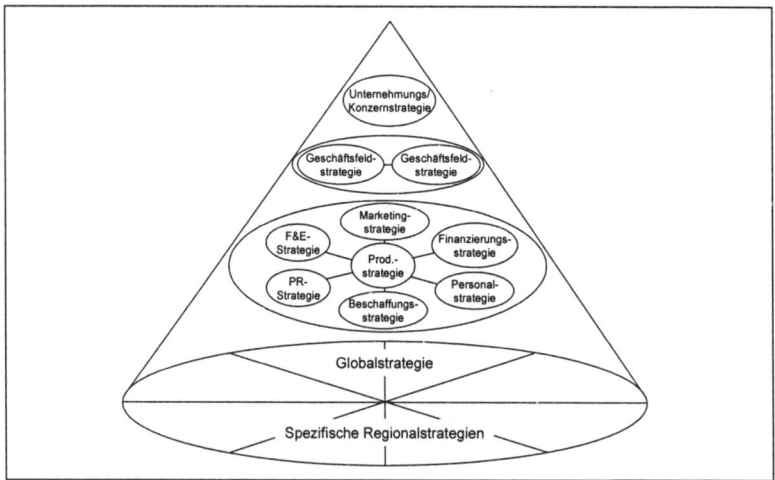

Abb. 3-2:   Strategieebenen in einem internationalen Unternehmen (Quelle: Hahn/Taylor 1999, 42)

Die Notwendigkeit der inhaltlichen Abstimmung ergibt sich insbesondere durch die Bereitstellung von Ressourcen aus den Funktionen- und den übergeordneten Geschäftsfeldstrategien. Insbesondere die Funktionenstrategien beinhalten in vielen Fällen internationale Komponenten, z.B. wenn über eine Internationalisierung der Produktion nachgedacht wird.

Die Ableitung von Strategien sollte in einem geordneten Prozess erfolgen (vgl. dazu z.B. Hungenberg 2004, 9-10). Dieser Prozess hat sicher zu stellen, dass durch die Einhaltung einer logischen Struktur der Erfolg versprechendste Aktionsplan generiert, ausgewählt und umgesetzt wird. Dieses Ziel gilt für das internationale strategische Management in noch stärkerem Maße als für nationale oder Funktionenstrategien, da der Unsicherheits- und damit Fehlerfaktor noch größer ist.

Ein solches logisch strukturiertes Phasenmodell ist in Abbildung 3-3 skizziert (vgl. zur Prozessformulierung auch John et al. 1997, 178)

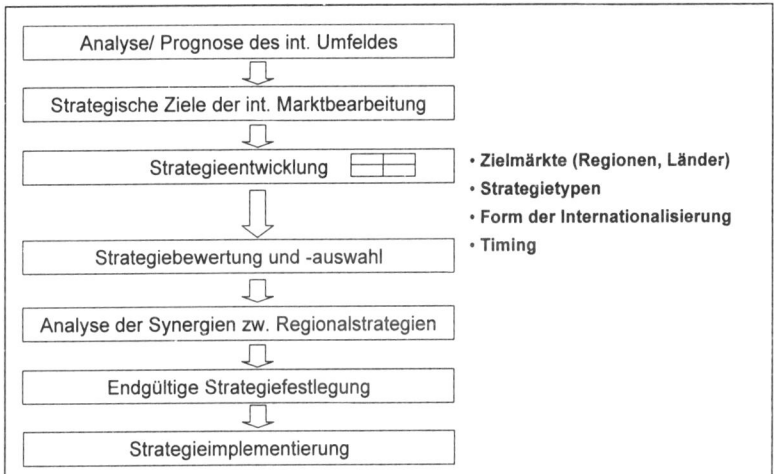

Abb. 3-3:   Das Phasenmodell der internationalen strategischen Planung

3.2.2 Analyse/Prognose und Zielformulierung für das internationale Umfeld

Am Anfang steht die *Analyse* und darauf aufbauend die *Prognose* des internationalen Umfelds. Ein zentraler Punkt der Analysephase ist die Beschaffung von Informationen über die Konstellationen und Entwicklungen in den relevanten Branchen auf internationaler Ebene. Informationen über die wichtigen und potentesten Wettbewerber, Daten über das Wachstum von Zielmärkten, aktueller Stand der Technologie und die leistungsfähigsten Lieferanten sind wichtige

Kenntnisse, die das Unternehmen, das seine Internationalisierungsstrategie plant, erheben sollte (generell zur externen Analyse vgl. im Detail z.B. Hungenberg 2004, 86-129; Macharzina 2003, 14). Aus dem strategischen Management bekannte Methoden wie die Branchenstrukturanalyse von Porter (vgl. 1980, 4; 1989, 3-33) oder das Structure-Conduct-Performance-Modell (vgl. z.B. Bain 1968) bieten sich auch für die internationale Planung an. Zu diesen „klassischen" Untersuchungsbereichen kommen im internationalen Umfeld noch die in Abschnitt 3.1.1 genannten zusätzlichen Umfeldvariablen bei internationalen Märkten. Es ist unerlässlich, dass sich das Unternehmen neben den genannten *ökonomischen* Variablen einen Überblick über die *politisch-rechtlichen* und *soziokulturellen* Rahmenbedingungen verschafft. Diese Informationen sind nicht nur relevant für die strategische Planung, sondern bilden auch einen wichtigen Erkenntnispool für die spätere Umsetzung der Strategie. In diesem Rahmen ist auch zu prüfen, ob und wenn ja in welcher Höhe und Art Markteintrittsbarrieren für einzelne Märkte bestehen. Diese Information gibt einen Hinweis darauf, welche Märkte schon in dieser Phase ausgeschlossen werden können. Abbildung 3-4 zeigt die wichtigsten Einflussfaktoren auf die Höhe der Markteintrittsbarrieren.

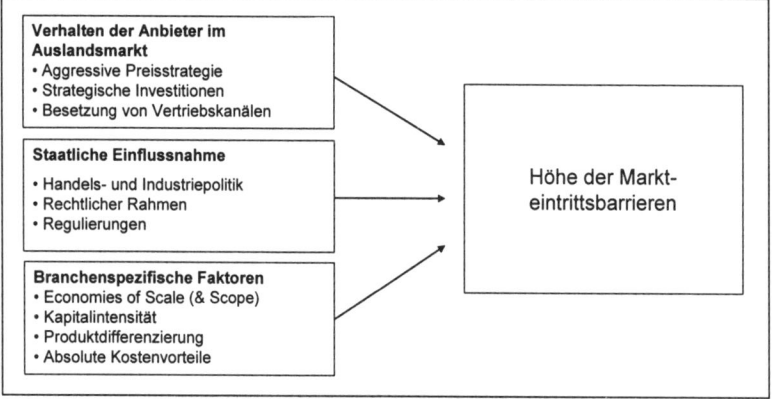

Abb. 3-4:   Einflussfaktoren auf die Höhe der Markteintrittsbarrieren

Die Ausführungen in Abschnitt 2.5 zur ressourcenorientierten Theorie haben deutlich gemacht, dass nicht nur der unternehmensexterne Bereich für die Internationalisierung relevant ist. Es ist genauso zu analysieren, welche übertragbaren Wettbewerbsvorteile auf Basis der vorhandenen oder noch zu entwickelnder Ressourcen im Ausland erreicht werden können. Eine detaillierte und auf die internationale Marktbearbeitung ausgerichtete Stärken-Schwächen-Analyse (vgl. dazu z.B. Andrews 1987, 48) ist dazu nötig.

Wenngleich sich diese externe und interne Analyse von der allgemeinen Vorgehensweise her nicht grundlegend von der Analyse im nationalen Umfeld unterscheidet, so weist die internationale Analyse aber doch einige Besonderheiten auf. Bei der externen Analyse ist zum einen in dieser Phase noch nicht klar, welcher Zielmarkt bearbeitet werden soll. Dies kann erst in der Phase der Strategieentwicklung festgelegt werden (vgl. Abschnitt 3.2.3.2). Es müssen also alle Märkte betrachtet werden, die grundsätzlich in Frage kommen. Hier schon viele potenziell lukrative Zielmärkte auszuschließen, ohne dass Informationen eingeholt worden sind, hieße mögliche Internationalisierungschancen zu vernachlässigen. Lediglich Märkte, deren Bearbeitung z.b. auf Grund von bekannten Markteintrittsschranken nicht sinnvoll erscheint, können ausgeschlossen werden. Zum zweiten hat die Informationsbeschaffung über externe Faktoren unter schwierigeren Bedingungen zu erfolgen als für den Heimatmarkt. Detaillierte Informationen über die Branchenbedingungen können für ein Unternehmen, das noch über keine intensiven lokalen Geschäftskontakte verfügt, nur unter großem Aufwand beschaffbar sein. Kleine und mittlere Unternehmen, die nicht selbst eine Beschaffung primärer Daten betreiben wollen, können aber eventuell auf Hilfe der Außenhandelskammern oder Branchenverbände zurückgreifen.

Bei der internen Analyse ist die Relevanz der Ressourcen für mögliche Zielmärkte zu überprüfen. Da die letztendlichen Zielmärkte wie gesagt noch nicht feststehen, ist auch hier quantitativ ein höherer Bedarf zu erwarten. Hinzu kommt, dass die Übertragbarkeit der Ressourcen prognostiziert werden muss.

Der Prognoseteil in dieser Phase der strategischen Planung muss sich naturgemäß mit einer großen Unsicherheit zufrieden geben. Zu prognostizieren sind beispielsweise die ökonomischen Rahmenbedingungen in den potenziellen Zielmärkten (vgl. zu Prognoseverfahren z.B. Geschka 1999; Schobert/Tietz 1998). Intern sind die Soll-Ressourcenbestände in quantitativer und qualitativer Hinsicht für diese Märkte einzuschätzen.

Auf Basis der generierten Informationen können in der zweiten Phase der strategischen Planung realistische *strategische Ziele der internationalen Marktbearbeitung* formuliert werden. Realistisch bedeutet, dass das Ressourcenpotenzial und die eigene Wettbewerbsfähigkeit erwarten lassen, dass z.B. der angestrebte Marktanteil in einem Land auch wirklich erreicht werden kann. Es gilt auch für die internationalen Ziele, dass sie klar formuliert werden müssen (vgl. allgemein zur Definition und zu den Anforderungen an betriebswirtschaftliche Ziele z.B. Heinen 1976). Klar heißt im Idealfall, dass sie quantifiziert werden. Ein zu erreichender Marktanteil oder eine absolute Umsatzgröße, eventuell auch die angestrebte Eigen- oder Gesamtkapitalrendite, stellen solche geeigneten Zielgrößen dar. Wichtig ist, gerade bei Internationalisierungsstrategien, dass die Ziele immer mit einer Zeitvorstellung versehen werden. Es macht einen großen Unterschied für die Strategieplanung, ob ein angestrebter Marktanteil in einem Auslandsmarkt in einem oder in fünf Jahren erreicht werden soll.

3.2.3 Strategieentwicklung für internationale Märkte

3.2.3.1 Strategietypen: Das Strategiekonzept von Bartlett/Ghoshal

Strategieentwicklung bedeutet, dass der Aktionsplan, der letztendlich die Gesamtstrategie darstellt, in seinen einzelnen Komponenten in einer logischen Ordnung zusammengestellt wird. Es sollen immer mehrere alternative Strategien entwickelt werden, um im folgenden Auswahlschritt die beste darunter auswählen zu können (für einen Überblick zu Inhalten und Methoden der Strategieentwicklung vgl. z.B. Hungenberg 2004, 186-246; einen Vorschlag zur Vorgehensweise bei der Entwicklung internationaler Strategien machen Ringlstetter/Skrobarczyk 1994).

Im Rahmen der internationalen Strategieentwicklung sind zunächst grundsätzlich geeignete *Strategietypen*, dann die *Zielmärkte* (vgl. Abschnitt 3.2.3.2) und schließlich *Form* und *Timing* des Markteintritts (vgl. Abschnitt 3.2.3.3) festzulegen.

Zunächst in diesem Abschnitt zu grundlegenden Strategietypen. Es gelten auch für das internationale strategische Management die grundlegenden und generischen Strategien (für einen Überblick vgl. z.B. Hungenberg 2004, 186-246). Wichtig ist aber, dass zusätzlich Typen von Strategien formuliert werden, die den besonderen Herausforderungen des internationalen Geschäfts Rechnung tragen. Wie in Abschnitt 3.1.2 zu Führungsmodellen im internationalen Unternehmen ausgeführt, ist eine Grundsatzfrage der internationalen Marktbearbeitung die Beherrschung des Spannungsfelds zwischen einer (globalen) Standardisierung und einer möglichst großen (nationalen) Differenzierung.

Bartlett/Ghoshal haben ausgehend von dieser Grundüberlegung vier Strategietypen für das internationale Geschäft entwickelt (vgl. Barlett/Ghoshal 1990a; 1989; Ghoshal/Noriah 1993; für einen Überblick vgl. Fuchs/Apfelthaler 2002, 140). Bartlett/Ghoshal sehen dabei einen kosteninduzierten Integrationsdruck als Grund für eine starke Standardisierung. Einen lokalen Anpassungsdruck in den nationalen Märkten, z.B. durch spezifische Konsumentenpräferenzen, als Grund für eine weitgehende Differenzierung. Abbildung 3-5 zeigt diese Strategietypen im Überblick (zu den organisatorischen Implikationen der vier Strategietypen vgl. Abschnitt 3.3.3; zu den personalwirtschaftlichen Implikationen vgl. Abschnitt 4.5.2).

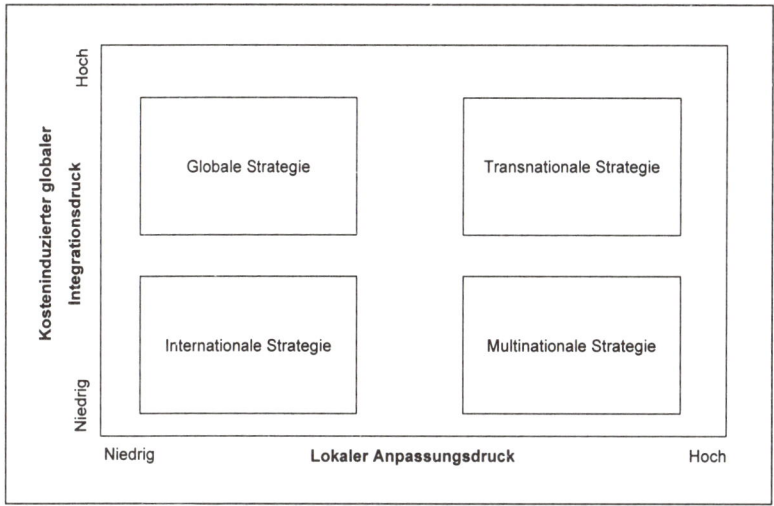

Abb. 3-5: Die vier Typen von Auslandsstrategien von Bartlett/Ghoshal (Quelle: in Anlehnung an Wall/Rees 2004, 238)

Die *globale Strategie* setzt auf eine weitgehende Standardisierung (vgl. allgemein zu dieser Strategie z.B. Yip 2003). Auf Grund eines starken Preiswettbewerbs im internationalen Markt werden alle Aktivitäten global integriert, d.h. möglichst an einem Ort zusammengefasst und für alle Märkte einheitlich gestaltet. Es gibt also keine Differenzierung, z.B. was das Marketing oder das Produktdesign betrifft. Da der lokale Anpassungsdruck aber annahmegemäß nicht hoch ist, ist eine derartige Differenzierung durch Anpassung an die nationalen Gegebenheiten auch nicht nötig. Die wichtigsten Vorteile dieses Strategietyps liegen in

- Skaleneffekten und dadurch Kostensenkungen durch
  - Produkthomogenisierung und eine
  - geringere Komplexität in der Supply Chain,

- Erfahrungs- und Lernkurveneffekte in allen Wertschöpfungsstufen,

- der weltweiten Nutzung günstiger Faktorkosten des globalen Produktionsstandorts,

- weltweit standardisierbaren Führungs- und Controllingprozessen.

Die Vorteile zeigen, dass dieser Strategietyp für Branchen, in denen weltweit eine gleiche Kundennachfrage herrscht, geeignet ist. Hieraus ergeben sich auch die Gefahren dieses Ansatzes:

- suboptimale Marktbearbeitung in Folge unzureichender Berücksichtigung heterogener Kundenpräferenzen und technologischer Standards,

- fehlende Reaktionsfähigkeit bei Veränderungen wegen Distanz zu lokalen Märkten,

- keine Risikodiversifikation in der Marktbearbeitung,

- keine Lerneffekte in der Bearbeitung der lokalen Märkte.

Falls sehr heterogene Bedingungen und damit ein hoher lokaler Anpassungsdruck in den nationalen Märkten vorliegen, andererseits aber der Kostendruck nicht sehr ausgeprägt ist, ergibt sich in Abbildung 3-5 der Quadrant rechts unten und die von Bartlett/Ghoshal empfohlene *multinationale Strategie*. Multinational bedeutet, dass die Spezifika eines jeden einzelnen Auslandsmarktes beachtet werden. Entsprechend werden die Marketingstrategie, das Produktdesign oder technologische Unterschiede bei der Genese der Auslandsstrategie berücksichtigt. Die klaren Vorteile ergeben sich aus dieser Anpassung, da:

- die Konzentration auf nationale Präferenzen die Ausschöpfung lokaler Marktpotenziale erlaubt,

- durch die Verwendung von lokalen Ressourcen Lerneffekte auf nationalen Märkten möglich werden, die eventuell auch auf andere Märkte übertragen werden können.

Allerdings stellt sich die Frage, ob und wenn ja, wie ein multinational tätiges Unternehmen auf jedem dieser Märkte einen Vorteil gegenüber den einheimischen Konkurrenten erzielen kann, mit dessen Hilfe es seine Nachteile der Unvertrautheit mit dem jeweiligen Markt kompensieren kann (vgl. dazu auch die Theorie des monopolistischen Vorteils in Abschnitt 2.4.2). Bei der multinationalen Strategie stellen sich insbesondere die folgenden Punkte als kritisch heraus:

- geringe homogene Stückzahlen bergen die Gefahr der „unterkritischen Masse" bei kleinen nationalen Märkten oder geringen Marktanteilen,

- die Strategie ist eher umsatz-, weniger kostenorientiert (im Vergleich zur globaler Strategie) und kann zu hohen Komplexitätskosten führen,

- Steuerungsprobleme aus Sicht der Zentrale auf Grund der heterogenen Märkte und der dadurch nötigen unterschiedlichen Geschäftsmodelle können entstehen.

Angesichts dieser Risiken ist zu überlegen, ob die Anpassungsvorteile die Nachteile insbesondere auf der Kostenseite mehr als kompensieren. Diese Strategie scheint in der Tat nur gangbar, wenn der Kostendruck nicht hoch ist.

Bei der *internationalen Strategie* wird weder für den Kostendruck noch für den Anpassungsdruck ein hoher Wert angenommen. Die Strategie bietet damit inhaltlich die größten Freiräume. In der praktischen Ausgestaltung findet sich diese Konstellation häufig bei kleinen und mittleren Unternehmen, die Nischenmärkte bearbeiten, in denen der Kostendruck nicht der entscheidende Faktor ist und versuchen, ihr Geschäft in regional benachbarte Märkte auszudehnen. Das für den Heimatmarkt entwickelte Produkt wird ohne große Anpassungen in den benachbarten Märkten vertrieben. Der nur geringe Zusatzaufwand bringt Kostenvorteile. Allerdings erfüllen nicht viele Märkte diese Voraussetzung für die internationale Strategie, so dass der Internationalisierungsradius begrenzt bleibt.

Die *transnationale Strategie* stellt laut Bartlett/Ghoshal den Königsweg zur Internationalisierung dar. Hier müssen beide in Abbildung 3-5 enthaltenen Dimensionen in Einklang gebracht werden. Ziel der transnationalen Strategie ist es, gleichzeitig eine Flexibilität in der lokalen Anpassung und eine globale Effizienz durch die Integration von Wertschöpfungsaktivitäten zu erreichen. Damit sollen die Vorteile der anderen Strategien kombiniert werden. Da es sich in der lokalen Anpassung und der globalen Integration um gegenläufige Dimensionen handelt, kann dies nur durch eine Mischstrategie erfolgen. Und in der Tat sieht die transnationale Strategie vor, dass diejenigen Wertschöpfungsaktivitäten, die in direktem Kontakt mit den Kunden stehen, dezentral in den nationalen Märkten mit der jeweiligen Anpassung durchgeführt werden sollen. Die meisten Marketingaktivitäten gehören dazu. Alle anderen Aktivitäten müssen allerdings, mit dem Ziel der Realisierung von Volumenvorteilen, zentralisiert werden. Beschaffung, Produktion, F&E für die standardisierten Teile in den Produkten, die in allen Ländern eingesetzt werden können, sollen dort lokalisiert werden, wo die relevanten Rahmenbedingungen, wie z.B. Faktorkosten oder -verfügbarkeit, am besten sind.

Der zentrale Vorteil liegt in der maximalen Ausschöpfung der Volumen- und Spezialisierungseffekte bei einer gleichzeitigen Berücksichtigung der nationalen Präferenzen. Insofern stellt diese Strategie in der Tat den Königsweg dar. Es muss dazu ein integriertes weltweites Netzwerk entstehen, das teilweise zentralisiert, teilweise dezentralisiert ist. Ein solches Gebilde ist bei einer gegebenen Dynamik des Umfelds schwer zu koordinieren, erfordert aber in jedem Fall einen hohen Koordinationsaufwand (allgemein zur Koordinationsproblematik bei internationalen Unternehmen vgl. Meckl 2000; zur Netzwerkproblematik siehe auch Abschnitt 3.3.3). Der hohe Aufwand ergibt sich, da logisch zusammengehörige Wertschöpfungsstufen getrennt werden, aber trotzdem inhaltlich aufeinander abgestimmt werden müssen. Die transnationale Strategie erfordert deshalb neben einem expliziten Koordinationsmanagement auch ein ausgefeiltes

Informations- und Kommunikationssystem im Unternehmen (vgl. dazu auch Abschnitt 3.5).

Insgesamt gesehen stellt die Typologie von Bartlett/Ghoshal eine geeignete Basis für die Entwicklung von Strategien für die Internationalisierung dar. Aus den grundlegenden Ansätzen, die die Führungsproblematik von internationalen Unternehmen widerspiegelt, lassen sich dann die für jeden Markt zu treffenden Einzelmaßnahmen ableiten. Zu beantworten ist die Frage, welche Bedingungen bzgl. der Integrations- bzw. der lokalen Anpassungserfordernis in einzelnen Branchen vorliegen. Obwohl sich die Beantwortung dieser Frage im Zeitablauf ändern kann, kann eine zumindest grobe Einordnung der Branchen vorgenommen werden. Abbildung 3-6 zeigt einen Überblick.

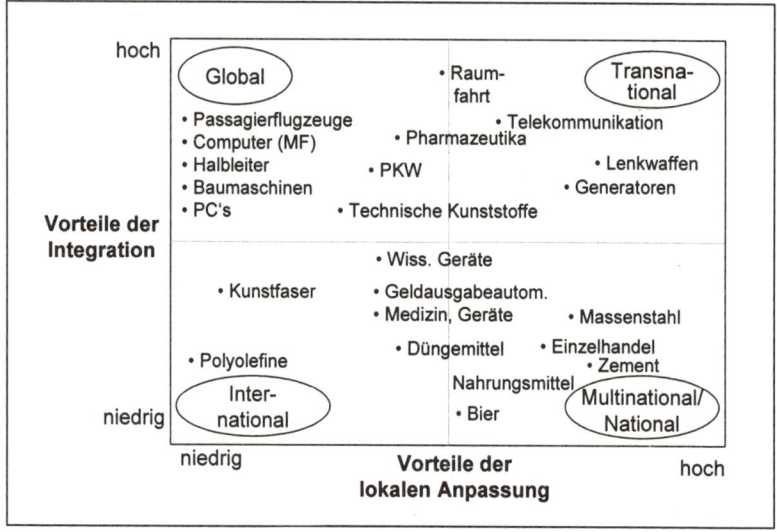

Abb. 3-6:   Beispiele für die Einordnung von Geschäften in die vier idealtypischen Strategien von Bartlett/Ghoshal (Quelle: in Anlehnung an Rall 1986, 160; Meffert 1989, 448)

Der Markt für Passagierflugzeuge, insbesondere Langstreckenflugzeuge, erfordert keine nennenswerte lokale Anpassung. Andererseits ist der Kostendruck durch den starken Preiswettbewerb erheblich. Die beiden Hauptwettbewerber Airbus Industries und Boeing verfolgen denn auch in nahezu idealtypischer Form die globale Integrationsstrategie. Nahrungsmittel erfordern in Teilbereichen durch regionale Geschmacksunterschiede eine starke lokale Anpassung. Dafür sind die lokalen Konsumenten aber auch bereit, keinen so hohen Preisdruck aufzubauen. Die Telekommunikationsbranche wiederum stellt den interessanten Fall für eine hohe Ausprägung beider Dimensionen dar. Der erforderlichen Anpassung an nationale technische Normen bei der Entwicklung von Vermittlungssystemen steht die Notwendigkeit der Begrenzung der sehr hohen Entwicklungskosten durch globale Integration gegenüber.

Das Problem beim Ansatz von Bartlett/Ghoshal liegt in den generellen Schwächen einer derartigen Typisierung. Die Einordnung von Branchen und Geschäften ist nicht so eindeutig, wie Abbildung 3-6 es erscheinen lässt. Eine flexible Mischung mehrerer Strategien in einer Branche kann deshalb sinnvoll sein.

3.2.3.2 Die Auswahl von Zielmärkten

Neben der Festlegung des Strategietyps sind im Rahmen der internationalen Strategieentwicklung auch die Länder bzw. Regionen auszuwählen, in denen Geschäftsaktivitäten aufgebaut werden sollen. Diese Ziellandwahl kann sich in einem ersten Schritt des in Abbildung 3-7 dargestellten Einteilungsschemas bedienen.

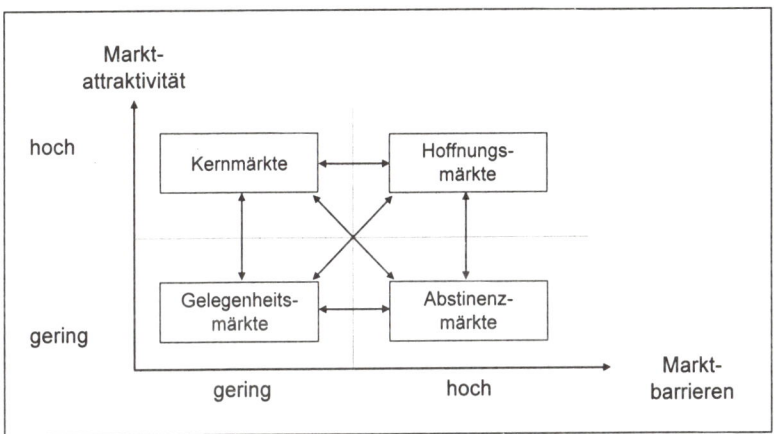

Abb. 3-7:   *Die Marktauswahlentscheidung (Quelle: Backhaus/Büschken/*
             Voeth 2003, 124)

Die Marktattraktivität ist z.B. nach Größen wie Marktwachstum, absolute Marktgröße oder Preisniveau im Markt einzuschätzen. Marktbarrieren ergeben sich z.B. durch tarifäre oder nicht-tarifäre Beschränkungen der Geschäftstätigkeit (vgl. dazu auch Abbildung 3-4 in Abschnitt 3.2.2).

Für die *Abstinenzmärkte* ist die Entscheidung klar. Hier sollten keine Ressourcen des Unternehmens „verschwendet" werden. Eindeutig ist auch die Handlungsweise bzgl. der identifizierten *Kernmärkte*. Sie stellen den Fokus der internationalen Aktivitäten eines Unternehmens dar, da dort „low hanging fruits" geerntet werden können. Nicht so klar ist die Haltung zu den *Gelegenheits-*

märkten. Einer geringen Marktattraktivität stehen niedrige Eintrittsbarrieren gegenüber. Kleine, regional benachbarte Märkte sind häufig Beispiele für solche Gelegenheiten. Der Name ist hier Programm: sollten sich Möglichkeiten zur Aufnahme oder zum Ausbau von Geschäftsbeziehungen ergeben, die keine für die anderen Märkte benötigten Ressourcen binden, so sind diese Gelegenheiten zu nutzen. Die Unternehmen sollten sich aber bewusst sein, dass diese Märkte nicht der strategische Fokus sind. Ein solcher Fokus können aber die *Hoffnungsmärkte* sein. Zum einen sind diese Märkte genau zu beobachten, ob sich Markteintrittsbarrieren verringern. Eine Änderung der nationalen Regelungen z.b. hin zu einer Deregulierung von Märkten wie Telekommunikation oder - Energieversorgung wären ein Beispiel für eine strategisch relevante Veränderung. Zum anderen muss aber auch überlegt werden, ob nicht doch, trotz der Barrieren, versucht werden sollte, in diese Märkte einzutreten. Eventuell muss eine Eintrittsstrategie akzeptiert werden, die zwar für den Augenblick eine suboptimale Lösung darstellt, dem Unternehmen aber langfristig eine gute Ausgangsposition innerhalb dieses grundsätzlich interessanten Marktes sichert. Die langjährige Notwendigkeit, bei einem Eintritt in den chinesischen Markt ein Joint Venture mit einem lokalen Partner einzugehen, ist ein gutes Beispiel für eine solche Strategie.

Mit dieser Grobeinteilung sind die Zielmärkte als konstitutives Element einer Internationalisierungsstrategie ausgewählt (für ein detailliertes Auswahlmodell der Zielmärkte vgl. z.B. Neubert 2006). Für jeden Zielmarkt ist des Weiteren die Form des Markteintritts festzulegen. Dies ist notwendig, um die einzelnen Strategien im folgenden Schritt auch bewerten zu können. Hier sei auf die Ausführungen in Abschnitt 1.2 zu den einzelnen Markteintrittsformen verwiesen. Dort sind die Vor- und Nachteile einer jeden Form erläutert, die auch hier für die Strategiegenese gelten.

3.2.3.3 Das Timing des Markteintritts

Ein Aspekt für die Strategiegenese wurde bisher nur indirekt behandelt. Bei der Zielfestlegung wurde auf die Relevanz der Angabe eines Zeithorizonts verwiesen (vgl. Abschnitt 3.2.2). Im Rahmen der Strategiegenese äußert sich dieser Aspekt in der Festlegung eines Eintrittzeitpunkts in einen ausländischen Markt.

Der konkrete Eintrittszeitpunkt in einen bestimmten ausländischen Markt hängt wesentlich von der prognostizierten Entwicklung der ökonomischen und sonstigen Rahmenbedingungen in diesem Markt ab (vgl. dazu Abschnitt 3.2.2 zur Marktanalyse und -prognose). Insofern ist dies eine einzelfallbezogene Entscheidung.

Aus Sicht des internationalen strategischen Managements ist noch eine weitere Entscheidung in Zusammenhang mit dem Zeitaspekt von hoher Relevanz. Falls mehrere Auslandsmärkte bearbeitet werden sollen, ist festzulegen, in welcher zeitlichen Linie diese Bearbeitung erfolgen soll. Abbildung 3-8 zeigt die beiden idealtypischen Varianten.

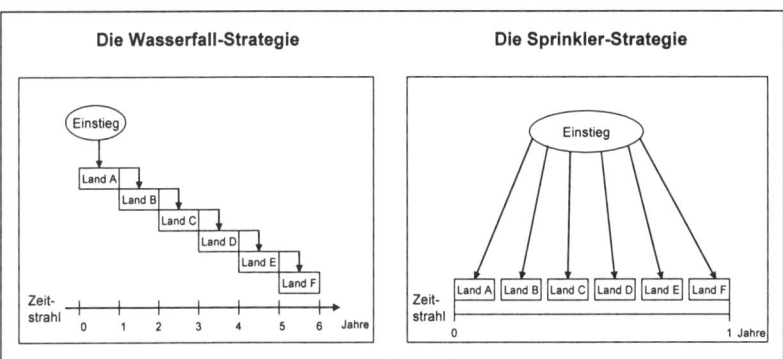

Abb. 3-8:   *Timing des Markteintritts (Quelle: Backhaus/Büschken/Voeth 2003, 164, 173)*

Die *Wasserfallstrategie* sieht eine sukzessive Bearbeitung der Märkte vor. Sie passt damit z.b. zu dem lerntheoretischen Ansatz von Johansen/Vahlne (vgl. Abschnitt 2.3.2). Die Vorteile sind zu sehen in

- Lerneffekten, die bei der Bearbeitung einzelner Märkte erreicht und auf die nachfolgend angegangenen Länder übertragen werden können,

- einer Verminderung des akuten Ressourcenbedarfs. Gerade für kleine und mittlere Unternehmen stellt der gleichzeitige Aufbau z.B. eines Vertriebssystems in mehreren Ländern aus finanzieller und auch aus Managementkapazitätssicht eine zu große Belastung dar,

- einer Senkung des Risikos, da Fehler bei der Auslandsstrategie korrigiert werden können, ohne dass es zu erheblichen Verlusten kommen muss.

Der klare Nachteil ist zu sehen in dem hohen Zeitaufwand, bis alle Märkte erschlossen sind. Bei der *Sprinklerstrategie* ergibt sich eine umgekehrte Argumentation. Die faktisch gleichzeitige Bearbeitung und Erschließung vieler ausländischer Märkte führt zu einer schnellen Umsetzung neuer Produkte in Cash Flows und einer schnellen Ausschöpfung der Erfolgspotenziale in den ausländischen Märkten. Sie verringert die Gefahr, dass Wettbewerber die ausländischen Märkte als erstes besetzen und einen Markteintritt damit teuer machen.

Andererseits muss ein Unternehmen über viel Erfahrung in Auslandsmärkten verfügen, um eine solche Strategie gewinnbringend umsetzen zu können. Des Weiteren muss es ein erhebliches Ressourcenpotenzial einsetzen können.

Es ist zu beobachten, dass sich in vielen Märkten, gerade in der Konsumgüterindustrie, die Innovationsraten so beschleunigt haben, dass eine Wasserfallstrategie kaum mehr eingeschlagen werden kann. Nur mehr die schnelle Einführung einer neuen Produktgeneration in allen relevanten Märkten erlaubt die Genese eines ausreichend hohen Cash Flows, um auch die nächste Generation finanzieren zu können.

3.2.4 Die Bewertung und Auswahl von Strategien und die Realisierung von Synergien zwischen Regionalstrategien

Als Ergebnis der Strategieentwicklungsphase liegen mehrere inhaltlich beschriebene Varianten zum Auf- bzw. Ausbau des Auslandsgeschäfts vor. Sie unterscheiden sich z.B. in der Wahl des Zielmarkts, in den ins Ausland zu verlagernden Wertschöpfungsstufen oder auch im Zeithorizont. Der nächste Schritt liegt in der Auswahl der Erfolg versprechendsten Alternative (vgl. Abbildung 3-3). Ziel der Auswahl ist eine Rangordnung von Alternativen. Erfolg ist dabei abzuleiten aus den strategischen Zielen, die für die Auslandsstrategie definiert wurden.

Für die *Bewertung und Auswahl von Strategien* liegen inzwischen ausgefeilte Bewertungsverfahren und Auswahlmodelle vor. Die vorherrschenden quantitativ orientierten Verfahren beruhen auf der Erstellung eines Geschäftsplans, in diesem Fall für jede Auslandsstrategie. Über die Ableitung der aus dieser Strategie zu erwartenden Cash Flows bzw. Erträge kann dann ein Wert ermittelt werden, der den Erfolg der Strategie repräsentiert. Das Discounted Cash Flow- oder das Ertragswertverfahren sind die am weitesten verbreiteten Methoden in diesem Feld (vgl. ausführlich zur Strategiebewertung mit Hilfe von Diskontierungsverfahren z.B. Hungenberg 2004, 250-261; vgl. auch Abschnitt 5.3.3 zur Bestimmung des ökonomischen Werts von Auslandsprojekten).

Der große Vorteil dieser Verfahren liegt in der geforderten Quantifizierung und der theoretisch sauberen formal-mathematischen Verarbeitung der errechneten Daten. Allerdings darf das hohe konzeptionelle Niveau dieser Verfahren nicht darüber hinwegtäuschen, dass die Qualität der eingegebenen Daten, also in diesem Fall die Geschäftspläne der Strategien, letztendlich über die Qualität des Ergebnisses entscheiden. Hier liegt dann auch ein zentrales Problem des Bewertungs- und damit letztendlich des gesamten Auswahlprozesses. Die Prognosesicherheit ist gerade im internationalen Umfeld besonders kritisch, da hier eine höhere Zahl von Einflussvariablen bedacht werden muss. Diese Variablen sind auf Grund fehlender Erfahrungen im Auslandsmarkt auch noch unsicherer, was insgesamt gesehen zu nur schwierig zu schätzenden Werten für die Geschäftspläne führt.

Bei der Bewertung und der Auswahl von Internationalisierungsstrategien ist ein weiterer Punkt zu beachten, der im rein nationalen Umfeld so nicht auftritt. Mögliche *Synergien zwischen einer Länderstrategie zu bestehenden Auslands-aktivitäten oder zu anderen geplanten Auslandsstrategien* können einzelne Strategien oder Kombinationen davon in ihrer Position auf der Rangliste verändern. Solche Synergien ergeben sich beispielsweise, wenn in einem Land Produkte verkauft werden können, die aus freien Produktionskapazitäten eines Werks in einem anderen Land stammen. Oder die für den Markteintritt in einem Land notwendige und noch zu entwickelnde Technologie bringt die Option mit sich, auch in weiteren Ländern eingesetzt werden zu können (zur Berechnung solcher „Realoptionenwerte" vgl. z.B. Brach 2003). Diese Interdependenzen müssen identifiziert und in den Geschäftsplänen berücksichtigt werden.

3.2.5 Strategiefestlegung und Strategieimplementierung

Ist dies geschehen, dann liegt das endgültige Ergebnis dieser Phase in Form einer Rangliste der zu verwirklichenden Auslandsstrategien vor. Es folgt die *endgültige Strategiefestlegung* und die *Implementierung*, d.h. die Umsetzung der ausgewählten Strategie. Diese Implementierung ist durch das operative Management zu vollziehen. Speziell im internationalen Bereich sind folgende Herausforderungen bei der Umsetzung zu beachten.

Im Normalfall liegt ein personeller Bruch zwischen den konzeptionellen Phasen der strategischen Planung und der Umsetzung vor. Die Strategen sind in den meisten Fällen andere Personen als die umsetzenden Manager im Ausland. Dadurch ergibt sich die Gefahr des Informationsverlusts und der Vernachlässigung der im strategischen Prozess definierten Ziele. Dieses Problem kann dadurch vermindert werden, dass die für die operative Umsetzung verantwortlichen Mitarbeiter bereits in der Planungsphase eingebunden werden oder einzelne Mitarbeiter im Planungsteam auch Umsetzungsverantwortung übernehmen.

Bei Auslandsstrategien ist die Bereitstellung quantitativ und qualitativ ausreichender Ressourcen für die Umsetzung sicherzustellen. Finanzielle Ressourcen sollten bereits Teil der Genehmigung der Strategie durch die maßgeblichen Instanzen im Unternehmen sein. Personelle Ressourcen müssen gegebenenfalls extern beschafft werden, falls intern kein Führungspersonal zur Verfügung steht, das über ausreichende Kenntnisse für den Auslandsmarkt verfügt.

Oben wurde angesprochen, dass die Prognoseunsicherheit im internationalen Umfeld besonders groß ist. Deshalb ist nicht zu erwarten, dass die in der Strategieentwicklung getroffenen Annahmen auch exakt so eintreffen. Es kann nötig sein, dass während der Implementierung eine inhaltliche oder zeitliche Anpassung der Strategie vorgenommen wird, ohne dass aber dabei die ursprünglichen strategischen Ziele aus den Augen verloren werden. Diese Aufgabe der Steuerung der Strategieumsetzung kann ein spezielles strategisches Auslandscontrolling übernehmen, das dann auch die Realisierung der Synergien zwischen den Regionalstrategien initiieren und koordinieren kann.

Damit ist das Phasenmodell abgeschlossen. Die in Abbildung 3-3 dargestellte Abfolge von logischen Schritten ist allerdings als idealtypisch zu sehen. In der praktischen Umsetzung ist dieses Phasenmodell eher ein iterativer Prozess, d.h. es werden einige Phasen öfter durchlaufen und inhaltlich nachgebessert oder angepasst. Ist z.B. in der Bewertungsphase zu erkennen, dass die definierten Ziele nicht erreicht werden können, so muss eventuell bei den Zielen eine Anpassung vorgenommen werden. Regelmäßig wird es nötig sein, dass zurückgegangen wird auf die Analyse-/Informationsbeschaffungsphase, wenn zur Genese oder Bewertung von Strategien noch weitere Informationen über den Auslandsmarkt nötig sind.

3.3   Organisationsmodelle internationaler Unternehmen

3.3.1   Das organisatorische Grundproblem von internationalen Unternehmen

Neben der strategischen Ausrichtung eines internationalen Unternehmens stellt die organisatorische Strukturierung des Aufbaus und der Abläufe (zur Organisation von Unternehmen vgl. grundlegend Frese 2005) innerhalb des Unternehmens eine weitere zentrale Aufgabe im Rahmen der internationalen Unternehmensführung dar. Das oben beschriebene grundsätzliche Spannungsfeld bei international tätigen Unternehmen zwischen Standardisierung und Differenzierung der Aktivitäten im Ausland (vgl. Abschnitt 3.1.2) findet sich auch im organisatorischen Bereich wieder. Hier zeigt es sich in der Frage nach *Zentralisierung* oder *Dezentralisierung* (vgl. Hill 2005, 444-445). Einerseits verspricht eine stark zentrale Führung, die sich in der Zentralisation der Entscheidungskompetenzen und der organisatorischen Strukturen zeigt, die Realisierung von Volumen- und Synergieeffekten. Dies wird aber erkauft auf Kosten der Marktnähe und der Flexibilität der Entscheidungen vor Ort (vgl. zur Diskussion dezentraler Strukturen z.B. Eigler 2002, 21-53).

Ziel bei der Lösung dieses organisatorischen Grundproblems ist die Bestimmung eines *optimalen Zentralisationsgrads*, der unternehmensspezifisch diesen „trade-off" zwischen Zentralisation und Dezentralisation berücksichtigt. Das hier verwendbare Optimierungskalkül ist in Abbildung 3-9 graphisch verdeutlicht.

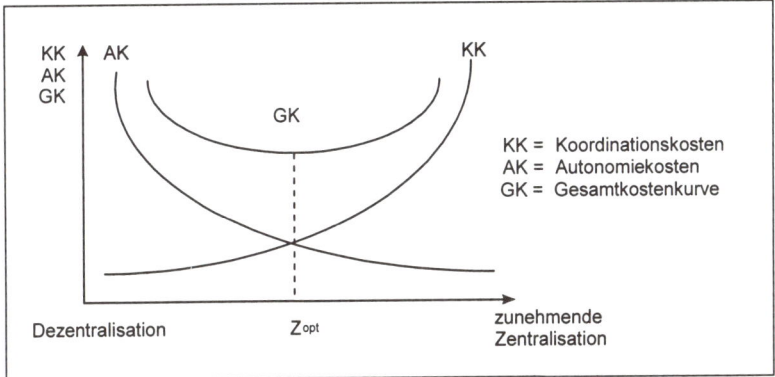

Abb. 3-9: Bestimmung des optimalen Zentralisationsgrads in internationalen
Unternehmen (Quelle: Meckl 2000, 30-32; Beuermann 1992, 2623)

Die Koordinationskosten (KK) umfassen reale und Opportunitätskosten. Reale
Kostenbestandteile ergeben sich z.b. durch die nötige Einrichtung von Reportingsystemen und organisatorischen Strukturen zur Übermittlung und Durchsetzung der von der Zentrale vorgegebenen Maßnahmen. Opportunitätskosten treten insbesondere dadurch auf, dass Entscheidungen in der Zentrale gefällt
werden, die auf Grund der Ferne zum lokalen Markt suboptimal sind und die
Erfolgspotenziale des Marktes nicht komplett ausschöpfen können. Je stärker
die Zentralisation, desto größer sind diese Kostenbestandteile, so dass sich der
in Abbildung 3-9 gezeigte Verlauf der Koordinationskostenkurve ergibt.

Die Autonomiekosten (AK) repräsentieren Kostenbestandteile, die entstehen,
wenn nicht koordiniert wird. Sie sind also im Wesentlichen Opportunitätskosten. Doppelarbeiten, die nicht genutzte Übertragung von Lerneffekten auf andere Märkte durch fehlende Abstimmung oder auch die Nichtrealisierung von Volumeneffekten gehören hierzu. Je stärker die Dezentralisation, desto größer
auch die Gefahr, dass solche Kosten auftreten.

Gemäß dem Optimierungskalkül liegt der kostenminimale Punkt bei dem (De-)
Zentralisationsgrad, bei dem die Ableitung und damit die Steigung der Gesamt-
kostenkurve den Wert Null annimmt (vgl. Meckl 2000, 31). Dieser ist repräsentiert durch den in Abbildung 3-9 eingezeichneten Punkt Z_{opt}.

Dieser Z_{opt} ist als gedankliches Konstrukt zu sehen. Er stellt einen Referenzpunkt dar, an dem sich die Ausgestaltung der organisatorischen Strukturen des
internationalen Unternehmens orientieren kann. Für die Ableitung konkreter
Maßnahmen ist die Vorgehensweise aber nur eingeschränkt geeignet. Insbesondere die Operationalisierungsprobleme bei der Einrichtung eines bestimmten
Zentralisationsgrads setzen hier Grenzen. So ist die genaue zentralisierende

oder dezentralisierende Wirkung einzelner organisatorischer Mechanismen und auch die Verteilung von Entscheidungsrechten nicht eindeutig auf der Horizontalen der Abbildung 3-9 bestimmbar. Das Gedankenkonstrukt ist damit nur sinnvoll einsetzbar, wenn es um die Grundüberlegungen von „mehr oder weniger zentralisieren" und um die Bewusstmachung von Kostenkomponenten der einen oder anderen Richtung geht.

Hinter dieser Konstruktion des optimalen (De-)Zentralisationsgrads steht die Bestimmung der Effizienz der internationalen Organisationsstrukturen (zur allgemeinen Diskussion der Effizienz von Organisationsstrukturen vgl. z.B. Meckl 2000, 139-151). Die Effizienz wird auch im organisatorischen Kontext definiert als die Zielerreichung einer Maßnahme bezogen auf den mit der Maßnahme verbundenen Aufwand (vgl. Bohr 1993, 855-856). Es müssen also Ertrags- und Aufwandskomponenten einer organisatorischen Maßnahme definiert und erfasst werden. Dadurch können Organisationsmodelle im internationalen Kontext (vgl. dazu Abschnitt 3.3.2 und Abschnitt 3.3.3) hinsichtlich ihrer Eignung bewertet werden. Als Effizienzkriterien werden die Markt-, Ressourcen-, Motivations- und Prozesseffizienz vorgeschlagen (vgl. Frese 2005, 302; Meckl 2004b, 1257-1259).

Die *Markteffizienz* beschreibt die Fähigkeit einer organisatorischen Struktur, sich an die spezifischen Konstellationen von Märkten, die das Unternehmen bearbeitet, anzupassen. Die *Ressourceneffizienz* befasst sich mit den Implikationen einer organisatorischen Struktur im Hinblick auf den effizienten Einsatz von Ressourcen. Bei der *Motivationseffizienz* steht die Wirkung einer Struktur auf das Verhalten der Menschen, die in dieser Organisation arbeiten, im Mittelpunkt. Die *Prozesseffizienz* ist als hoch einzustufen, wenn zeit- und ressourcenverbrauchsminimierende, flexible Leistungserstellungs-, Entscheidungs- und Informationsprozesse im Rahmen der Aufbaustruktur eingerichtet werden können.

3.3.2 Grundmodelle internationaler Aufbauorganisationen

3.3.2.1 Eindimensionale internationale Organisationsformen

Vor dem Hintergrund des in Abschnitt 3.3.1 beschriebenen Spannungsfelds haben sich klassische Modelle der Aufbauorganisation herausgebildet, die die Auslandsaktivitäten in unterschiedlicher Weise in die bekannten Organisationsdimensionen der „*Funktion*" und der „*Division*" einordnen (allgemein zur Aufbauorganisation vgl. z.B. Frost 2004). Dabei wird grundsätzlich unterschieden, ob die Auslandsaktivitäten in die Funktions- bzw. Divisionsdimension *integriert* werden, oder ob sie separat in einer eigenen organisatorischen Einheit, also „*segregiert*" abgewickelt werden (vgl. zum Überblick z.B. Holtbrügge 2004).

Integrierte Funktionalstruktur

Die integrierte Funktionalstruktur (vgl. Abbildung 3-10) weist als Hauptstrukturierungsprinzip die Einteilung des Unternehmens in Funktionen auf.

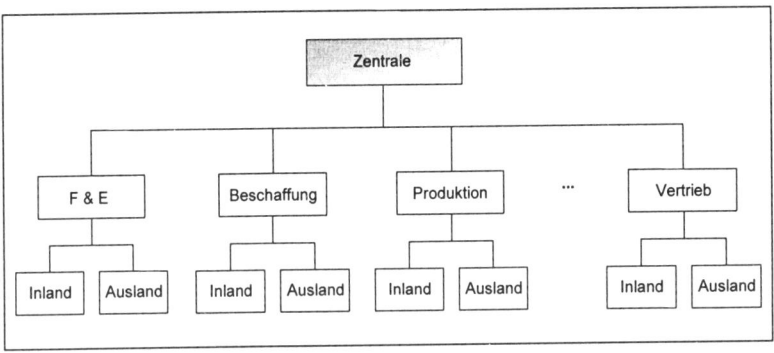

Abb. 3-10: Die integrierte Funktionalstruktur (Quelle: Drumm 1979,44)

Die Auslandsaktivitäten sind der jeweiligen Funktion zugeordnet, die auf der zweiten Ebene dementsprechend in eine Inlands- und Auslandseinheit gegliedert ist, wobei die Inlandseinheit in den meisten Fällen deutlich größer sein dürfte als die Auslandseinheit. Die Vorteile der integrierten Funktionalstruktur liegen insbesondere in

- einer hohen Ressourceneffizienz, da eine Realisierung von Spezialisierungsvorteilen in den Funktionen erreicht werden kann, was auch für die Auslandsaktivitäten gilt. So kann z.B. eine für das gesamte Unternehmen tätige Auslandsbeschaffungseinheit Expertenstatus für internationale Beschaffungsmärkte entwickeln und Kostenvorteile erzielen,

- einer hohen Prozesseffizienz, da gleichartige Tätigkeiten in einer Einheit zusammengefasst werden können, was die Kommunikation und die Abstimmung deutlich erleichtert.

Allerdings zeigen sich auch gravierende Nachteile, da

- Interdependenzen zwischen den Funktionen, die insbesondere bei den übergreifenden internationalen Aktivitäten stark auftreten, nur durch zusätzliche organisatorische Mechanismen, wie z.B. Abstimmungsgruppen oder ein explizites Schnittstellenmanagement, berücksichtigt werden können. Die Gefahr einer Vernachlässigung dieser wichtigen Koordination führt zum Risiko der suboptimalen Gestaltung der internationalen Organisation,

• die Markteffizienz durch die vernachlässigte Produktdimension gering ist. Im Zuge der Forderung nach strategiekonformer Organisation („structure follows strategy", vgl. Chandler 1962) und der daraus resultierenden Anpassung der Organisationsstruktur an die Produkt-Markt-Kombinationen ist die „Funktion" eher als Gliederungsdimension in der dritten oder vierten Ebene geeignet.

Aus diesen beiden Gründen lässt sich die integrierte Funktionalstruktur in der Unternehmenspraxis kaum mehr finden.

Segregierte Funktionalstruktur

Dies gilt auch für die segregierte Funktionalstruktur, da sie die Grundprobleme der Funktionalorganisation ebenfalls aufweist. Hier würden die Auslandsaktivitäten in eine eigenständige Einheit neben den funktionalen Einheiten eingebracht. Der erhöhten Markteffizienz durch den gewonnenen Spezialisierungsvorteil bezüglich des Auslands steht hier aber der Verlust der Spezialisierungsvorteile bezüglich der Funktion und damit eine geringere Prozesseffizienz gegenüber.

Integrierte Divisionalstruktur

Deutlich weiter verbreitet sind die Divisionalstrukturen, die auf der ersten Ebene der Aufbauorganisation nach der Zentrale alle Aktivitäten in Zusammenhang mit bestimmten Produkten bzw. Produktgruppen in so genannten „Divisionen" organisieren (vgl. allgemein zur Divisionalstruktur z.B. Kieser/Walgenbach 2003, 242-259). Abbildung 3-11 zeigt die integrierte Divisionalstruktur.

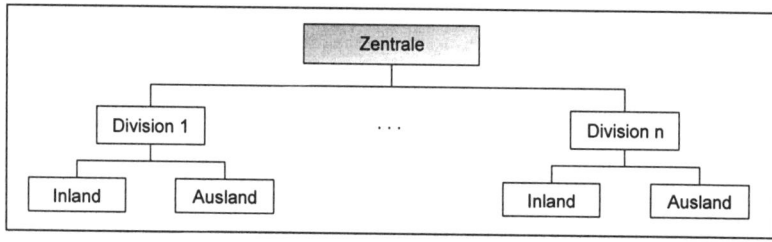

Abb. 3-11: Die integrierte Divisionalstruktur (Quelle: Drumm 1979, 43, links)

Innerhalb der einzelnen Produktgruppen sind jeweils die internationalen Aktivitäten, die dafür sorgen, dass diese Produkte auch im Ausland vermarktet werden, allokiert. Die Vorteile dieser Strukturierung liegen in

• einer hohen Markteffizienz, da eine Konzentration auf eine Produktgruppe in jeder organisatorischen Einheit erfolgt. Dadurch können produktspezifische Auslandsstrategien entwickelt werden, die die Charakteristika der jeweiligen Produkte berücksichtigen,

• einer hohen Prozesseffizienz durch die erleichterte Abstimmung innerhalb einer Division. Alle Belange zur Führung eines Geschäfts können in einer Division enthalten sein, was die Eindeutigkeit der Führungsverantwortung, auch für die Auslandsvermarktung eines Produkts, erhöht,

• der damit verbundenen hohen Motivationseffizienz für die für das Produkt zuständigen Manager, da sie nicht nur über weitgehende Entscheidungsautonomie, auch was das Auslandsgeschäft betrifft, verfügen, sondern häufig gleichzeitig die weltweite Ergebnisverantwortung für ihren Produktbereich bzw. ihre Division innehaben.

Die zentralen Probleme dieser Struktur liegen in

• einer geringen Ressourceneffizienz auf Grund der fehlenden Berücksichtigung möglicher Synergien zwischen den Produkten. So kann es z.b. Sinn machen, dass Produkte aus verschiedenen Divisionen über das gleiche Vertriebssystem im Ausland in den Markt gebracht werden. Dieser Kostenvorteil muss über spezielle Verträge zwischen den Divisionen, eventuell koordiniert durch die Zentrale, erreicht werden, was auch die Prozesseffizienz einschränkt. Es besteht die Gefahr, dass Divisionsegoismen dies verhindern oder die Synergiepotenziale einfach nicht identifiziert werden,

• der erheblichen Belastung für eine Division beim Aufbau des eigenen Auslandsgeschäfts. Es ist wohl nur sinnvoll, dass Divisionen, die über eine gewisse Größe verfügen, ihr Auslandsgeschäft selbstständig aufbauen, da trotz Koordination mit anderen Divisionen eine hohe Gemeinkostenbelastung in der Division bleibt und damit die Ressourceneffizienz weiter leiden würde.

Insbesondere wegen des letzten Grundes wird diese Organisationsform meistens von großen Unternehmen gewählt.

Segregierte Divisionalstruktur

Dies gilt nicht für die segregierte Divisionalstruktur (vgl. Abbildung 3-12).

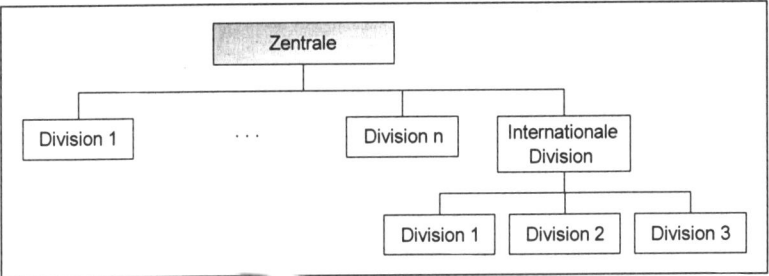

Abb. 3-12: Die segregierte Divisionalstruktur (Quelle: Drumm 1979, 43, rechts)

Auf der gleichen Ebene wie die Produktdivisionen wird eine eigene organisatorische Einheit gebildet, die *internationale Division*, die sich nur mit dem Auslandsgeschäft beschäftigt, dieses aber für alle Divisionen des Unternehmens durchführt. Die Stärken dieser Struktur liegen in

- einer hohen Ressourceneffizienz durch die Realisierung von Synergieeffekten zwischen den einzelnen Divisionen im Auslandsgeschäft. Die Bündelung der Auslandsaktivitäten vermeidet Doppelarbeiten, wie z.b. den doppelten Aufbau eines Vertriebssystems, und trägt damit zur Kostensenkung bei,

- einer hohen Prozesseffizienz durch den Aufbau von Expertenwissen über die Auslandsmarktbearbeitung in der internationalen Division, was die Erfolgswahrscheinlichkeit einer Auslandsstrategie erhöhen dürfte.

Problematisch ist in diesem Zusammenhang

- die Einschränkung der Prozesseffizienz durch die nötige Abstimmung zwischen der internationalen Division und den Produktdivisionen. Es wird regelmäßig zu Interessenkonflikten kommen, da die Inlandsmarktbearbeitung in vielen Fällen andere Strategien erfordern wird als die Auslandsstrategie. Außerdem wird die internationale Division auch als Profit Center geführt werden müssen. Da die internationale Division damit eine selbstständig ergebnisverantwortliche Einheit darstellt, müssen Abrechnungsmodalitäten gefunden werden, die die Divisionen verpflichten, für die Leistungen der internationalen Division zu bezahlen,

- die Verringerung der Auslandsmarkteffizienz durch die vermutlich resultierende starke Orientierung der Divisionen am Inlandsgeschäft. Dadurch, dass das Ausland nicht in der Kontrolle und Verantwortung des Vorstands der Division ist, wird dieses Geschäft – auch auf Grund der oben beschriebenen Abstimmungserfordernis mit der internationalen Division – wohl eher als Anhängsel gesehen, was auf eine geringe Motivationseffizienz schließen lässt. Man will zwar von dem Auslandsgeschäft profitieren, wenn sich die Gelegenheit ergibt, es steht aber nicht im Mittelpunkt der Überlegungen. Eine Nichtausschöpfung von Erfolgspotenzialen im Auslandsgeschäft kann die Folge sein.

Damit bietet sich diese Struktur eher an für kleinere Unternehmen mit geringem Auslandsanteil, aber auch geringen Auslandsambitionen.

Integrierte Regionalstruktur

Eine Aufbauorganisation, die explizit auf der obersten Ebene die Auslandskomponente berücksichtigt, ist die integrierte Regionalstruktur (vgl. Abbildung

3-13; vgl. z.B. Perlitz 2004, 604). Hier wird also nicht das Prinzip „Funktion" oder „Division" als oberste Gliederungsdimension verwendet, sondern „Region".

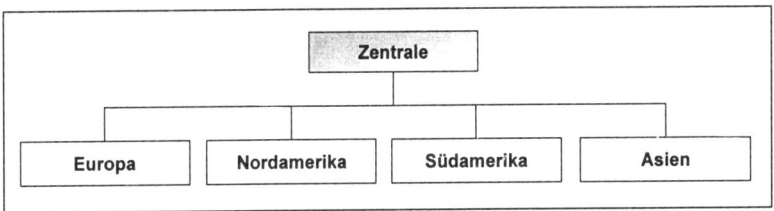

Abb. 3-13: Die integrierte Regionalstruktur (Quelle: Meckl 2004b, 1255-1256)

Die integrierte Regionalstruktur, die auch als reine Regionalorganisation bezeichnet wird, fasst damit die Unternehmensaktivitäten auf der obersten Hierarchieebene nach einem geographischen Gliederungsprinzip zusammen, wobei je nach Größe der auf der obersten Ebene gebildeten Regionen auch eine mehrstufige Regionalorganisation möglich ist. Die in Abbildung 3-13 gezeigten Kontinente werden dann nochmals nach einzelnen Regionen innerhalb des Kontinents unterteilt. Genauso kann diese oberste regionale Ebene mit den Dimensionen „Funktion" oder „Division" kombiniert werden, so dass nach der Regionalebene z.B. Divisionen gebildet werden, die für eine bestimmte Produktgruppe innerhalb einer Region zuständig sind (vgl. im Detail zu den Kombinationen Meckl 2004b, 1255). Positiv wirkt sich bei der Region als oberstem Gliederungsprinzip aus, dass

- die Spezifika einer Region, eventuell auch eines Landes, in einer separaten organisatorischen Einheit berücksichtigt werden können, was eine hohe Markt- und Prozesseffizienz impliziert,

- eine Ergebnisverantwortung auf die Regionalgesellschaften übertragen werden kann, die eine Führung der Auslandsgesellschaften z.B. als Profit Center möglich macht (vgl. dazu auch Abschnitt 3.4) und damit zu einer hohen Motivationseffizienz beitragen kann.

Dieses Strukturierungskonzept passt sehr gut zum Triade-Modell von Ohmae, das die regionale Orientierung an den seiner Ansicht nach drei Hauptmärkten der Welt als zentrale These hat (vgl. Abschnitt 3.1.4). Problematisch ist allerdings, dass

- die Koordination zwischen den Regionen oder eventuell Kontinenten eine schwierige Aufgabe für die Zentrale darstellt. Die Gefahr von Doppelarbeiten oder der Nichtübertragung von Lerneffekten ist immanent. Dies schränkt die Prozesseffizienz deutlich ein.

Dieses Modell ist wohl sinnvoll nur für große, bereits global tätige Unternehmen einsetzbar.

3.3.2.2 Mehrdimensionale internationale Organisationsformen

Die oben geschilderten Formen haben gemein, dass eine Dimension die maßgebliche für die Strukturierung der Organisation ist. Von großer Bedeutung in der Unternehmenspraxis sind aber auch Formen, die zwei oder mehr Dimensionen verbinden (zu dreidimensionalen Formen in der internationalen Organisation vgl. Meckl 2004b, 1255). Matrixorganisationen sind die typischen Vertreter dieser Art von Organisationsmodellen. Die Divisionen/Regionen-Matrix ist der wichtigste Repräsentant der zweidimensionalen Modelle in der internationalen Unternehmensorganisation. Abbildung 3-14 macht die Grundidee deutlich.

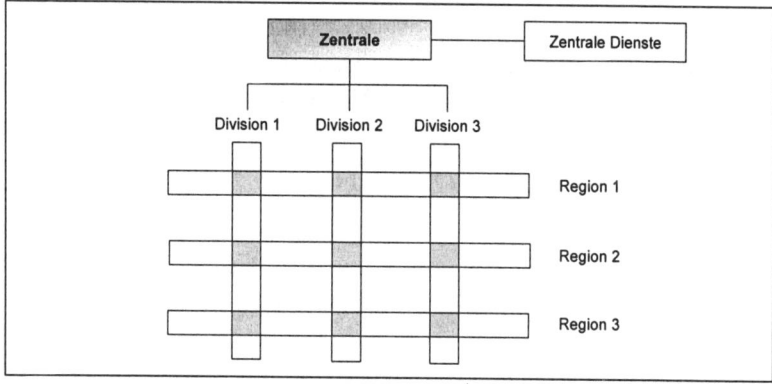

Abb. 3-14: Die Divisionen/Regionen-Matrix

Wie der Name besagt, bilden die Dimensionen „Region" und „Division" die beiden Säulen dieses Typs. Gleichartige Produkte werden zu Divisionen zusammengeschlossen. Die Vorstände dieser Divisionen tragen grundsätzlich die Verantwortung für das Weltgeschäft. Allerdings müssen sie sich, wenn es um die Bearbeitung einer bestimmten Region oder eines bestimmten Landes geht, mit der dortigen Regional- bzw. Landesgesellschaft abstimmen. Die Regionalgesellschaften tragen grundsätzlich die Verantwortung für das Geschäft des Unternehmens in der jeweiligen Region. Der Zentrale sind in vielen Fällen Stabsstellen für übergeordnete Fragen, wie z.B. die Portfolioplanung des Unternehmens, in Form von zentralen Diensten als Entscheidungsvorbereiter zugeordnet.

Die große Beliebtheit dieser Organisationsform vor allem bei deutschen Unternehmen (vgl. Wolf 2000, 252-256) gibt schon einen Hinweis auf die Vorteile. Die in den eindimensionalen Strukturen noch kritisierte Vernachlässigung jeweils einer Dimension kann hier überwunden werden. Der Spezialisierung auf die Produkte steht die Spezialisierung auf die Regionen gegenüber und kann zumindest konzeptionell genauso beachtet werden, was die Erfolgswahrscheinlichkeit einer Auslandsstrategie erhöht. Den Experten für die Produkte stehen Experten für die Regionen zur Seite. Gemeinsam, so die Idee, können sie regionale Märkte optimal ausschöpfen, so dass eine hohe Markteffizienz gesichert erscheint.

Allerdings darf man hier nicht einer „konzeptionellen Naivität" verfallen. In der Unternehmenspraxis müssen in den Schnittstellen der Matrix regelmäßig Interessenkonflikte gelöst werden, die aus unterschiedlichen Zielen und Prioritäten der beiden Dimensionen entstehen. Eine deutlich eingeschränkte Motivationseffizienz kann die Folge sein. Die Regionalgesellschaften haben als Profit Center eigene Ergebnisverantwortung. Sie beziehen ihren „profit" entweder aus Kommissionen, die sie von den Divisionen für Produkte, die sie in ihren Märkten vertreiben, bekommen. Oder sie bauen Geschäft auf eigene Rechnung auf. Naturgemäß werden sich die Regionen bei Kommissionen insbesondere auf für sie margenstarke Produkte konzentrieren, was nicht unbedingt mit der Auslandsstrategie der Division übereinstimmen muss. Fallen die Markteinschätzungen oder auch Marktpriorisierungen zwischen Division und Region auseinander, ist die Region eventuell versucht, eigenes Geschäft in einer bestimmten Produktsparte aufzubauen, was aber der Grundidee der Matrix widerspricht. Wird der Aufbau von Eigengeschäft durch die Divisionen rigoros verhindert, kann dadurch aber auch Erfolgpotenzial verloren gehen.

Hinzu kommen die allgemeinen Nachteile einer Matrix (vgl. dazu z.B. Wolf 2000, 137-141). Insbesondere die Notwendigkeit der Besetzung von zwei Dimensionen mit Führungspersonal ist aufwändig und lässt die Ressourceneffizienz als gering erscheinen. Außerdem ist im internationalen Bereich nicht immer ausreichend qualifiziertes Personal vorhanden.

3.3.2.3 Die dynamische Betrachtung internationaler Organisationsmodelle: Das Stopford/Wells-Modell

In den vorherigen Abschnitten wurden einzelne Organisationsstrukturen für sich betrachtet. Bei den Vor- und Nachteilen wurde aber bereits deutlich, dass die diversen Formen je nach Internationalisierungsgrad unterschiedlich gut geeignet erscheinen. J. Stopford und L. Wells haben als Erste einen Zusammenhang zwischen einem zunehmenden Internationalisierungsgrad und einer Abfolge von organisatorischen Strukturen gefunden (vgl. 1972; im Detail dazu vgl. z.B. Kreikebaum/Gilbert/Reinhardt 2003, 116-122; Meckl 2000, 64-65; ein anderes Modell findet sich z.B. bei Egelhoff 1988). Abbildung 3-15 zeigt in einer Graphik den gefundenen Zusammenhang.

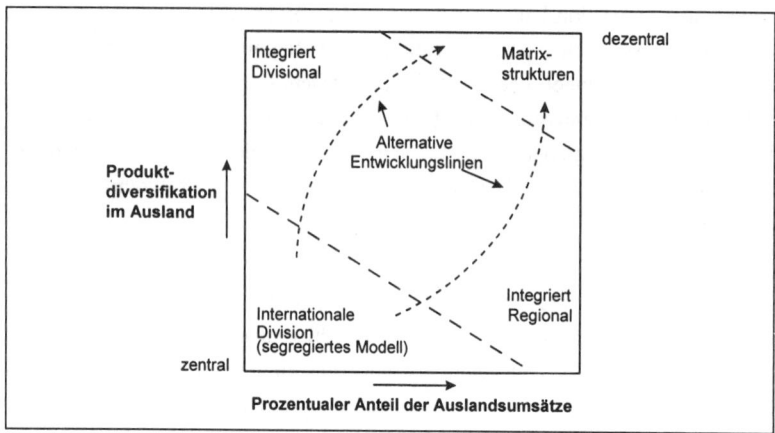

Abb. 3-15: Das Stopford/Wells-Modell (Quelle: Stopford/Wells 1972)

Den Grad der Internationalisierung eines Unternehmens messen Stopford und Wells auf zwei Arten.

Der *prozentuale Anteil der Auslandsumsätze* stellt die Dimension dar, die einen quantifizierten Eindruck vom Ausmaß und von der Relevanz des Auslandsgeschäfts für ein Unternehmen gibt. Die *Produktdiversifikation im Ausland* gibt einen Hinweis auf die Komplexität des Auslandsgeschäfts. Je heterogener das angebotene Produktspektrum, desto flexibler muss auch eine passende Organisationsstruktur sein.

Nach den empirischen Ergebnissen von Stopford und Wells verwenden Unternehmen, die einen sehr geringen Internationalisierungsgrad aufweisen, was sich in niedrigen Werten in beiden Dimensionen zeigt, vorzugsweise die Organisationsform der internationalen Division (vgl. Abbildung 3-12), also ein segregiertes Modell, wobei die Organisation des Inlandsgeschäfts häufiger mit einer divisionalen denn mit einer funktionalen Gliederung einhergeht. Die internationale Division reicht aus, um die geringen Anforderungen aus dem Auslandsgeschäft mit einem ebenfalls überschaubaren organisatorischen Aufwand zu erfüllen. Die organisatorische Entwicklung bei steigendem Internationalisierungsgrad ist nicht eindeutig. Erhöht das Unternehmen seinen Anteil von Auslandsumsätzen, allerdings ohne eine Steigerung der Produktdiversifikation, so wird die *integriert regionale Struktur* gewählt (vgl. dazu Abbildung 3-13). Die wenigen Produkte, die allerdings in beachtlichem Umfang im Ausland abgesetzt werden, werden regional adaptiert. Wird der Internationalisierungsgrad durch die Einführung mehrerer weiterer Produkte im Ausland erhöht, der quantitative Anteil der Auslandsumsätze bleibt aber gleich, so wird eher die *integriert divisionale Struktur* bevorzugt (vgl. dazu Abbildung 3-11). Dies deshalb, weil dann die Divisionen, die zusätzlich mit ihren Produkten im Ausland auftreten, für ihre Produkte das internationale Geschäft in Eigenverantwortung aufbauen. Steigen indes beide Internationalisierungsdimensionen, gleichzeitig oder sequentiell, so empfiehlt sich Stopford und Wells zu Folge für die Bewältigung dieser komplexen Organisationsaufgabe die *Matrixstruktur* (vgl. Abbildung 3-14). Trotz der aufgezeigten Abstimmungsprobleme scheint diese Struktur den Erfordernissen am besten Rechnung zu tragen.

Der sequentielle Ansatz von Stopford und Wells zur Entwicklung der Organisationsstrukturen bei Erhöhung der internationalen Aktivitäten beruht auf plausiblen Argumenten. Diese passen auch mit lerntheoretischen Ansätzen, wie z.B. desjenigen von Johansen/Vahlne (vgl. Abschnitt 2.3.2) zusammen. Auch die empirische Untermauerung trägt zum positiven Bild des Modells von Stopford und Wells bei.

Allerdings ist der Ansatz bereits in den 70er Jahren empirisch überprüft worden. Es ist fraglich, ob in Branchen, in denen sich die internationale Wettbewerbsintensität deutlich erhöht hat, Unternehmen, die ihre Auslandspräsenz verstärken, noch den Weg von Stopford und Wells durchlaufen können, oder ob sie der Wettbewerbsdruck nicht zwingt, schnell z.B. die Matrixstruktur aufzubauen (vgl. dazu auch die Argumente zum Timing des Markteintritts in Abschnitt 3.2.3.3). Auch ist nicht ersichtlich, wann genau der Übergang von einer Form zur anderen vonstatten gehen soll. Zwar geben Stopford und Wells Werte zu diesen Schwellen an (vgl. 1972), allerdings ist es sehr fraglich, ob diese Werte für verschiedene Branchen und im Zeitablauf gelten. Auch konnten Stopford und Wells den Einfluss der modernen Informations- und Kommunikationsmedien auf die Verwendung von Organisationsstrukturen noch nicht in ihre Überlegungen einbeziehen (vgl. dazu im Detail Abschnitt 3.5), so dass insgesamt gesehen das Modell zumindest teilweise als veraltet erscheint.

3.3.3 Strategiekonforme Organisationsmodelle für internationale Unternehmen

Bei den Effizienzkriterien wurde bereits auf die hohe Relevanz der Strategie für die internationalen Organisationsmodelle hingewiesen. Dort wurde deutlich gemacht, dass die Organisationsstruktur sicherstellen muss, dass die Unternehmensziele, die sich in der Strategie manifestieren, unterstützt werden sollen. Dieser wichtige Strategie-Struktur-Zusammenhang lässt sich exemplarisch an den Strategietypen von Bartlett/Ghoshal (vgl. Abschnitt 3.2.3.1) und den dazugehörigen Organisationsmodellen deutlich machen.

Bartlett/Ghoshal unterscheiden vier Strategietypen: die globale, die multinationale, die internationale und schließlich die transnationale Strategie, die in Abschnitt 3.2.3.1 inhaltlich beschrieben wurden. Abbildung 3-16 zeigt die dazugehörigen Organisationsmodelle.

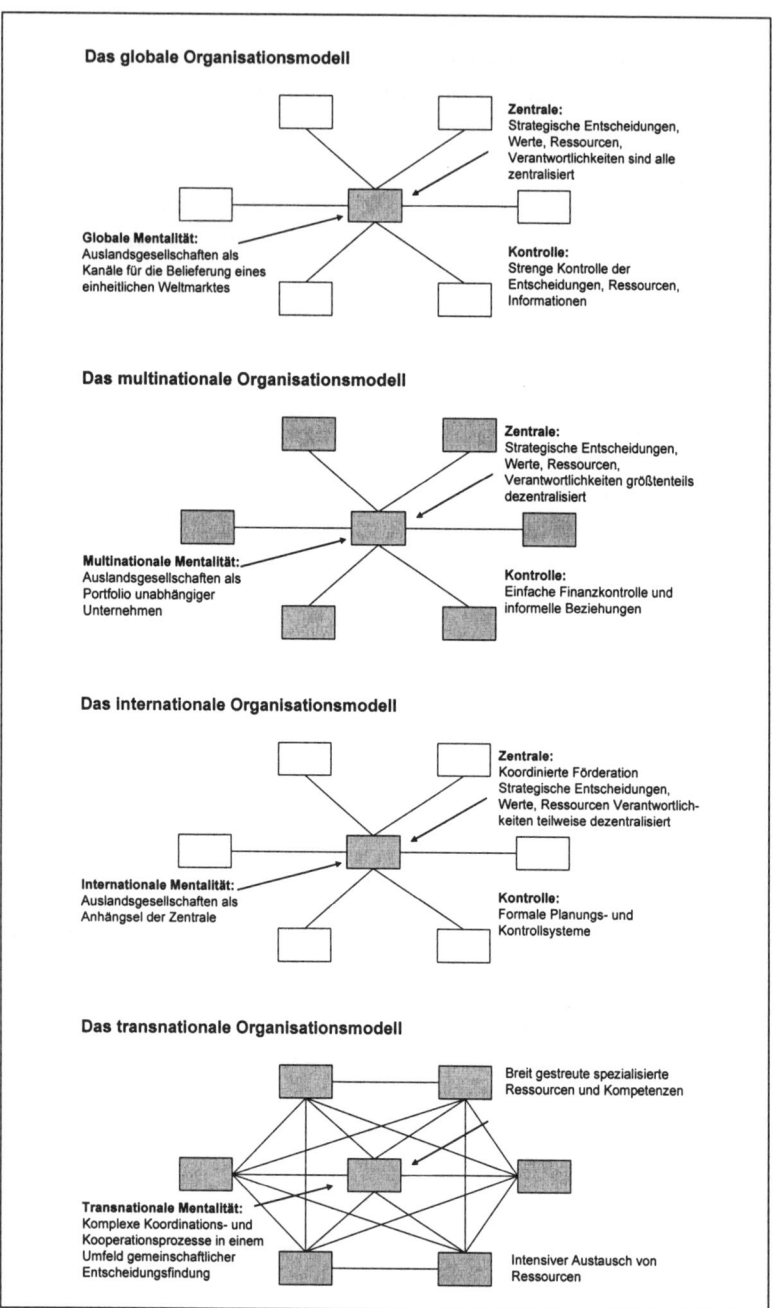

Das globale Organisationsmodell

Zentrale:
Strategische Entscheidungen,
Werte, Ressourcen,
Verantwortlichkeiten sind alle
zentralisiert

Globale Mentalität:
Auslandsgesellschaften als
Kanäle für die Belieferung eines
einheitlichen Weltmarktes

Kontrolle:
Strenge Kontrolle der
Entscheidungen, Ressourcen,
Informationen

Das multinationale Organisationsmodell

Zentrale:
Strategische Entscheidungen,
Werte, Ressourcen,
Verantwortlichkeiten größtenteils
dezentralisiert

Multinationale Mentalität:
Auslandsgesellschaften als
Portfolio unabhängiger
Unternehmen

Kontrolle:
Einfache Finanzkontrolle und
informelle Beziehungen

Das internationale Organisationsmodell

Zentrale:
Koordinierte Förderation
Strategische Entscheidungen,
Werte, Ressourcen Verantwortlich-
keiten teilweise dezentralisiert

Internationale Mentalität:
Auslandsgesellschaften als
Anhängsel der Zentrale

Kontrolle:
Formale Planungs- und
Kontrollsysteme

Das transnationale Organisationsmodell

Breit gestreute spezialisierte
Ressourcen und Kompetenzen

Transnationale Mentalität:
Komplexe Koordinations- und
Kooperationsprozesse in einem
Umfeld gemeinschaftlicher
Entscheidungsfindung

Intensiver Austausch von
Ressourcen

*Abb. 3-16: Die Organisationsmodelle nach Bartlett/Ghoshal (Quelle: in Anleh-
nung an Bartlett/Ghoshal 1990a, 74, 76-77, 91-93)*

Im Wesentlichen zeigt sich die Strategiekonformität in einer Verteilung der Entscheidungskompetenzen, die die strategischen Rahmenbedingungen unterstützt.

Im *globalen Modell* dominiert die Zentrale. Dies ist auch wenig überraschend, ist sie es doch, die die für den Weltmarkt einheitliche Strategie entwickelt und auch umsetzt. Deshalb macht es Sinn, hier auch alle wesentlichen Entscheidungskompetenzen anzusiedeln. Die Auslandsgesellschaften dienen lediglich als Vertriebskanäle, haben selbst nur operative Entscheidungsbefugnisse und selbst hier wird der Rahmen durch die Zentrale vorgegeben und auch streng kontrolliert. Die Kontrolle findet durch ein ausgefeiltes Reporting-System und durch Besetzung der Führungspositionen mit Managern aus der Zentrale statt.

Das *multinationale Modell* stellt den anderen Extrempunkt dar. Hier stellt die Zentrale lediglich eine gleichberechtigte Einheit im Vergleich zu den Auslandsgesellschaften dar, die ihre jeweiligen Heimatmärkte selbstständig bearbeiten. Dieser Grundstrategie steht denn auch sinnvollerweise die weitestgehende Entscheidungsautonomie der Auslandsgesellschaften in der dazugehörigen Organisationsstruktur gegenüber. Diese Autonomie brauchen die Auslandsgesellschaften, um ihren spezifischen Markt erfolgreich bearbeiten zu können.

Das *internationale Modell* weist im Vergleich dazu einen wieder höheren Zentralisierungsgrad auf. Die Zentrale koordiniert und ist zuständig für die übergreifenden strategischen Entscheidungen. Da der lokale Anpassungsdruck (vgl. Abschnitt 3.2.3.1) nicht sehr groß ist, können auch die Entscheidungen in dieser Struktur strategiekonform stärker zentralisiert werden.

Im *transnationalen Modell* schließlich ist eine Zentrale mit spezifischen Zentralaufgaben kaum mehr vorhanden. Was die Organisationsstruktur betrifft, ist hier Bartlett/Ghoshals Leitidee das selbstorganisierende Netzwerk (vgl. zu Netzwerkstrukturen Sydow 1992, zu internationalen Netzwerken Kreikebaum/Gilbert/Reinhardt 2003, 147-152; allgemein zu den ökonomischen Implikationen von Netzwerken vgl. Meckl/Kubitschek 2000; als Schema für ein internationales Unternehmen als Netzwerk vgl. Abbildung 2-8 in Abschnitt 2.4.4). Die einzelnen Auslandsgesellschaften und die Zentrale stimmen sich nicht nur bilateral, sondern multilateral nach allen Seiten hin ab, um so eine optimale Zentralisierung derjenigen Wertschöpfungsstufen zu erreichen, die nicht direkt Kontakt zum Kunden haben. Dies setzt komplexe Abstimmungsprozesse voraus, da eine koordinierende Zentrale fehlt. Das Hauptaugenmerk bei dieser aufwändigen Struktur liegt deshalb auf dem Schnittstellenmanagement zwischen den international verteilten Gesellschaften. Ein solches explizites Schnittstellenmanagement setzt sich zum Ziel, die Entscheidungen zwischen den organisatorischen Einheiten zu initiieren, zu koordinieren und dann auch die Umsetzung zu überwachen (zu Mechanismen des Schnittstellenmanagements vgl. z.B. Meckl 2000, 43-44). Die Umsetzung betrifft insbesondere auch die ablauforganisatorische Strukturierung der Beziehungen.

Die konkrete Verteilung der Entscheidungsbefugnisse muss im Einzelfall der unternehmensspezifischen Strategie angepasst werden. Allerdings zeigen Bartlett/Ghoshal, welche Überlegungen dazu eine wichtige Rolle spielen.

3.3.4 Die Organisation der Zentrale eines internationalen Unternehmens

In den bisherigen Modellen wurde die Zentrale eines internationalen Unternehmens als „black box" angesehen, der je nach Zentralisationsgrad mehr oder weniger Aufgaben zukommen (generell zum Wertschaffungsziel der Zentrale vgl. z.B. Goold/Campbell/Alexander 1994, part one). Die interne Organisation einer Zentrale hat aber wesentliche Auswirkungen auf die Art der Abwicklung der zentralen Aufgaben, auf die Beziehungen zu den Auslandsgesellschaften und ist generell ein wichtiger Hinweis auf die Führungsstruktur im Hinblick auf das Auslandsgeschäft eines Unternehmens (generell zur Gestaltung und zu den Aufgaben einer Zentrale vgl. z.B. Krüger/v. Werder 1993). Eine detailliertere Betrachtung erscheint deshalb angebracht.

Im Wesentlichen besteht die Unternehmenszentrale aus zwei Komponenten: der Unternehmensleitung und den Zentralabteilungen (vgl. dazu auch Meckl 2000, 75-76). Abbildung 3-17 zeigt diese typische Anordnung.

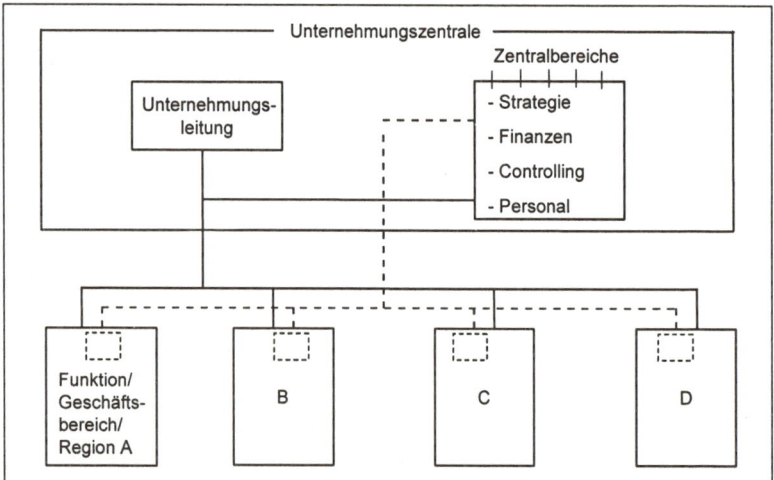

Abb. 3-17: Grundstruktur der Zentrale eines internationalen Unternehmens (Quelle: in Anlehnung an Bühner 1996, 8)

Die *Unternehmensleitung* wird bei internationalen Unternehmen regelmäßig aus einem Entscheidungsgremium, normalerweise dem Vorstand des Unternehmens, gebildet, da eine Einzelperson auf Grund der Quantität und Komplexität kaum in der Lage sein dürfte, alle Entscheidungsfelder abzudecken. Der Inhalt der Entscheidungen dieses Gremiums ist Ausdruck des Zentralisationsgrads des Unternehmens. Je mehr Entscheidungsinhalte auf die Auslandsgesellschaften verlagert werden, desto dezentraler wird das internationale Unternehmen geführt (vgl. Hungenberg 1995, 245).

Die *Zentralabteilungen* bzw. -bereiche fungieren zum einen als Entscheidungsvorbereiter für die Vorstandsmitglieder. Regelmäßig finden sich die Bereiche Strategien, Finanzen, Controlling und Personalwirtschaft als Unterabteilungen. Zentralabteilungen haben neben dieser Funktion auch die Aufgabe der Kontrolle der nachgeordneten Unternehmensbereiche – und damit auch der Auslandsgesellschaften –, aber auch häufig eine Servicefunktion gegenüber diesen Einheiten (im Detail dazu z.b. Reckenfelderbäumer 2004). Dabei können sechs grundlegende Gestaltungsmuster empirisch identifiziert werden, die auch für die Beziehung der Zentrale zu den Auslandsgesellschaften gelten (vgl. Krüger/v. Werder 1995; Krüger/v. Werder 1993; Frese/v. Werder/Maly 1993; für eine andere Einteilung vgl. z.b. Leontiades 2005, 132-137):

- Kernbereichsmodell:
  Die Zentralbereiche entscheiden autonom über Umfang, Inhalt und Art der Aktivitäten und Leistungen, die sie gegenüber den Auslandsgesellschaften erbringen. In diesem Modell steht der Kontrollaspekt im Vordergrund.

- Richtlinienmodell:
  Die Zentralbereiche haben für ihren Aufgabenbereich Weisungsrechte gegenüber den Auslandsgesellschaften, die bestimmte Aufgaben, wie z.B. die Erstellung von Reportingunterlagen, gemäß den Vorgaben der Zentralabteilungen erfüllen müssen.

- Matrixmodell:
  Hier findet eine im Grundsatz gleichberechtigte Zusammenarbeit zwischen Auslandsgesellschaften und den Zentralabteilungen statt.

- Servicemodell:
  Die Zentralbereiche arbeiten nur im Auftrag der Auslandsgesellschaften, die eine Leistung von den spezialisierten Zentralabteilungen anfordern, die sie selbst nicht erbringen können und auch extern nicht beziehen wollen oder können. Gibt es z.B. eine zentrale M&A-Abteilung, so kann eine Tochtergesellschaft, die eine Unternehmensübernahme plant, die zentrale Abteilung mit der Abwicklung der Transaktion, normalerweise gegen Verrechnung, also Bezahlung der Leistung, beauftragen.

- **Autarkiemodell:**
Hier liegt grundsätzlich eine selbstständige Erfüllung der Aufgaben durch
die Unternehmensbereiche vor. Die Zentralabteilungen nehmen nur die
Entscheidungsvorbereitungsfunktion für die Unternehmensleitung wahr.

Die Anwendung dieser Modelle hängt stark ab von der Rolle, die der Zentrale
im internationalen Unternehmen zugestanden wird, sowie vom Grundmodell
der Organisationsstruktur. Die Einflussnahme der Zentrale sinkt vom Kernbe-
reichs- zum Autarkiemodell (vgl. Meckl 2000, 77). Im globalen Organisationsmodell von Bartlett/Ghoshal (vgl. Abschnitt 3.3.3) beispielsweise ist ein hoher
Zentralisationsgrad nötig. Hier kommen sinnvollerweise nur das Kernbereichs-
und Richtlinienmodell zum Tragen. Im multinational organisierten Unternehmen hingegen mit seiner stärkeren Dezentralisation sind das Matrix- oder das
Servicemodell wohl die Modelle der Wahl. Die Netzwerkstruktur der transnationalen Organisationsstruktur bietet größere Spielräume was die Organisation
der Zentrale betrifft. Grundsätzlich trifft hier das Autarkiemodell zu. Allerdings
steht es den Netzwerkunternehmen frei, Aufgaben zu bündeln und damit Volumeneffekte in einer Zentalabteilung zu realisieren. Hier wäre dann auch das
Servicemodell denkbar.

3.4 Die Führung von ausländischen Tochtergesellschaften

Eine im Vergleich zum nationalen Rahmen zusätzliche Aufgabe bei der Führung von internationalen Unternehmen ist die Koordination und Steuerung der
Auslandsgesellschaften (zu empirischen Ergebnissen zur Koordination in internationalen Unternehmen vgl. z.B. Holtbrügge 2005). Zwei Dimensionen können unterschieden werden. Zum einen ist es die Steuerung der Auslandsgesellschaften von der Zentrale aus, also die *vertikale Koordination* im Unternehmen.
Zum zweiten ist es die Koordination zwischen den Auslandsgesellschaften mit
dem Ziel der Realisierung von Synergieeffekten, also die *horizontale Koordination*.

Wie diese Koordination und Steuerung letztendlich ausgeübt wird, hängt stark
vom Zentralisationsgrad im Unternehmen ab. Diese Thematik wurde in Abschnitt 3.3.1 diskutiert. Ist dieser generelle Zentralisationsgrad bestimmt, muss
jede Auslandsgesellschaft individuell betrachtet werden. Wichtig ist die strategische Rolle, die die Gesellschaft im internationalen Unternehmen einnimmt.
Gemäß der Forderung „structure follows strategy" (vgl. Chandler 1962) beeinflusst diese Rolle die organisatorischen Instrumente, die zur Führung eingesetzt
werden. Abbildung 3-18 zeigt eine Typisierung dieser Rollen (für einen Über-

blick über Rollentypologien für Auslandsgesellschaften vgl. z.b. Schmid/ Kutschker 2003, 170-171).

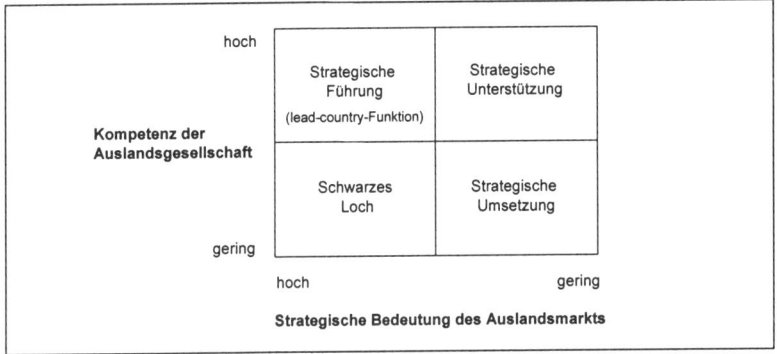

Abb. 3-18: Strategische Rollen von Auslandsgesellschaften (Quelle: Bartlett/Ghoshal 1987, 55)

Die *strategische Bedeutung des Auslandsmarkts* orientiert sich an der Festlegung der Kernmärkte (vgl. dazu Abschnitt 3.2.3.2 und Abbildung 3-7). Wachstumsraten, absolute Größe oder auch das Preisniveau im Auslandsmarkt sind Kriterien für diese Festlegung. Die *Kompetenz der Auslandsgesellschaft* wird durch die in der Gesellschaft vorhandenen Fähigkeiten – z.b. eine eigene Produktion zu betreiben oder eine eigene F&E durchzuführen – bestimmt. Entsprechend der Kombinationen aus den Ausprägungen „hoch" und „niedrig" dieser beiden Dimensionen ergeben sich die strategischen Typen von Auslandsgesellschaften.

Für diese Typen kann im Folgenden überlegt werden, wie sie organisatorisch geführt werden sollen. Hier steht zunächst die ganze Bandbreite von organisatorischen Koordinationsinstrumenten zur Verfügung (vgl. für einen Überblick z.b. Meckl 2000, 39-59; für speziell im internationalen Bereich einsetzbare Koordinationsinstrumente vgl. Kieser/Walgenbach 2003, 300). Technokratische Instrumente, wie z.b. die Vorgabe von standardisierten Regeln, anonymisieren die Koordination. Die Planung als weiteres technokratisches Instrument nimmt eine ex ante Festlegung von Verhaltensweisen vor, die z.b. durch die Zentrale durchgeführt wird. Zu den personellen Koordinationsinstrumenten gehört vor allem die persönliche Weisung. Ein weiteres wichtiges Instrument, das einen niedrigen Zentralisationsgrad impliziert, ist die Selbstabstimmung. Hier findet eine horizontale Absprache statt, ohne dass die Zentrale eingreift. Eine institutionalisierte Form der Selbstabstimmung stellen Gruppen dar. Die geeignete Besetzung von Gruppen kann einen wichtigen Beitrag zur Abstimmung, z.b. zwischen Hierarchieebenen, aber auch zwischen Auslandsgesellschaften bzw.

zwischen Auslandsgesellschaften und Zentrale sein. Geleistet wird dies z.B. von *Linking-Pin-Strukturen*, wie sie in Abbildung 3-19 schematisiert sind.

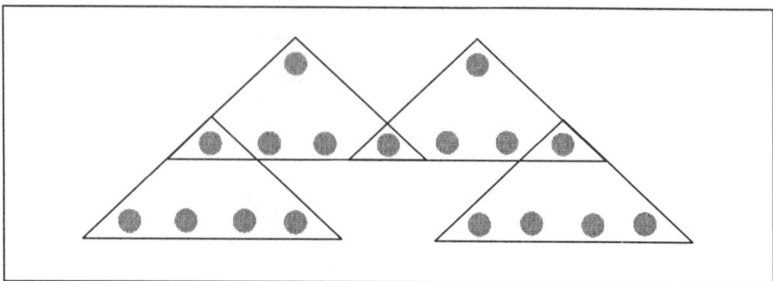

Abb. 3-19: Linking-Pin-Strukturen (Quelle: Likert 1967)

Ein Mitglied einer Gruppe, z.B. der Leiter, ist zugleich Mitglied einer anderen, evtl. hierarchisch übergeordneten, Gruppe und bringt die Interessen und Arbeitsergebnisse seiner Gruppe in den Entscheidungsprozess der übergeordneten Gruppe ein. Die übergeordnete Gruppe könnte z.B. in der Zentrale sein. Die untergeordnete Gruppe repräsentiert dann das Führungsgremium in der Auslandsgesellschaft.

Ein anderes gruppenbezogenes Abstimmungsinstrument ist die *„cross company work group"*, wie sie in Abbildung 3-20 skizziert ist.

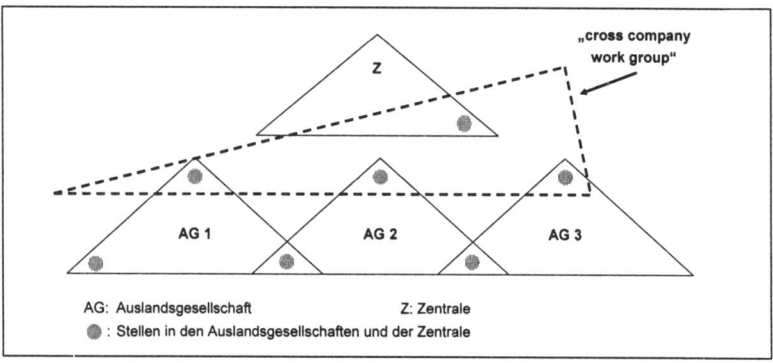

Abb. 3-20: Die „cross-company work group" (Quelle: in Anlehnung an Meckl 2000, 174)

Diese Gruppen können als regelmäßig tagende Vermittlungs- und Abstimmungsplattformen eingerichtet werden. Sie können von der Zentrale initiiert und moderiert, wie in Abbildung 3-20 gezeigt, oder auch als Instrument der reinen Selbstabstimmung zwischen den Auslandsgesellschaften verwendet werden.

Die Zentrale und die Auslandsgesellschaften sind horizontal und vertikal je nach ihrer strategischen Aufgabe mit solchen Koordinationsmechanismen miteinander zu verbinden. Hervorzuheben ist hier insbesondere die „lead-country-Funktion" einer Auslandsgesellschaft, die definitionsgemäß mit hoher Kompetenz in einem Kernmarkt ausgestattet ist (vgl. Abbildung 3-18). Diese Auslandsgesellschaft wird in den meisten Fällen auch über eine hohe Eigenständigkeit verfügen, damit sie die Führungsfunktion, z.B. bei einer bestimmten Produktgruppe, übernehmen kann (vgl. Macharzina/Wolf 2005, 967). Hier kommt der horizontalen Abstimmung eine zentrale Bedeutung zu, da die anderen Auslandsgesellschaften des Unternehmens von dieser Führungsgesellschaft Pläne und Ressourcen inklusive Wissen übertragen bekommen, um eine Produktstrategie umsetzen zu können. Dies gilt z.b. im Verhältnis zu den Auslandsgesellschaften, die für die strategische Umsetzung zuständig sind (vgl. Abbildung 3-18, rechts unten). Die vertikale Abstimmungsrichtung wird benötigt, wenn ein Strategiewechsel vorgenommen wird.

3.5 Informations- und Kommunikationssysteme in internationalen Unternehmen

3.5.1 Grundlagen und Anforderungen an ein internationales Kommunikationssystem

Organisatorische Modelle von Unternehmen bedingen die Notwendigkeit einer koordinativen Abstimmung, wie im vorherigen Abschnitt gezeigt wurde. Die Haupttätigkeit zur Abstimmung von Entscheidungen und Aktivitäten besteht im Austausch von Informationen und allgemein in der Kommunikation. Dieser Informationsaustausch und vor allem die bi-direktionale Kommunikation unterliegen in internationalen Unternehmen besonderen Rahmenbedingungen. Räumlich weit getrennte organisatorische Einheiten müssen informationstechnisch so verbunden werden, dass eine zeitnahe, exakte und möglichst kostengünstige Kommunikation möglich ist. In internationalen Unternehmen ergeben sich dabei folgende Besonderheiten (vgl. ähnlich Behrendt 2002, 683):

- Reisetätigkeit führt bei internationalen Unternehmen zu tendenziell hohen Kosten,

- es können Entscheidungsengpässe durch hohe Abwesenheitszeiten von Managern, die die ausländischen Tochtergesellschaften besuchen, entstehen,

- die Zeitzonenproblematik erschwert die zeitliche Abstimmung der Kommunikation,

- auf Grund von Landesunterschieden können technisch inkompatible Kommunikationstechnologien vorliegen, die auch zu Doppelarbeiten durch inkonsistente Datenbasen führen können,

- hinzu kommen in einigen Fällen Verständigungsschwierigkeiten sprachlicher/kultureller Natur, die durch den hohen qualitativen und quantitativen Kommunikationsbedarf neuer Organisationsformen, wie z.B. der transnationalen Organisation, erheblich steigen können.

Vor diesem Hintergrund gelten die generellen Anforderungen an ein Informations- und Kommunikationssystem (IuK-System) für ein internationales Unternehmen in verstärktem Maße. So werden als Grundprinzipien gefordert (vgl. allgemein zu IuK-System z.B. Macharzina 2003, 773-824; Picot/Reichwald/Wigand 2003):

- *Technische Einheitlichkeit:*
  Vermeidung von Inkompatibilitäten,

- *Inhaltliche Differenzierung:*
  Spezifizierung der Inhalte je nach Erfordernis,

- *Sicherheit:*
  Vermeidung des Verlusts von Kommunikationsinhalten und des Zugriffs Unberechtigter.

Bei der konkreten Ausgestaltung ist zu achten auf

- benutzerfreundliche Schnittstellen, um die Nutzung des IuK-Systems möglichst einfach zu gestalten,

- Filtervorrichtungen, die die benötigten Informationen und auch nur diese an die relevanten Adressaten transportieren, sowie

- Feed-Back-Möglichkeiten, die eine schnelle und direkte Antwort und generell Kommunikation erlauben.

Die technische und inhaltliche Infrastruktur muss integriert, d.h. aufeinander abgestimmt, werden, was im Rahmen eines Management-Informations-Systems (MIS) erfolgt. Ein solches MIS dient zur Bereitstellung und Aufbereitung unternehmensinterner und -externer Daten zur Initiierung und Kontrolle von Entscheidungen (vgl. im Detail dazu z.B. Picot/Reichwald/Wigand 2003, 203-204). Technische Basis ist meistens eine vernetzte Rechnerinfrastruktur über Intranet oder LAN. Im internationalen Unternehmen ist jede relevante Berichtseinheit im Ausland an dieses MIS anzuschließen, um möglichst zeitnah belastbare Daten zur Steuerung des Unternehmens zur Verfügung zu haben. Welche Daten im Einzelnen eingespeist werden und welche Kommunikationsmöglichkeiten zu welchem Anlass festgelegt werden, hängt entscheidend vom grundlegenden

Führungsmodell (vgl. Abschnitt 3.1) und vom Zentralisationsgrad der Führung und damit der Entscheidungen (vgl. dazu Abschnitt 3.3.1) ab.

3.5.2 Neue Technologien und Internationalisierung

Die dargelegten Anforderungen speziell an ein IuK-System in einem internationalen Unternehmen weisen schon darauf hin, dass moderne Technologien zur Informations- und Datenübermittlung und zur Kommunikation über Ländergrenzen hinweg einen ganz wesentlichen Einfluss auf die Führung von internationalen Unternehmen hatten und haben. Vergleicht man die Möglichkeiten zur Kommunikation in den 80er Jahren, die im Wesentlichen durch Telefon und Fax gekennzeichnet waren, mit den diversen internetbasierten Informations- und Kommunikationssystemen, so wird der Unterschied deutlich. Abbildung 3-21 zeigt die wichtigsten aktuellen Kommunikationssysteme.

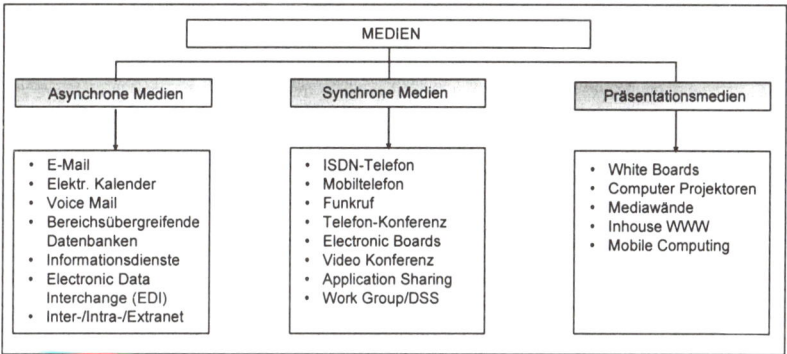

Abb. 3-21: Aktuelle IuK-Technologien (Quelle: in Anlehnung an Behrendt 2002, 689)

Generell gesprochen bieten diese Technologien die Möglichkeit, schneller, kostengünstiger, präziser und mit höherer Kapazität Informationen austauschen und kommunizieren zu können. Betrachtet man die hohen Anforderungen, die die Führung von internationalen Unternehmen an die Kommunikation stellt, so kann man festhalten, dass die technologische Weiterentwicklung eine wichtige Unterstützung für die stark beschleunigte Internationalisierung der Unternehmen war und ist.

Diese Veränderung der Informationstechnologie muss auch Auswirkungen auf das Grundproblem der Führung von internationalen Unternehmen haben, also auf das Standardisierungs-/Differenzierungsproblem bzw. die Zentralisierungs-/Dezentralisierungsüberlegungen (vgl. Abschnitt 3.1.2 und Abschnitt 3.3.1). Rein schematisch betrachtet würde sich in der Abbildung 3-9 zur Bestimmung des optimalen Zentralisierungsgrads die Koordinationskostenkurve nach unten verschieben, da die Informationen kostengünstiger ausgetauscht werden können. Auch die in der Kurve enthaltene schlechtere Entscheidungsqualität auf Grund von Marktferne würde sich tendenziell durch die schnellere und präzisere Information verringern. Ein Absinken der Koordinationskurve führt, wie in Abbildung 3-22 zu sehen, zu einem höheren optimalen Zentralisationsgrad. Ökonomisch betrachtet spiegeln sich darin die Wirkungen der neuen Informationstechnologien wider.

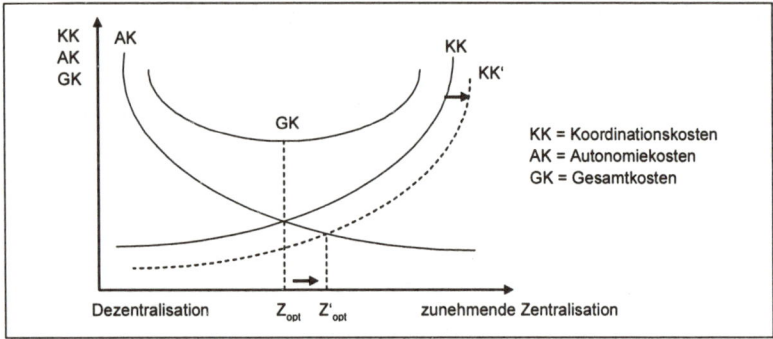

Abb. 3-22:   *Ökonomische Wirkungen moderner Informations- und Kommunikationstechnologie*

Allgemein gilt, dass das IuK-System der gewählten Grundstruktur des Unternehmens angepasst sein muss. Auch hier ist die Frage nach dem Zentralisationsgrad zu beantworten. Tabelle 3-2 zeigt im Überblick die verschiedenen Implikationen einer eher zentralen oder eher dezentralen Struktur des IuK-Systems.

	Zentralisiertes Informationssystem	Dezentralisiertes Informationssystem
	generelle Wirkungen	
Vorteile	• Möglichkeit der Zusammenfassung von Unternehmensinformationen • Verbesserte Kontroll- und Steuerungsmöglichkeiten durch das Management • Förderung der Integration von Verwaltungsfunktionen • Verteilung der Entwicklungskosten • vergleichsweise große Rechenkapazität der Zentraleinheit	• Möglichkeit zur Anpassung von Hardware und Software an jeweilige Problemstellungen • höhere Anpassungsgeschwindigkeit (Flexibilität) des Systems
Nachteile	• Förderung von Akzeptanzproblemen; weit reichende Folgen bei Systemzusammenbruch • weit reichende Konsequenzen bei Systemänderungen • Tendenz zur Herausbildung von unnötigen Verwaltungseinheiten	• vergleichsweise aufwändiger Daten- und Softwareschutz • mangelnde Professionalisierung der Systemerhaltung • drohende Inkompatibilität von Hard- und Software
	Kostenwirkungen	
Vorteile	• hohe Skaleneffekte (geringere Speicherkosten; bessere Systemauslastung)	• geringere Kommunikationskosten und Systemerweiterungskosten • bessere Nutzungsmöglichkeit von Preisverfällen, die durch den technischen Fortschritt entstehen
Nachteile	• hohe Kontrollkosten • hohe Verwaltungsgemeinkosten	• Mehrfachanfall von Softwarelizenzgebühren

Tab. 3-2:   *Zentralisiertes vs. Dezentralisiertes IuK-System (Quelle: Macharzina 1999, 668)*

Neben diesen Wirkungen auf die Unternehmensführung haben die neuen Technologien im Kommunikationsbereich auch zu ganz neuen Geschäftsmöglichkeiten geführt, die die Internationalisierung einfacher machen. Das Electronic Business beschreibt die Verzahnung und Integration unterschiedlicher Wertschöpfungsketten und unternehmensübergreifender Geschäftsprozesse auf der Grundlage eines schnellen und plattformunabhängigen Austauschs von Informationen über moderne IuK-Systeme (vgl. Reppegather 2002).

Die wesentliche Erleichterung für den Aufbau internationaler Geschäftsaktivitäten ist darin zu sehen, dass der Kontakt zu potenziellen Kunden oder auch möglichen Kooperationspartnern einfacher zustande kommt. Die Lokalität des Kunden, also ob er im In- oder im Ausland sitzt, ist nicht mehr entscheidend. Nimmt ein potenzieller Kunde z.b. über die Website des Unternehmens Kontakt auf, so hängen die Kosten der Anbahnung der Geschäftsbeziehung kaum davon ab, wo der potenzielle Neukunde seinen Sitz hat. Der mühsame Geschäftsaufbau über Fachmessen oder eine aufwändige Einzelansprache entfallen zumindest teilweise.

3.5.3 Wissensmanagement im internationalen Unternehmen

IuK-Systeme bilden die technische Infrastruktur für die Verteilung von Informationen im internationalen Unternehmen. Bezeichnet man Wissen als die „Kenntnisse und Fähigkeiten, die Individuen zur Lösung von Problemen einsetzen" (Probst/Raub/Romhardt 2003, 22), und darauf aufbauend die organisationale Wissensbasis als die individuellen und kollektiven Wissens-, Informations- und Datenbestände, die eine Organisation zur Lösung ihrer Aufgaben besitzt (vgl. Probst/Raub/Romhardt 2003, 22), so wird die zentrale Rolle der IuK-Systeme zur Speicherung, aber auch zur Verteilung und Nutzung (oder Nutzbarmachung) der Wissensbestände deutlich. Die zielorientierte Gestaltung der Wissensbasis wird entsprechend als Wissensmanagement bezeichnet (vgl. dazu allgemein z.B. Güldenberg 2003; Probst/Raub/Romhardt 2003). Abbildung 3-23 auf der folgenden Seite zeigt die wichtigsten Bestandteile eines solchermaßen definierten Wissensmanagements.

Dass für internationale Unternehmen dieses „Wissensmanagement" eine besondere Herausforderung darstellt, dürfte nach den Ausführungen in den beiden vorherigen Abschnitten deutlich geworden sein (für eine dynamische Betrachtung der Bedeutung von Wissensmanagement vgl. z.B. Kogut/Zander 1993). Grundsätzlich sind alle Bausteine, die in Abbildung 3-23 enthalten sind, auch für das internationale Unternehmen relevant. Ein spezielles Augenmerk muss aber vor allem auf die Wissensverteilung gelegt werden.

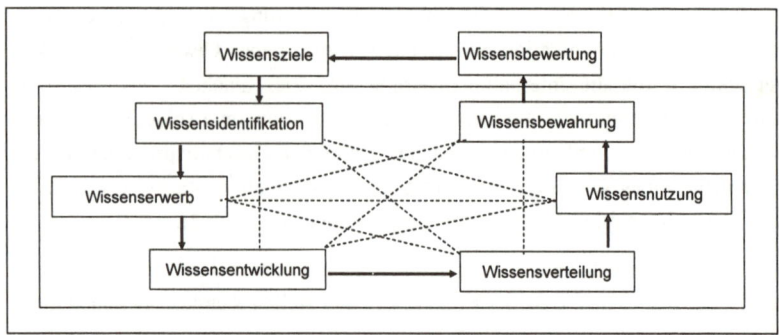

Abb. 3-23: **Bausteine eines Wissensmanagements (Quelle: Probst/Raub/Romhardt 2003, 32)**

Dieser Wissenstransfer über gesellschaftsrechtliche Grenzen zwischen verschiedenen Tochterunternehmen, zwischen Zentrale und Tochterunternehmen, zwischen verschiedenen Kulturkreisen mit ihren unterschiedlichen Problemlösungs- und Kommunikationsstrategien und vor dem Hintergrund vielleicht divergierender Anreizsysteme ist eine komplexe Managementaufgabe.

Sie muss gelöst werden, da internationale Unternehmen häufig ihre Wettbewerbsvorteile aus einer Übertragung von Ressourcen und hier auch insbesondere von Wissensressourcen von einem nationalen Markt auf einen anderen beziehen (vgl. dazu auch Abschnitt 2.5 zu den ressourcenorientierten Theorien des Internationalen Managements). Diese „Skaleneffekte" wiegen umso mehr, als sich Wissen bei einer Teilung bzw. Verteilung nicht aufbraucht, wie das bei physischen Gütern der Fall ist, sondern durch Integration mit anderen Wissensbasen sogar noch an Wert gewinnen kann, was wiederum in internationalen Unternehmen mit den tendenziell heterogenen Wissensbasen ein zusätzlicher Vorteil sein kann (vgl. Bendt 2000, 117).

Beim Wissensmanagement in internationalen Unternehmen spielen IuK-Systeme, neben interkulturellen Managementmaßnahmen, eine zentrale Rolle. Abbildung 3-24 zeigt wichtige IuK-Technologien des internationalen Wissenstransfers. Die Abbildung zeigt, dass für gut kodifizierbares Wissen („explizites Wissen") die neuen Technologien ein sehr hohes Potenzial für die Verteilung haben. Dies insbesondere deswegen, weil die Reichweite hier kein Problem darstellt. Eine sehr zielgenaue oder eine sehr weite Verbreitung ist ohne großen Aufwand möglich. Dies ist wiederum von besonderem Vorteil für internationale Unternehmen, wobei allerdings auch beachtet werden muss, dass schlecht kodifizierbares Wissen („implizites Wissen") nach wie vor auf Verteilungsmechanismen, wie z.B. den Personaltransfer, angewiesen ist, der im internationalen

Umfeld besonders aufwändig ist (vgl. dazu auch den Abschnitt 4.5.3 zur Entsendung von Mitarbeitern).

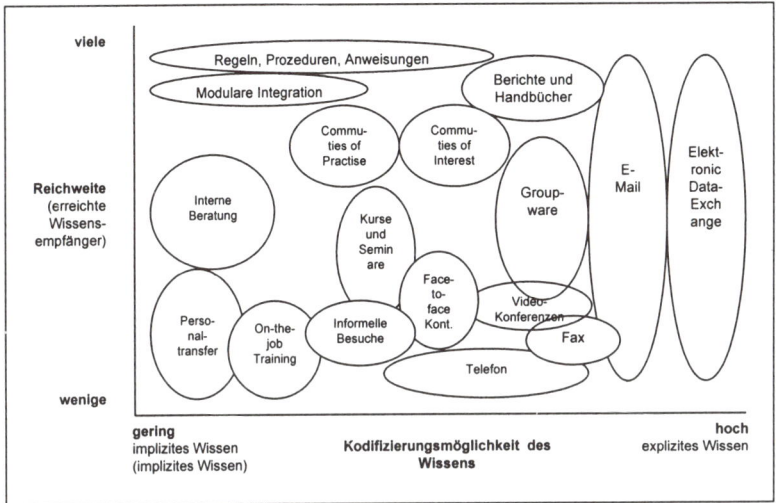

Abb. 3-24: *Technologien für die internationale Wissensverteilung (Quelle: Almeida/Grant 1998)*

Bei der Bereitstellung der Infrastruktur zur Kommunikation und zur Verteilung der Wissensbasen innerhalb der einzelnen Einheiten des internationalen Unternehmens spielt die organisatorische Grundausrichtung, oder anders ausgedrückt der (De-)Zentralisationsgrad, auch hier wieder eine zentrale Rolle. Im Folgenden wird am Beispiel des Managements der Wissensbasis „Kundenwissen" deutlich gemacht, welche Modelle hier denkbar sind.

Ziel des Wissensmanagements in diesem Bereich muss es sein, Wissen, das über Kunden in einem nationalen Markt gesammelt wird, grundsätzlich auch den Entscheidungsträgern in anderen regionalen Märkten zugänglich zu machen. Erfolgreiche Marketingmaßnahmen oder Erkenntnisse über wichtige Nachfrageänderungen können so auch gewinnbringend in anderen Märkten eingesetzt werden, was ein gutes Beispiel für „Wissensskaleneffekte" ist. Ein dezentrales Modell des Wissensmanagements würde eine Sammlung des Wissens in den lokalen Gesellschaften und eine horizontale Verteilung im Rahmen einer Selbstabstimmung der Tochtergesellschaften in den nationalen Märkten beinhalten. Abbildung 3-25 auf der folgenden Seite zeigt ein solches Modell in schematischer Form.

Dieses Modell ist grundsätzlich sinnvoll bei vergleichbaren Märkten. Es erfordert eine horizontale Kommunikationsstruktur, am besten mit definierten

Schnittstellen (vgl. dazu z.B. die Abbildungen 3-19 und 3-20 zu „Linking Pins" und „cross company work groups").

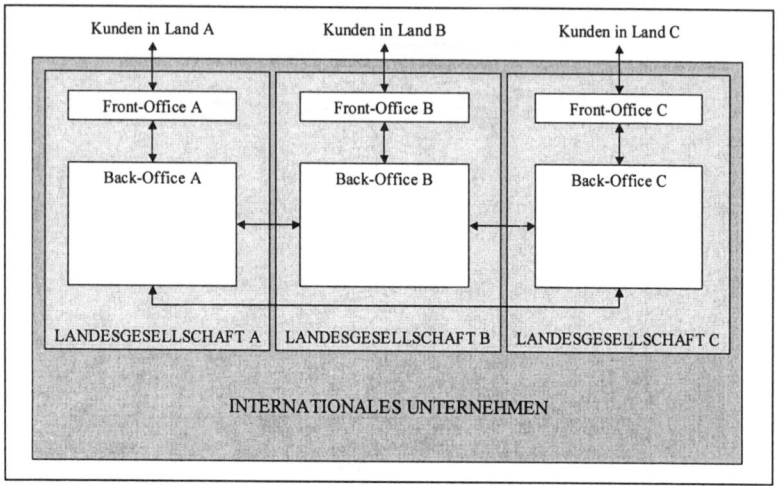

Abb. 3-25: Ein internationales Wissensnetzwerk (Quelle: Meckl/Beier/Helm 2004, 372)

Das andere Extremmodell ist ein zentrales Wissensmanagementmodell, das in Abbildung 3-26 skizziert ist.

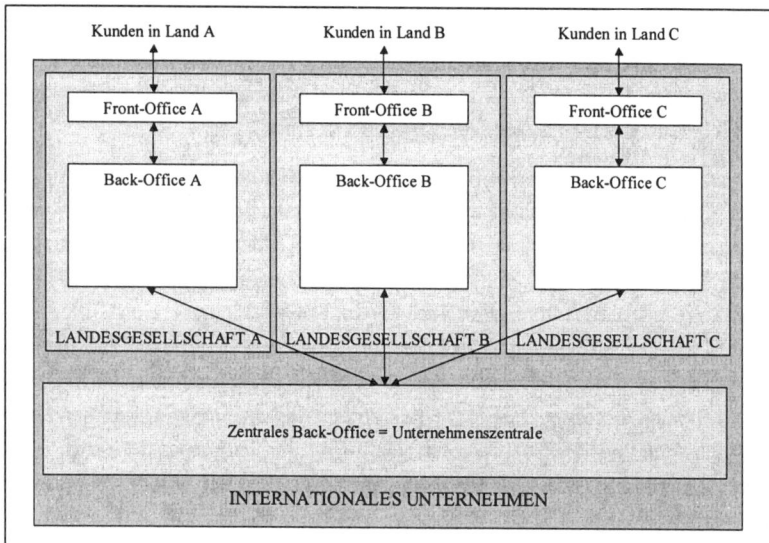

Abb. 3-26: Eine zentrale Wissensmanagementstruktur (Quelle: Meckl/Beier/ Helm 2004, 370)

Der wesentliche Unterschied zum dezentralen Wissensnetzwerk ist in der Rolle der Zentrale zu sehen. Sie übernimmt die Aufgabe eines „information brokers", der die Informationen sammelt, bewertet und selektiert weitergibt an die Tochtergesellschaften. Hier sind vertikale Schnittstellen nötig. Was die Vor- und Nachteile der Modelle betrifft, so können hier die generellen Überlegungen zur (De-)Zentralisation transferiert werden. Die Selbstabstimmung ist grundsätzlich aufwändiger, vermeidet aber das Problem der Falschselektion von Wissen durch eine problemferne Zentrale.

An diesem Beispiel wird deutlich, dass das IuK-System und die neuen Kommunikationstechnologien für internationale Unternehmen ein erhebliches Potenzial zur Steigerung ihrer Wettbewerbsfähigkeit bieten.

Fragen zur Wiederholung und Selbstkontrolle

1. Erläutern Sie unterschiedliche Möglichkeiten der Verteilung von Entscheidungskompetenzen im internationalen Unternehmen anhand des E.P.R.G.-Modells von Perlmutter. Welches der von Perlmutter identifizierten idealtypischen Führungsmodelle sehen sie als optimal an?

2. Erläutern Sie die Strategietypen zur Bearbeitung internationaler Märkte im Spannungsfeld „globale Integration vs. lokale Anpassung" nach Bartlett/Ghoshal und geben Sie jeweils ein Beispiel für eine Branche, in der die jeweilige Strategie besonders Erfolg versprechend ist!

3. Beschreiben und bewerten Sie das Verfahren zur Marktauswahlentscheidung anhand der Kriterien „Marktattraktivität" und „Marktbarrieren" und ordnen Sie die Marktauswahlentscheidung in das Phasenmodell der strategischen Planung ein!

4. Beschreiben Sie zwei Möglichkeiten des Timings des Eintritts in ausländische Märkte. Welche der Möglichkeiten würden Sie unter welchen Bedingungen empfehlen?

5. Geben Sie einen Überblick über mögliche aufbauorganisatorische Strukturen eines internationalen Unternehmens und erläutern Sie das Modell der segregierten Divisionalstruktur. Wann würden Sie dieses Modell empfehlen?

6. Beschreiben Sie die Divisionen/Regionen-Matrix als mögliche aufbauorganisatorische Struktur eines internationalen Unternehmens und bewerten Sie diese im Vergleich zur integriert-divisionalen Struktur. Wann sollte welche der beiden Organisationsformen eingesetzt werden?

7. Erläutern Sie das Stopford/Wells-Modell zur internationalen Aufbauorganisation. Ist das Modell auch heute noch gültig?

8. Nennen und beschreiben Sie die Organisationsmodelle nach Bartlett/Ghoshal. Welches Modell würden Sie unter welchen Bedingungen empfehlen?

9. Beschreiben Sie die Grundstruktur der Zentrale eines internationalen Unternehmens und erläutern Sie die verschiedenen Gestaltungsmuster der Zusammenarbeit zwischen den Zentralabteilungen und den Unternehmensbereichen!

10. Was sind die Rahmenbedingungen und Aufgaben eines Informations- und Kommunikationssystems in einem internationalen Unternehmen? Welche Implikationen hat der Einsatz neuer Medien für die Führung von internationalen Unternehmen?

11. Beschreiben Sie die Besonderheiten des Wissenstransfers im internationalen Kontext. Erläutern Sie anhand eines selbst gewählten Beispiels, welches Potenzial die modernen Informations- und Kommunikationstechnologien in diesem Zusammenhang bieten!

4. Funktionenbezogenes Internationales Management

4.1 Funktionale Betrachtung eines internationalen Unternehmens

In Kapitel 3 wurde die oberste – die Führungsebene – für internationale Unternehmen betrachtet. Gemäß dem Top-down-Aufbau dieses Lehrbuchs werden in diesem Kapitel 4 die internationalen Managementmaßnahmen eine Ebene tiefer betrachtet, die von den betriebswirtschaftlichen Funktionsfeldern eines Unternehmens gebildet wird. Diese auch als Wertaktivitäten bezeichneten Felder werden definiert als die „physisch und technologisch unterscheidbaren, von einem Unternehmen ausgeführten Aktivitäten, (…) aus denen das Unternehmen ein für seine Abnehmer wertvolles Produkt schafft" (Porter 1989, 62). Porter kommt das Verdienst zu, diese Struktur in einem einfachen Schema, der so genannten Wertkette, deutlich gemacht zu haben (vgl. 1989, 62). Abbildung 4-1 zeigt eine Weiterentwicklung dieses Schemas, das vor allem den Prozesscharakter der Aktivitäten in einem Unternehmen deutlich macht (vgl. Zentes/Swoboda/Morschett 2004, 221-223).

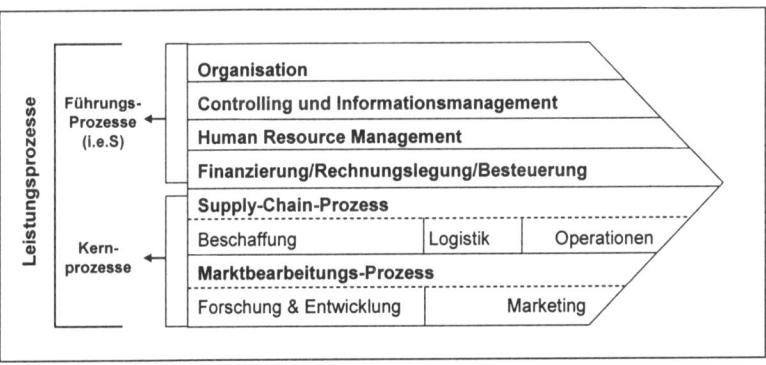

Abb. 4-1: *Die modifizierte Wertkette (Quelle: Zentes/Swoboda/Morschett 2004, 222)*

Zwei *Kernprozesse*, jeweils mit mehreren Funktionen, werden unterschieden. Der *Supply-Chain-Prozess* hat die Leistungserstellung zum Gegenstand. Die Beschaffung und die Produktion, inklusive der dazu notwendigen Logistik, werden hierunter zusammengefasst. Der *Marktbearbeitungsprozess* beinhaltet diejenigen Funktionen, die die Verbindung zur Nachfrageseite herstellen. Die Idee der marktorientierten Entwicklung von Produkten platziert auch die F&E in diesem Kernprozess.

Die *Führungsprozesse* stellen übergeordnete Funktionen mit einem Querschnittscharakter dar. In Kapitel 3 wurden bereits die Organisation und das Informationsmanagement behandelt, wobei dort zusätzlich die aus internationaler Sicht besonders relevante Funktion der strategischen Führung thematisiert und als Führungsprozess definiert wurde.

Die Einteilung eines Unternehmens in diese Funktionen, angeordnet nach einer Prozesssicht, hat den großen Vorteil, dass eine Strukturierung der operativen Tätigkeiten im Unternehmen nach einer Gleichartigkeit der Inhalte erfolgt (vgl. dazu auch die Bewertung der funktionalen Organisationsstruktur in Abschnitt 3.3.2.1). Dadurch ist es aus Sicht des Internationalen Managements möglich, die Spezifika einer jeden Funktion im Hinblick auf die internationale Ausrichtung herauszuarbeiten und spezifische Instrumente zur Lösung der Probleme in einem Funktionsfeld deutlich zu machen. Deswegen wird in diesem vierten Kapitel die Betrachtung der Ebenen unterhalb der reinen Führungsaufgaben nach dieser funktionenbezogenen Betrachtung strukturiert. Nicht im Detail behandelt werden die Felder der externen Rechnungslegung und auch der steuerlichen Aspekte der internationalen Geschäftstätigkeit. Diese beiden Funktionen stellen sehr spezifische Bereiche dar, die in Speziallehrbüchern behandelt werden (vgl. z.B. zur internationalen Rechnungslegung Pellens/Fülbier/Gassen 2004; zu steuerlichen Aspekten bei internationaler Unternehmenstätigkeit z.B. Schmidt/Sigloch/Henselman 2005; Fischer/Kleineidam/Warneke 2005).

4.2 Supply Chain Management im internationalen Unternehmen

4.2.1 Die internationale Beschaffung

Der erste Aktivitätenbereich in der Supply Chain wird gebildet von den Beschaffungsmaßnahmen im Unternehmen. Beschaffung in diesem engeren Sinn umfasst alle unternehmens- und marktbezogenen Tätigkeiten zur Versorgung des Unternehmens mit Waren, Material, Dienstleistungen, Rechten sowie Maschinen und Anlagen aus „unternehmensexternen" Quellen mit dem Ziel, zum Erreichen nachhaltiger Wettbewerbsvorteile beizutragen. Das Beschaffungsmanagement beinhaltet die entsprechenden Planungs-, Steuerungs- und Kontrollprozesse (vgl. Zentes/Swoboda/Morschett 2004, 308-309). Der internationale Aspekt der Beschaffung ergibt sich durch den Bezug dieser Leistungen von

Partnern, die ihren Sitz im Ausland haben. Ebenfalls vorstellbar ist, dass von Auslandsgesellschaften, die zum Unternehmen gehören, bezogen wird, was ebenfalls als internationale Beschaffung interpretierbar ist. Dies gilt auch aus Sicht einer Auslandsgesellschaft, die von der Muttergesellschaft bezieht. Eine strategische, systematische Ausdehnung der Beschaffung auf weltweite Beschaffungsquellen mit dem expliziten Ziel der Erschließung von weiteren Erfolgspotenzialen für das Unternehmen wird auch als „global sourcing" bezeichnet (vgl. z.B. Arnold 1990).

Mit der Ausweitung der Beschaffungsaktivitäten auf andere Länder werden folgende *Ziele* verfolgt (vgl. Zentes/Swoboda/Morschett 2004, 312; Piontek 1998, 483-484):

* Ausnutzung von Kostensenkungspotenzialen:
  Auf internationalen Beschaffungsmärkten können auf Grund geringerer Löhne, Rohstoffpreise, Steuern usw. niedrigere Preise gegeben sein. Um eine Vergleichbarkeit zu gewährleisten, müssen aber bei den bezogenen Leistungen auch ähnliche Qualitätsniveaus vorliegen.

* Stabilisierung der Beschaffungspreispolitik:
  Durch die Angebotsabgabe von potenziellen ausländischen Lieferanten können die inländischen Zulieferer zu Zugeständnissen gezwungen werden, auch wenn dann letztendlich kein Bezug aus dem Ausland erfolgt.

* Verbesserung der Beschaffungsobjektqualität:
  Zulieferer im Ausland mit einer besseren Technologie im Vergleich zu inländischen Lieferanten sichern die Wettbewerbsfähigkeit des Unternehmens und machen eine internationale Beschaffung zur Notwendigkeit.

* Langfristige Sicherstellung/Stabilisierung der Verfügbarkeit einzelner Beschaffungsobjekte:
  Die Gewinnung zusätzlicher Lieferanten im Ausland trägt zur Risikoreduzierung auf der Beschaffungsseite bei. Kapazitätsbeschränkungen von inländischen Lieferanten, evtl. auch saisonaler Art, können so ausgeglichen werden. Gleichzeitig erfolgt ein Abbau der Abhängigkeit von einem oder wenigen Lieferanten durch Verträge mit zusätzlichen Lieferanten im Ausland. Dieses „multiple sourcing" im Vergleich zum „single sourcing" erfordert allerdings höhere Koordinationsaufwendungen, gerade wenn es sich teilweise um ausländische Lieferanten handelt.

* Aufbau eines länderübergreifenden einheitlichen Beschaffungs-Know-how-Levels und Ausschöpfung von Integrationsvorteilen der Beschaffung in vielen Märkten durch koordiniertes Agieren, länderübergreifenden Informationsaustausch, Pooling von Personal usw..

Vor dem Hintergrund dieser Ziele sind *Beschaffungsquellen im Ausland auszu-wählen.* Hier gelten die generell gültigen Kriterien für die Auswahl von Liefe-ranten, wie z.b. Beschaffungskosten, Innovationsfähigkeit oder Kapazitäten des Zulieferers.

Besonders hervorzuheben aus internationaler Sicht sind folgende Entschei-dungskriterien:

* Transportkosten:
  Auf Grund der normalerweise längeren Distanz und/oder der alternativ zu verwendenden Transportmittel sind eventuell höhere Transportkosten zu berücksichtigen.

* Einbindung in Logistikkonzepte:
  Wird z.B. ein Just-in-Time-Lieferkonzept in der Produktion praktiziert, so kann durch die größere Distanz ein Versorgungsrisiko entstehen.

* Qualitätsniveau:
  Es ist zu prüfen, ob beim ausländischen Zulieferer die Voraussetzungen für das geforderte Qualitätsniveau vorliegen. Andere technische Vorschriften in dem Land oder nicht ausreichend ausgebildete oder unerfahrene Mitar-beiter können Gründe für ein nicht befriedigendes Qualitätsniveau sein.

* Durchsetzung von Schadensersatzansprüchen:
  Falls es zu Streitigkeiten über die Lieferungen kommt, muss gewährleistet sein, dass das Rechtssystem im Land des Lieferanten eine Durchsetzung von Schadensersatzansprüchen auch für Ausländer ohne großen Zusatzauf-wand ermöglicht. Ausländer dürfen deswegen nicht diskriminiert werden (vgl. dazu auch Abschnitt 5.2 zu Länderrisiken).

* Local-Content-Vorschriften:
  Falls in einem Land ein lokaler Wertschöpfungsanteil verlangt wird, damit z.B. ein Auftrag von staatlicher Seite erteilt wird, so kann der Bezug von Leistungen in dem Land auf die geforderte lokale Wertschöpfungsquote angerechnet werden.

Die offensichtlichen Vorteile und Chancen der Internationalisierung der Be-schaffung dürfen aber nicht darüber hinweg täuschen, dass auch *Schwierigkei-ten* dieser Strategie bewältigt werden müssen. Die internationale Beschaf-fungsmarktforschung kann erhebliche Kosten verursachen (vgl. im Detail dazu Piontek 1998, 493-497). Zwar ist über das Internet die Kontaktaufnahme einfa-cher geworden. Allerdings kann die Prüfung der Auswahlkriterien bei ausländi-schen Zulieferern zeit- und finanzaufwändig sein. Hinzu kommen Aufwendun-gen für die Abwicklung der Beschaffungstransaktionen bis hin zur Gründung von Beschaffungsbüros im Ausland. Auf die logistischen Schwierigkeiten und die Einbindung in die Logistikkonzepte wurde bereits hingewiesen. Die Gefahr des Abflusses von Know-how über ausländische Zulieferer, die vielleicht eng mit ausländischen Wettbewerbern zusammenarbeiten, besteht, wenn an die Zulieferer technologisches Know-how übertragen werden muss, um z.b. die geforderte Qualität zu sichern.

Ein aktuell stark diskutierter Trend in der internationalen Beschaffung ist durch das so genannte „*Offshore Outsourcing*" gegeben. Outsourcing bezeichnet die Auslagerung oder Fremdvergabe von bisher im Unternehmen erbrachten ökonomischen Leistungen an unternehmensexterne Dritte auf der Grundlage von Marktbeziehungen (vgl. z.b. Meckl 2001, 295; Meckl/Eigler 1998, 101). Der Begriff „offshore" weist darauf hin, dass sich der Leistungserbringer im Ausland – häufig auf einem anderen Kontinent, – befindet. Offshore Outsourcing kann demnach umschrieben werden als „the delegation of administrative, engineering, research, development, or technical support processes to a third-party vendor in a lower-cost location. It can also include the re-engineering of processes." (Robinson/Kalakota 2005, 4). Es findet hier also eine Beschaffung von bisher selbst erstellten Leistungen statt, die explizit mit dem Ziel der Kostensenkung von ausländischen Partnern erfolgt. Typische Beispiele für diese Beschaffungsstrategie sind die Einrichtung und der Betrieb von Call Centern für den Kundenservice durch ausländische Partner. Häufig ist auch das Outsourcing von arbeitsintensiven Back Office-Aktivitäten von Banken, wie z.b. die Zahlungsverkehrsabwicklung und von Buchhaltungsaktivitäten oder generell des Betriebs von IT-Plattformen, Gegenstand des „Offshoring"

Der hauptsächliche Grund für die aktuelle Relevanz des Offshore Outsourcings liegt im Kostendruck, der durch die international steigende Wettbewerbsintensität auf den Unternehmen vor allem aus Westeuropa, aber auch Nordamerika, lastet. Die Kostenersparnisse sind schematisch in Abbildung 4-2 gezeigt.

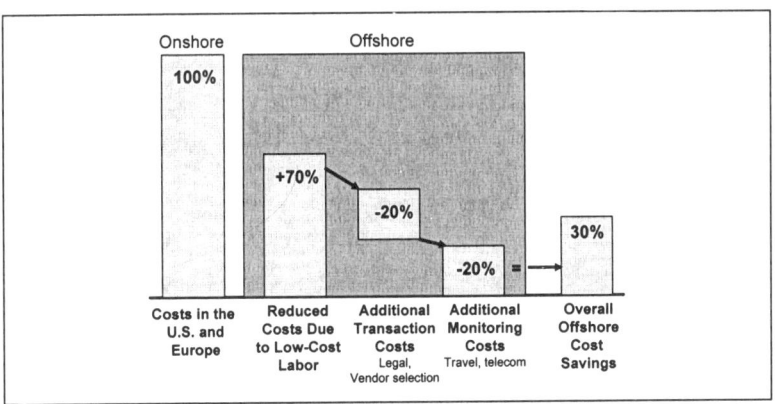

Abb. 4-2: Kostenersparnisse bei Offshore Outsourcing (Quelle: Robinson/Kalakota 2005, 17)

Die genannten 30% Kostensenkung sind allerdings nur als grober Richtwert zu verstehen, der abhängig vom Einzelfall und der Branche erheblich unter- oder überschritten werden kann.

Neben den reinen Kostenüberlegungen spielen aber auch die stark gesunkenen Kosten für die Kommunikation und Informationsübermittlung über die modernen Kommunikationsmedien eine große Rolle (vgl. dazu auch Abschnitt 3.5.2). Das Entstehen von leistungsstarken Unternehmen in Schwellenländern, vor allem in Indien, aber auch in China, macht die Vergabe an externe Partner überhaupt erst möglich. Diese Entwicklung wird auch gefördert durch bisherige inländische Anbieter, die in Schwellenländern mit niedrigen Arbeitskosten Tochterunternehmen gründen.

Abstimmungsprobleme, die zu einer niedrigeren Qualität der Dienste führen, und – gerade in der Umstellungsphase – ein stark erhöhter Koordinationsaufwand sind die Schwächen dieser internationalen Beschaffungsstrategie. Die vorgelagerten Fragen nach der optimalen Wertschöpfungstiefe, also die „Make or buy"-Entscheidung mit der Gefahr der Auslagerung von Kernkompetenzen, stellt sich natürlich auch beim Offshore Outsourcing (vgl. dazu z.b. Meckl/ Eigler 1998).

4.2.2 Logistik im internationalen Unternehmen

Mit den Beschaffungsaktivitäten hängt im internationalen Umfeld das Logistikmanagement eng zusammen. Bei einer Gesamtbetrachtung des Funktionsfelds Logistik kommen allerdings noch die Produktions- und Absatzlogistik hinzu, so dass es sich bei der Logistik um eine typische Querschnittsfunktion handelt (vgl. Perlitz 2004, 351). Logistik ist zu sehen als die Organisation, Planung, Kontrolle und Durchführung eines Güterflusses. In dem Begriff enthalten sind auch die dazugehörigen Informationsströme (zur Logistik allgemein vgl. z.B. Pfohl 2000; Arnold 1989).

Die zunehmenden Direktinvestitionen im Ausland und die verstärkten Exportbeziehungen (vgl. Abschnitt 1.1) lassen die Güterströme innerhalb von Unternehmen über Ländergrenzen hinweg und von Unternehmen zu den ausländischen Absatzmärkten zunehmen. Bei Güterbewegungen über nationale Grenzen hinweg sind logistische Besonderheiten zu beachten, die größtenteils sowohl bei unternehmensinternen als auch -externen Bewegungen auftreten. Im Einzelnen sind dies:

- Physische Distanz:
  Im internationalen Bereich sind die Entfernungen meist deutlich größer. Dies führt zu hohen Anforderungen in der zeitlichen Disposition, insbesondere wenn aus Kostengründen auf Zwischenlager verzichtet wird und Just-in-Time-Logistikkonzepte verwendet werden (vgl. Zentes/Swoboda/Morschett 2004, 467).

- Verkehrsträger:
  Damit zusammen hängt der oftmals mit internationaler Logistik verbundene (mehrmalige) Wechsel des Transportmittels. Seefracht, insbesondere Containertransport, Schienen-, Luft- oder Straßenverkehr müssen kostenoptimiert eingesetzt werden (vgl. Perlitz 2004, 354).

- Transporthemmnisse:
  Tarifäre und nicht-tarifäre Bestimmungen, die den freien Güterverkehr einschränken, technische Probleme und Nichtverfügbarkeit von benötigter Transport- oder Informationsinfrastruktur führen zu zusätzlichen Kosten und Zeitverzögerungen.

- Klimatische und geografische Rahmenbedingungen:
  In vielen Fällen werden z.b. Rohstoffe aus klimatischen und geografischen Extremregionen beschafft, was zu Einschränkungen der Lieferkapazitäten führt (vgl. Zentes/Swoboda/Morschett 2004, 468).

- Politische und rechtliche Bedingungen:
  In einzelnen Ländern bestehen nach wie vor regulierte Logistikmärkte, auf denen noch ein hoher Grad an staatlicher Einflussnahme herrscht.

- Informationsmanagement:
  Die Sammlung, Speicherung und vor allem die zeitnahe Weitergabe von Informationen über den Status der Güterbewegung müssen im internationalen Umfeld genauso vorgenommen werden wie national, wobei hier die Möglichkeiten der neuen Kommunikationsmedien große Erleichterungen und neue Möglichkeiten schaffen (vgl. im Detail dazu z.b. Corsten 2002, 959-962; Hadamitzky/Mayer 2002).

- Abwicklung:
  Die Kostenverteilung und die Risikoübernahme müssen bei grenzüberschreitenden Transaktionen explizit geregelt werden.

Generell ist aus den genannten Besonderheiten abzuleiten, dass die internationale Logistik mit einem höheren Durchführungsrisiko behaftet ist. Eine Konsequenz ist zum Beispiel, dass bei grenzüberschreitender Logistik doch wieder Zwischenlager eingerichtet und größere Bestellmengen als bei nationaler Logistik abgegeben werden. Für die internationale Beschaffung ist dies in den Berechnungen der internationalen Beschaffungskosten zu berücksichtigen.

Die Besonderheiten zeigen des Weiteren, dass die effiziente Abwicklung von internationaler Logistik hohe Anforderungen an die Steuerung der Logistiksysteme stellt. Hochleistungsfähige Software und IT-Systeme und eine Mindestmenge an zu transportierenden Gütern zum Ausnutzen von Volumeneffekten veranlassen immer mehr international tätige Unternehmen, ihre Logistik als Ganzes oder zumindest große Teile davon komplett an spezialisierte Logistikanbieter auszulagern (vgl. Perlitz 2004, 355-256). Diese weltweit tätigen Logistikanbieter, wie z.b. die Deutsche Post World Net, ziehen Wettbewerbsvorteile aus ihrer internationalen Präsenz und der Bündelung von kleinen Bestellmengen zu größeren Volumina.

4.2.3 Internationale Produktionssysteme

4.2.3.1 Gründe und Hemmnisse für internationale Produktion

Allgemein wird Produktion definiert als die Zusammenführung von Inputfaktoren zur Herstellung von Outputgütern. Als internationale Produktion bezeichnet man Produktionsprozesse, bei denen – aus der Perspektive eines inländischen Unternehmens – der gesamte Prozess oder einzelne Produktionsprozessstufen im Ausland durchgeführt werden (vgl. Zentes/Swoboda/Morschett 2004, 380).

Der Aufbau oder die Verlagerung von Produktionskapazitäten im bzw. ins Ausland ist regelmäßig Gegenstand von kontroversen Diskussionen innerhalb und außerhalb des Unternehmens. Hintergrund ist gerade in Deutschland eine allgemeine Standortdiskussion über die Wettbewerbsfähigkeit Deutschlands als Produktionsstandort im internationalen Wettbewerb um Investitionen. Dass Veränderungen in der Wertschöpfungsstufe Produktion besonders sensibel betrachtet werden, liegt neben dem hohen Ressourceneinsatz, der mit dem Aufbau von Produktionskapazität verbunden ist, vor allem an den Auswirkungen auf die Arbeitsplätze. In den meisten Fällen werden bei Entscheidungen im Bereich der Produktion gleichzeitig eine große Anzahl von Arbeitsplätzen entweder geschaffen – im Falle der Investition – oder aber abgebaut – im Falle der Verlagerung. Auswirkungen auf die regionale Wirtschaftsentwicklung, auf andere Wertschöpfungsstufen im Unternehmen und der im Allgemeinen hohe Wertschöpfungsanteil der Produktion ruft denn auch in vielen Fällen den Versuch einer politischen und gewerkschaftlichen Einflussnahme auf die internationale Produktionsentscheidung hervor. Die Gründe für den Aufbau einer Auslandsproduktion sind in Abbildung 4-3 dargestellt.

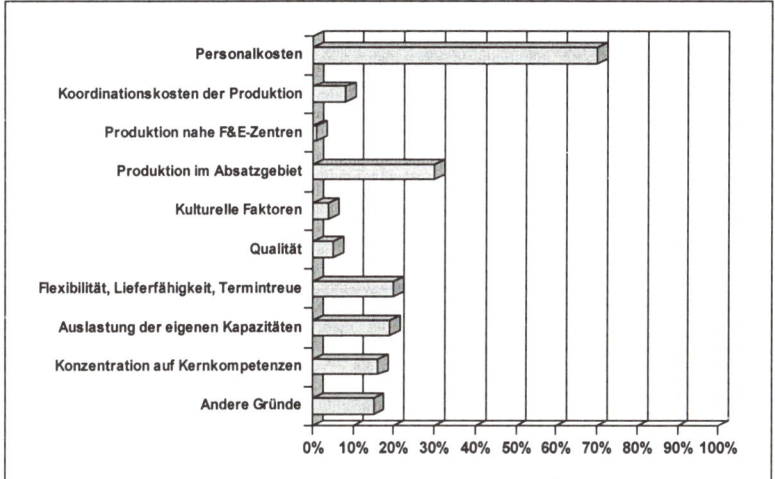

Abb. 4-3:   *Gründe deutscher Unternehmen für die Verlagerung von Produktion ins Ausland (Quelle: Vieweg 2002, 167)*

Die in Abbildung 4-3 genannten Motive wurden in einer empirischen Untersuchung im Maschinenbau eruiert. Sie lassen sich in drei Gruppen unterteilen:

(a) Absatzorientierte Gründe

Eine marktnahe Produktion bringt Vorteile bei der Vertriebslogistik und schafft eine bessere Reputation im Auslandsmarkt, da mit der Produktion normalerweise ein langfristiges Engagement signalisiert wird und ein hoher Wertschöpfungsanteil mit positiven Auswirkungen auf die Gesamtwirtschaft des Gastlandes einher geht. Sie ist oftmals Voraussetzung für die erfolgreiche Umsetzung der multinationalen Strategie (vgl. Abschnitt 3.2.3.1 und Abschnitt 4.4 zum internationalen Marketing).

Ein besonderer absatzpolitischer Grund liegt vor, wenn eine Produktion im ausländischen Markt Voraussetzung dafür ist, dass überhaupt ein Umsatz in dem Land erzielt werden kann. In einigen Ländern gibt es so genannte „*local content-Vorschriften*". Diese Vorschrift besagt, dass ein festgelegter Prozentsatz der mit einem Auftrag verbundenen Wertschöpfung in dem Land selbst erbracht werden muss. Vor allem bei großen Infrastrukturprojekten, die staatlicherseits vergeben werden, ist dieser geforderte lokale Wertschöpfungsanteil zu finden. Abbildung 4-4 auf der folgenden Seite macht den Anteil deutlich, der bei Zöllen und local content-Vorschriften im Ausland in Form einer Eigenproduktion erbracht werden sollte.

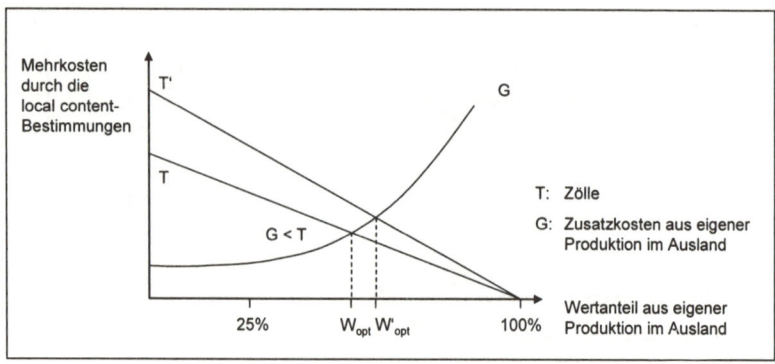

Abb. 4-4:   Auslandsproduktion bei local content-Vorschriften (Quelle: in An-lehnung an Perlitz 2004, 360)

Die Vertikale zeigt die Kosten, die durch Zölle (T) entstehen, wenn ein unterschiedlicher Prozentsatz von Wertschöpfung im Ausland, also im Markt, in dem die local content-Vorschriften gelten, getätigt wird. Auf der Horizontalen ist dieser Prozentsatz abgetragen. Im Nullpunkt erfolgt keine Auslandsproduktion. Hier sind die maximalen Zölle zu akzeptieren. Bewegt man sich auf der Horizontalen nach rechts, so wird die Wertschöpfung im Ausland erhöht (W). Je größer der Wertschöpfungsanteil, desto geringer die Zölle. Der lokale Wertschöpfungsanteil müsste also auf 100% festgelegt werden, wenn nur die Zölle als Kostenvariable gesehen werden.

Allerdings repräsentiert die Kurve G einen gegenläufigen Effekt. Sie verkörpert die zusätzlichen Kosten, die durch eine Eigenproduktion im Ausland, oder aber den Zukauf von lokalen Zulieferern, verursacht werden. Die zusätzlichen Kosten entstehen z.B. durch die Notwendigkeit des Aufbaus einer eigenen Fertigung, die aus Kapazitätsgründen gar nicht nötig wäre, sondern nur wegen der local content-Vorschriften errichtet wird. Je mehr lokal gefertigt wird, desto größer dieser Nachteil. Diese Annahme führt zu einer positiven Steigung der Kurve G.

Der optimale Auslandsproduktionsanteil ergibt sich, wenn die Grenzkosten der Eigenproduktion gleich den Zöllen sind, also im Schnittpunkt der beiden Kurven. Es ergibt sich ein optimaler Auslandsproduktionsanteil, in Abbildung 4-4 bei W_{opt}. Werden die Zölle erhöht (T'), so ergibt sich ein höherer optimaler lokaler Wertschöpfungsanteil.

Dieses Beispiel zeigt, dass zumindest bei Anbietern von großen Infrastrukturprojekten, die häufig der Forderung nach lokaler Wertschöpfung ausgesetzt sind, auch dieser absatzorientierte Grund den Aufbau eines internationalen Produktionssystems nötig macht.

(b) Strategische Gründe

Hinter der Verlagerung derjenigen Teilprozesse der Produktion ins Ausland, die man als nicht bedeutend für die Gesamtwertschöpfung ansieht, steht der Grundgedanke der Orientierung an den Kernkompetenzen. Ein weiterer strategischer Grund kann in der Nutzung von technologischen Ressourcen und in der Aneignung lokal vorhandenen Wissens liegen, das man durch die Beschäftigung von lokalen Mitarbeitern in einem Produktionswerk für das gesamte Unternehmen nutzbar machen will.

(c) Kostengründe

Hier sind Belastungen durch behördliche Auflagen und lange Genehmigungsprozesse im Heimatland sowie Subventionen im Ausland und ihre investitionskostensenkende Wirkung anzuführen. Wichtig sind insbesondere Nachteile bei den Faktorkosten, z.B. bei den Personalkosten im Heimatland des Unternehmens, die zur Steigerung der Wettbewerbsfähigkeit eine Verlagerung zumindest von Teilen der Produktion, die hiervon besonders betroffen sind, ins Blickfeld rücken.

Aus deutscher Sicht ist insbesondere der letzte Grund ein kontrovers diskutiertes Thema, das bei den zu beobachtenden Verlagerungen von Produktionskapazitäten ins Ausland, z.B. nach Osteuropa, häufig angeführt wird. Abbildung 4-5 zeigt einen Personalkostenvergleich.

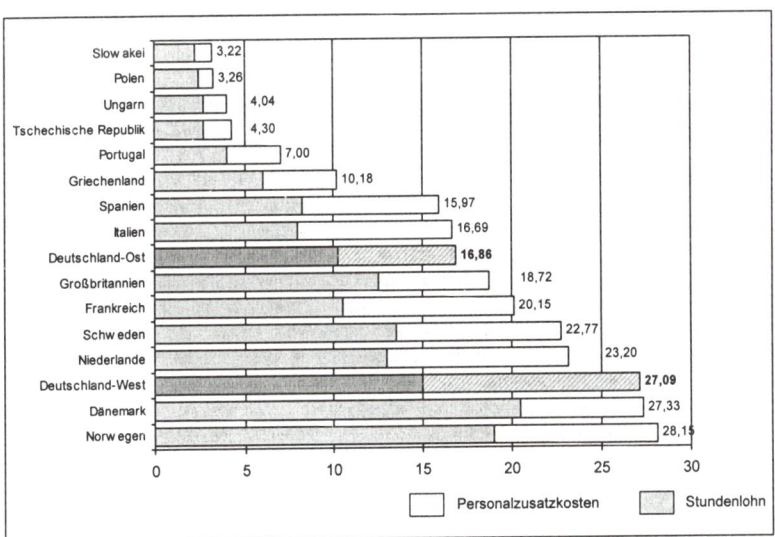

Abb. 4-5:   *Arbeitskosten in Europa 2004 (Quelle: Institut der deutschen Wirtschaft, 2004)*

Allerdings greift bei der Entscheidung zur internationalen Produktion die Betrachtung der reinen Arbeitskosten zu kurz. Aus Effizienzsicht sind nicht nur die Kosten zu betrachten, sondern auch der Output, der mit den aufgewendeten Ressourcen erreicht werden kann. Hier geben die Lohnstückkosten einen ersten Hinweis (vgl. Abbildung 4-6).

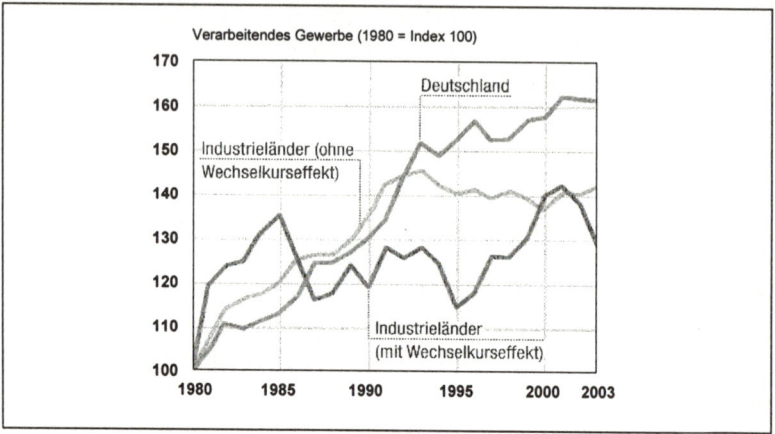

Abb. 4-6:   Die Entwicklung der Lohnstückkosten (Quelle: FAZ, 10.02.2005, Berechnung lt. Deutsches Institut für Wirtschaftsforschung)

Aber auch Produktivitätsmaße wie die Lohnstückkosten sind nur eine Komponente in der Kostenbetrachtung zur Verlagerung oder zum Aufbau einer Produktionsstätte im Ausland. Abbildung 4-7 zeigt ein Schema zur Gesamtbetrachtung der Kostenüberlegungen.

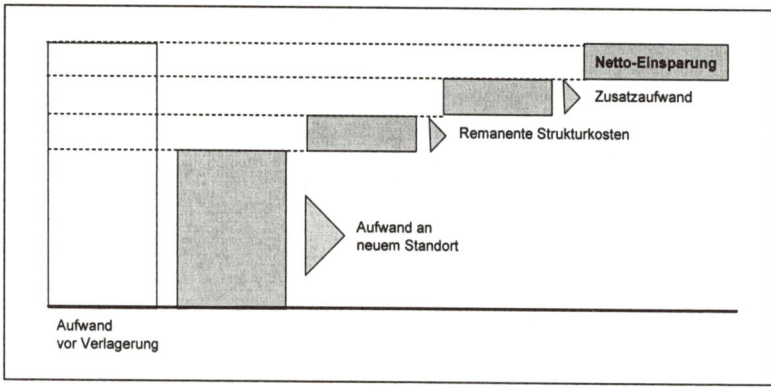

Abb. 4-7:   Kosteneinsparungen bei Auslandsproduktion (Quelle: Emmrich 2002, 337)

Es wird deutlich, dass der Kostenvergleich bei einer Entscheidung zur Produktionsverlagerung vielschichtig ausfallen muss. **Der geringere Aufwand am neuen Auslandsstandort beinhaltet vor allem niedrigere Herstellkosten, z.B. durch geringere Kosten für den Faktor Arbeit.** Nicht zu unterschätzen sind aber die *remanenten Strukturkosten*, kurz auch als Remanenzkosten bezeichnet. Hierunter fallen besonders die Gemeinkosten an einem Produktionsstandort. Wird ein Teil der Produktion ins Ausland verlagert, so gelingt es normalerweise nicht, den Fixkostenblock des Standorts im Stammland, z.B. für die Gebäude und allgemeine Verwaltung, in gleichem Ausmaß zu senken. Diese Gemeinkosten belasten bei Vollkostenrechnung die verbleibenden Produktionskapazitäten.

Der *Zusatzaufwand* in Abbildung 4-7 repräsentiert z.B. die zusätzlichen Koordinationskosten, die anfallen, wenn eine Prozessstufe ins Ausland verlagert wird. Die Abstimmung mit den verbleibenden Produktionsstufen muss weiterhin erfolgen und kann über Landesgrenzen hinweg sehr aufwändig sein, vor allem dann, wenn eine persönliche Anwesenheit von Verfahrenstechnikern, Produktionsplanern etc. im Ausland von Nöten ist. Der Zusatzaufwand enthält aber auch Kosten am neuen Standort, wie z.B. für Personalentwicklung oder für Maßnahmen zur Sicherstellung der Qualität in der neuen Produktion. Diese Problematik ist in Abbildung 4-8 nochmals präzisiert.

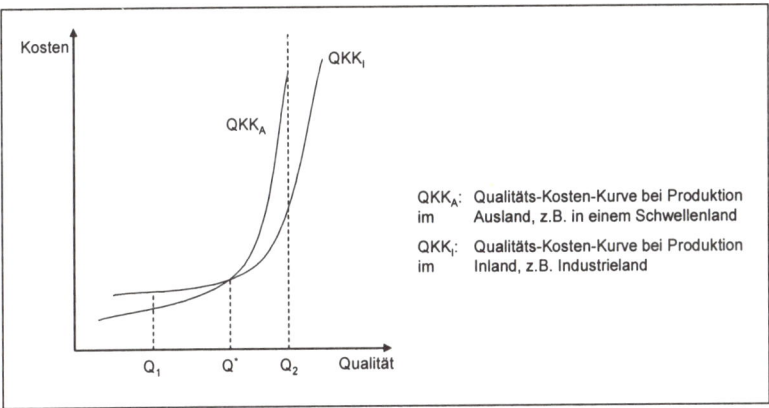

Abb. 4-8:   Die Qualitäts-Kosten-Kurve (Quelle: Perlitz 2004, 374)

Die Kurven stellen einen Zusammenhang zwischen dem Qualitätsniveau einer Fertigung und den Kosten her. Die wesentliche Aussage ist, dass bei einer Fertigung mit einem niedrigen Qualitätsanspruch die Kosten in Schwellenländern relativ niedriger sind im Vergleich zur Fertigung in einem Industrieland. Begründet wird dies mit den niedrigeren Lohnkosten des – zum Teil auch niedriger qualifizierten – Personals in Schwellenländern. Bei einem hohen Qualitätsanspruch sind jedoch die Kosten im Schwellenland höher als im Industrieland, da die Aufwendungen für Personalentwicklung und die Einrichtung von Qualitätssicherungssystemen zusätzliche Kosten verursachen. Es kommt also darauf an, für jede Produktion die relative Lage zu Q* zu finden, um auch unter dem Gesichtspunkt der Qualitäts-Kosten-Kurve beurteilen zu können, ob sich eine Verlagerung lohnt.

Zu beachten ist, dass die in Abbildung 4-8 gezeigten Kurven idealtypische Verläufe sind, die in der Realität im Einzelfall auch anders liegen können und auch nicht stetig sein dürften. Allerdings verdeutlichen sie den Einflussfaktor Qualität auf die Produktionsverlagerungsentscheidung.

Berücksichtigt man für die Gesamtbetrachtung des Kostenarguments die dargestellten Effekte, so schmilzt der aus dem Vergleich der reinen Arbeitskosten entstehende Vorteil merklich. Emmrich spricht in diesem Zusammenhang von einer Kosten- und Produktivitätsfalle, in die ein Unternehmen geraten kann, wenn es diese Komponenten nicht bedenkt (vgl. 2002, 338). Falle auch deswegen, weil der Aufbau eines Standorts im Ausland eine hohe Bindungswirkung hat. Der Abbau dieses Standorts würde die Reputation des Unternehmens im Auslandsmarkt wohl nachhaltig beschädigen.

Neben den reinen Kostenargumenten gilt es noch weitere Hemmnisse zu bedenken, die den eventuellen Vorteil aus einer Kostensenkung verringern oder kompensieren können. Tabelle 4-1 stellt die wichtigsten Hinderungsgründe für eine internationale Produktion aus Sicht deutscher Unternehmen zusammen.

Psychisch-soziale Hinderungsgründe	Ökonomisch-organisatorische Hinderungsgründe
• Verbundenheit mit dem Standort • Protest von Belegschaft und Öffentlichkeit • Notwendigkeit der Entlassung von Mitarbeitern • gute Beziehungen zu Kunden, Lieferanten und Behörden im Land • Tradition der Verbindung zum Standort Deutschland • Schaden einer Verlagerung für die deutsche Volkswirtschaft • Produktionsverlagerung als Ausdruck der Illoyalität gegenüber dem Heimatland	• Höhe der Verlagerungskosten • schlechtes Verhältnis von Gewinn zu Kapitaleinsatz • mangelnde Bereitschaft der Mitarbeiter zu einem Auslandsaufenthalt • sinkende Produktions- und Lieferflexibilität • Qualitätseinbußen • Zeitmangel für die Planung einer Verlagerung • mangelnde Unternehmensgröße • Verlust von Ansehen in der Öffentlichkeit • hohe Transportkosten bei Belieferung des Inlandsmarktes • unzureichende Kapitalausstattung • Verlust des Verkaufsargumentes „Made in Germany"

Tab. 4-1:   Hinderungsgründe für eine Standortverlagerung ins Ausland (Quelle: Hardock 2000, 216)

Die psychisch-sozialen Hinderungsgründe spiegeln neben einer Loyalität zum bisherigen Standort auch die Motivationsprobleme, die bei der Belegschaft des Heimatstandorts entstehen, wider. Ungewissheit bezüglich der Sicherheit des Arbeitsplatzes, die durch die Perspektive einer Verlagerung ins Ausland entsteht, lässt vor allem auch bei den Leistungsträgern im Unternehmen die Frage nach der Loyalität aufkommen. Eine sinkende Produktivität am Standort im Inland kann die Folge sein.

Insgesamt gesehen zeigen die Ausführungen, dass eine rein aus Kostengründen betriebene Verlagerung von Kapazitäten sehr genau geplant werden muss. Als deutlich sicherer erweist sich eine solche Verlagerung dann, wenn auch absatzpolitische und strategische Gründe sie als sinnvoll erscheinen lassen.

4.2.3.2 Gestaltungsoptionen für internationale Produktionssysteme

Ähnlich wie bei den strategischen Überlegungen entschieden werden muss, ob eher eine lokale Anpassung oder eine globale Integration angestrebt wird (vgl. Abschnitt 3.2.3) und analog dazu bei der organisatorischen Strukturierung, ob eher zentralisiert oder dezentralisiert werden soll (vgl. Abschnitt 3.3.1), so muss auch bei der Gestaltung eines internationalen Produktionssystems grundsätzlich entschieden werden, ob die Produktion konzentriert an einem oder wenigen Standorten oder verteilt auf die bearbeiteten Länder erfolgt. Tabelle 4-2 fasst die wichtigsten Einflussvariablen für diese Entscheidung zusammen.

	Favored Manufacturing Strategy	
	Concentrated	Decentralized
Country factors		
Differences in political economy	Substantial	Few
Differences in culture	Substantial	Few
Differences in factor costs	Substantial	Few
Trade barriers	Few	Many
Technological factors		
Fixed costs	High	Low
Minimum efficient scale	High	Low
Flexible manufacturing technology	Available	N. a.
Product factors		
Value-to-weight ratio	High	Low
Serves universal needs	Yes	No

Tab. 4-2:   Zentralisierte oder dezentralisierte Produktion (Quelle: Hill 1994, 461)

Sind beispielsweise die Unterschiede in den bearbeiteten Ländern in den politischen und kulturellen Rahmenbedingungen und in den Faktorkosten von grundlegender Natur („substantial"), so spricht dies für eine eher konzentrierte, also zentralisierte Produktion. Sind sie gering („few"), sollte eher dezentralisiert werden. Umgekehrt gilt dies für Handelshemmnisse. Sind die Fixkosten der Produktion hoch, so spricht dies für eine Zentralisation. Ist die „value-to-weight-ratio" (Wert eines Produkts bezogen auf sein Gewicht) hoch, so sind die Transportkosten als relativ niedrig einzustufen. Dies würde eine zentrale Produktion begünstigen.

Zu beachten ist, dass im Endeffekt alle Faktoren berücksichtigt werden sollten. Welches Gewicht der einzelne Faktor hat, hängt allerdings stark vom Einzelfall ab.

Die Varianten eines internationalen Produktionssystems ergeben sich durch Kombination der Ergebnisse der Zentralisationsüberlegungen mit der technischen Organisation der Produktion. Abbildung 4-9 zeigt die dann entstehenden Typen von Produktionssystemen.

	Fragmentierungsgrad der Produktion		
	Aufspaltung der Produktionsstufen	Aufspaltung der Produktionsstandorte	Zentralisierte Produktion
Ein Land	Nationale Verbundproduktion	Nationale Parallelproduktion	Weltmarktfabrik
Mehrere Länder	Internationaler Produktionsverbund	Internationale Parallelproduktion	X

(Die Zeile "Länderzahl" steht als Überschrift links neben den Zeilen "Ein Land" und "Mehrere Länder".)

Abb. 4-9:   Organisatorische Typen internationaler Produktionssysteme (Quelle: in Anlehnung an Perlitz 2004, 371)

Die Länderanzahl gibt einen Hinweis auf den internationalen Verteilungsgrad der Produktion. Der Fragmentierungsgrad gibt an, inwieweit zum einen der Produktionsprozess, zum zweiten die Standortstruktur und zum dritten die räumliche Verteilung der Fertigung aussieht.

Eindeutig ist die Rolle der *Weltmarktfabrik*. Sie wird platziert in einem Land, in dem die Produktionsbedingungen optimal sind. Bei arbeitsintensiver Produktion wird hier eher ein Standort in einem Schwellenland gesucht, in dem die Arbeitskosten relativ niedrig sind und ausreichend Arbeitskräfte vorhanden sind. Bei einer hochautomatisierten Produktionstechnologie, die hohe Anforderungen an die (wenigen) Mitarbeiter stellt, ist ein Standort zu bevorzugen, an dem diese hoch qualifizierten Mitarbeiter zur Verfügung stehen. Wichtig ist zu beachten, dass der Standort dieser Weltfabrik nicht automatisch im Heimatland des Unternehmens sein muss. Wird eine solche hoch zentralisierte Fertigung eingerichtet, so sollten die in Tabelle 4-2 dargestellten Einflussfaktoren eindeutig für die zentralisierte Fertigung sprechen.

Von *Parallelproduktion* spricht man, wenn es mehrere Produktionsstandorte gibt, die das gleiche Produktspektrum fertigen. Es wird eine Multiplizierung gleicher oder zumindest ähnlicher Standorte vorgenommen. Jeder Standort verfügt über alle Fertigungsstufen. Wird diese Vervielfältigung in nur einem Land vorgenommen, so liegt eine nationale Parallelproduktion vor. Was aber deutlich häufiger der Fall sein wird, ist eine Aufspaltung der Produktionsstandorte auf mehrere Länder – eine *internationale Parallelproduktion*. Dieser Typus würde als Produktionstyp am besten die multinationale Strategie von Bartlett/Ghoshal unterstützen (vgl. Abschnitt 3.2.3.1) und stellt einen dezentralen Typus dar. Dem Verzicht auf Volumenvorteile, der mit dieser Produktionsvariante einhergeht, stehen Vorteile bei der Anpassung an die lokalen Bedingungen bzw. Bedürfnisse in den einzelnen Märkten gegenüber. Dadurch, dass jeder Standort über alle Produktionsstufen verfügt, ist er auch unabhängig von der Zusammenarbeit mit anderen Produktionsstätten, so dass sich eine Störung in einem Werk nicht auf die anderen auswirkt. Die Zulieferungen können lokal organisiert werden, wobei sich hier allerdings wieder das kleinere Volumen, z.B. in Form von höheren Einkaufspreisen, negativ bemerkbar macht.

Das markante Kennzeichen der *Verbundproduktion* liegt in einer Aufspaltung der einzelnen Produktionsstufen. Dies kann innerhalb eines Landes oder über mehrere Länder verteilt erfolgen. Voraussetzung für diese Produktionsorganisation ist, dass der Fertigungsprozess überhaupt teilbar ist. In diesem Fall verfügen die einzelnen Standorte also nicht mehr über die technischen Möglichkeiten, das gesamte Produkt zu fertigen. Sie sind vielmehr verantwortlich für einen bestimmten Teil des Produktionsprozesses. Allerdings übernehmen sie diesen Teil des Produktionsprozesses dann für alle Länder, die beliefert werden. Dadurch entstehen in der einzelnen Produktionsstufe Volumenvorteile, da die Volumina aus allen nationalen Märkten, anders als bei der Parallelproduktion, gebündelt an einem Standort abgearbeitet werden. Die Produktionsstufen können dabei so verteilt werden, dass die Rahmenbedingungen für die Produktion in den einzelnen Ländern berücksichtigt werden. So sollten z.B. arbeitsintensive Produktionsschritte in die Länder verlagert werden, in denen die Arbeitskosten niedrig sind. Die Nachteile dieser Strategie liegen in der starken Abhängigkeit der einzelnen Produktionsstandorte voneinander. Kommt es in einem Standort zu Produktionsausfällen, z.b. weil ein lokaler Streik ausgerufen wird, dann kommt im Extremfall die gesamte weltweite Produktion des Unternehmens zum Erliegen, da eine Produktionsstufe vollständig ausfällt. Die Einrichtung von großen Lagern, die einen zeitlichen Puffer schaffen, erhöht wiederum die Produktionskosten. Auch gestaltet sich die internationale Logistik schwierig (vgl. dazu Abschnitt 4.2.2), da über die Distanzen und die Ländergrenzen hinweg z.b. Just-in-Time-Lieferkonzepte schwieriger zu errichten sind. Außerdem muss eine genau aufeinander abgestimmte Abfolge von Produktionsschritten und -kapazitäten und Produktvarianten koordiniert werden, was über die Distanz hin ebenfalls schwieriger sein dürfte. Die Behebung z.b. von Qualitätsmängeln oder die flexible Umstellung und Anpassung an Nachfrageveränderungen ist ebenfalls schwieriger. Die Verbundproduktion im internationalen Rahmen erfordert damit ein hoch entwickeltes Produktionsplanungs- und -steuerungssystem.

Wird das Produktionssystem nach den in Abbildung 4-9 gezeigten Grundtypen eingerichtet, so übernehmen die einzelnen Produktionsstandorte damit bestimmte Aufgaben innerhalb des Unternehmens. Abbildung 4-10 nimmt eine Rollentypisierung für internationale Produktionsstätten vor.

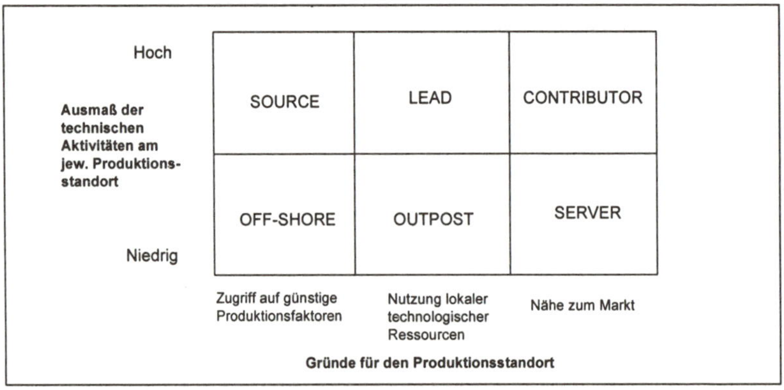

Hoch			
Ausmaß der technischen Aktivitäten am jew. Produktionsstandort	SOURCE	LEAD	CONTRIBUTOR
	OFF-SHORE	OUTPOST	SERVER
Niedrig			
	Zugriff auf günstige Produktionsfaktoren	Nutzung lokaler technologischer Ressourcen	Nähe zum Markt
		Gründe für den Produktionsstandort	

Abb. 4-10:   Rollen von Produktionsstätten (Quelle: Ferdows 1989, 8)

Die erste Einteilungsdimension wird von der grundsätzlichen strategischen Zielsetzung, die mit dem Produktionsstandort verbunden ist, gebildet. Die zweite Dimension spiegelt die Kompetenz der Auslandsgesellschaft, gemessen an den technischen Aktivitäten, wider.

Sind die Kompetenzen niedrig ausgeprägt und liegt das primäre Ziel für die Errichtung des Produktionsstandortes in einem Zugriff auf kostengünstige Faktoren, wie z.B. den Faktor Arbeit, so liegt hier der Fall des *Offshoring* vor (vgl. Abschnitt 4.2.1 zum „Offshore-Outsourcing"). Ein *Outpost* hat das Ziel, in einem Land, das in einer Technologie führend ist, dieses Wissen aufzunehmen. Dazu wird normalerweise nur eine sehr kleine, spezialisierte Produktion aufgebaut, die einen starken F&E-Teil enthält. Der *Server* nimmt indes in den meisten Fällen nur eine Anpassung von Produkten an einen nationalen Markt vor, so dass man hier im eigentlichen Sinne nicht von einer originären Produktionseinheit sprechen kann.

Bei hohen Kompetenzen kommt dem jeweiligen Standort eine generell wichtige Bedeutung im Unternehmensverbund zu. Eine *Source-Produktion* stellt ein Produktionszentrum dar, das in den meisten Fällen für viele Länder produziert und typisch für die globale Strategie von Bartlett/Ghoshal ist (vgl. Abschnitt 3.2.3.1). Eine *Lead-Produktionsstätte* ist für die Erstellung innovativer Produktionstechnologien verantwortlich. Die Erkenntnisse aus diesem Typus werden in einer späteren Phase häufig auf Source-Produktionen übertragen. Der *Contributor* ist in den meisten Fällen in wichtigen Kernmärkten mit großen Volumina angesiedelt, die z.B. aus technischen Gründen nicht aus anderen Produktionsstätten, z.B. aus einer Source-Produktion, beliefert werden können.

Diese Einteilung hat auch dynamischen Charakter. Produktionsstätten können ihre Rolle im Zeitablauf verändern, wenn sich Produktionstechnologien oder Märkte verändern. Denkbar ist auch, dass ein Produktionsstandort mehrere Rollen gleichzeitig einnimmt. So kann eine Source-Produktion in einem Schwellenland auch gleichzeitig Contributor sein, wenn der Markt in diesem Schwellenland hohe Wachstumsraten aufweist und zu einem Kernmarkt wird.

4.3 Forschung und Entwicklung (F&E) im internationalen Unternehmen

4.3.1 Gründe und Formen der internationalen F&E

Forschung und Entwicklung stellt gerade für viele deutsche Unternehmen eine Kernkompetenz ihrer geschäftlichen Tätigkeit dar. Die von vielen deutschen Mittelständlern gewählte Strategie der Leistungsdifferenzierung kann nur erfolgreich umgesetzt werden, wenn das Unternehmen in der Produkt- und häufig auch in der Produktionstechnologie führend ist. Um dies zu gewährleisten, ist ein explizites Management des Funktionsfeldes F&E nötig. Abbildung 4-12 zeigt einen idealtypischen F&E-Prozess (vgl. allgemein zu F&E z.B. Gerybadze 1997; Gassmann/v. Zedtwitz 1996).

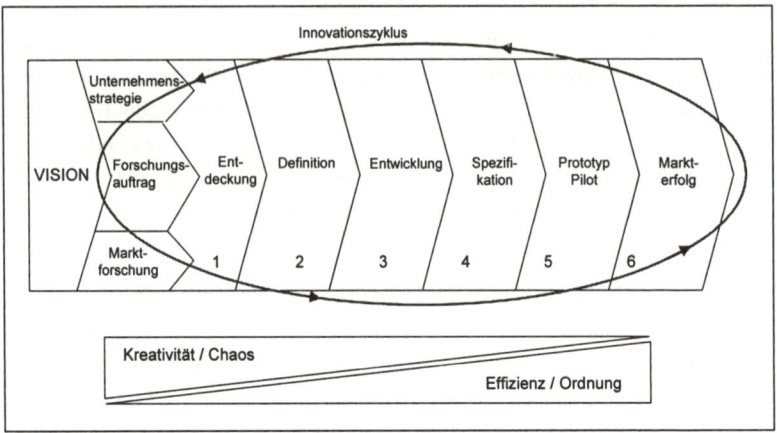

Abb. 4-11: Der idealtypische F&E-Prozess (Quelle: Ebner/Walti 1996, 20)

Auch bei diesem Funktionsfeld stellt sich die Frage, ob und wenn ja wie eine Verlagerung ins Ausland oder der Aufbau zusätzlicher F&E-Kapazitäten im Ausland erfolgen soll. Dabei wird es in den meisten Fällen nicht die Frage sein, ob die gesamte F&E ins Ausland verlagert werden soll. Realistisch ist vielmehr die Allokation von F&E für eine spezielle Technologie, die bei einem Produkt benötigt wird, oder für ein ganz bestimmtes Produkt. Die wesentlichen Gründe, die für den Aufbau einer internationalen F&E sprechen, sind:

• Zugang zu zusätzlichen F&E-Kapazitäten:
Sind im Heimatland z.B. Entwicklungsingenieure bei einer Technologie nicht mehr in dem benötigtem Umfang vorhanden, so können durch den Aufbau eines F&E-Zentrums an einem geeigneten Auslandsstandort dort zusätzliche Ingenieure angeworben werden, die die Entwicklung vorantreiben.

• Zugang zu qualitativen F&E-Ressourcen:
Sind im Heimatland Kenntnisse einer neuen Technologie nicht vorhanden und hat ein ausländischer Standort hier Vorteile, so kann durch den Aufbau eines F&E-Zentrums in diesem Land und die Abwerbung von F&E-Personal von anderen Unternehmen oder die Anwerbung von F&E-Personal, z.B. von Universitäten oder Forschungsinstituten, diese Know-how-Lücke geschlossen werden. Eine solche ideale Umgebung für Technologien bildet sich häufig regional heraus, wenn besonders positive Rahmenbedingungen für eine bestimmte Technologie gegeben sind. Das Silicon Valley für IT oder der süddeutsche Raum für Automobiltechnologie sind Beispiele hierfür (zu den theoretischen Grundlagen hierzu vgl. Porter 1990).

- Zugang zu F&E-Management-Know-how:
  Die Möglichkeit von Lernprozessen gilt nicht nur inhaltlich, sondern auch bezüglich der Managementprozesse von F&E-Aktivitäten. „Low-cost-design", „design-to-cost" oder andere F&E-Prozesse können evtl. in einem anderen Land, in dem diese Varianten des F&E-Managements schon stärker ausgeprägt sind, erlernt und, falls nötig, auch an anderen Standorten eingesetzt werden.

- Erhöhung der Markt- und Kundennähe:
  Bereits in der F&E-Phase werden die wesentlichen Eigenschaften eines Produkts festgelegt. Werden Auslandsmärkte bearbeitet, die sehr unterschiedliche Kundenpräferenzen aufweisen, dann muss auch bei der F&E differenziert werden. Die Ansiedlung zumindest einer „Anpass-F&E" für eine Produktplattform, die für alle Auslandsmärkte gleich sein kann, erhöht die Erfolgsaussichten und ist Voraussetzung für die Umsetzung der multinationalen und der transnationalen Strategie nach Bartlett/Ghoshal (vgl. Abschnitt 3.2.3.1).

- Senkung von Entwicklungskosten:
  Die Arbeitskosten für F&E-Personal können in anderen Ländern, insbesondere in Schwellenländern, niedriger sein als im Heimatland. Bei angenommenen gleichen Kapitalkosten sind hier Kostensenkungspotenziale zu verwirklichen. Allerdings muss sicher gestellt sein, dass die F&E-Qualität und -Produktivität ähnlich hoch sind.

- Zugriff auf Fördermöglichkeiten:
  Viele Regierungen sind bereit, die Ansiedlung von F&E in ihren Ländern großzügig durch direkte Investitionsbeihilfen, Steuerermäßigungen oder ähnliches zu fördern. F&E-Kapazitäten bringen regelmäßig neben hochqualifizierten Arbeitsplätzen technologisches Wissen ins Land, das positive Ausstrahlungen, z.B. durch die Gründung von neuen Unternehmen aus diesen Forschungszentren heraus, haben kann.

- Unternehmensinterner Wettbewerb und Zeitvorteile durch Parallelentwicklungen:
  F&E-Projekte sind sowohl vom Ergebnis her als auch „auf dem Weg" hin zu einem gewünschten Ergebnis von großer Unsicherheit geprägt. Werden mehrere F&E-Teams, verteilt auf mehrere Länder, mit derselben Entwicklungsaufgabe betraut, so entstehen zwar zunächst zusätzliche Kosten, z.B. für Doppelarbeiten. Allerdings ist so auch die Chance gegeben, dass unter den verschiedenen Ansätzen, die zur Problemlösung in den nationalen Teams gewählt werden, auch der erfolgreichste und effizienteste dabei ist. Der entstehende Wettbewerb zwischen den Teams, der durch entsprechende

Anreizsysteme noch gefördert werden kann, kann damit den gesamten F&E-Prozess effizienter machen, so dass die Zusatzkosten eventuell sogar überkompensiert werden.

• Umgehung rechtlicher Restriktionen: Bestimmte Technologien, wie z.b. die Gentechnologie, unterliegen in einigen Ländern besonderen Restriktionen, die die Durchführung von F&E in diesen Bereichen unmöglich oder zumindest durch Genehmigungsverfahren sehr langwierig und kostenaufwändig machen. Durch Ausweichen in Länder, die diese Restriktionen nicht haben, kann in diesen Bereichen trotzdem geforscht werden.

Diesen potenziellen Vorteilen, die eine internationale F&E bietet, stehen Risiken und Nachteile gegenüber, die zum einen aus der Dezentralisation von F&E, die mit der Internationalisierung dieser Funktion regelmäßig einhergeht, und zum anderen aus grundsätzlichen Überlegungen der Internationalisierung resultieren. Die Internationalisierungsgefahren und -probleme für diese Funktion liegen im Einzelnen in folgenden Effekten:

• Hoher Koordinations- und Informationsaufwand: Komplexe und nur eingeschränkt planbare F&E-Projekte erfordern eine permanente und intensive Kommunikation und Wissensübermittlung zwischen den international verteilten Standorten, wenn ein Erfolg von arbeitsteiligen Projekten sichergestellt werden soll. Dies kann, insbesondere bei der Notwendigkeit von persönlichen Treffen zwischen den F&E-Mitarbeitern, zu hohen Kosten führen.

• Gefahr von Doppelentwicklungen: Wird diese Abstimmung zwischen den international verteilten F&E-Zentren nicht oder nicht intensiv genug durchgeführt, dann führen Parallelentwicklungen zu nicht gewünschten Zusatzausgaben und Ineffizienzen.

• Gleich hohe Personalkosten in vielen Ländern: Im personalwirtschaftlichen Bereich liegt einer der Gründe für die Internationalisierung von F&E in dem Ziel, Arbeitskostenvorteile bei den Mitarbeitern im F&E-Bereich zu realisieren. Bei angenommener gleicher Leistungsfähigkeit der Mitarbeiter ist aber zu erwarten, dass zumindest in den Industrieländern diese Kostenvorteile nicht gegeben sind, da hoch qualifizierte F&E-Mitarbeiter auch international eine knappe Ressource darstellen. In den Ländern, in denen Lohnkostenvorteile liegen, ist wiederum vor der Verlagerung genau zu überprüfen, ob die notwendigen Fähigkeiten bei den potenziellen F&E-Mitarbeitern vor Ort auch vorhanden sind.

- **Immobilität von Spitzenkräften:**
  Auch wenn ein Großteil der F&E-Mitarbeiter lokal rekrutiert wird, so wird es in den meisten Fällen notwendig sein, F&E-Spitzenkräfte in diese neuen ausländischen F&E-Zentren, zumindest während der Aufbauphase, zu entsenden. Allerdings fehlen diese dann in der F&E-Zentrale, und es ist nicht sichergestellt, dass diese Spitzenkräfte auch international mobil sind.

- **Verzicht auf Volumeneffekte:**
  F&E ist regelmäßig ein kapitalintensiver Funktionsbereich. Laborausstattungen und leistungsfähige Geräte müssen in vielen Fällen angeschafft werden, um die neueste Technologie entwickeln zu können. Obwohl F&E-Zentren im Ausland im Normalfall eine geringere Kapazität haben, müssen diese Geräte für eine leistungsfähige F&E dennoch, in den meisten Fällen grundsätzlich für jeden Standort, angeschafft werden. Es besteht die Gefahr, dass diese Mehrfachausgaben nicht gerechtfertigt sind, da die angeschafften Geräte auf Grund der unterkritischen „Masse" der Projekte am jeweiligen Standort nicht ausgelastet sind, was in einer zentralen F&E eher sichergestellt werden kann.

- **Nichtrealisierung von Synergieeffekten:**
  Die spontane Kommunikation zwischen Forschern und Entwicklern und die kurzen Wege zu vielen Kollegen aus anderen Technologiesegmenten stellen gerade im F&E-Bereich informelle Komponenten dar, deren Bedeutung für den F&E-Erfolg nicht unterschätzt werden sollte. In international verteilten Systemen ist dieser Faktor schwach ausgeprägt.

- **Sprach- und Kulturprobleme:**
  Die bei internationaler F&E zu bildenden kulturheterogenen Teams müssen, um erfolgreich zu sein, interkulturelle Barrieren überwinden. Zeitverzögerungen bei der Lösung von technischen Problemen können die Folge dieser potenziellen interkulturellen Konflikte sein. In einer zentralen F&E-Einheit fällt es weitaus leichter, eine homogene F&E-Kultur, die Abstimmungen einfacher macht, zu entwickeln.

- **Risiko des ungewollten Abflusses von Know-how:**
  Der Aufbau von F&E-Kapazität im Ausland bedingt den Transfer von Know-how zu diesem Standort. Hier handelt es sich regelmäßig um wichtige Erkenntnisse des Unternehmens, die die Wettbewerbsfähigkeit durch die zukünftigen Produktgenerationen sichern sollen. Durch das Abwerben von ausländischen F&E-Mitarbeitern in ihrem Land bis hin zur Industriespionage in den international verteilten Standorten können Wettbewerber Zugang zu diesem kritischen Wissen bekommen. In einer zentralen F&E kann der

Schutz der Grundlagenforschung und die Geheimhaltung der Wissensbasis effektiver erfolgen.

Insbesondere das letzte Problem stellt vor allem für mittelständische Unternehmen eine Gefahr dar, da sie häufig in einer spezifischen Technologieführerschaft ihren zentralen und teilweise einzigen Wettbewerbsvorteil haben, weswegen viele dieser Unternehmen nach wie vor zurückhaltend bei der Verlagerung von F&E an ausländische Standorte sind.

Vor dem Hintergrund dieser sich teilweise widersprechenden Gründe und Hemmnisse der Internationalisierung von F&E ist eine Entscheidungsheuristik gefragt, die zumindest einen ersten Hinweis auf die Sinnhaftigkeit einer Internationalisierung von F&E gibt und, wenn möglich, auch Empfehlungen zur Gestaltung der internationalen F&E macht. Hier kann ein Technologieportfolio, wie es in Abbildung 4-12 dargestellt ist, wertvolle Dienste leisten.

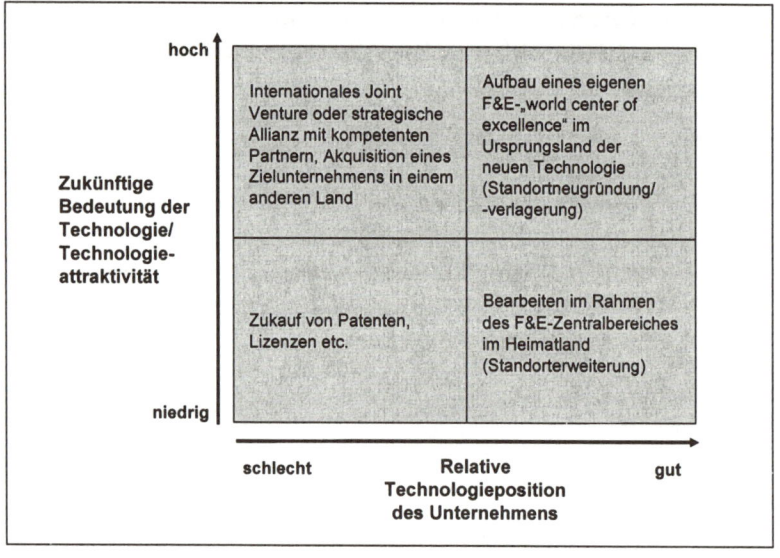

Abb. 4-12:   Das Technologieportfolio als Bestimmungsgröße der Internationalisierung von F&E (Quelle: Gerpott 1991, 59)

Die Kombination der beiden Dimensionen „zukünftige Bedeutung der Technologie bzw. Technologieattraktivität" und „relative Technologieposition des Unternehmens" zeigt die Handlungsnotwendigkeiten des Unternehmens. Bei guter relativer Technologieposition, aber geringer Bedeutung der Technologie, kann eine zentrale Weiterentwicklung im Heimatland in dem bisher schon erfolgreichen F&E-Zentrum erfolgen. Eventuell müssen hier Zusatzinvestitionen vorgenommen werden.

Ist die eigene Technologieposition gut und die Technologie aller Voraussicht nach auch in Zukunft sehr attraktiv, so muss alles getan werden, um auch international den Anschluss nicht zu verlieren. Es muss festgestellt werden, wo weltweit die besten Bedingungen für die Weiterentwicklung der Technologie bestehen. Qualität und Quantität der potenziellen F&E-Mitarbeiter und die infrastrukturellen Bedingungen sind Beispiele für Beurteilungskriterien der internationalen F&E-Standortwahl (vgl. im Detail dazu z.B. Perlitz 2004, 437-447). An diesem Standort sollten dann die F&E-Kapazitäten, die bisher in dieser Technologie angesiedelt waren, zu einem „center of excellence" zusammengezogen werden. Hierzu müssen in vielen Fällen Zusatzinvestitionen getätigt werden, um einen Vorsprung zur Konkurrenz erarbeiten zu können.

Ist die eigene Technologieposition relativ schlecht und die Technologie nicht sehr attraktiv, so kann über den Kauf einer Lizenz, z.B. von einem Unternehmen aus dem Ursprungsland der Technologie, sichergestellt werden, dass die Verwendung dieser Technologie in den eigenen Produkten erfolgen kann. Da die Technologie keine hohe strategische Relevanz hat, kann damit die Abhängigkeit von Lizenzgebern in Kauf genommen werden.

Problematisch ist die Position links oben in Abbildung 4-12. Zunächst muss eine international ausgerichtete Suche nach Unternehmen, die eine starke Position in der zur Diskussion stehenden Technologie haben, durchgeführt werden. Ist ein solches Unternehmen identifiziert, dann sollte über eine Zusammenarbeit mit dem Unternehmen sichergestellt sein, dass der langfristige Zugriff auf die Technologie erfolgen kann. Eine Akquisition, falls eine solche möglich ist, ist hier der sicherste Weg, um diesen Zugriff zu erreichen. Beispielsweise akquirierten viele der großen Telekommunikationsinfrastrukturanbieter in den Jahren 2000 bis 2002 kleine Unternehmen, die über hohes technologisches Know-how in der Datenübertragung via Internet verfügten, um einen Zugang zu dieser Technologie schnell zu erreichen. Ein Joint Venture (vgl. allgemein dazu Abschnitt 1.2.4.4), in das der technologisch kompetente Partner Wissen, das eigene Unternehmen Geldmittel zur Weiterführung der Forschungstätigkeit einbringt, ist eine weitere Form der internationalen F&E. Sie macht allerdings teilweise komplexe Regelungen über Rechte und Pflichten und insbesondere Verwertungsmöglichkeiten nötig. Entscheidend ist, dass die Suche nach einem Partner auf internationaler Ebene erfolgt, da nur so sichergestellt werden kann, dass auch wirklich der „state of the art" der Technologie erreicht werden kann.

Häufig zu finden sind auf internationaler Ebene auch „strategische Technologieallianzen". Die Zusammenarbeit der Unternehmen erfolgt hier ohne die Beteiligung von Eigenkapital, wie das bei der Akquisition bzw. dem Joint Venture der Fall ist. Zu beachten ist deshalb, dass die Zusammenarbeit grundsätzlich keine sehr hohe Bindungsintensität hat. Die Vorteile liegen in der Teilung der eskalierenden F&E-Kosten und damit der Risikobegrenzung für das einzelne Unternehmen. Außerdem können so Rationalisierungseffekte durch die gegenseitige Ausnutzung von komparativen Vorteilen der Partner, beispielsweise durch Patentpooling, realisiert werden. Dazu ist es aber nötig, dass jeder Partner Wissen einbringen kann. Für die internationalen Märkte ist ein weiterer wichtiger Vorteil darin gegeben, dass durch die Marktmacht der beteiligten Unternehmen Standards in den internationalen Märkten durch die Zusammenarbeit gelegt werden können, was Markteintrittsbarrieren für Dritte schafft. Die konkrete Ausgestaltung und Organisation dieser Form der internationalen F&E hängt sehr stark von den individuellen Profilen der Partner ab.

4.3.2 Gestaltungsoptionen internationaler F&E-Systeme

Auch die Gestaltung des internationalen F&E-Systems orientiert sich an dem Grundproblem der Standardisierung vs. Lokalisierung. Bartlett/Ghoshal formulieren analog zu ihren Strategiemodellen (vgl. Abschnitt 3.2.3.1) die in Abbildung 4-13 skizzierten F&E-Modelle.

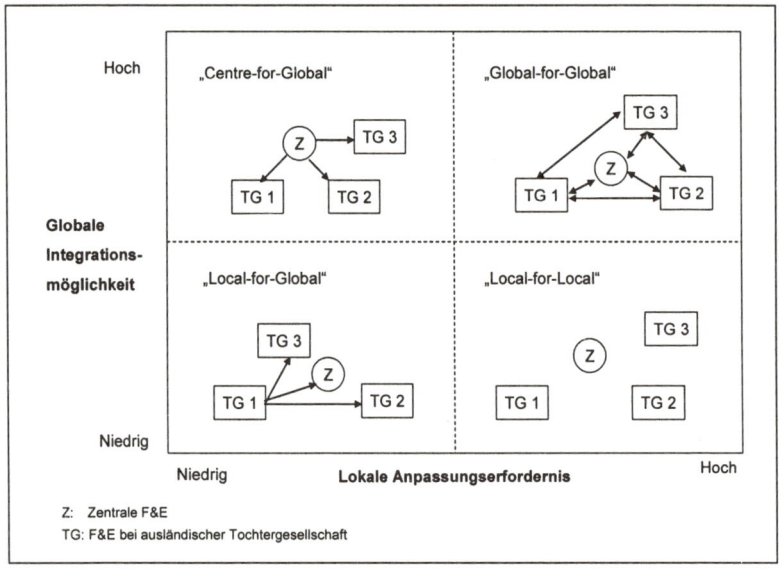

Abb. 4-13: Vier Typen von internationalen F&E-Modellen (Quelle: in Anlehnung an Noriah/Ghoshal 1997, 33; Bartlett/Ghoshal 1990b, 218-224)

Besteht aus technischer Sicht die Möglichkeit der globalen Integration, z.B. weil bereits ein weltweit etablierter Technologiestandard existiert, so können im Rahmen des „centre-for-global"-Modells in einer zentralen F&E-Einheit die

F&E-Aktivitäten für alle Auslandsgesellschaften gebündelt werden. Volumeneffekte, kritische Masse, eine gute Kommunikation zwischen den F&E-Mitarbeitern und die anderen Gründe für zentrale F&E, die in Abschnitt 4.3.1 genannt wurden, sprechen für diese Variante. Problematisch ist die technologische Ferne zu den einzelnen Märkten. Bei Märkten mit hohen Innovationsraten und Technologiesprüngen besteht die Gefahr, dass die Produkttechnologie an wichtigen Auslandsmärkten vorbei entwickelt wird. Außerdem können neue Entwicklungen in einzelnen Märkten nur schlecht aufgespürt werden.

Im gegensätzlichen Modell dazu, in der „*local-for-local*"-Variante, handelt es sich um ein stark dezentralisiertes F&E-Modell. Die lokale Anpassungserfordernis ist z.B. wegen einer lokal spezifischen Technologie hoch, was gleichzeitig der Grund für die verhältnismäßig geringe Integrationsmöglichkeit sein kann. Als Grundidee forscht und entwickelt hier jede Auslandsgesellschaft für ihren jeweiligen lokalen Markt. Es findet keine Koordination oder Abstimmung zwischen den Auslandsgesellschaften oder zwischen den Auslandsgesellschaften und der Zentrale statt. Auf Grund der allgemeinen Nachteile des dezentralen Modells (vgl. Abschnitt 4.3.1) insbesondere auf der Kostenseite und bezüglich der Nichtrealisierung von Synergien kommt diese Variante aber nur in Frage, wenn unvereinbare Technologien auf nationaler Ebene vorliegen.

Die „*local-for-global*"-Variante sieht vor, dass eine Auslandsgesellschaft die technologische Führung z.B. bei der Entwicklung eines Produkts, für das gesamte Unternehmen übernimmt. Dies ist möglich, weil die lokale Anpassungserfordernis niedrig und zugleich die globale Integration kaum sinnvoll ist. Solche Konstellationen liegen dann vor, wenn ein Produkt im Wesentlichen für ein bestimmtes Land entwickelt wird und in den anderen Ländern nur sehr kleine Märkte für dieses Produkt bestehen, die sich von der Technologie und den Konsumentenpräferenzen nicht wesentlich vom Hauptmarkt unterscheiden.

Die konzeptionell herausforderndste Konstellation liegt bei hoher Integrations- und Anpassungserfordernis vor. Diese „*global-for-global*"-Variante impliziert eine enge Abstimmung zwischen allen F&E-Einheiten im Unternehmen, da alle Einheiten in die F&E, z.B. für ein neues Produkt, eingebunden sind. Jede F&E-Einheit ist zuständig für eine bestimmte Komponente oder Technologie des neuen Produkts, was eine intensive Kommunikation und Koordination voraussetzt. Ähnlich wie bei dem dazugehörigen Strategietyp, der transnationalen Strategie (vgl. Abschnitt 3.2.3.1), muss sich eine netzwerkartige Struktur zur erfolgreichen Abstimmung bilden. Der hohen Komplexität und der Gefahr einer Zeitverzögerung stehen die Möglichkeiten der Nutzung von Volumeneffekten und der globalen Integration lokaler Wissensvorsprünge gegenüber.

Diese konzeptionellen Varianten müssen umgesetzt werden in eine organisatorische Struktur des F&E-Systems. Wie an einigen Stellen bereits angedeutet, impliziert jede dieser Varianten einen bestimmten (De-)Zentralisationsgrad für das F&E-System und gleichzeitig einen bestimmten Grad an Zerlegung der Aufgabeninhalte eines F&E-Projekts. Ähnlich der organisatorischen Einteilung eines internationalen Produktionssystems (vgl. Abschnitt 4.2.3.2, insbesondere Abbildung 4-9) können auch für das F&E-System idealtypische organisatorische Varianten definiert werden. Diese werden in Abbildung 4-14 dargestellt.

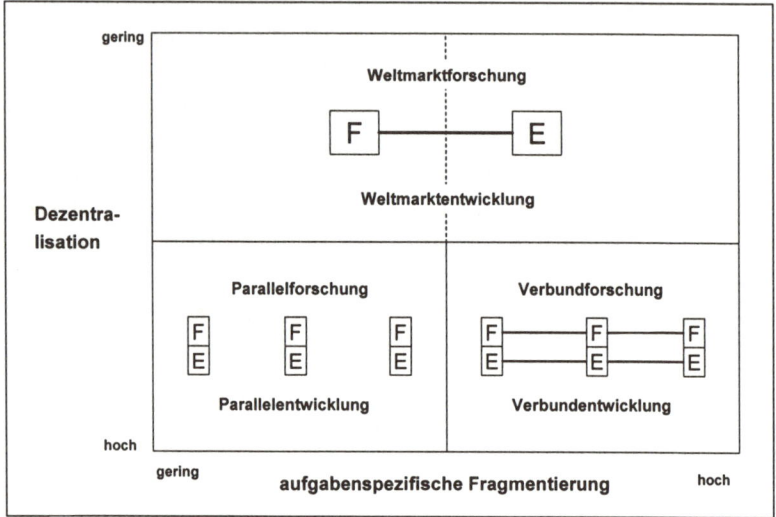

Abb. 4-14: Organisatorische Typen internationaler F&E-Systeme

Ein geringer Grad an Dezentralisation bedeutet, dass alle wichtigen F&E-Aktivitäten in einem Land, zumeist im Heimatland des Unternehmens, angesiedelt sind. In einem *F&E-Zentrum* wird für den Weltmarkt geforscht. Dort sind alle Aufgaben angesiedelt. Es werden alle Vorteile der Zentralisierung genutzt.

Im Gegensatz dazu steht die *Parallelforschung*. In mehreren F&E-Einheiten, die normalerweise in verschiedenen Ländern platziert sind, werden in jeder Einheit alle Aufgaben bezüglich eines F&E-Projektes erledigt. Die Einheiten können lokal nötige Spezifizierungen in ihren Projekten berücksichtigen, stehen aber auch in Wettbewerb miteinander. Dem hohen Kostenaufwand steht die Chance gegenüber, dass in einer der Einheiten spezifisches Wissen aus einem Land zur Verfügung steht, das es erlaubt, eine effiziente Lösung für das zu lösende Problem zu finden.

Der hohe Kostenaufwand durch Doppelarbeiten wird bei der *Verbundforschung* vermieden. Die Aufgaben, die im Rahmen der Neuentwicklung eines Produkts oder einer Technologie anfallen, werden zerlegt und als Einzelaufgabe jeweils einer F&E-Einheit zugewiesen. Der zentrale Punkt eines derartigen F&E-Verbunds liegt in der Selektion der für eine Einzelaktivität besonders geeigneten F&E-Einheiten. Hier spielen die in einem Land besonders weit entwickelten Fähigkeiten und Kenntnisse bezüglich einer Technologie eine wichtige Rolle. Allerdings können diese Einzelaufgaben kaum unabhängig voneinander erledigt werden, da spätestens beim Prototyp eine Integration der einzelnen Lösungen erfolgen muss. Es stellen sich hier die Probleme der oben bereits geschilderten „global-for-global"-Variante.

Die vier F&E-Modelle in Abbildung 4-13 und die Aufgabenfragmentierung in Abbildung 4-14 weisen jeder F&E-Einheit im Ausland ein definiertes Aufgabenspektrum zu. Dieses Spektrum repräsentiert die Rolle, die die jeweilige F&E-Einheit im internationalen Verbund zu spielen hat. Sie hat wesentliche Auswirkungen auf die Ressourcen und die Kapazität, die der jeweiligen F&E-Einheit zugewiesen werden. Tabelle 4-3 zeigt eine mögliche Einteilung von ausländischen F&E-Einheiten nach ihren Rollen.

Rolle/ Analysefokus	Service- orientiert	Lokal- orientiert	Global- orientiert	Technologie- orientiert
Funktion	technischer Service	Entwicklung	angewandte Forschung/ Entwicklung	Grundlagen- forschung
Aktivitäten	Transfer/ Beratung	Technologie- anpassung	Neuentwicklung/ Verbesserung	Technologie- generierung
Zeithorizont	kurzfristig	mittelfristig	mittel- bis langfristig	langfristig
Anwendungs- perspektive	lokal / fertigungs- spezifisch	lokal / regional- spezifisch	global / produkt- spezifisch	global / firmen- spezifisch
Interaktions- partner	Produktion	Marketing/ (Produktion)	Marketing/ Produktion	Scientific Community
Investitions- umfang	gering	mittel	hoch	mittel bis hoch
Verhalten der Unternehmung	ethnozentrisch	polyzentrisch	geozentrisch	geozentrisch

Tab. 4-3:   *Rollen von ausländischen F&E-Einheiten (Quelle: Freudenberg 1988, 85)*

Die „service-orientierte" Einheit verkörpert die Rolle mit der geringsten Leistungsfähigkeit, was die Neuentwicklung von Produkten betrifft. Es handelt sich eher um eine produktionsunterstützende Abteilung, die nur in sehr eingeschränktem Umfang eine Anpassung der Produkte an die lokalen technischen Standards vornimmt.

Die „lokal-orientierte" Einheit ist typisch für die multinationale Strategie und hat als wesentliche Aufgabe die Anpassung von Neuentwicklungen an die nationalen Standards in dem jeweiligen Land inne. Je nach Spezifität der technologischen Standards kann eine solche internationale F&E-Einheit über ein sehr hohes Leistungspotenzial in einzelnen Technologien oder bei bestimmten Produkten verfügen. Entsprechend kann auch die Kapazität je nach Ausmaß der Anpassung durchaus hoch sein. Sie ist z.b. auch zuständig für die technische Vertriebsunterstützung und in dieser Funktion vor allem bei Investitionsgütergeschäften anzutreffen.

Die „global-orientierte" Einheit hingegen ist nicht fokussiert auf die Anpassung an einen länderspezifischen Standard. Stattdessen sollen hier Produkte gänzlich neu oder in einer Folgegeneration entwickelt werden. Hier werden auch und vor allem die strategischen Neuentwicklungen vorgenommen. Diese Einheiten, die in vielen Fällen im Heimatland des Unternehmens platziert sind, aber nicht unbedingt dort angesiedelt sein müssen, stellen F&E-Kompetenzzentren dar, die die höchste Leistungsfähigkeit aufweisen.

Eine gänzlich andere Aufgabe kommt den „technologie-orientierten" Einheiten zu. Sie sind im Wesentlichen Forschungsinstitute, die Grundlagenforschung im traditionellen Sinn betreiben und in vielen Fällen weniger mit unternehmensinternen als mit externen, wissenschaftlichen Partnern zusammenarbeiten. Aus internationaler Sicht sollten diese Einheiten in dem Land bzw. in der Region angesiedelt werden, in der für den jeweiligen Forschungsbereich das höchste wissenschaftliche bzw. technologische Niveau besteht.

Die letzte Frage, die sich im Zusammenhang mit der Internationalisierung von F&E stellt, betrifft die konkrete Durchführung des Entwicklungsprozesses von Neuprodukten. Anders formuliert: es ist zu klären, wie bei der Festlegung der Technologien in einem neuen Produkt, der Leistungsmerkmale, der Produktionsverfahren, des Designs und noch anderer Merkmale lokale Spezifitäten berücksichtigt werden. Bei der globalen Strategie nach Bartlett/Ghoshal (vgl. Abschnitt 3.2.3.1) ist diese Frage irrelevant, da auf die nationalen Belange keine Rücksicht genommen wird. Bei den anderen Strategien muss in dem Entwicklungsprozess definiert werden, wann und auf welche Weise die lokalen Anforderungen integriert werden. Tabelle 4-4 typisiert drei verschiedene Möglichkeiten dazu.

	Reine Anpassungs-entwicklung	Modifizierte Anpas-sungsentwicklung	Zielgerichtete Anpas-sungsentwicklung
Beitrag produktverant-wortliche Organisations-einheit	Ausrichtung der Pro-duktspezifikationen aus-schließlich auf Heimat-markt; keine/geringe Berücksichtigung multi-nationaler Marktanforde-rungen	weitgehende Berücksich-tigung multinationaler Marktanforderungen in Produktspezifikationen	Produktauslagerung/ -entwicklung unter stän-diger Mitwirkung auslän-discher Gesellschaften maximale Einbeziehung lokaler Anforderungen in Produktdesign
Beitrag ver-triebsverant-wortliche Einheit	Anpassung des von der produktverantwortlichen Einheit entwickelten Pro-duktes an die lokalen Marktanforderungen, oftmals unter grundsätz-lichem Redesign	Beeinflussung der Pro-duktspezifikationen vor Erstentwicklung Anpassung der Entwick-lung an lokale Anforde-rungen, wo sofortige Be-rücksichtigung nicht möglich war (aus Zeit- oder Kostengründen)	Parallele Produktanpas-sung in der Zentrale (falls erforderlich), quasi durch „über die Schulter schau-en"
Entwick-lungskosten Gesamtpro-gramm	Mehrkosten durch sepa-rate/lokale Anpassungs-kosten	geringere Mehrkosten, jedoch weiterhin eigene Entwicklungsressourcen vor Ort	geringere Gesamtkosten für Programm: • weniger lokaler F&E-Aufwand • höhere Produkt-kommunalität • geringere Werkzeug- und Beschaffungs-kosten
Entwick-lungszeit	gleichzeitige multinationa-le Markteinführung nicht möglich Anpassungsentwicklung dauert oft genauso lange wie Erstentwicklung → Zeitverzögerung	gleichzeitige multinatio-nale Markteinführung kaum möglich Zeitbedarf für Anpas-sungsentwicklung verringert	nahezu gleichzeitige Pro-dukteinführung möglich Gesamtentwicklungszeit erheblich verkürzt
Berücksich-tigung der Marktanfor-derungen	Anforderungen mancher Länder an lokale F&E-Investitionen weitgehend erfüllt sehr gute Erfüllung spe-zifischer lokaler Kunden-anforderungen	lokale Investitionsforde-rungen und Marktbedürf-nisse weitgehend berück-sichtigt	geringe F&E-Investitionen vor Ort Anpassung an lokale An-forderungen grundsätzlich möglich

Tab. 4-4:   *Entwicklungsszenarien in internationalen Unternehmen (Quelle: in Anlehnung an Perlitz 2004, 435)*

Die „*reine Anpassungsentwicklung*" ignoriert bei der Erstentwicklung des Pro-dukts die lokalen Anforderungen ausländischer Märkte. Die technischen und marktlichen Anforderungen des Heimatmarktes des Unternehmens werden als Orientierungspunkt für die neuen Produkte genommen. Erst in den zumeist lo-kal-orientierten F&E-Einheiten wird die nationale Spezifizierung durchgeführt.

Dieses Entwicklungsszenario entspricht damit weitgehend der internationalen Strategie von Bartlett/Ghoshal (vgl. Abschnitt 3.2.3.1). Die Vorteile dieses Szenarios liegen in der geringeren Komplexität der Erstentwicklung, da nur die Anforderungen des Heimatmarktes zu berücksichtigen sind. Allerdings werden diese Vorteile schnell kompensiert durch die Probleme in den Phasen danach. Die lokale Anpassung kann technisch aufwändig sein, da im Extremfall die Architektur des gesamten Produkts verändert werden muss. Zeitverzögerungen bei der Markteinführung und hohe Kosten für die Anpassung sind die Folge. Allerdings können, ist die Anpassung erst einmal durchgeführt, die lokalen Eigenheiten durch die explizite Anpassung in den lokal-orientierten Einheiten gut integriert werden. Dazu müssen aber lokale F&E-Einheiten vorhanden sein.

Die „*modifizierte Anpassungsentwicklung*" geht einen Mittelweg. Es wird versucht, grundlegende Anforderungen der nationalen Märkte bereits bei der Spezifikation des Produkts, also z.b. bei der Festlegung der verwendeten Technologien, zu berücksichtigen. Dies soll sicherstellen, dass keine Entscheidungen bei der Spezifikation getroffen werden, die später hohe Anpassungskosten in den nationalen F&E-Einheiten zur Folge haben. Die F&E erfolgt dabei primär durch eine zentrale F&E-Einheit, die sich allerdings Informationen von den lokalen Auslandsgesellschaften beschafft, um über die grundlegenden Anforderungen aus den nationalen Märkten informiert zu sein. Diese Vorgehensweise soll sicherstellen, dass der Anpassungsbedarf in den Auslandsgesellschaften nur mehr gering ausfällt und im Optimalfall nur mehr Designvariationen nötig sind. Grundsätzlich sind aber lokale F&E-Einheiten, die diese Aufgabe erledigen, nötig. Die Nachteile der reinen Anpassungsentwicklung, wie hohe Kosten und Zeitverzögerung, werden verringert, dafür steigt aber die Komplexität der Produktentwicklung in der zentralen F&E-Einheit.

Die „*geozentrische Entwicklung*" versucht von Anfang an, die lokalen Anforderungen in das neue Produkt zu integrieren. Das soll, anders als bei der modifizierten Anpassungsentwicklung, im Detail geschehen. Dazu ist eine sehr intensive Kommunikation mit den Auslandsgesellschaften nötig. Falls kein „Weltprodukt" geschaffen werden kann, wird die lokale Anpassung gleich in der Zentrale vorgenommen, so dass lokale F&E-Einheiten nicht mehr nötig sind, was eine Kostenersparnis zur Folge hat. Eine nahezu parallele Einführung in die lokalen Märkte ist möglich, was wiederum Wettbewerbsvorteile bedeuten kann. Die große Ähnlichkeit der Produkte weltweit erlaubt in den folgenden Funktionen, insbesondere in der Produktion, die Realisierung von Volumeneffekten. Das große Problem dieses Szenarios liegt in der enormen Komplexität, die in der Entwicklung des Produkts bewältigt werden muss. Hinzu kommt, dass technische Inkompatibilitäten bei noch sehr verschiedenen Standards weltweit die Umsetzung dieser Strategie verhindern.

4.4 Marketing in ausländischen Märkten

4.4.1 Entwicklung internationaler Marketingstrategien und internationale Marktforschung

Internationales Marketing kann begrifflich umrissen werden als „Planung und Gestaltung von Maßnahmen, durch welche gewünschte Austauschprozesse zwischen einem Unternehmen und seinen Auslandsmärkten realisiert werden sollen" (Berndt/Fantapié Altobelli/Sander 2003, 7). Die Aufgabe des Auslandsmarketings ist damit grundsätzlich dieselbe wie im nationalen Rahmen. Die Bedeutung des internationalen Marketings ist umso größer, je stärker sich die Auslandsmärkte und die dort vom Unternehmen angebotenen Produkte vom Inland unterscheiden (vgl. Berndt/Fantapié Altobelli/Sander 2003, 7). Je größer dieser Unterschied, desto stärker variieren auch die inhaltlichen Konzepte des Auslandsmarketings. Hier zeigt sich bereits, dass auch für das Funktionsfeld Marketing die Grundüberlegung der Standardisierung vs. Differenzierung eine zentrale Rolle spielt.

Die generell stark steigende Verflechtung der nationalen Volkswirtschaften (vgl. Abschnitt 1.1) zeigt den Bedeutungszuwachs, den das internationale Marketing erfahren hat. Durch den Zugang zu neuen Märkten, wie z.b. China, die Liberalisierung von Branchenmärkten, wie z.B. der Telekommunikation, die zunehmende technologische Standardisierung und eine zumindest in Teilbereichen zu beobachtende Bedürfnishomogenisierung auf Konsumentenseite haben sich für viele Märkte internationale Segmente und Nachfrager herausgebildet, die von den Unternehmen grundsätzlich bedient werden können. Das mögliche Absatzpotenzial für Unternehmen steigt damit erheblich. Dies gilt selbst für Unternehmen, die z.b. in den USA, also einem der größten Absatzmärkte, ihre Heimatbasis haben. Selbst deren Heimatmarkt repräsentiert in den meisten Branchen nur 25% des möglichen Absatzpotenzials (vgl. Keegan/Schlegelmilch/Stöttinger 2002, 16).

Zur Bearbeitung der internationalen Märkte aus Marketingsicht muss zunächst eine Marketingstrategie entwickelt werden. Die Marketingstrategie stellt einen wichtigen Bestandteil der übergeordneten Internationalisierungsstrategie des Unternehmens dar, die in Abschnitt 3.2 (vgl. insbesondere Abbildung 3-2) im Detail betrachtet wurde. Im Rahmen der Strategieentwicklung dieses strategischen Planungsprozesses müssen auf der Basis der Daten aus der internationalen Marktforschung (vgl. weiter unten) die Zielmärkte ausgewählt werden. Die Wahl der Strategietypen hängt von den Unterschieden der nationalen Märkte ab. Das Timing wird beeinflusst von der aktuellen Phase innerhalb des Produkt-

lebenszyklus in einem bestimmten Markt und dem generellen Entwicklungsstand des jeweiligen Marktes. Für die ausgewählte Strategie muss dann der
Marketing-Mix im Detail für die einzelnen zu bearbeitenden Märkte festgelegt
werden (vgl. Abschnitt 4.4.2).

Es ist offensichtlich, dass die Beschaffung von Daten zu potenziellen Zielmärkten, also die *internationale Marktforschung*, eine wesentliche Voraussetzung
nicht nur für eine erfolgreiche Marketingstrategie, sondern generell für die Internationalisierungsstrategie eines Unternehmens darstellt. „Marktforschung ist
die systematische Sammlung, Aufbereitung, Analyse und Interpretation von
Daten über Märkte und Marktbeeinflussungsmöglichkeiten zum Zweck der Informationsgewinnung für Marketing-Entscheidungen" (Böhler 2004, 19; allgemein zur Marktforschung vgl. Böhler 2004, 19-38; Böcker/Helm 2003, 215-
246). Dieses Informationsbedürfnis erstreckt sich auf mehrere Umweltvariab-
len. Abbildung 4-15 zeigt diese grundsätzlich relevanten Informations- und
Analysefelder im Bereich der internationalen Marktforschung (für eine pro-
zessorientierte Erhebung dieser Umfeldvariablen vgl. z.B. Rugman/Hodgetts
2004, 301-303).

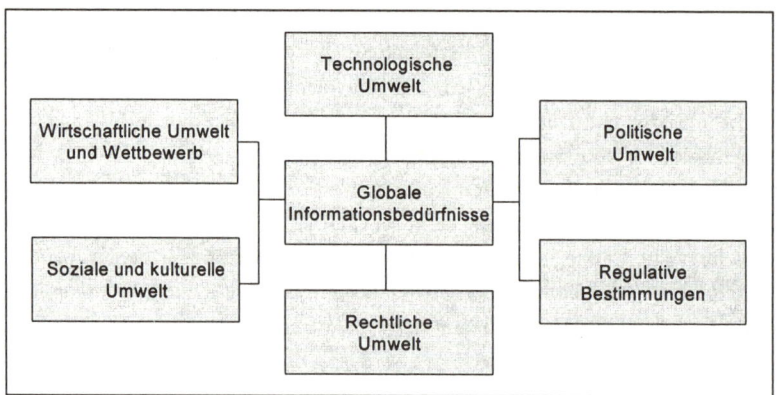

*Abb. 4-15: Einflussvariablen und Informationsdimensionen der internationa-
len Marktforschung (Quelle: Keegan/Schlegelmilch/Stöttinger
2002, 206)*

Wichtige Ziele der Informationsgewinnung durch Marktforschung sind (vgl.
Meffert/Bolz 1998, 40):

• das frühzeitige Erkennen von Chancen und Risiken auf internationalen
Märkten,

• die Bereitstellung von Informationen zur Unterstützung von internationalen
Marketing-Entscheidungen auf strategischer, taktischer und operativer Ebene,

- die Bereitstellung von Informationen zur Unterstützung der internationalen Marketing-Kontrolle.

Zwar gibt es durchaus Ähnlichkeiten zwischen der internationalen und der nationalen Marktforschung; insbesondere die Ziele sind sehr ähnlich. Allerdings unterscheiden sich die Methoden der internationalen Marktforschung doch erheblich von den Techniken und Methoden, die am Heimatmarkt angewendet werden (vgl. Keegan/Schlegelmilch/Stöttinger 2002, 209). Diese Unterschiede haben folgende Ursachen (vgl. Berndt/Fantapié Altobelli/Sander 2003, 41-42; Keegan/Schlegelmilch/Stöttinger 2002, 209-210):

- Zusätzliche Faktorkomplexität:
  Bei der Bearbeitung eines Auslandsmarktes sind mehr Einflussfaktoren auf die Marktforschung gegeben als auf dem Inlandsmarkt. So müssen z.b. Zölle und Wechselkurse zusätzlich beachtet werden.

- Neues Umfeld:
  Andere rechtliche Rahmenbedingungen oder eventuelle technologische Unterschiede, kulturelle Differenzen, die z.B. eine andere Kommunikationspolitik nötig machen, andere Vertriebsstrukturen usw. sind wichtige inhaltliche Differenzen, die berücksichtigt werden müssen. Grundsätzlich können alle in Abbildung 4-16 enthaltenen Informationsdimensionen in ihren möglichen unterschiedlichen nationalen Ausprägungen relevant sein. Unternehmen, die bisher keine Erfahrungen mit solchen Unterschieden und ihren Auswirkungen gemacht haben, müssen detaillierte Informationen über die genannten Aspekte einholen.

- Neue Definition des Wettbewerbs:
  Zum einen kann die Definition des relevanten Marktes von Land zu Land anders ausfallen, da Kauf- und Wettbewerbsstrukturen sehr unterschiedlich sein können. Zum zweiten müssen neue Wettbewerber betrachtet werden. Dies können bereits international tätige Unternehmen sein, mit denen man bisher nicht zusammengetroffen ist, oder es sind national tätige Anbieter in dem Markt, den man in Zukunft bearbeiten will. Strategien, Wettbewerbsvorteile und Positionierung dieser Wettbewerber müssen eruiert und bewertet werden, um eine Einschätzung der eigenen Wettbewerbsposition in dem neuen Markt zu ermöglichen.

- Aufwand und Zuverlässigkeit für die Primär- und Sekundärforschung:
  Beabsichtigt das Unternehmen, ein Schwellen- oder Entwicklungsland zu bearbeiten, so muss damit gerechnet werden, dass die Infrastruktur für die Marktforschung nicht oder nur in wenig ausgebauter Form vorhanden ist. Damit wird ein hoher finanzieller und zeitlicher Aufwand für die Marktfor-

schung nötig. Will man diesen nicht aufbringen, so müssen Entscheidungen eventuell auf Basis einer schlechteren Informationsgrundlage getroffen werden als das im Inland der Fall wäre. Bei der Sekundärauswertung statistischer Daten ist die Zuverlässigkeit der Daten ein häufiges Problem.

Diese zusätzlichen und komplexeren Einflussfaktoren machen deutlich, dass die internationale Marktforschung in der Tat wesentliche Unterschiede zur nationalen aufweist. Für die Entwicklung der Marketing-Komponenten einer Internationalisierungsstrategie und die Identifikation von Synergien zwischen einzelnen Regionalstrategien (vgl. Abschnitt 3.2.1 und insbesondere Abbildung 3-3 zum strategischen Planungsprozess der Internationalisierung) ist es aber wichtig, dass die Daten zwischen den Ländern vergleichbar sind. Es sollte dazu eine Gesamtäquivalenz der zu erhebenden Daten erreicht werden (vgl. Berndt/Fantapié Altobelli/Sander 2003, 44). Gesamtäquivalenz bedeutet dabei, dass die erhobenen Daten dieselbe Interpretation zulassen. Dazu müssen sie einen ähnlichen Grad an Genauigkeit, Messpräzision und Verlässlichkeit aufweisen (vgl. Keegan/Schlegelmilch/Stöttinger 2002, 210). Die Gesamtäquivalenz kann nur erreicht werden, wenn die in Abbildung 4-16 gezeigten Einzelkomponenten der Datenerhebung eine Äquivalenz aufweisen (vgl. ausführlich Berndt/Fantapié Altobelli/Sander 2003, 44-48).

Abb. 4-16: Äquivalenzbedingung der internationalen Marktforschung (Quelle: Bauer 1995, 52)

- Untersuchungssachverhalte:
  Hier ist zu beachten, dass die Funktion des betrachteten Produktes in den verschiedenen Ländern ähnlich ist und dass die theoretische Basis, aus der die konzeptionelle Überprüfung abgeleitet ist sowie die Kategorisierungen von Objekten, Stimuli oder Verhaltensweisen an die nationalen Gegebenheiten angepasst werden.

- Untersuchungsmethoden:
  Die Kulturgebundenheit der Untersuchungsmethoden, z.b. eine länderspezifische Anpassung der Frageformulierungen und eine nicht verfälschende Übersetzung der Fragen, sind zu beachten.

- Untersuchungseinheiten:
  Die gleiche Definition und anschließende Selektion ähnlicher Einheiten aus der Grundgesamtheit und die Herstellung einer Repräsentativität der ausgewählten Stichprobe in den einzelnen Ländern sind die wichtigsten Anforderungen an eine Äquivalenz in diesem Bereich.

- Untersuchungssituation:
  Die Berücksichtigung sowohl dynamischer als auch zeitpunktbezogener spezifischer Einflussvariablen in den verschiedenen Ländern sowie die Berücksichtigung der Einflüsse von Interviewer und Drittpersonen sind hier angesprochen.

- Untersuchungsdatenaufbereitung:
  Die Äquivalenz zwischen den Antworten in der Originalsprache und der Übersetzung als auch die Vergleichbarkeit der Kategorisierung der Antworten in den verschiedenen Ländern spielen in diesem Feld die wichtigste Rolle.

Die Aufzählung der verschiedenen Äquivalenzkomponenten macht die Komplexität von Primärerhebungen und der Sicherstellung von deren länderübergreifender Vergleichbarkeit deutlich. Allerdings stellen diese Daten eine zentrale Grundlage für die Entwicklung der Internationalisierungsstrategien und der Synergierealisierung zwischen den Regionalstrategien dar, so dass auf eine fundierte und methodisch hoch stehende Datenerhebung großer Wert gelegt werden sollte.

4.4.2 Marketing-Mix in Auslandsmärkten

4.4.2.1 Internationale Produktpolitik

Die Entwicklung von Marketingstrategien und deren informatorische Fundierung durch die Marktforschung stellen übergeordnete bzw. vorbereitende Aktivitäten des internationalen Marketings dar. Die operative Umsetzung von einzelnen Maßnahmen des Marketings in den verschiedenen Auslandsmärkten kann gut durch die bewährte Aufteilung der Maßnahmen auf die vier Maßnahmenfelder des Marketings, den so genannten Marketing-Mix, erfolgen. Diese vier Felder werden gebildet von der Produkt-, der Preis-, der Kommunikations- und der Distributionspolitik.

Die *Produktpolitik* umfasst alle Aktivitäten zur Gestaltung der am Markt angebotenen Leistungen eines Unternehmens (vgl. Böhler/Scigliano 2005, 76). Die wesentlichen Aufgaben der Produktpolitik umfassen die Bestimmung des Produktprogramms, die Vorbereitung, Durchführung und Kontrolle der Einführung, Variation und schließlich auch der Elimination von Produkten in den einzelnen Märkten.

Zu Beginn der Gestaltung der Produktpolitik für einen Auslandsmarkt sollte die grundsätzliche produktpolitische Strategie für den Zielmarkt festgelegt werden. Tabelle 4-5 zeigt die möglichen Handlungsalternativen.

Basisstrategie Produkt	Standardisierung	Differenzierung
gleiches Produkt (Übertragung)	Übertragung der bisherigen Produktkonzeption auf die Auslandsmärkte	-
verändertes Produkt (Adaption)	Entwicklung einer neuen Produktvariante für den Weltmarkt (internationale Produktvariation)	länderspezifische Anpassung der bisherigen Produktkonzeption (internationale Produktdifferenzierung)
neues Produkt (Kreation)	Entwicklung eines neuen Produkts für den Weltmarkt (globale Produktinnovation)	Entwicklung neuer Produkte für die einzelnen Auslandsmärkte (länderspezifische Produktinnovation)

Tab. 4-5:   Internationale produktpolitische Grundsatzstrategien (Quelle: in Anlehnung an Berndt/Fantapié Altobelli/Sander 2003, 197)

Welche der drei Strategien gewählt wird, hängt wesentlich von der Nachfragestruktur in den bearbeiteten Auslandsmärkten ab. Die unveränderte Übertragung der Produkte auf die Auslandsmärkte birgt die Gefahr der Vernachlässigung lokaler Präferenzunterschiede oder Technologiedifferenzen. Eine detaillierte länderspezifische Anpassung führt wiederum zu Zusatzkosten, die bei einem kleinen Zielmarkt oder einem geringen Marktanteil im Auslandsmarkt nicht durch entsprechende Umsätze gedeckt werden können. Des Weiteren müssen die Produktstrategien durch inhaltlich und organisatorisch entsprechende internationale F&E-Modelle begleitet werden. Im Rahmen der Adaptions-

bzw. Kreationsstrategien muss festgelegt werden, wer die Anpassung der Produkte vornimmt, die zentrale oder eine lokale F&E-Einheit, und wie der Entwicklungsprozess vonstatten gehen soll. Die reine oder die modifizierte Anpassungsentwicklung bzw. die Weltmarktentwicklung stehen als Varianten zu Verfügung (vgl. Abschnitt 4.3.2, Tabelle 4-4).

Ist das Ausmaß der Anpassung der Produkte bestimmt, muss auf der Basis der Informationen aus der internationalen Marktforschung überprüft werden, welche Unterschiede durch die Rahmenbedingungen im Auslandsmarkt im Hinblick auf die Produktpolitik im Detail bestehen und wie Differenzierungsmöglichkeiten der eigenen Produkte im Vergleich zu den Wettbewerbern aussehen können. Wesentliche Differenzierungsmerkmale sind:

- Produktmerkmale:
  Die technische Leistungsfähigkeit und die Eigenschaften sollten an die nationalen Bedürfnisse angepasst werden. Hierbei ist darauf zu achten, dass z.b. durch ein „overengineering" nicht technische Leistungsmerkmale angeboten werden, die in dem Auslandsmarkt gar nicht nachgefragt werden, sich aber in einem höheren Preis widerspiegeln und damit zu preislichen Wettbewerbsnachteilen führen.

- Markenpolitik:
  Die Übertragung einer Marke ins Ausland setzt eine zielgerichtete Kommunikationspolitik voraus (vgl. Abschnitt 4.4.2.3). Zu beachten ist, dass der Name einer internationalen Marke in den relevanten Sprachen verfügbar, nicht negativ belegt und auch wieder erkennbar sein muss. Vorsicht ist geboten, wenn Marken- und generell Namensschutz in einem Land nicht gegeben sind oder nicht ausreichend durchgesetzt werden können.

- Produktqualität:
  Deutliche Qualitätsunterschiede zwischen den Produkten eines Unternehmens, die sich auch aus einer Fertigung im Ausland ergeben können, die nicht den gesetzten Qualitätsanforderungen entspricht, sind wohl nur kurzfristig durchhaltbar.

- Design:
  Spezifische Designpräferenzen in den Ländern, die sich z.B. in unterschiedlichen Größenvorstellungen, Farben und generell der Formgebung zeigen, müssen berücksichtigt werden, um Absatzeinbußen zu vermeiden.

- Produktsicherheit:
  Es bestehen, auch innerhalb der EU, immer noch deutliche Unterschiede im Ausmaß der Produkthaftung. Schäden, die durch ein Produkt bedingt sind, das z.B. fehlerhaft produziert wurde oder bei dem ein Warnhinweis fehlt,

können in Ländern wie den USA ein erhebliches Risiko für den Hersteller sein. Hohe Rechtsanwalts- und Gerichtskosten und sehr hohe Schadensersatz- und Strafzahlungen stellen ein finanzielles Risiko dar, das den Gesamterfolg der Internationalisierungsstrategie gefährden kann. Eine detaillierte Erhebung der Sicherheitsbestimmungen für Produkte in einem Land und eine entsprechende Anpassung der Produkttechnik und der Begleitinformationen sind deshalb unerlässlich.

• Garantieleistung und Service:
Gesetzliche Vorgaben bestimmen die notwendigen Gewährleistungen in den meisten Ländern. Eine Anpassung mindestens an die gesetzlichen Vorgaben ist zwingend. Als problematisch gerade für mittelständische Unternehmen erweist sich der Aufbau und der Betrieb eines Servicesystems, das schnelle und kompetente Hilfe bei technischen oder anderen Problemen mit einem Produkt garantiert. Abhängig vom Produkt kann es nötig sein, einen schnellen Einlieferungs- oder Vor-Ort-Service zu installieren. Einen solchen Service selbst anzubieten kann zeitaufwändig und teuer sein. Ein Ausweg besteht im Abschluss von Kooperationsverträgen mit einem oder mehreren lokalen Partnern, die den Service zumindest bis zu einem bestimmten Niveau übernehmen (vgl. allgemein zu Auslandskooperationen Abschnitt 1.2.3). Die Schulung des ausländischen Partners und die Sicherstellung eines guten Kundenservices sind dabei wesentlich.

4.4.2.2 Internationale Preispolitik

Die Festlegung der Preise der international angebotenen Produkte für die einzelnen Länder kann im Rahmen eines Preismanagementprozesses erfolgen (vgl. allgemein zum Preismanagement z.B. Böcker/Helm 2003, 297-349). Abbildung 4-17 zeigt die logischen Schritte eines solchen Prozesses.

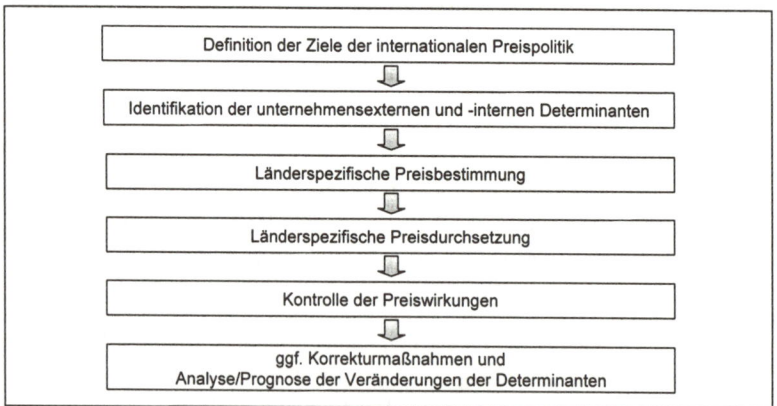

Abb. 4-17: Der internationale Preismanagementprozess

Ziele der internationalen Preispolitik

Die Ziele der internationalen Preispolitik sind primär ökonomischer Natur. Neben einem meist übergeordneten Gewinn- und Rentabilitätsziel stehen bei internationaler Preispolitik vor allem in der Anfangsphase der Auslandsmarktbearbeitung auch häufig Umsatz- und Marktanteilsziele im Mittelpunkt.

Determinanten internationaler Preise

Die *unternehmensexternen Determinanten der internationalen Preise* sind auch im Auslandsmarkt primär durch die Nachfrage am Markt sowie die Wettbewerbsverhältnisse gegeben. Die nachfrageorientierte Preisfestsetzung muss dabei insbesondere das Volumen und die Struktur der Kundennachfrage ins Kalkül ziehen. Bei der wettbewerbsbezogenen Preisfestsetzung müssen die Preisstrategien der wichtigsten Konkurrenten im Auslandsmarkt eruiert werden. So ist zu klären, ob einer oder mehrere (potenzielle) Wettbewerber eine aggressive Preispolitik verfolgen, ob es vielleicht einen hoch angesiedelten Preisschirm eines marktbeherrschenden Unternehmens gibt oder ob sich z.B. im Rahmen eines Oligopols eine vorhersehbare Preispolitik der Beteiligten abzeichnet. Zu diesen „traditionellen" externen Determinanten kommen noch spezifische internationale Aspekte hinzu, die sich vom Heimatmarkt zum Teil deutlich unterscheiden können. In einzelnen Branchen können staatliche Preisfestsetzungen den Spielraum für Preisentscheidungen erheblich einschränken. Rabattgesetze oder Antidumpingregeln sind Beispiele für solche Regelungen. Eine hohe Inflationsrate im Auslandsmarkt zwingt zu regelmäßigen Preisanpassungen, um die Gewinnmargen auch bei den durch die Inflation steigenden Kosten konstant zu halten (vgl. Keegan/Schlegelmilch/Stöttinger 2002, 445). Voraussetzung dafür ist ein Kostenrechnungssystem, das die Kostensteigerungen verlässlich und zeitnah erfasst. Wechselkursschwankungen stellen eine weitere externe Einflussgröße dar, die in der internationalen Preispolitik eine Rolle spielt. Hier muss der Anbieter festlegen, ob er Änderungen in der Währung durch eine entsprechende Änderung der Preise an die Verbraucher weitergeben kann. Wird dieser Ansatz verfolgt, so sollte allerdings nicht auf jede Änderung des Wechselkurses reagiert werden. Vielmehr empfiehlt es sich, Bandbreiten festzulegen, innerhalb derer keine Anpassung der Preise erfolgt, da die Maßnahmen einer laufenden Preisanpassung und -durchsetzung auf lange Sicht kostspielig und damit Gewinn mindernd sind. Wird der Wechselkurs bei der Preisfestsetzung nicht berücksichtigt, so liegt das Risiko hieraus beim Anbieter (vgl. im Detail zum Währungsrisiko Abschnitt 5.3). Ebenfalls zu berücksichtigen sind gegebenenfalls andere Distributionsstrukturen im Auslandsmarkt. Ist das ausländische Distributionssystem beispielsweise wesentlich vielschichtiger als im Inland, so muss bedacht werden, dass Kommissionszahlungen und Vertriebsspannen auf den einzelnen Stufen zu einem Endkundenpreis führen können, der nicht wettbewerbsfähig ist. Ein besonderes Problem stellt in einzelnen Branchen die Existenz von „grauen Märkten" im Ausland für das eigene Produkt dar. Als grauen Markt bezeichnet man den Verkauf von Produkten – häufig Markenprodukten – in einem Land über Vertriebskanäle, die vom Hersteller bzw. Markeninhaber nicht autorisiert sind (vgl. Keegan/Schlegelmilch/ Stöttinger 2002, 458). Die nicht autorisierten Händler verkaufen also Ware, die sie importiert haben, zu einem niedrigeren Preis als die autorisierten Händler, was zu einem Nachfragerückgang oder Preisdruck für die offiziellen Händler führt. Der Umgang mit diesem Problem ist sowohl von gesetzgeberischer Seite als auch bei den einzelnen davon betroffenen Unternehmen sehr unterschiedlich. Da es sich hier nicht um Raubkopien oder die Verletzung von Schutzrechten handelt, wird der auch als „Parallelimport" bezeichnete Aufbau eines grauen Marktes von vielen Regierungen toleriert. Unternehmen sehen sich jedoch in den meisten Fällen erheblich in ihrem Entscheidungsspielraum zur Differenzierung der Märkte eingeschränkt. Leid tragend ist vor allem das lokale offizielle Händlernetz, das in vielen Fällen auch einen Service zur Verfügung stellen muss, der zusätzliche Kosten verursacht.

Die *unternehmensinternen Determinanten auf die internationalen Preise* sind im Wesentlichen verankert in der Kostenposition des Unternehmens (vgl. zur kostenorientierten Preisfestsetzung z.B. Böhler/Scigliano 2005, 148-156) und den mit der Preispolitik verfolgten Zielen im Auslandsmarkt. Eine spezifische Komponente des internationalen Preismanagements bilden die Transferpreise. Transferpreise legen das Preisniveau fest, zu dem Lieferungen, die zwischen organisatorischen Einheiten eines Unternehmens erfolgen, durchgeführt werden. Auf dieses Spezifikum wird im Detail in Abschnitt 4.6.3 eingegangen.

Länderspezifische Preisbestimmung

Sind die Determinanten bzw. deren Ausprägungen für den Zielmarkt identifiziert und bewertet, besteht der nächste Schritt im Rahmen des internationalen Preismanagementprozesses in der länderspezifischen Preisbestimmung (vgl. Abbildung 4-17). Hier ist, analog zur Produktpolitik (vgl. Abschnitt 4.4.2.1, Tabelle 4-5), grundsätzlich die Frage zu klären, ob ein international einheitlicher oder differenzierter Preis gesetzt werden soll. Ein Standardpreis, der in jedem Land gilt, hat den Vorteil, dass Parallelimporte wenig sinnvoll sind, eine hohe Transparenz herrscht und die Koordination der Preispolitik einfach ist. Andererseits kann es sein, dass das Unternehmen dadurch preispolitische Spielräume nach oben in einzelnen Ländern nicht ausnützt, während es sich in anderen Ländern durch einen zu hohen Preis gleichzeitig jeglicher Absatzchancen beraubt. Eine internationale Preisdifferenzierung ist in vielen Fällen auch durch eine unterschiedliche Produktpolitik im Bereich der Produktmerkmale bedingt.

Abbildung 4-18 listet zusammenfassend die Gründe auf, die für Standardisierung bzw. für Differenzierung sprechen.

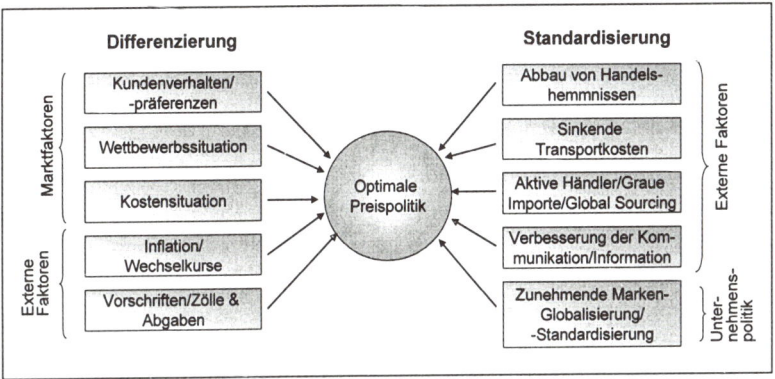

Abb. 4-18: Internationale Preisdifferenzierung oder -standardisierung? (Quelle: in Anlehnung an Simon/Dolan 1997, 168)

Länderspezifische Preisdurchsetzung

Bei beiden Strategien liegt der nächste Schritt in der länderspezifischen Preisdurchsetzung. Das Problem kann hier in einer hohen Autonomie der Absatzmittler bestehen, die in vielen Fällen selbstständig den Preis, der vom Endkunden gefordert wird, bestimmen (vgl. Berndt/Fantapié Altobelli/Sander 2003, 207-208).

Kontrolle der Preiswirkungen

Wesentlich ist im internationalen Bereich eine regelmäßige Kontrolle der Preiswirkungen. Die realisierte Absatzmenge und die dahinter stehende Preiselastizität der Nachfrage sind Hauptgegenstand dieser Stufe des internationalen Preismanagementprozesses.

Veränderung der Determinanten

Sollten die Erwartungen, die mit einer Preissetzung in einem Land verbunden waren, nicht erfüllt werden, so sind Korrekturmaßnahmen einzuleiten. Damit einhergehend müssen die oben definierten Determinanten regelmäßig analysiert und prognostiziert werden, um frühzeitig eine Anpassung der Preise erreichen zu können.

Der Träger dieses Preismanagementprozesses, der letztendlich auch über die Preispolitik entscheidet, wird durch die zu Grunde liegende Basisstrategie der Marktbearbeitung determiniert (vgl. Abschnitt 3.2.3). Bei einer multinationalen Strategie (vgl. Abschnitt 3.2.3.1) liegt die Entscheidungskompetenz für die letztendliche Festlegung und die Maßnahmen zur Durchsetzung einer bestimmten Preispolitik bei den Auslandsgesellschaften. Bei einer globalen Strategie hingegen entscheidet tendenziell die Zentrale über das Preisniveau in einem Land oder verfolgt ohnehin eine Standardisierungsstrategie auch bzgl. des Preisniveaus.

4.4.2.3 Internationale Kommunikationspolitik

Das Ziel der Kommunikationspolitik liegt in der Beeinflussung von Meinungen, Einstellungen und des Verhaltens der Nachfrager im Sinne des Unternehmens (vgl. Böcker/Helm 2003, 409-410; allgemein zur Kommunikationspolitik 409-467). Dieses Ziel gilt auch für Nachfrager im Ausland. Allerdings unterscheiden sich regelmäßig die Rahmenbedingungen, vor denen diese Ziele erreicht werden sollen, in den einzelnen Ländern.

Der *rechtliche Rahmen* kann im Ausland z.b. bezüglich des Datenschutzes bei der Sammlung, Speicherung, Nutzung und Weitergabe von Kundendaten abweichend sein. Ein anderer Regelungsbereich, der Unterschiede aufweisen kann, liegt in der vergleichenden Werbung, die in einigen Ländern ohne Beschränkung erlaubt, in anderen Ländern allerdings nur innerhalb bestimmter Grenzen zulässig ist.

Eine weitere wichtige Differenzierung ist häufig bei der *Verfügbarkeit und der Nutzung der Medien*, über die der Kommunikationsinhalt getragen wird, zu beobachten. Fernsehverhalten oder die Verbreitung von Printmedien spielen hier eine Rolle.

Kulturelle Unterschiede gilt es in der internationalen Kommunikationspolitik insbesondere für die Kommunikationsinhalte und deren Darstellung zu beachten. Religiöse Prägungen mit Geboten und Verboten, Traditionen und soziokulturell bedingte Verhaltensweisen führen zu kulturspezifischen Wertvorstellungen in vielen Ländern, denen bei einer erfolgreichen Kommunikation entsprochen werden muss.

Kulturelle Unterschiede sind häufig auch die Basis für *Präferenzunterschiede*. Unterschiedliche Geschmacksgewohnheiten oder andere Designvorstellungen sind Beispiele für nationale Präferenzen. Der These, dass es zu einer weltweiten Angleichung von Präferenzen kommt (vgl. z.b. Levitt 1983), stehen zumindest bei Konsumgütern Beobachtungen gegenüber, die regionale Präferenzen, z.B. im Lebensmittelbereich, ebenfalls stark ausgeprägt sehen.

Sprachunterschiede machen es in den meisten Fällen nötig, dass insbesondere die Werbebotschaften übersetzt werden. Zwar wird zielgruppenspezifisch die englische Sprache, insbesondere wenn es sich bei den Werbebotschaften um sehr einfach gehaltene Schlagzeilen bzw. -wörter handelt, inzwischen in den

meisten Ländern verstanden. Für differenziertere Inhalte ist aber eine Übersetzung wichtig, die nicht nur wörtlich überträgt, sondern auch den Sinn berücksichtigt.

Ökonomische Unterschiede sind nicht nur bei der Preispolitik, sondern auch bei
der Gestaltung der Kommunikationsinhalte und der Selektion der Medien zu
beachten. So wird verhindert, dass in Ländern, bei denen die Kaufkraft anders
verteilt ist als im Inland, durch eine kommunikationstechnisch falsche Ziel-
gruppenansprache eher Aversion als eine positive Beeinflussung erreicht wird.

Vor dem Hintergrund dieser relevanten Unterschiede stellt sich auch in der
Kommunikationspolitik die grundlegende Frage nach einer Standardisierung
oder einer klaren länderbezogenen Differenzierung in diesem Marketing-
Teilbereich. Abbildung 4-19 zeigt den konzeptionellen Zusammenhang zwischen einer Standardisierung der Kommunikationspolitik, also z.B. der
Werbeinhalte, und den damit verbundenen Kosteneinsparungen bzw. Wirkungseinbußen.

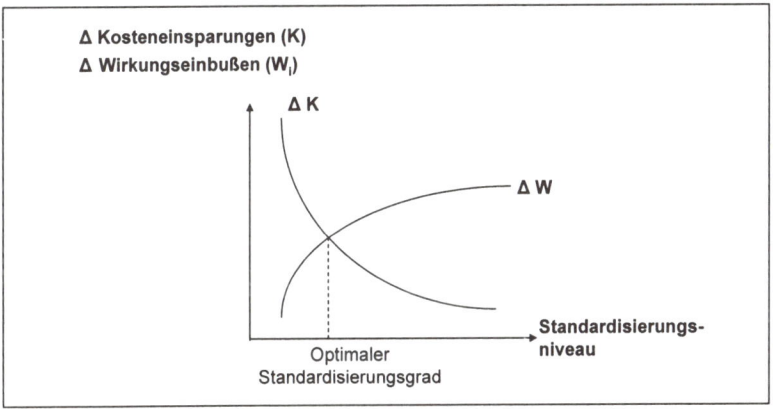

*Abb. 4-19: Standardisierung vs. Differenzierung bei internationaler Kommu-
nikationspolitik*

Eine Erhöhung des Standardisierungsgrades führt zu geringeren Kosten, da z.B.
ein einmal produzierter Fernsehspot für die Übertragung auf die Auslandsmärkte außer durch eine Übersetzung nicht angepasst wird. Eine Differenzierung
würde für dieses Beispiel bedeuten, dass für jedes Land ein eigener Werbespot
produziert würde, was deutliche Mehrkosten zur Folge hätte. Allerdings nimmt
der Standardfernsehspot keine Rücksicht auf die nationalen Wertemuster oder
generell das Kaufverhalten, so dass es durch die Standardisierung zu Wirkungseinbußen kommen kann. Nationale Traditionen und Konventionen, bestimmte
Gewohnheiten oder Geschmacksvorstellungen, Kulturfaktoren wie Symbole,

Bilder oder Farben, die mit positiven oder negativen Assoziationen verbunden sind, aber auch z.b. Vorurteile gegen ausländische Produkte, werden unterschlagen. Der sich konzeptionell ergebende optimale Standardisierungsgrad für die Kommunikationspolitik muss entsprechend einzelfallbezogen zumindest grob bestimmt werden, um zu große Wirkungseinbußen, die bis hin zur Ablehnung des Produktes führen können, zu vermeiden.

Was die Instrumente einer internationalen Kommunikationspolitik betrifft, so können die nationalen Instrumente mit inhaltlichen Änderungen übertragen werden. Abbildung 4-20 gibt einen Überblick.

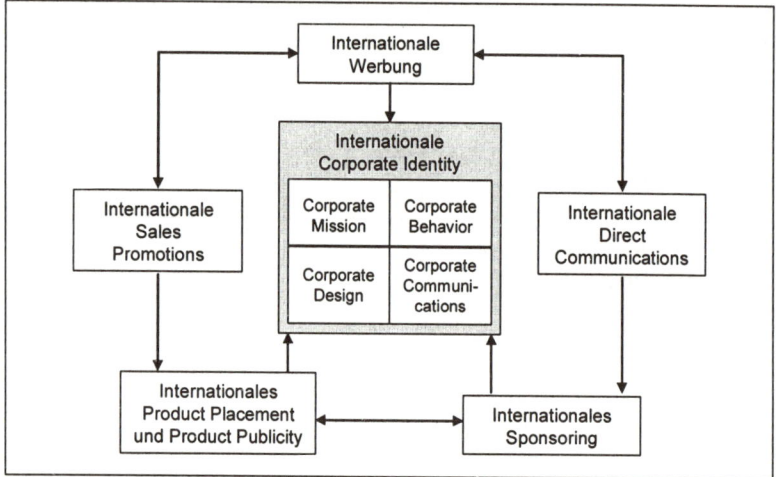

Abb. 4-20:   Instrumente der internationalen Kommunikationspolitik (Quelle: Berndt/Fantapié Altobelli/Sander 2003, 214).

- Internationale Corporate Identity:
  Die Corporate Identity bildet einen strategischen Rahmen für die anderen Kommunikationsinstrumente und soll insbesondere sicherstellen, dass ein länderübergreifendes einheitliches Image des Unternehmens entsteht (vgl. Berndt/Fantapié Altobelli/Sander 2003, 215). Die Gestaltung des optischen Erscheinungsbildes (design), eines offiziellen Leitbilds des Unternehmens (mission), eines einheitlichen Verhaltens und Erscheinungsbilds von Führungskräften (behavior) und konsistenter Inhalte (communications) sind die wesentlichen Komponenten der Corporate Identity.

- Internationale Werbung:
  Die Auswahl von Werbeträgern und die Kombination von nationalen und internationalen Werbeträgern sind die zentralen Aufgaben in diesem Bereich.

- Internationale Direct Communications:
  Die direkte Ansprache der Kunden ist meistens regional begrenzt. Messen stellen eine Möglichkeit zum direkten Kontakt gerade mit internationalen Kunden dar. Außerdem bietet die direkte Kommunikation z.b. über das Internet eine Möglichkeit zur Ansprache von potenziellen Kunden im Ausland.

- Internationales Sponsoring und Product Placement:
  Sponsorverträge, z.b. mit Sportvereinen im Auslandsmarkt, sind ein typisches Beispiel für dieses Instrument. Die Platzierung von Produkten in Filmen oder Videoclips kann länderübergreifend, je nach Reichweite des Trägers, eingesetzt werden (vgl. Berndt/Fantapié Altobelli/Sander 2003, 218-219).

- Internationale Sales Promotion:
  Diese Maßnahmen, die zur kurzfristigen, meist regionalen, Absatzförderung eingesetzt werden können, sind bei der internationalen Kommunikationspolitik eher von untergeordneter Bedeutung (vgl. Berndt/Fantapié Altobelli/Sander 2003, 219).

4.4.2.4 Internationale Distributionspolitik

Dieser Teilbereich des internationalen Marketings befasst sich mit der Überführung der Güter bzw. Dienstleistungen vom Hersteller zum Kunden (vgl. Böhler/Scigliano 2005, 164-165; Böcker/Helm 2003, 353-354). Die Versorgung des Kunden mit den Produkten zum gewünschten Zeitpunkt in der gewünschten Quantität und Qualität stellt das zentrale Ziel dieses Bereiches dar.

Ein wichtiges Feld bei der Etablierung eines internationalen Distributionssystems ist die Gestaltung der internationalen Vertriebspolitik, in deren Rahmen die Absatzwege und -mittler festzulegen sind (vgl. Berndt/Fantapié Altobelli/Sander 2003, 221-221). Als erstes ist hierbei über die regionale Abgrenzung zu entscheiden. Eventuell können länderübergreifende Vertriebskonzepte entwickelt werden, oder es kann auch nötig sein, großflächige Staaten in einzelne Distributionsgebiete zu unterteilen. Die Grundsatzentscheidung betrifft dabei die Anzahl der Vertriebsstufen, die in Abbildung 4-21 auf der folgenden Seite visualisiert sind.

Ein *mehrstufiger Vertrieb* hat den Vorteil, dass der Weg zum Endkunden im Ausland von einheimischen Handelsstufen übernommen wird, die im Normalfall über gute Marktkenntnisse und über ein etabliertes Distributionssystem verfügen. Vertriebsmargen für jede Stufe, mögliche Schwierigkeiten bei der Einflussnahme auf die Gestaltung der Vertriebswege und eine gewisse „Ferne" vom Auslandskunden sind wichtige Nachteile bei der Mehrstufigkeit.

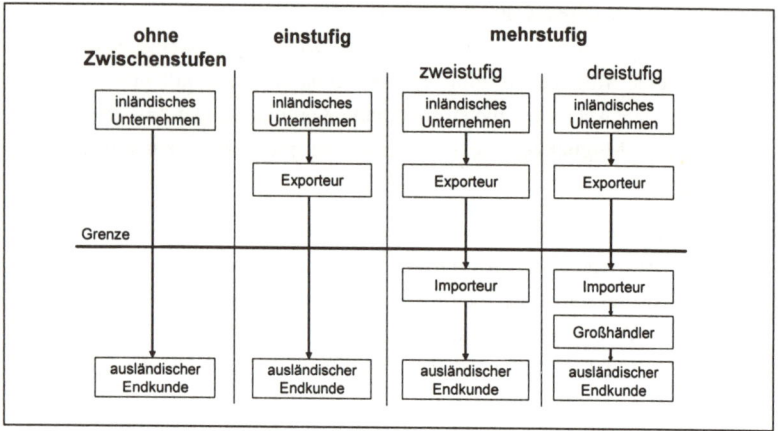

Abb. 4-21: Ein- und mehrstufiger internationaler Vertrieb (Quelle: in Anlehnung an Meffert/Bolz 1998, 40, 233)

Welche Gestalt des Distributionssystems letztendlich gewählt wird, hängt von mehreren Einflussfaktoren ab (vgl. Keegan/Schlegelmilch/Stöttinger 2002, 491-497):

• Eigenschaften der Kunden:
Die Anzahl, die regionale Verteilung, das Einkommen, das Kaufverhalten, die Nutzung unterschiedlicher Vertriebskanäle und die Akzeptanz unterschiedlicher Verkaufsmethoden unterscheiden sich zwischen Ländern und kulturellen Zonen, so dass hier gegebenenfalls eine Differenzierung vorzunehmen ist.

• Eigenschaften des Produkts:
Verderblichkeit, Transportierbarkeit, Größe und Gewicht sowie Serviceintensität implizieren unterschiedliche Strukturen. Ein hoher Stückpreis beispielsweise fördert den Verkauf über eigene Absatzkanäle, da dann die relativ hohen Kosten dieses Vertriebsweges nur einen kleinen Teil der Gesamtkosten pro Stück ausmachen.

• Eigenschaften der Vertriebspartner:
Es müssen zunächst Partner im Ausland gefunden werden, die bereit sind, die für den Auslandsmarkt eventuell neuen Produkte in ihr Vertriebssortiment aufzunehmen. Exklusivbindungen einzelner Handelsunternehmen an einheimische Hersteller können diese Suche nach Vertriebspartnern schwierig gestalten. Ein gefundener Vertriebspartner achtet naturgemäß primär auf seine eigene Gewinnmaximierung, nicht auf die des Herstellers. Darum wird er seine Vertriebsanstrengungen vor allem auf diejenigen Produkte richten, die bei geringem Vertriebsaufwand eine hohe Marge versprechen,

was nicht der produktpolitischen Auslandsstrategie des Herstellers entsprechen muss.

• Eigenschaften der Infrastruktur:
Für den konkreten Transport der Güter muss sichergestellt sein, dass die benötigten Transportmittel zur relevanten Zeit zur Verfügung stehen, was in Ländern mit schlecht entwickelter Infrastruktur nicht immer der Fall sein wird.

Ein schwieriger Aspekt bei internationalen Distributionssystemen betrifft die Ausstattung des Systems mit Personal, und in diesem Zusammenhang insbesondere die Frage nach der Nationalität der Vertriebsmitarbeiter. Der Grund für diese Problematik der internationalen Verkaufspolitik liegt in sprachlichen und kulturellen Unterschieden zwischen dem Heimatland des Unternehmens und den Vertriebsländern (vgl. zum interkulturellen Management im Detail Abschnitt 6.2). Tabelle 4-6 listet die verschiedenen Argumente für bzw. gegen Stamm- oder Auslandspersonal auf. Wie die konkrete Ausgestaltung dann aussieht, muss auf Basis dieser Überlegungen im Einzelfall entschieden werden.

Einsatz von Verkaufspersonal aus dem Stammland	Einsatz von lokalem Verkaufspersonal (Locals)	Einsatz von Verkaufspersonal aus Drittländern (Third-Country-Nationals)
Vorteile:		
• im Regelfall besonders hohe Kompetenz bei komplexen, technisch anspruchsvollen Produkten • positive Imageeffekte aus Sicht des ausländischen Käufers möglich • gute Kenntnisse des Unternehmens und der Unternehmenspolitik	• beste lokale Marktkenntnisse • kultureller „Fit" zwischen Käufer und Verkäufer • im Regelfall kostengünstiger als Expatriates	• positive Imageeffekte i.S. eines globalen Unternehmens beim Kunden möglich • evtl. höchste Kompetenz, wenn Zuordnung des Verkaufspersonals zu einem Land unabhängig von der Nationalität ausschließlich nach Qualifikation erfolgt
Nachteile:		
• sehr kostenintensiv • u.U. politisch und rechtlich bedingte Restriktionen im Hinblick auf Arbeitsmöglichkeiten von Ausländern im Inland (z.B. bei hoher Arbeitslosigkeit im Inland) • geringe lokale Marktkenntnisse • u.U. geringe kulturelle Affinität zwischen Käufer und Verkäufer • häufig geringere Neigung des Verkaufspersonals in das Ausland umzuziehen	• Entscheidungen u.U. nicht im Sinne der Unternehmenspolitik • häufig geringere Kenntnisse über die Produkte und ihre Anwendungsmöglichkeiten	• Verwirrung beim Kunden über die tatsächliche Herkunft bzw. den Stammsitz des Unternehmens möglich • u.U. große kulturelle Divergenz zwischen Käufer und Verkäufer • u.U. politisch bzw. rechtlich bedingte Restriktionen im Hinblick auf Arbeitsmöglichkeiten von Ausländern im Inland (z.B. bei hoher Arbeitslosigkeit im Inland)

Tab. 4-6: Nationalität der Vertriebsmitarbeiter im Distributionssystem (Quelle: Berndt/Fantapié Altobelli/Sander 2003, 223)

Für die beschriebenen Teilbereiche des internationalen Marketing-Mix ist unbedingt zu beachten, dass die einzelnen Bereiche aufeinander abgestimmt werden. So muss beispielsweise die Produktpolitik für ein Land mit der für dieses Land vorgesehenen Preispolitik in den beabsichtigten Vertriebskanälen und der konzipierten Kommunikationspolitik übereinstimmen, um Inkonsistenzen zu vermeiden.

4.5 Personalmanagement im internationalen Unternehmen

4.5.1 Ziele und Dimensionen eines internationalen Personalmanagements

Das Funktionsfeld Personalwirtschaft beschäftigt sich allgemein mit dem Management der Humanressourcen im Unternehmen (vgl. Drumm 2005, 9). Generell werden die Bereiche Personalplanung, Personalbereitstellung und -freisetzung im Personalmanagement unterschieden (vgl. z.B. Drumm 2005; Jung 2005).

Das Personalmanagement im Hinblick auf die internationalen Aktivitäten im Unternehmen weist einige Besonderheiten auf. Insbesondere die Verbindung der Personalwirtschaft mit der Internationalisierungsstrategie, die Akquisition von Personal, vor allem für die Auslandsaktivitäten, die Entsendung von Personal in ein anderes Land und die Personalführung im internationalen Kontext, inklusive der Überlegungen zur Leistungsbeurteilung und Entgeltfindung, stellen Bereiche dar, in denen internationale Aspekte spezifische Methoden im Personalmanagement erfordern. Die Personalführung und die Anreiz- und Leistungsbeurteilungssysteme werden aus internationaler Sicht dominiert von den Aspekten der soziokulturellen Unterschiede zwischen Vorgesetzten und Mitarbeitern. Deswegen wird auf dieses Themenfeld in Kapitel 6, wenn generell das interkulturelle Management betrachtet wird, gesondert eingegangen (vgl. insbesondere Abschnitt 6.2.4; zum Überblick über die Themenbereiche zum internationalen Personalmanagement vgl. z.B. Mayrhofer/Kühlmann/Stahl 2005, 1-13).

Als übergeordnetes *Ziel eines internationalen Personalmanagements* kann die rechtzeitige Bereitstellung der benötigten Quantität und Qualität an Humanressourcen für die internationalen Aktivitäten definiert werden. Des Weiteren muss das Führungs- und Anreizsystem so gestaltet sein, dass die internationalen Personalpotenziale erhalten bleiben bzw. aufgebaut werden können. Außerdem müssen die Rahmenbedingungen und Voraussetzungen für einen internationalen Personaltransfer geschaffen werden.

Das internationale Personalmanagement sieht sich mehreren *Einflussfaktoren* ausgesetzt. Intern gelten die Betriebsvereinbarungen als zentrale Bezugsgrößen auch für das internationale Personalmanagement. Daneben geben die Ziele und Strategien des Unternehmens als weitere interne Faktoren den Bedarf an Humanressourcen vor, den das Unternehmen hat. Die allgemeinen ökonomischen Bedingungen und insbesondere die Verhältnisse auf dem Arbeitsmarkt eines Landes bestimmen die Möglichkeiten und die Kosten, zu denen ein Unternehmen im Ausland Personal beschaffen kann und stellen damit eine wichtige externe Bedingung dar.

Die wichtigste externe Rahmenbedingung ist aber das *Arbeitsrecht des jeweiligen Landes*. Mitbestimmungsfragen, Kündigungsschutz und ähnliches sind in verschiedenen Ländern sehr unterschiedlich ausgeprägt, was eine Anpassung der Personalpolitik des internationalen Unternehmens nötig machen kann. Insbesondere die Arbeitsbeziehungen, synonym auch als „industrial relations" bezeichnet, spielen eine wichtige Rolle für die Personalpolitik im Ausland. Unter Arbeitsbeziehungen versteht man allgemein die Zusammenarbeit und Interdependenzen zwischen den Arbeitgebern und Arbeitnehmern bzw. deren Interessenvertretungen in einem Land sowie dem Staat durch seine arbeits- und sozialbezogene Gesetzgebung (vgl. Scherm/Süß 2001, 270). Die wichtigsten Interessenvertretungen für die abhängig Beschäftigten sind regelmäßig Gewerkschaften und/oder Belegschaftsvertretungen auf betrieblicher Ebene. Auf Seiten der Arbeitgeber werden im Normalfall die Interessen von einem Unternehmensverband, differenziert nach Branchen, wahrgenommen. Die Unternehmensleitung ist der Gesprächspartner für die Vertretung der Belegschaft auf betrieblicher Ebene. Das Zusammenspiel der Parteien im Rahmen der Arbeitsbeziehungen ist von Land zu Land sehr unterschiedlich geregelt. Während z.B. in Deutschland vor allem durch das Betriebsverfassungsgesetz eine detaillierte Vorgabe für die Zusammenarbeit auf betrieblicher Ebene und für die Mitbestimmung gegeben ist, sind in anderen Ländern, wie z.B. den USA, die gesetzlichen Regelungen zu diesem Themenbereich wesentlich allgemeiner und die Vereinbarungen auf betrieblicher Ebene dementsprechend deutlich heterogener oder in vielen Fällen gar nicht existent. Die nationalen Regelungen zu den Arbeitsbeziehungen spielen für internationale Unternehmen eine große Rolle, haben sie doch wesentlichen Einfluss auf Art und Inhalt der Beziehungen zu den lokalen Mitarbeitern. So werden die Entscheidungsspielräume des Unternehmens, z.B. bei Personalanpassung oder Arbeitsbedingungen und Lohnniveau, erheblich durch die Arbeitsbeziehungen beeinflusst. Die großen Unterschiede von Land zu Land erfordern eine hohe Anpassungsfähigkeit von Seiten des Unternehmens. Diese setzt wiederum Kenntnisse der lokalen Regelungen voraus. Für die Unternehmen ergibt sich die Möglichkeit, die Arbeitsbeziehungen in anderen Ländern zu nutzen, um Ziele, die im nationalen Umfeld auf Grund der bestehenden Regelungen nicht oder nur unter großem Aufwand erreicht werden könnten, zu realisieren. Eine flexible Produktion durch einfachen Auf- und Abbau von Personalkapazitäten oder flexible Arbeitszeiten sind Beispiele hierfür. Eine generelle Reduktion des Arbeitnehmereinflusses, z.b. um eine Beschleunigung und eine Ausweitung von Entscheidungen zu verwirklichen, kann ein weiteres Ziel der Internationalisierung von Teilen der Wertschöpfung sein (vgl. Scherm/Süß 2001, 271; zu den ethischen Fragen der Arbeitsverlagerung vgl. z.b. Heinrich/Richter 2002, 254-257). Auf der Arbeitnehmerseite ergibt sich das Problem, dass die definierten Ziele, wie z.b. Arbeitsplatzsicherheit oder Einkommenssteigerung, bei internationalisierten Unternehmen im rein nationalen Rahmen schwieriger zu erreichen sind, da sich für die Unternehmensleitung durch die Option der Verlagerung von Wertschöpfung ins Ausland eine Ausweichstrategie ergibt (vgl. dazu auch Abschnitt 4.2.3). Die Herstellung internationaler Solidarität der Belegschaftsvertreter hat mit der Schwierigkeit zu kämpfen, dass die nationalen Unterschiede in den Regelungen zu den Arbeitsbeziehungen und das Problem der konfliktären Ziele der Arbeitnehmer in den einzelnen Landesgesellschaften eines internationalen Unternehmens eine Solidarisierung über Ländergrenzen hinweg erschweren.

Die genannten internen und externen Einflussfaktoren wirken auf die *Dimensionen des internationalen Personalmanagements*. Zu den Dimensionen „Personalkategorien" und „personalwirtschaftliche Aufgabenfelder", die im nationalen Rahmen bestimmend sind, kommen im internationalen Kontext die Bedingungen in den unterschiedlichen Ländern. Abbildung 4-22 verdeutlicht die drei Dimensionen des internationalen Personalmanagements.

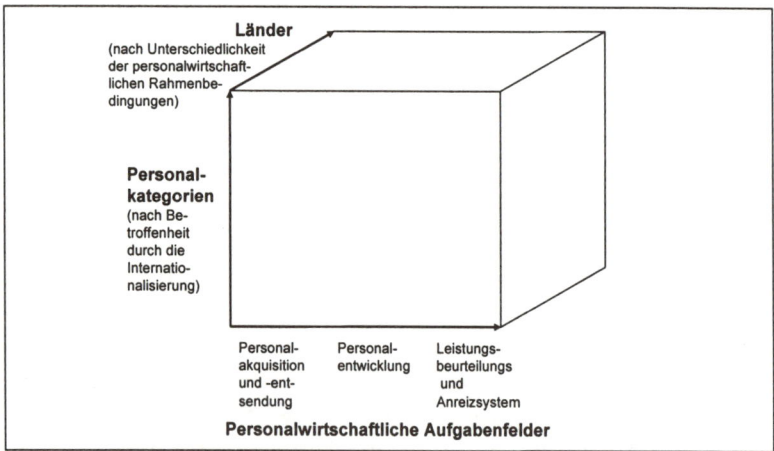

Abb. 4-22: Die Dimensionen des internationalen Personalmanagement (Quelle: in Anlehnung an Scherm 1995, 23)

Bei den *Aufgabenfeldern* liegen die Besonderheiten, wie oben schon angedeutet, in den Bereichen der Personalstrategie, der Akquisition, der Entsendung und der Beurteilungs- bzw. Anreizsysteme. Die *Personalkategorien* werden in den meisten Fällen nach Qualifikationsgruppen eingeteilt (vgl. z.b. Scholz 1994, 143-146). Gehobene technische Qualifikationen, also z.b. die Kategorie der Ingenieure, mittlere technische Qualifikationen, wie z.b. Facharbeiter usw. und analog eine entsprechende Einteilung in den Verwaltungsbereichen, schaffen unterschiedliche Personalkategorien. Diese sind auch bzgl. der Personalentwicklung, also den Ausbildungsinhalten oder der Entgeltfindung, unterschiedlich zu behandeln. Hier sollte aus Sicht der Internationalisierung eine Konzentration auf diejenigen Personalkategorien erfolgen, die von der Internationalisierung besonders betroffen sind oder sein können. So ist z.b. die Kategorie der gehobenen technischen Qualifikationen im Produktionsbereich beim Aufbau von Produktionskapazität im Ausland besonders wichtig. Die dritte Dimension wird gebildet von den *bearbeiteten Ländern*. Wie oben beschrieben, ergeben sich teils deutliche personalrelevante Unterschiede in den einzelnen Ländern, die deshalb aus konzeptioneller Sicht nach dem Grad der Unterschiedlichkeit in den personalwirtschaftlichen Rahmenbedingungen eingeteilt werden sollten.

4.5.2 Strategisches internationales Personalmanagement

Bevor auf die operativen Fragestellungen einer internationalen Personalwirtschaft und die Maßnahmen im Rahmen der Personalbereitstellung und -führung eingegangen wird, ist für das internationale Unternehmen zu klären, welche grundlegende Personalstrategie verfolgt wird. Dies ist nötig, da ein international tätiges Unternehmen eine Grundsatzentscheidung über das Führungsmodell und die Grundausrichtung der internationalen Aktivitäten treffen muss. In Abschnitt 3.1 wurden solche Führungsmodelle und Grundsatzstrategien im Detail erläutert. Im Folgenden werden zunächst unter Rückgriff auf das EPRG-Modell von Perlmutter (vgl. Abschnitt 3.1.3) Vor- und Nachteile der damit verbundenen personalpolitischen Grundhaltungen deutlich gemacht. Dann wird anhand der vier Strategietypen von Bartlett/Ghoshal (vgl. Abschnitt 3.2.3.1) gezeigt, welche Auswirkungen diese vier Strategietypen auf die Personalpolitik im internationalen Unternehmen haben.

Die verfolgte internationale Personalpolitik äußert sich insbesondere in den „staffing policies", die die Nationalität des Stelleninhabers bei der Besetzung vor allem von Führungspositionen im internationalen Geschäft festlegen. Perlmutter definiert vier grundlegende Haltungen zur Führung eines Unternehmens (vgl. im Detail dazu Abschnitt 3.1). Diese Grundhaltungen spiegeln sich auch in dieser zentralen Frage der Besetzung der internationalen Führungspositionen wider. Tabelle 4-7 zeigt die Vor- und Nachteile der entsprechenden personalpolitischen Grundhaltungen, die sich an den Vorgaben dieser grundlegenden Führungsansätze orientieren.

Vorteile	Nachteile
ethnozentrische Grundhaltung: Herkunft der Führungskräfte primär aus dem Stammland	
• einheitliche Unternehmens- und Sozialpolitik • bessere Kommunikation zwischen Stammhaus und Auslandsgesellschaft • keine kulturelle Distanz zwischen Führungskräften der Zentrale und den Auslandsgesellschaften • persönliche Bekanntschaft der Interaktionspartner • effektivere Kontrolle • teilweise höhere Akzeptanz der Repräsentanten eines internationalen Unternehmens bei Gastlandinstitutionen	• langwieriger Eingewöhnungsprozess (Gefahr des Scheiterns hoch) • beträchtliche Einkommensunterschiede zwischen Expatriates und Einheimischen • vergleichsweise hohe Kosten • Begrenzung der Karrierechancen für Führungskräfte, die nicht aus dem Stammland kommen • Geringere Sensitivität für Probleme der lokalen Mitarbeiter • Widerstände gegen Expatriates • Teilweise Interaktionsprobleme bei Gastlandinstitutionen
polyzentrische Grundhaltung: Herkunft der Führungskräfte primär aus dem Gastland	
• Eingliederungsprobleme der Expatriates (und ihrer Familie) entfallen • keine Kommunikationsprobleme mit lokalen Mitarbeitern (hohe Akzeptanz) • Kontinuität im Management der Auslandsgesellschaft • Entsendungskosten entfallen • Aufstiegschancen lokaler Führungskräfte in der Auslandsgesellschaft	• Uneinheitliche Unternehmenspolitik • Werte- und Loyalitätskonflikte • Kommunikations-/ Interaktionsprobleme mit Stammhaus • schwierige Kontrolle • aufwendige Personalentwicklung zur Vermittlung der notwendigen Fach- und Führungsfähigkeiten • Unternehmenszentrale steht nur Mitarbeitern aus dem Gastland offen
regio- bzw. geozentrische Grundhaltung: Herkunft der Führungskräfte aus Stamm-, Gast- oder Drittland	
• Aufbau einer internationalen Führungsmannschaft • Förderung einer einheitlichen Unternehmenskultur • geringere Gefahr der Verfolgung nationaler Interessen	• sehr hohe Kosten aufgrund des umfangreichen grenzüberschreitenden Personaleinsatzes • Akzeptanz- und Loyalitätsprobleme in der Gesellschaft • Probleme bei der kulturellen Einbindung internationaler Führungskräfte • zentrale Steuerung des Führungskräfteeinsatzes reduziert die Unabhängigkeit der Auslandsgesellschaften und verursacht Widerstände • möglicherweise Probleme mit der gesetzlich vorgeschriebenen Beschäftigung lokaler Mitarbeiter

Tab. 4-7:   *Personalpolitische Grundhaltungen in internationalen Unternehmen (Quelle: Scherm/Süß 2001, 230)*

Die *ethnozentrische Haltung* legt den Schwerpunkt auf die Verfahrensweisen, wie sie im Stammland des Unternehmens und in der Muttergesellschaft vorliegen. Diese werden auf die Auslandsgesellschaften übertragen, weswegen man hier von einer Stammlandorientierung sprechen kann. Schlüsselpositionen im Ausland werden hier ausschließlich durch Führungskräfte aus der Muttergesellschaft besetzt (vgl. Perlitz 2004, 405-406). Die *polyzentrische Haltung* hingegen definiert mehrere – zu einem guten Teil unabhängige – Zentren, die von den Auslandsgesellschaften gebildet werden. Diese Gesellschaften haben große Autonomie, weswegen diese Haltung als grundsätzlich gastlandorientiert charakterisiert werden kann. Hier sind die Führungspositionen in den Auslandsgesellschaften vornehmlich den einheimischen (Nachwuchs-)Führungskräften vorbehalten. Die *regio-* und zu einem noch stärkeren Ausmaß die *geozentrische Haltung* differenzieren kaum zwischen nationalen Prioritäten. Als Bezugspunkt sind hier große Regionen bzw. im Endeffekt die ganze Welt zu sehen. Die Besetzung erfolgt hier rein nach Qualifikationsüberlegungen und nicht nach Nationalität („beyond passport").

Auf diesen grundlegenden Führungsmodellen bauen die konkreten Strategien der Unternehmen bei der Internationalisierung auf. Bartlett/Ghoshal liefern mit ihren vier Strategietypen ein geeignetes Muster für die Verdeutlichung der Auswirkungen verschiedener Internationalisierungsstrategien auf die personalpolitischen Anforderungen. Sie erlauben gleichzeitig den Bezug auf die EPRG-Ansätze von Perlmutter. Tabelle 4-8 zeigt im Überblick die wesentlichen Charakteristika dieser verschiedenen strategieorientierten Personalpolitiken.

	International	Multinational	Global	Transnational
Unternehmenskultur	ethnozentrisch	polyzentrisch	geozentrisch	synergetisch
Nationaliät der Führungskräfte	Inländer	Gastlandangehörige und wenige Inländer	Inländer und im Inland ausgebildete Gastlandangehörige	ohne Bedeutung („beyond passport")
Entsendungsziele	Know-how-Transfer, Kompensation fehlender Gastland-Führungskräfte	Kontrolle, Schutz vor ungewollter Know-how-Diffusion	weltweite Koordination	weltweite Koordination, Integration, Personal- und Organisationsentwicklung
Anforderungsmerkmale	technische und kaufmännische Kenntnisse, ausreichende Englischkenntnisse	kulturelle Sensibilität für das Gastland und Kenntnis der Gastlandsprache	Offenheit für fremde Kulturen, Durchsetzungsvermögen, sehr gute Englischkenntnisse	interkulturelle Flexibilität, umfangreiche Auslandserfahrung, Kenntnis mehrerer Sprachen
Anforderung an die Mobilität	ohne große Bedeutung	Bereitschaft zu längerenAuslandsaufenthalten	Bereitschaft zu häufigen Auslandsreisen	Bereitschaft zu längeren Auslandsaufenthalten und häufigen Ortswechsel
Führungskräfte-Typ	Funktionsspezialist	Gastlandspezialist	„one world" Manager	transnationaler Grenzgänger
Vorbereitung	keine	kurz und landesspezifisch	kurz und landesübergreifend	kontinuierlich und landesübergreifend
Entgeldgestaltung	stammhausorientiert	gastlandorientiert	unternehmenseinheitliche Regelung	gesamtunternehmungsorientiert (hybrid)
Re-Integration	teilweise schwierig	sehr schwierig	weniger schwierig	„professionally easy"

Tab. 4-8:   Internationale Personalstrategien (Quelle: in Anlehnung an Welge/Holtbrügge 2003, 232)

Die *internationale Personalstrategie* entspricht von der Führungsstruktur her am ehesten dem ethnozentrischen Ansatz in der Terminologie von Perlmutter (vgl. Abschnitt 3.1.3). Generell wird hier ein Schwerpunkt auf die Akquisition und Entwicklung von inländischen Personalressourcen gelegt. Insbesondere die Führungspositionen werden weltweit mit Stammhauspersonal besetzt. Voraussetzung dafür ist, dass durch eine geeignete Personalentwicklung genug inländische Führungskräfte zur Verfügung stehen, die auch die Bereitschaft mitbringen, als Entsandte (vgl. dazu Abschnitt 4.5.3) ins Gastland zu gehen. Fachlich müssen diese Entsandten auf sehr hohem Niveau arbeiten können. Da aber eine Anpassung des Geschäftsmodells an das Gastland nur sehr beschränkt erfolgt und auch alle wichtigen internen Regelungen des Stammhauses, z.B. bezüglich Leistungsbeurteilung oder Entgeltfindung, weitgehend unverändert auf das Gastland übertragen werden, kann sich die Personalentwicklung auf die Vermittlung von Sprachkenntnissen beschränken. Die Führungskräfte werden als Funktionsspezialisten eingesetzt, um eine effiziente Gestaltung der Geschäftsabläufe zu gewährleisten. Des Weiteren werden die obersten Führungspositionen, die entsprechend General Management-Fähigkeiten mitbringen müssen, durch Manager aus dem Stammland besetzt. Die Reintegration dieser Entsandten kann dann schwierig werden, wenn bei der Rückkehr auf Grund der hohen Zahl der Entsandten keine adäquate – und das heißt in den meisten Fällen eine hierarchisch höhere – Position für den Rückkehrer gefunden werden kann.

Die *multinationale Personalstrategie* betont analog zur multinationalen Grundsatzstrategie von Bartlett/Ghoshal (vgl. Abschnitt 3.2.3.1) die Anpassung der Geschäftsaktivitäten an die lokalen Gegebenheiten im Gastland. Dies wird verdeutlicht durch eine polyzentrische Grundeinstellung, die den nationalen Landesgesellschaften auch weitgehende Entscheidungsrechte bei der Bearbeitung ihres jeweiligen Marktes einräumt. Da Kenntnisse über den lokalen Markt als entscheidendes Erfolgskriterium für die Auslandsaktivitäten angesehen werden, werden dementsprechend bevorzugt lokale Mitarbeiter, auch für Führungspositionen, akquiriert, da sie die kulturellen und rechtlich-ökonomischen wie auch die technischen Rahmenbedingungen vor Ort am besten kennen. Stammhausmitarbeiter werden vor allem deswegen entsandt, um Kontrolle auszuüben und das Schnittstellenmanagement zum Stammhaus hin zu betreiben. So sollen sie z.B. sicherstellen, dass wichtiges Know-how in der Landesgesellschaft mit entsprechender Vorsicht eingesetzt wird, um einen Abfluss von Informationen zu verhindern. Wichtig ist für die Mitarbeiter generell, vor allem aber für die Entsandten, dass sie die soziokulturellen Rahmenbedingungen des Gastlandes kennen und sich entsprechend verhalten können, da die Landesgesellschaft als Ganzes wie ein Inländer auftreten will. Solche „Kulturspezialisten" aus dem Stammhaus, wenn sie die Kulturkompetenz erreicht haben, sollten dann auch eine längere Zeit in ihrem Zielland verbringen und sich, auch was die Leistungsbeurteilung oder das Entgelt betrifft, an die Gegebenheiten dort anpassen. Auf Grund dieser starken Anpassung ist eine Rückkehr in das Stammhaus regelmäßig mit größeren Schwierigkeiten verbunden, da nicht nur eine adäquate Position zur Verfügung stehen muss, sondern auch eine neuerliche Verhaltensänderung des bisher im Ausland tätigen Mitarbeiters nötig ist.

Der *globalen Personalstrategie* entspricht am ehesten das geozentrische Führungsmodell in der Terminologie von Perlmutter (vgl. Abschnitt 3.1.3). Das standardisierte Geschäftsmodell soll weltweit einheitlich angewendet werden. Allerdings ist keine so starke Heimatlandorientierung wie bei der internationalen Strategie zu verzeichnen. Die Führungskräfte im Ausland, deren wesentliche Aufgaben in der Etablierung des Geschäftsmodells im Ausland und in der Koordination mit der Muttergesellschaft liegen, können dabei aus dem Stammhaus oder dem Ausland kommen. Allerdings ist eine Ausbildung im Stammhaus unerlässlich, da das Geschäftsmodell dort „gelernt" werden muss. Es ist grundsätzlich eine hohe Reisetätigkeit nötig, um das Geschäftsmodell auf die Auslandsgesellschaften zu übertragen. Exzellente Kenntnisse der englischen Sprache als „lingua franca" sind unerlässlich. Bei der Übertragung müssen auch lokale Widerstände überwunden werden, die am besten dann beseitigt werden können, wenn die Führungskräfte die lokalen Spezifika kennen. Eine landesbezogene Vorbereitung ist aber trotzdem nicht nötig, eventuell sogar hinderlich, da das Geschäftsmodell weltweit einheitlich angewandt und nicht angepasst übertragen werden soll. Die Regelungen zur Leistungsbeurteilung und Entgeltfindung sind einheitlich im Unternehmen, wie das gesamte Geschäftsmodell. Eine Rückkehr ins Stammland ist auf Grund der ohnehin engen Kontakte während der Zeit im Ausland meist mit geringen Schwierigkeiten verbunden.

Die *transnationale Personalstrategie* versucht, durch Rückgriff auf weltweite Personalressourcen eine Effizienz steigernde Wirkung zu erreichen. Entsprechend der zu Grunde liegenden Organisationsform, dem Netzwerkmodell (vgl. Abschnitt 3.3.3 und Abbildung 3-16), wird eine weltweit integrierte und koordinierte Verwendung der Personalressourcen angestrebt. Eine Führungsposition soll dabei weltweit mit dem am Besten geeigneten Kandidaten besetzt werden, ohne Ansehen seiner Herkunft. Um eine reibungslose Zusammenarbeit in dem komplexen Konstrukt „Netzwerk" zu ermöglichen, müssen erhebliche Anstrengungen im Bereich der Personalentwicklung erfolgen. Die Koordination im Netzwerk, die einen wesentlichen Erfolgsfaktor bei diesem Modell darstellt, ist denn auch Hauptaufgabe der international eingesetzten Führungskräfte. Um diese leisten zu können, sind eine hohe Kulturkompetenz nötig, gepaart mit genauen Kenntnissen über die Arbeitsteilung und die Stärken und Schwächen der Netzwerkpartner. Dies sind die wesentlichen Inhalte der oben erwähnten hohen

Entwicklungsanstrengungen. Die Rückkehrproblematik existiert kaum, da von vornherein eine starke Fixierung auf ein Land nicht gegeben ist und die Rahmenbedingungen im Netzwerk ohnehin sehr ähnlich sind. Die exzellenten fachlichen Kenntnisse und die hohen Führungsqualifikationen im internationalen Bereich, die eine solche transnationale Führungskraft auszeichnen, machen deutlich, warum diese Personalressource schnell zum Engpassfaktor bei der Verfolgung dieser Strategie werden kann. Eine antizipative und hoch entwickelte Personalpolitik ist hier dringend erforderlich.

Angesichts dieser spezifischen Anforderungen an die Personalpolitik in den einzelnen Strategien wird deutlich, dass eine aktive und geplante Personalstrategie für ein internationales Unternehmen von besonderer Wichtigkeit ist. Die entsprechende Ausgestaltung der personalwirtschaftlichen Funktionsfelder wird in den folgenden Abschnitten gezeigt.

4.5.3 Internationale Personalbereitstellung und die Entsendung von Mitarbeitern

Das Ziel der internationalen Personalbereitstellung ist die rechtzeitige zur Verfügung Stellung von qualitativ und quantitativ ausreichenden Personalressourcen für die internationalen Geschäftsaktivitäten. Internationale Personalbereitstellung umfasst inhaltlich die Felder der Personalakquisition, also der Beschaffung von Personal, und der Personalentwicklung, also der Weiterbildung von Personal, damit bestimmte Stellenanforderungen erfüllt werden (vgl. zur Personalbereitstellung allgemein z.B. Drumm 2005, 327-441).

Die *Personalentwicklung für internationale Tätigkeiten* hat die Aus- und Weiterbildung des Personalstammes und, als Spezifikum im internationalen Kontext, insbesondere die Vermittlung von Kenntnissen für die Arbeit im internationalen Umfeld zum Gegenstand (vgl. allgemein zu Personalentwicklung Becker 2002). Kulturelle und sprachliche Fähigkeiten spielen hier eine wichtige Rolle, weswegen dieser Themenkomplex im Kapitel 6 zum Interkulturellen Management gesondert behandelt wird (vgl. insbesondere Abschnitt 6.2).

Der *internationalen Personalakquisition* stehen grundsätzlich alle Möglichkeiten der Beschaffung und Auswahl zur Verfügung, die auch national eine Rolle spielen. Grundsätzlich zu unterscheiden sind eine externe Personalakquisition und eine interne Beschaffung.

Eine externe Personalakquisition liegt vor, wenn für eine Position im Ausland ein Unternehmensexterner eingestellt wird. Denkbar ist die Anstellung eines Externen aus dem Heimatland des Unternehmens. Realistischer ist aber die Akquisition von lokalen Mitarbeitern. Diese externe Beschaffung kann nötig sein, wenn ein Mangel an internen Bewerbern für ein für die Auslandstätigkeit geforbertes Qualifikationsprofil vorliegt. Außerdem können so neue Ideen und Erfahrungen für die Geschäftsaktivitäten in einem bestimmten Land genutzt werden (vgl. Perlitz 2004, 403). Problematisch ist die externe Beschaffung im Ausland besonders dann, wenn bisher noch keine Erfahrungen gesammelt wurden, was die Auswahlkriterien und den Auswahlvorgang betrifft. Formale Qualifikationen sind nicht immer vergleichbar, die Erwartungen der Arbeitskräfte differieren und die Beschaffungspraktiken können anders als im Inland sein (vgl. Scherm 1999, 155).

Eine interne Personalakquisition für internationale Aktivitäten liegt dann vor, wenn eine Position im Ausland mit einem bereits im Unternehmen tätigen Mitarbeiter besetzt wird. Die interne Beschaffung von Personal zur internationalen Verwendung bietet den Vorteil, dass die Stärken und Schwächen des Mitarbeiters bekannt sind, wodurch auch die Vorbereitung auf den Auslandseinsatz durch Personalentwicklung sehr gezielt erfolgen kann. Der Kandidat hat bereits interne Kenntnisse des Unternehmens und der Auslandseinsatz kann häufig auch als Schritt in der langfristigen Karriereplanung verwendet werden. Risiken bei dieser Beschaffungsstrategie liegen in der Beschränkung auf das interne Qualifikationsfeld, was zu suboptimalen Besetzungsentscheidungen im Hinblick auf die Qualifikation des neuen Stelleninhabers führen kann. Dies ist insbesondere dann eine Gefahr, wenn bei einer Knappheit von gutem Führungspersonal eine Präferenz für das Stammhaus besteht und eher die schwächeren Kandidaten die Positionen im Ausland bekleiden (vgl. Perlitz 2004, 403). Abhilfe kann hier dadurch geschaffen werden, dass ein Auslandsaufenthalt als verbindliche Station bei einer Karriere von Führungspersonen definiert wird und eine zentrale Personalabteilung die „Verwaltung" des Führungskräftepools übernimmt.

Wird eine interne Beschaffung für eine Auslandsposition im Heimatland oder generell außerhalb des Ziellands vorgenommen, ist eine *Entsendung des ausgewählten Bewerbers in das Zielland* vorzunehmen. In den meisten Fällen wird es bei einer Entsendung um den Transfer eines Mitarbeiters aus dem Stammland in eine Auslandsgesellschaft gehen. Solche Entsendungen zu planen und umzusetzen sind zentrale Aufgaben der Personalabteilungen in internationalen Unternehmen. Wie Tabelle 4-9 auf der folgenden Seite zeigt, stellen Entsendungen letztendlich nur eine mögliche – wenngleich verhältnismäßig anspruchsvolle – Variante innerhalb der verschiedenen Formen des Auslandseinsatzes dar.

Form des Aus-landseinsatzes	Dauer	vertragliche Grundlage	Geltung des BetrVG
Dienstreise	mehrere Tage	keine besondere vertragliche Vereinbarung	BetrVG gilt ohne Einschränkungen weiter
Abordnung	mehrere Wochen (bis zu ca. 2 Jahren)	besondere Vereinbarung, sofern nicht bereits ein entsprechender Vertrag besteht	BetrVG gilt weiter – mit Einschränkungen
Entsendung	2-4 Jahre	Entsendungsvertrag oftmals mit ausländischen Arbeitsvertrag gekoppelt	BetrVG gilt weiter – mit Einschränkungen
Versetzung/Übertritt	mehr als 4 Jahre	Ruhender Vertrag mit dem Inlandsunternehmen, evtl. Auflösung dieses Vertrages, neuer Vertrag mit Auslandsgesellschaft	BetrVG kommt nicht mehr zur Anwendung

Tab. 4-9:   Formen des Auslandseinsatzes (Quelle: Wagner 2002, 267)

Die Ziele solcher Entsendungen sind (vgl. Kühlmann 2005b, 494; Welge/Holtbrügge 2003, 206-209; Scherm/Süß 2001, 238-239):

*   Koordination und Kontrolle der Auslandsgesellschaften:
    Den Entsandten, auch als „Expatriates" bezeichnet, kommt hier die Aufgabe zu, eine Schnittstellenfunktion zwischen der Zentrale und den Auslandsgesellschaften wahrzunehmen. In der einen Richtung, von der Zentrale zu den ausländischen Aktivitäten, sollen Reportingsysteme, generell zentral vorgegebene Regelungen wie Planungs- und Entscheidungsverfahren sowie „soft factors", wie unternehmenskulturelle Werte, durch den Expatriate in der Auslandsgesellschaft implementiert werden. Von der Auslandsgesellschaft zur Zentrale fließen über den Entsandten Informationen und Daten, die auch einen Kontrollcharakter haben können.

*   Wissenstransfer:
    Entsandte können auch zur Unterstützung des Transfers von technologischem Wissen sowie von Erfahrungen und Instrumenten im Managementbereich eingesetzt werden. Über Expatriates als Leiter einer entsprechenden Funktion in der Auslandsgesellschaft, wie z.B. Produktion oder F&E, kann Wissen zur Steigerung der Wettbewerbsfähigkeit der ausländischen Aktivitäten im Rahmen eines internationalen Wissensmanagements (vgl. dazu auch Abschnitt 3.5.3) übertragen werden.

*   Personalentwicklung:
    Der internationale Einsatz kann den Entsandten zusätzliche fachliche und vor allem auch soziale Führungsfähigkeiten geben, die diese Führungskraft befähigen, höhere Managementaufgaben im Unternehmen wahrzunehmen.

Durch den Auslandseinsatz wird eine von nationalen Interessen losgelöste Sichtweise auf das Gesamtpotenzial des international tätigen Unternehmens gefördert, weswegen inzwischen bei vielen Unternehmen ein solcher Einsatz eine wichtige Voraussetzung für den Aufstieg in Top-Managementpositionen darstellt (vgl. Wagner 2002, 263).

Die Entsendung eines Mitarbeiters ins Ausland folgt einem Prozess, der in vier Phasen eingeteilt werden kann (vgl. Kühlmann 2005b, 495-499; 2004; Perlitz 2004, 411-421; Scherm/Süß 2001, 240-241), die Auswahl-, Vorbereitungs-, Transfer- und Rückkehrphase.

Auswahlphase

In der Auswahlphase als erstem Schritt müssen zunächst die Anforderungen der zu besetzenden Stelle im Ausland erfasst und im Detail dokumentiert werden. Fachliche, aber insbesondere auch persönliche und charakterliche Anforderungen sollten schon hier identifiziert werden. Empirische Ergebnisse lassen folgende Anforderungen als wichtig für Expatriates erscheinen (vgl. Stahl 2002, 295):

- Ambiguitätstoleranz und Anpassungsfähigkeit:
  Die Relativierung der eigenen Verhaltensweisen und die Akzeptanz von unklaren Rahmenbedingungen sind häufig geforderte Fähigkeiten insbesondere in der Anfangsphase eines Auslandseinsatzes.

- Interkulturelle Kompetenzen:
  Die richtige Interpretation von Verhalten von ausländischen Kollegen und Mitarbeitern hilft, Konflikte im Vorfeld zu vermeiden (vgl. im Detail dazu Abschnitt 6.2.4).

- Konfliktlösungsfähigkeiten:
  Die Ausbalancierung unterschiedlicher Interessen, die gerade in Schnittstellenpositionen häufig notwendig sein kann, ist eine Gratwanderung, die der Entsandte bewältigen muss.

- Stammhauskenntnisse und -kontakte:
  Ein formelles und auch informelles Netzwerk, das der Entsandte im Stammhaus hat, erleichtert die inhaltliche und vor allem die „politische" Vermittlungstätigkeit zwischen Auslandsgesellschaft und Zentrale.

- Sprachkenntnisse.

Typische Beweggründe für Mitarbeiter, sich für einen Auslandseinsatz und insbesondere eine Entsendung zu bewerben, liegen in der Übernahme größerer Verantwortung, der Verbesserung von beruflichen Qualifikationen und vor allem auch in der Wahrnehmung zusätzlicher Karrierechancen (vgl. Scherm/Süß 2001, 243).

Für die Auswahl des Entsandten aus einem Bewerberkreis stehen die bekannten Instrumente der Personalauswahl zur Verfügung (vgl. dazu z.b. Drumm 2005, 358-367), die im Wesentlichen einen Vergleich zwischen dem aus den Anforderungen definierten Soll-Profil und dem erhobenen Ist-Profil des jeweiligen Bewerbers vornehmen. So können z.b. strukturierte Interviews oder Assessment Centers eingesetzt werden (vgl. Kühlmann 2005b, 496-497; Prechtl/Kühlmann 2004).

Als nächstes muss die letztendliche Annahme des Auslandseinsatzes durch den ausgewählten Bewerber erfolgen. Obwohl häufig Karrierechancen mit dem Schritt ins Ausland verbunden werden, ist die Ablehnungsquote für solche Einsätze immer noch hoch. Die wesentlichen Gründe hierfür sind (vgl. Scherm/Süß 2001, 243):

- die Weigerung des Partners, z.B. aus beruflichen Gründen, mit ins Ausland zu gehen,

- Nachteile für schulpflichtige Kinder und die Trennung von Freunden und Verwandten,

- die Lebensumstände im Entsendungszielland,

- die Sorge, ein Karriererisiko im Stammhaus einzugehen.

Während die letzten beiden Gründe vom Unternehmen zumindest teilweise beeinflusst werden können, sind die privaten Ablehnungsgründe zum größten Teil als gegeben hinzunehmen.

Vorbereitungsphase

In der Vorbereitungsphase liegt ein Schwerpunkt vor allem auf Maßnahmen der Personalentwicklung, die eine eventuell festgestellte Lücke zwischen dem Soll- und dem Ist-Profil des Bewerbers schließen sollen. Kultur- und Sprachseminare spielen eine zentrale Rolle. Bei den Ablehnungsgründen wurde deutlich, dass private Gründe, vor allem die Probleme, die sich für die Familie ergeben, eine schwerwiegende Bedeutung für den Entsandten haben. Um diese Probleme zu vermeiden oder zumindest zu vermindern, sollte das Unternehmen bei der Vorbereitung auch bei Fragen aus diesem Bereich zur Seite stehen. Hilfe bei der Suche nach einem Arbeitsplatz für den Partner oder nach einer geeigneten Schule für die Kinder, eventuell gekoppelt mit dem bezahlten Besuch von Kultur- und Sprachseminaren in der Vorbereitungsphase, können sich als eine Investition erweisen, die sich später in Form einer erhöhten Leistung durch den Entsandten bezahlt macht.

Des Weiteren sind die Arbeitsverträge, die den Auslandseinsatz regeln, abschließend zu verhandeln und zu unterschreiben. Wie oben aus Tabelle 4-8 ersichtlich ist, wird ein spezieller Entsendungsvertrag abgeschlossen, der in vielen Fällen auch einen Arbeitsvertrag mit der Auslandsgesellschaft enthält. Neben diesem Auslandsarbeitsvertrag, der die „lokalen" Bedingungen regelt, enthält ein Entsendungsvertrag als wesentliche Bausteine zumeist ein Rückkehrrecht zur Muttergesellschaft sowie Regelungen zu Sozialversicherungen, zur Altersversorgung (vgl. Stahl 2002, 267-268), zur Anpassung des im Ausland bezogenen Gehalts sowie generell Regelungen zum Ausgleich von zusätzlichen Aufwendungen im Ausland (für Details zur Vergütung von Expatriates und zu den einzelnen Ausgleichszahlungen vgl. z.b. Scherm/Süß 2001, 253-255).

Transfer und Einsatzphase

Während des Transfers und des Einsatzes im Ausland, also während der dritten Phase, sollte eine Betreuung vor Ort erfolgen. Ziel ist, dass Maßnahmen ergriffen werden, die die Erfüllung der Fachaufgaben unterstützen, die Anpassung an die Lebensbedingungen im Ausland erleichtern und auch den Kontakt zum entsendenden Unternehmensteil fördern (vgl. Kühlmann 2005b, 498). So bietet sich die Benennung eines Betreuers an, der vor allem in fachlicher, aber auch in privater Hinsicht die Eingewöhnungsphase erleichtern kann. Wichtig ist auch die Weiterführung der Betreuung der Familie des Entsandten, die schon in der Vorbereitungsphase begonnen haben sollte. Insbesondere die Unterstützung im Herstellen von Kontakten und der Einbindung in das gesellschaftliche Leben vor Ort ist von Bedeutung. Auch hier kann ein Betreuer, z.B. aus der Personalabteilung in der Auslandsgesellschaft, wichtige Hilfestellung leisten. Für die Aufrechterhaltung der Kontakte zum entsendenden Unternehmen bieten sich die Teilnahme an Weiterbildungsveranstaltungen und der regelmäßige Kontakt zur Besprechung von geschäftlichen Fragen an.

Rückkehr- und Reintegrationsphase

Nicht vernachlässigt werden sollte die Rückkehr- und Wiedereingliederungsphase. Die Bestimmung des Rückkehrzeitpunkts kann nach vorgelegten Mustern der Entsendung erfolgen, also z.B. nach drei Jahren, oder individuell vereinbart werden. Der zentrale Punkt bei der Rückkehr ist die zur Verfügung Stellung einer auch aus Sicht des Entsandten adäquaten Position im Stammhaus. In vielen Fällen dürften die Erwartungen, was den hierarchischen Aufstieg betrifft, relativ hoch sein, da der ehemalige Entsandte für sich in Anspruch nimmt, dass er die Mühen eines Auslandsaufenthalts in Kauf genommen hat und auch fachlich und von den Führungsfähigkeiten her jetzt über Qualifikationen verfügt, die ihn für eine höhere Position prädestinieren. Hinzu kommt, dass

Positionen in kleineren Auslandsgesellschaften häufig mit höheren Entscheidungsbefugnissen verbunden sind, so dass es dem Rückkehrer schwer fallen kann, sich wieder in die enger zugeschnittenen Entscheidungsspielräume im Stammhaus einzufinden. Frustrationserlebnisse bis hin zur Kündigung kurze Zeit nach der Rückkehr können die Folge sein. Die kurzfristige Verlängerung des Auslandsaufenthalts oder das häufig praktizierte „Parken" des Entsandten in Spezialprojekten führen schnell zu einer Unzufriedenheit auf allen Seiten.

Ähnlich wichtig ist aber auch, dass im privaten Umfeld solche Frustrationserlebnisse vermieden werden. Wahrgenommene Unterschiede in der sozialen Stellung und damit verbunden in der Teilnahme am gesellschaftlichen Leben können bei einer Rückkehr in das Heimatland, die mit dem Wegfall von Privilegien auch materieller Natur verbunden sein kann, ursächlich für eine erhebliche Belastung der Beteiligten sein. Probleme bei der beruflichen Eingliederung des Partners und der schulischen Eingliederung der Kinder fördern diese Frustrationserlebnisse noch. Aus Unternehmenssicht ist daher besonders wichtig, dass früh genug der Rückkehrtermin festgelegt wird, um Eingliederungsmaßnahmen frühzeitig planen zu können.

Durch einen solchermaßen geplanten Prozess der Auslandsentsendung kann die Erfolgswahrscheinlichkeit eines Personaleinsatzes im Ausland in aller Regel erhöht werden (zu empirischen Ergebnissen vgl. z.B. Stahl 2002). Angesichts der hohen Relevanz der Ziele und der zum Teil hohen Kosten, die mit internationalen Entsendungen verbunden sind, erscheint ein solches explizites Management des Auslandseinsatzes dringend geboten.

4.6   Finanzierung im internationalen Unternehmen

4.6.1   Aufgaben eines internationalen Finanzmanagements und Organisation der Finanzabteilung

Generell, d.h. unabhängig von der internationalen Sichtweise, soll das Finanzmanagement das allgemeine Unternehmensziel – also z.b. die Wertmaximierung für die Anteilseigner – unterstützen. Wie in den meisten anderen Funktionen auch, zeigt sich dieses Ziel im internationalen Umfeld einer größeren Zahl von Einflussvariablen ausgesetzt, die die Aufgaben des internationalen Finanzmanagements komplexer werden lassen. Im Einzelnen sind als Aufgaben zu nennen (vgl. ähnlich Perlitz 2004, 467-468; Hill 2005, 668-669):

*   Erhöhung der Rentabilität:
    Eine Maximierung der Rentabilität in diesem Bereich wird durch die Minimierung der Kapitalkosten und die Maximierung des Kapitalertrags er-

reicht. So ist bei der Kapitalbeschaffung darauf zu achten, dass unterschiedliche Kostensätze auf den internationalen Finanzmärkten (vgl. zur Struktur und Funktionsweise dieser Märkte z.b. Wall/Rees 2004, 123-133; Perlitz 2004, 475-494) sowohl bei der Fremd- als auch bei der Eigenfinanzierung genutzt werden. Analoges gilt bei der Anlage von kurz- oder auch langfristigen Mitteln. National unterschiedliche Anlageinstrumente, divergierende kapitalmarktrechtliche Rahmenbedingungen, steuerliche Aspekte und Transaktionskosten sind sowohl auf der Beschaffungs- als auch auf der Anlageseite zu berücksichtigen.

- Sicherstellung der Liquidität:
Für die Muttergesellschaft, aber auch für jede Tochtergesellschaft im Ausland und Inland, muss jederzeit sichergestellt werden, dass die zur Verfügung stehenden Zahlungsmittel ausreichen, um die fälligen Verpflichtungen erfüllen zu können.

- Erhaltung der Unabhängigkeit:
Insbesondere der Einfluss der Fremdkapitalgeber kann sich beschränkend auf die Entscheidungsfreiheit des Managements, z.B. bei der Genese und Umsetzung von Strategien, bemerkbar machen. Das internationale Finanzmanagement kann die internationalen Finanzmärkte nutzen, um die Anzahl der Fremdkapitalgeber zu vergrößern und die Darlehenssumme einzelner Gläubiger zu vermindern, so dass die Einflussnahme eines einzelnen Gläubigers begrenzt bleibt.

- Risikomanagement:
Die aus den Maßnahmen zur Beschaffung, Investition und auch der Anlage von Kapitalmitteln resultierenden Risiken müssen ständig beobachtet und begrenzt werden. Die Nutzung von internationalen Finanzmärkten bietet zum einen die Chance, Risiken gemäß der Portfolioidee zu verteilen (vgl. im Detail dazu Abschnitt 2.6.4). Zum anderen entstehen z.b. durch offene Währungspositionen oder falsche Bonitätseinschätzung unbekannter Schuldner aber auch zusätzliche Risiken, die berücksichtigt werden müssen (vgl. dazu auch die Abschnitte 5.2 und 5.3).

Aus diesen Aufgabenbereichen lassen sich als wesentliche Aktivitätsfelder des internationalen Finanzmanagements das Cash Management, die Beschaffung und Verteilung bzw. Anlage des Kapitals im internationalen Unternehmen und die Absicherung von finanziellen Risiken aus der internationalen Geschäftstätigkeit identifizieren. Das letzte Aktivitätsfeld wird im Rahmen der Absicherung gegen Währungsrisiken in Kapitel 5, das sich mit dem generellen Risikomanagement in internationalen Unternehmen befasst, behandelt.

Bevor auf die anderen beiden Aktivitätsfelder, das Cash Management (vgl. Abschnitt 4.6.2) und die Verteilung der Kapitalressourcen (vgl. Abschnitt 4.6.4) eingegangen wird, wird der institutionelle Rahmen des internationalen Finanzmanagements deutlich gemacht. Dieser Rahmen wird im Wesentlichen bestimmt durch die *Organisation der Finanzabteilung* im internationalen Unternehmen. Das in Abschnitt 3.3.1 erläuterte organisatorische Grundsatzproblem der Zentralisierung versus Dezentralisierung stellt sich auch bei der Strukturierung der Finanzabteilung. Eine Zentralisierung würde im Finanzmanagement bedeuten, dass die Entscheidungskompetenzen bezüglich der finanziellen Fragen im Wesentlichen an einer Stelle im Unternehmen liegen, im Normalfall in der Finanzabteilung des Mutterunternehmens oder in einer Tochtergesellschaft, die als Finanzierungsgesellschaft dient. Es lassen sich folgende Argumente für eine solche zentrale Struktur finden (vgl. Hill 2005, 680; Wall/Rees 2004, 355):

- Nutzung von Volumeneffekten:
  Die zentralisierte Verhandlung über Kredite, die dann ein höheres Volumen aufweisen, kann zu günstigeren Konditionen führen und auch Transaktionskosten sparen, da nur einmal über die Bedingungen verhandelt werden muss. Ein größeres Volumen bedeutet in vielen Fällen eine größere Verhandlungsmacht. Analog können zentral gesammelte Anlagebeträge auf Grund ihres höheren Volumens auch zu besseren Anlagekonditionen führen.

- Erfahrungs- und Professionalisierungseffekte:
  Die Besetzung der (wenigen) Stellen in der zentralen Finanzabteilung mit hochprofessionellen Finanzmarktexperten, die die Bandbreite der internationalen Finanzierungsinstrumente überblicken und gezielt einsetzen können, führt zu einer höheren Effizienz bei der Ausnutzung von Finanzmarktbedingungen. Die Globalisierung und die starke Ausweitung des Angebots von teilweise komplexen Instrumenten zur Unternehmensfinanzierung erfordern eine hohe Expertise und die konzentrierte Beschäftigung mit diesen Entwicklungen.

- Flexibilität:
  Eine zentrale Marktbeobachtung macht eine schnelle und flexible Reaktion auf die Änderung von Finanzmarktbedingungen und das Auftreten von Risiken unternehmensweit möglich. So können z.B. erhöhte Länderrisiken sehr schnell in der Disposition anzulegender Mittel berücksichtigt werden.

- Kontrolle:
  Über die zentrale Finanzabteilung kann die Unternehmensleitung eine effektive Kontrolle über die Verwendung der liquiden Mittel ausüben und

zugleich aktuelle Informationen über den Cashbestand und auch über das aktuelle finanzielle Risikoprofil des Unternehmens erlangen.

Diesen positiven Effekten aus einer Zentralisierung stehen Vorteile gegenüber, die mit einer eher dezentralen Struktur einhergehen:

- Lokale Finanzierungsbesonderheiten:
  Trotz des zunehmenden Zusammenwachsens der internationalen Finanzmärkte bestehen immer noch lokale Spezifitäten insbesondere bezüglich der Finanzierung des laufenden Geschäfts oder der Notwendigkeiten zur Bereithaltung von liquiden Mitteln. Diese Besonderheiten werden in der Zentrale nicht oder nur verspätet wahrgenommen, was die Geschäftstätigkeit der Auslandsgesellschaft erschwert.

- Reaktionsfähigkeit auf lokale Veränderungen:
  Das lokale Management kann auf Änderungen auf den lokalen Finanzmärkten schnell reagieren. Das Durchlaufen einer „Entscheidungsbürokratie" in der Zentrale kostet Zeit.

- Motivation des lokalen Managements:
  Eine Zentralisierung der Entscheidungen über die erwirtschafteten Finanzmittel beraubt das lokale Management der Kontrolle über die eigenen Finanzmittel, was insbesondere bei Auslandsgesellschaften, die als Profit Center mit Ergebnisverantwortung geführt werden, dem grundlegenden Strukturierungsprinzip widerspricht. Negative Motivationseffekte bis hin zu ineffizienten Ausweichhandlungen, wie das suboptimale zeitliche Verschieben oder das „Verstecken" von Cash Flows können die Folge sein.

Die genannten Vorteile und auch die Möglichkeiten der modernen Kommunikationstechnologie (vgl. Abschnitt 3.5) in Bezug auf den täglichen internationalen kostenminimalen Transfer von liquiden Mitteln haben zu einer stärkeren Zentralisierung der Finanzentscheidungen geführt. Der letztendliche Grad der „optimalen" Zentralisierung hängt dabei nicht zuletzt auch von den Besonderheiten der Rahmenbedingungen der Finanzierung in dem jeweiligen Land ab (vgl. Wall/Rees 2004, 355).

4.6.2 Internationales Cash Management

Das internationale Cash Management umfasst die Disposition der Kassenbestände auf Gesamtunternehmensebene (vgl. Perlitz 2004, 504). Die liquiden Mittel sollen so allokiert werden, dass die Zahlungsfähigkeit einer jeden Einheit des internationalen Unternehmens sichergestellt ist. Subziele des internationalen Cash Managements bestehen darin, überschüssige liquide Mittel im Unternehmen möglichst gewinnbringend anzulegen bzw. kurzfristige Defizite an liquiden Mittel möglichst kostenminimal zu überwinden.

Eine wichtige Voraussetzung für das internationale Cash Management ist die zeitnahe Versorgung der Cash Management-Stelle mit Informationen über die liquiden Mittel und deren Verteilung im internationalen Unternehmen. Die Kenntnis aller Konten des Unternehmens weltweit, die aktuell getätigten Zahlungen bzw. Geldeingänge auf diesen Konten und auch die auf den Konten des Unternehmens in naher Zukunft zu erwartenden Ein- und Ausgänge von liquiden Mitteln sind wichtige Dispositionsinformationen. Ein solches Informationssystem zum Cash-Management muss, und das ist die zweite wesentliche Voraussetzung für ein internationales Cash Management, ergänzt werden durch ein schnelles und kostengünstiges Cash-Transfer-System. Dieses muss es ermöglichen, mindestens arbeitstäglich, evtl. auch öfter, einen internationalen Transfer von Geldbeständen durchzuführen, um die Disposition und Weiterverwendung von liquiden Mitteln an verschiedenen Stellen im internationalen Unternehmen zu ermöglichen. Durch den Online-Transfer von Geld und die Internet-basierte Überweisungsmöglichkeit, die auch im internationalen Umfeld eingeführt ist, stellt der Aufbau eines derartigen Transfer-Systems für internationale Unternehmen aus technischer Sicht normalerweise kein Problem dar.

Eine im Vergleich zum nationalen Cash Management zusätzliche Schwierigkeit ergibt sich durch Geldbestände, die in verschiedenen Währungen vorliegen. Bei einer Tätigkeit in mehreren Währungszonen dürfte dies regelmäßig der Fall sein. Unterschiedliche Währungen stellen zum einen ein Risiko dar, das sich beim zeitversetzten Umtausch in die heimische Währung ergibt (vgl. im Detail dazu Abschnitt 5.3.2.3). Eine weitere Schwierigkeit, die allerdings zunehmend seltener auftritt, sind Transferbeschränkungen von Geldmitteln über Landesgrenzen hinweg, die von Regierungen im Rahmen einer Devisenbewirtschaftung vorgenommen werden.

Die wichtigsten Aktivitäten im internationalen Cash Management sind das Cash Pooling und das Netting. Das *Cash Pooling* zeichnet sich dadurch aus, dass alle überschüssigen Mittel von Tochtergesellschaften im In- und Ausland an einer zentralen Stelle im Unternehmen gesammelt werden. Dies erfolgt bei gut ausgebauten Pooling-Systemen arbeitstäglich. Aus dem entstehenden zentralen Bestand werden an diejenigen Gesellschaften, die einen aktuellen Bedarf an liquiden Mitteln haben, kurzfristige Kredite vergeben. Der Zinssatz wird unternehmensintern festgelegt. Bleiben Mittel übrig, werden diese an den internationalen Finanzmärkten angelegt. Ergibt sich ein Defizit, werden die Mittel an diesen Märkten kostenminimal beschafft. Abbildung 4-23 macht den Zusammenhang deutlich.

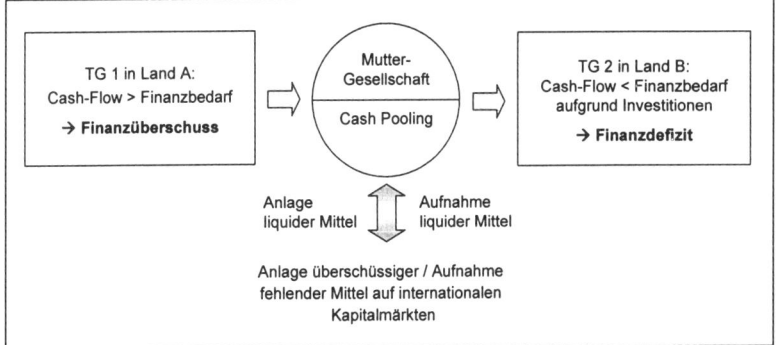

Abb. 4-23: *Internationales Cash Pooling (Quelle: in Anlehnung an Perlitz 2004, 471)*

Multilaterales Netting, auch als Clearing bezeichnet, beschreibt eine unternehmensinterne Verrechnung von Forderungen und Verbindlichkeiten zwischen Tochtergesellschaften. Auslandsgesellschaften eines internationalen Unternehmens stehen sehr häufig miteinander in Geschäftsbeziehungen. Zulieferungen von Vorprodukten zur Weiterverarbeitung oder auch von Endprodukten zum Vertrieb auf dem lokalen Markt zwischen den Tochtergesellschaften im In- und Ausland lassen Forderungen und Verbindlichkeiten entstehen. Es spart Transaktionskosten, wenn diese Forderungen und Verbindlichkeiten von einer zentralen Stelle aufgerechnet werden. Letztendlich beglichen wird zwischen den Gesellschaften nur die Nettoposition, die sich als Ergebnis des Netting ergibt. Insofern kann das multilaterale Netting als der Prozess der Bestimmung der Nettoforderungen- bzw. -verbindlichkeitenposition einer Tochtergesellschaft aus internationalen Transaktionen definiert werden. Das Ergebnis eines solchen Nettings kann anhand des folgenden Beispiels deutlich gemacht werden (vgl. ähnlich z.B. Rugman/Hodgetts 2004, 395; Hill 2005, 682). Tabelle 4-10 enthält die Forderungen und Verbindlichkeiten mehrerer Auslandsgesellschaften eines internationalen Unternehmens und die sich daraus ergebende Nettoposition.

Auslandsgesellschaft	Forderungen in Euro	Verbindlichkeiten in Euro	Nettoposition in Euro
USA	300.000	225.000	75.000
Chile	125.000	150.000	-25.000
Japan	200.000	275.000	-75.000
Mexiko	225.000	200.000	25.000

Tab. 4-10: *Netto Cash-Position von Auslandsgesellschaften (Quelle: Rugmann/Hodgetts 2004, 395)*

Bei einer Begleichung jeder Forderung und jeder Verbindlichkeit würden sich die in Abbildung 4-24 gezeigten Zahlungsströme ergeben.

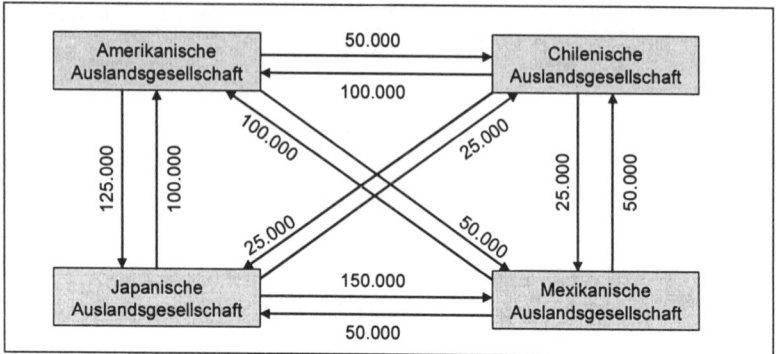

Abb. 4-24: *Multilaterale Zahlungsströme zwischen den Auslandsgesellschaften ohne „Netting" (Quelle: Rugmann/Hodgetts 2004, 395)*

Durch das „Netting" werden nur mehr die Nettopositionen beglichen (vgl. Abbildung 4-25).

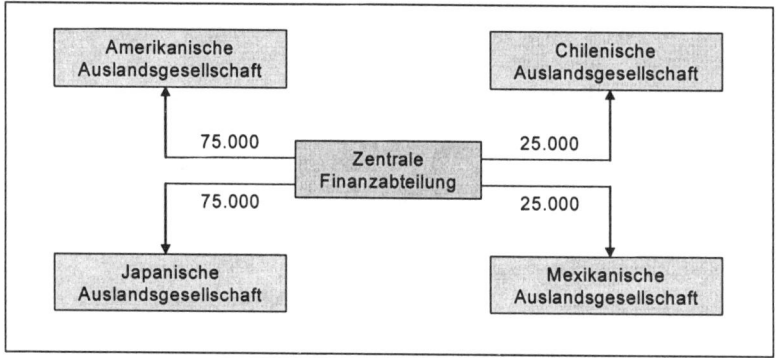

Abb. 4-25: *Zentralisierter „Netting"-Prozess (Quelle: Rugmann/Hodgetts 2004, 395)*

Letztendlich durchgeführt wird das Netting von einer zentralen Finanzabteilung, die die Nettopositionen der Auslandsgesellschaften in bestimmten Zeiträumen feststellt und die zentralen Konten der Auslandsgesellschaften belastet oder ihnen gutschreibt. Es ergeben sich mehrere Vorteile aus einem solchen Prozess:

• Sicherstellung eines schnellen Zahlungsausgleichs im Konzern:
  Die Zentrale kann durch das Netting garantieren, dass jede Auslandsgesellschaft ihren Zahlungsverpflichtungen im Unternehmen schnell nachkommt.

Damit wird verhindert, dass mit Auslandsgesellschaften, die sich Zeit lassen mit der Begleichung von Rechnungen, keine internen Geschäfte mehr getätigt werden (vgl. Rugman/Hodgetts 2004, 396).

• Kontrolle durch die Zentrale:
Durch die Beobachtung der Entwicklung der Forderungen und Verbindlichkeiten hat die zentrale Finanzabteilung jederzeit die Möglichkeit, diejenigen Auslandsgesellschaften zu identifizieren, die Cash anhäufen und auch diejenigen, die Cash verbrauchen. Daraus ergeben sich wichtige Informationen z.b. für die Allokation von Finanzmitteln und generell für die strategische Ausrichtung des Unternehmens.

• Minimierung der Kosten für den Währungsumtausch:
Der zentrale Cash Manager kennt die Positionen in einer Währung und kann durch den einmaligen Umtausch einer großen Menge die Kosten senken.

• Minimierung der Transaktionskosten:
Durch die zentrale Verrechnung entfallen die Kosten für den internationalen Transfer der Geldmittel zwischen den Auslandsgesellschaften.

Auslandsgesellschaften wird durch dieses zentrale Netting allerdings ein wesentlicher Entscheidungsspielraum beim Cash Management genommen. Die Möglichkeit, durch Verzögerung der Zahlung einen Cash-Engpass zu überwinden und keinen Kredit in Anspruch nehmen zu müssen, ist nicht mehr gegeben, weswegen aus Sicht der Auslandsgesellschaften, vor allem derjenigen, die einen starken Netto-Cash-Abfluss haben, dieses System auch Nachteile hat.

4.6.3 Transferpreise

Zwischen organisatorischen Einheiten eines Unternehmens gibt es regelmäßig einen Austausch von Gütern und Dienstleistungen. Dies gilt auch und gerade für die Beziehungen des Stammhauses zu den sowie zwischen den Auslandsgesellschaften. Die Zulieferung von Halbfertigprodukten zur weiteren Verarbeitung, z.B. zur Anpassung an technische Gegebenheiten im Auslandsmarkt, oder die Belieferung der lokalen Vertriebsgesellschaften sind Beispiele für einen solchen Austausch. Für diesen Güter- und Dienstleistungsaustausch müssen Preise festgesetzt werden. Diese bezeichnet man als internationale Transfer- oder auch Verrechnungspreise. Sie können definiert werden als Bewertung von Leistungen (Lieferungen, Überlassung von Gütern, Dienstleistungen etc.), die zwischen organisatorischen Einheiten von Unternehmen, die sich in unterschiedlichen Ländern befinden, ausgetauscht werden. Abbildung 4-26 macht die Beziehung deutlich.

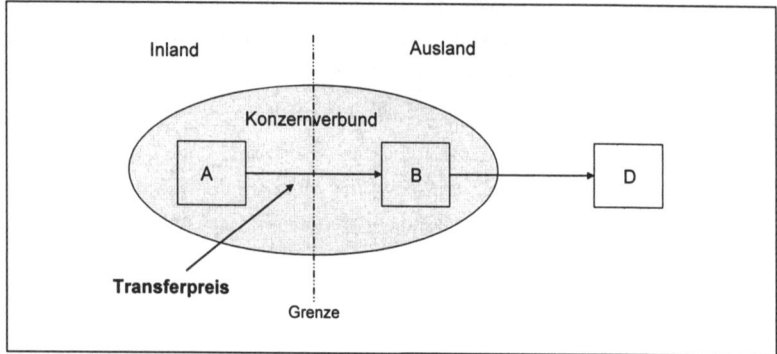

Abb. 4-26: Internationale Transferpreise

Diese Transferpreise erfüllen mehrere Funktionen:

• Wertbemessungsfunktion:
  Mit dem Transferpreis wird der Wert grenzüberschreitender Leistungen festgelegt. Dies hat z.b. gesamtwirtschaftliche Auswirkungen auf die Leistungsbilanz eines Landes, da auch die unternehmensintern ausgetauschten Leistungen als Export/Import gelten. Einzelwirtschaftlich gesehen sind sie Bemessungsgrundlage für Importzölle oder Exportsubventionen.

• Lenkungsfunktion:
  Die Steuerung der Auslandsgesellschaften und die Anreizsysteme für das Management dort können über die Setzung der Preise für die Zulieferungen beeinflusst werden.

• Gewinnverlagerungsfunktion:
  Die wichtigste Funktion internationaler Transferpreise wird häufig in der Beeinflussung des bei den einzelnen Auslandsgesellschaften ausgewiesenen Gewinns gesehen: durch die gezielte Festlegung der Transferpreise ist es innerhalb bestimmter Grenzen möglich, den Gewinn zwischen den am konzerninternen Handel beteiligten Gesellschaften aufzuteilen bzw. zu verlagern. Dieser Gewinnverlagerungseffekt kann genutzt werden, um den Gewinnausweis bei einer der beteiligten Konzerngesellschaften aus bilanzpolitischen Gründen zu reduzieren bzw. zu erhöhen, die Bemessungsgrundlage für Gewinnsteuern in einem hoch besteuernden Land zugunsten des Gewinns in einem Niedrigsteuerland zu verkürzen, einer finanziell angespannten oder notleidenden Konzerngesellschaft latent Eigenkapital zuzuführen (vgl. Blödorn 1998, 349) oder das durch staatliche Transferbeschränkungen, etwa durch Verbot oder Beschränkung der Gewinnausschüttung, blockierte Kapital zu verlagern.

Besonders die letztgenannte Möglichkeit des gezielten Einsatzes der internationalen Transferpreise zur Steuerreduzierung im Gesamtunternehmen wird vor allem von den Regierungen der hoch besteuernden Länder als Gefahr für die Einnahmenseite ihrer Budgets gesehen. Aus diesem Grund ist durch internationale Abkommen vorgeschrieben, wie die Festlegung der unternehmensinternen Transferpreise bei internationalem Austausch zu erfolgen hat. Grundsätzlich sollen die Transferpreise nach dem „at arm's length principle" (ALP) festgelegt werden. Dieses Prinzip besagt, dass für grenzüberschreitende Lieferungen und Leistungen zwischen Konzerngesellschaften der Preis anzusetzen ist, der zwischen voneinander unabhängigen Unternehmen vereinbart worden wäre (vgl. Article 9 of the OECD Model Tax Convention; § 1 (1) AStG [Berichtigung von Einkünften]). Dieses ALP hat sich als internationaler Standard der OECD-Mitglieder für die Verwendung von Transferpreisen etabliert. Die Umsetzung des Prinzips und der von der OECD verabschiedeten Richtlinien erfolgt auf der Basis nationalen Rechts. Trotz gemeinsamer Prinzipien bestehen daher in der praktischen Anwendung zum Teil erhebliche Unterschiede. Als Methoden zur Festlegung der Transferpreise sind grundsätzlich zulässig (vgl. zur detaillierten Berechnung Blödorn 1998, 351):

- Marktorientierte Transferpreise:
  Der Marktpreis bietet sich an, wenn das zu bewertende Gut auch auf unternehmensexternen Märkten gehandelt wird, da dann ein Vergleichspreis zur Verfügung steht. Ein modifizierter Marktpreis ergibt sich, wenn vom externen Marktpreis diejenigen Kosten, die unternehmensintern nicht anfallen, wie z.B. bestimmte Absatz- oder Marketingkosten, abgezogen werden (Comparable Uncontrolled Pricing Method).

- Wiederverkaufspreismethode:
  Ausgangspunkt hier ist der Absatzpreis der belieferten Konzerngesellschaft. Davon wird eine angemessene Handelsspanne abgezogen, aus der Kosten und Gewinn des Wiederverkäufers zu decken wären (Resale Pricing Methode).

- Kostenorientierte Transferpreise:
  Hier werden die Selbstkosten der liefernden Konzerngesellschaft als Ausgangspunkt verwendet. Zu diesen Selbstkosten wird eine branchenübliche Gewinnspanne addiert (Cost-plus Pricing Method).

- Ausgehandelte Preise:
  Hier findet eine freie Vereinbarung zwischen den unmittelbar am Leistungsaustausch beteiligten Konzerngesellschaften statt, wobei allerdings ein funktionierender Markt gegeben sein muss und nicht Machtbeziehungen ein Preisdiktat einer Seite ermöglichen.

Die Orientierung an Marktpreisen unterstützt eine effiziente Ressourcennutzung am besten und bietet sich insbesondere dann an, wenn die Auslandsgesellschaften als Profit-Center geführt werden. Dieses Konzept kommt auch dem ALP am nächsten. Das Hauptproblem besteht darin, dass ein Markt für die fraglichen Zwischenprodukte nicht immer vorhanden ist. Außerdem können die Transferpreise dann nicht mehr genutzt werden, um strategische Ziele in einem Auslandsmarkt, wie z.b. die Eroberung eines größeren Marktanteils und diesbezügliche Unterstützung durch niedrige Transferpreise, zu erreichen.

Die Orientierung an Kostenkonstrukten hat indes einfach festzulegende Preise zur Folge, da diese auf verfügbaren Daten basieren. Sie sind auch vor Steuerbehörden leicht zu rechtfertigen. Allerdings hat diese Art der Festlegung geringe Anreize zur Kostenkontrolle zur Folge, und die Angebots- und Nachfragebeziehungen werden vernachlässigt. Auch hier ergeben sich, wie oft bei der kostenorientierten Preisfestlegung, Schlüsselungsprobleme bei Gemeinkosten.

4.6.4 Kapitalstrukturpolitik im internationalen Unternehmen

Die Kapitalstrukturpolitik beschäftigt sich, vereinfacht ausgedrückt, mit der Bestimmung der optimalen Eigen-/Fremdkapitalrelation eines Unternehmens. Die Kapitalstruktur bezeichnet die Art und Weise der Finanzierung der Geschäftstätigkeit eines Unternehmens (vgl. im Detail dazu z.b. Drukarczyk 2003, 264-287). Eigenkapital wird von den Anteilseignern bereitgestellt. Diese fordern eine risikoadäquate Verzinsung ihres eingesetzten Kapitals über Rückflüsse aus Kurssteigerungen oder in Form von Dividenden. Fremdkapital wird von Finanzierungsgesellschaften, in den meisten Fällen von Banken, geliehen und ist zum festgelegten Zeitpunkt zu tilgen und über die Laufzeit hinweg zu verzinsen. Das Verhältnis von Eigen- zu Fremdkapital gibt die Kapitalstruktur des Unternehmens an.

Eine hohe Eigenkapitalquote impliziert geringe Zinszahlungen an die Fremdkapitalgeber. Außerdem sehen Zulieferer und Kunden, dass die Finanzausstattung mit Risiko tragendem Kapital gut ist, was das Vertrauen in ein langfristiges Überleben des Unternehmens stärkt. Allerdings fordern die Anteilseigner auf Grund des von ihnen übernommenen Risikos auch eine im Vergleich zum Fremdkapital höhere Verzinsung. Eine hohe Fremdkapitalquote, also ein Unternehmen mit einem starken „leverage", ersetzt teures Eigenkapital durch billigeres Fremdkapital. Allerdings müssen damit relativ hohe Zinszahlungen getätigt werden, und bei hohem Fremdkapitalanteil kann das Vertrauen in das langfristige Überleben des Unternehmens gefährdet sein.

Für ein international tätiges Unternehmen ergibt sich eine spezielle Frage hinsichtlich der Kapitalstruktur. Sie lautet: Mit welcher Kapitalstruktur sollen die einzelnen Auslandsgesellschaften ausgestattet werden?

Es gibt keine allgemein gültige Antwort auf diese Frage. Vielmehr gibt es neben den allgemeinen Einflussfaktoren auf die Kapitalausstattung (vgl. dazu z.b. Drukarczyk 2003, 264-265) für eine Auslandsgesellschaft eine Reihe individuell zu berücksichtigender Faktoren, die die Entscheidung einzelfallspezifisch machen:

- Politische Stabilität und Rechtssicherheit:
  Die Ausstattung mit Eigenkapital kann umso größer sein, je größer die Zuverlässigkeit des politischen und rechtlichen Systems im Ausland ist. Die Gefahr, dass das haftende Eigenkapital durch eine Verschlechterung der politischen Rahmenbedingungen verloren geht oder zumindest dem Zugriff des Unternehmens entzogen wird, ist bei einer stabilen Lage gering. Erhöhte Kapitalverkehrsbeschränkungen z.b. könnten den Rücktransfer des Eigenkapitals oder die Verzinsung daraus gefährden.

- Sicherung der Kreditwürdigkeit der Tochtergesellschaft:
  Geschäftspartner im Ausland legen Wert auf eine gute Ausstattung der Auslandsgesellschaft mit Eigenkapital, da so die Kreditwürdigkeit gesichert ist. Eine Orientierung an den lokal üblichen Eigenkapitalquoten verhindert Wettbewerbsnachteile der Tochter im Ausland. Allerdings kann dieses Problem auch über Bürgschaften oder Patronatserklärungen, bei denen die Mutter für die Verbindlichkeiten der Tochter eintritt, gelöst werden.

- Steuerliche Überlegungen:
  Je nach Ausgestaltung des Steuersystems des Auslands bzw. des Stammlands können der Transfer und die Verzinsung des Eigenkapitals ins Ausland günstig oder nachteilig sein.

- Erhöhung des Wertbeitrags der Auslandsgesellschaften durch „leverage":
  Wie oben erläutert, kann Eigenkapital zumindest bis zu einer gewissen Grenze durch billigeres Fremdkapital ersetzt werden, was insgesamt gesehen zu einer erhöhten Wertschaffung durch die Auslandsgesellschaft führen kann.

- Vereinheitlichung der Kapitalstruktur des Konzerns:
  Die Steuerung und Kontrolle wie auch die Entwicklung von international vergleichbaren Anreiz- und leistungsbezogenen Entgeltsystemen für das Management der Auslandsgesellschaften fällt bei einer einheitlichen Ausstattung der Töchter mit Eigenkapital leichter.

Ist einzelfallspezifisch die Kapitalstruktur festgelegt, so ist die Entscheidung über die Quelle des Eigen- bzw. Fremdkapitals zu treffen. Tabelle 4-11 zeigt die grundsätzlichen Möglichkeiten, aus welchen Quellen eine Auslandsgesellschaft finanziert werden kann.

Eigenkapital	Fremdkapital
1. von der Muttergesellschaft	1. von der Muttergesellschaft
2. von einem Joint Venture Partner aus dem Land der Muttergesellschaft oder der Auslandsgesellschaft oder über eine lokale Börseneinführung	2. Bankkredit oder Anleihe im Land der Muttergesellschaft oder der Auslandsgesellschaft
3. aus einem Drittland, z.B. bei Börseneinführung am Euro-Aktienmarkt	3. Bankkredit, Anleihe, Konsortialdarlehen oder Euro-Anleihe aus einem Drittland

Tab. 4-11: Finanzierungsquellen ausländischer Tochtergesellschaften (Quelle: Czinkota/Ronkainen/Moffet 2002, 429)

Die Finanzierungsentscheidung ist schließlich unter Berücksichtigung der Sicherstellung von Einflussmöglichkeiten auf die Auslandsgesellschaft und unter Kapitalkostengesichtspunkten zu treffen.

4.7 Internationales Controlling

4.7.1 Aufgaben und Besonderheiten des internationalen Controllings

Controlling umfasst die Koordination der Planung und der Kontrolle sowie die Informationsversorgung des Führungssystems des Unternehmens (vgl. allgemein zu Controlling z.B. Weber 2004; Freidank/Mayer 2003; Hahn/Hungenberg 2001). Die Definition zeigt die Breite der Aufgaben und Inhalte des Controllings in Unternehmen. Eine wichtige grundsätzliche Unterscheidung besteht in der Differenzierung zwischen einem strategischen und einem operativen Controlling (vgl. im Detail dazu z.B. Horvath 2003, 254). Das strategische Controlling unterstützt die strategische Planung vor allem auf der informatorischen Seite, während das operative Controlling auf Steigerung der Effizienz der betrieblichen Abläufe ausgerichtet ist.

Für ein Unternehmen, das in mehreren Ländern tätig ist, ergeben sich für das Controlling zusätzliche Aufgaben aus der Integration der Auslandsgesellschaften in das Controllingsystem. Wichtige Aufgaben eines internationalen Controllings sind dementsprechend (vgl. ähnlich Perlitz 2004, 572; Blödorn 1998, 305-307; allgemein zu internationalem Controlling z.B. Becker 2005):

- Abstimmung der Finanz- und Wertsteigerungsziele sowie der Leistungsziele und -pläne der Auslandsgesellschaften mit den Zielen und Plänen des Gesamtunternehmens (vgl. Pohle 2002, 1088),

- Kontrolle der Zielerfüllung der Auslandsgesellschaften und gegebenenfalls Einleitung von Korrekturmaßnahmen,

- Aufdecken von Stärken und Schwächen und Überprüfung der strategischen Positionierung der Auslandsgesellschaften im lokalen Markt und im Portfolio des internationalen Unternehmens,

- Unterstützung der Auslandsgesellschaften mit Führungsinformationen und betriebswirtschaftlicher Beratung,

- Sicherstellung konzerneinheitlicher Entscheidungsverfahren.

Es zeigt sich, dass die Integration der Auslandsgesellschaften in das Controllingsystem zu einer deutlich erhöhten Komplexität führt. Erstens deswegen, weil eine größere Zahl von Einheiten einem Controlling unterzogen werden muss. Zum zweiten, weil sich inhaltlich neue Herausforderungen stellen. Im Wesentlichen sind hier zu nennen (vgl. z.B. Berens/Dörges/Hoffjan 2000):

- Unterschiedliche Rollen und Strategien der ausländischen Auslandsgesellschaften:
  Wie in Abschnitt 3.4 deutlich geworden ist, weisen Auslandsgesellschaften sehr stark differierende Rollen auf, z.b. was die strategische Aufgabe betrifft. Dies führt auch zu anderen Anforderungen an die Controllinginstrumente.

- Unterschiedliche Bearbeitungsphasen der ausländischen Märkte:
  Nicht nur die Aufgaben der Auslandsgesellschaften, auch die Märkte selbst, in denen sie sich bewegen, können stark unterschiedlich sein. Ein junger Markt in einem Schwellenland mit hohen Wachstumsraten unterscheidet sich wesentlich von einem reifen Markt, in dem es vor allem um eine Verteidigung des Marktanteils geht.

- Unterschiedliche Rechnungslegungssysteme:
  Diese Unterschiede führen zu einer heterogenen lokalen Informationslage für das internationale Controlling, die bei der Aggregation der Daten berücksichtigt werden muss.

- Schwierigere Informationsbeschaffung und häufig fehlende Vergleichbarkeit der Daten:
  Gerade im strategischen Bereich und bei der Marktanalyse ist die Heterogenität der Daten in vielen Fällen so groß, dass eine Vergleichbarkeit nicht gegeben ist.

- Zusätzliche Risikokomponenten:
  Das Länderrisiko, die Wechselkursschwankungen oder auch die Inflation
  stellen Risikokomponenten dar, auf die das nationale Controlling häufig nur
  am Rande Notiz nehmen muss, die aber im internationalen Umfeld zentral
  sein können.

- Kulturelle Unterschiede bei Kontrollaktivitäten:
  Die Koordination und Überwachung durch Controller aus der Zentrale wird
  in unterschiedlichen Kulturkreisen verschieden akzeptiert. Dies sollte berücksichtigt werden, ohne dass dabei die Controllingaufgabe für die jeweilige Auslandsgesellschaft verletzt wird.

Für diese besonderen Anforderungen werden spezifische Controllinginstrumente benötigt, die im nächsten Abschnitt thematisiert werden.

4.7.2 Instrumente des internationalen Controllings

Wie oben beschrieben, stellen die Auslandsgesellschaften die zentralen Objekte
des Controllings in internationalen Unternehmen dar. Es kommt also darauf an,
Instrumente zu finden, mit denen diese Auslandsgesellschaften in ihrer Planung
und Leistung eingeschätzt werden können.

Eine wichtige Strömung der letzten Jahre in der Betriebswirtschaftslehre generell und auch im Internationalen Management ist die Orientierung am *Wertma-
nagement* als die relevante Zielgröße für die Führung von Unternehmen (vgl.
z.B. Rappaport 1998; Weber et al. 2004; Copeland/Koller 2000). Dem Controlling kommt dabei die Aufgabe zu, die Wertsteigerung im Unternehmen durch
die Konstruktion von geeigneten Kennzahlen zu unterstützen und zu kontrollieren (für einen Überblick zu diesen Kennzahlen vgl. z.B. Reichmann 2006; Weber et al. 2004; allgemein zu Kennzahlen im Controlling vgl. z.B. Gladen
2005). Das internationale Controlling hat vor diesem Hintergrund zu überprüfen, ob und wenn ja in welchen Ausmaß die Auslandsgesellschaften zu einer
Wertsteigerung des Gesamtunternehmens beitragen, und ob es noch zusätzliche
Wertsteigerungspotenziale gibt.

Die instrumentelle Basis für die Berechnung der „Wertschaffung" von Auslandsgesellschaften bilden Barwertverfahren (vgl. allgemein dazu z.B. Götze
2006; Drukarczyk 2003, 157-161). Insbesondere die Diskontierung der zu erwartenden freien Cash Flows (discounted cash flow-Verfahren) ist geeignet,
den Wertbeitrag einer Auslandsgesellschaft zu bestimmen (vgl. zur Durchführung und den Vor- und Nachteilen des DCF-Verfahrens z.B. Herter 1994). Im
Einzelnen ist folgendermaßen vorzugehen:

1. Entwicklung eines Geschäftsplans für die Auslandsgesellschaft, für die der Wert bestimmt werden soll.

2. Berechnung der Free-Cash-Flow-Reihe für die Auslandsgesellschaft aus dem Geschäftsplan (zur Berechnung der Free-Cash-Flow-Reihe vgl. z.B. Perlitz 2004, 585).

3. Berechnung des Barwerts der Free-Cash-Flows der Auslandsgesellschaft nach der Formel:

$$SV = \sum_{t=1}^{n} \frac{CF_t}{(1+i)^t} + \frac{TV_n}{(1+i)^n}$$

mit V = Wert der Auslandsgesellschaft; CF_t = Cash Flow Periode t; i = Diskontierungssatz; TV_n = Terminal Value (Endwert) in Periode n mit $TV_n = \frac{CF_{n+1}}{i}$.

Der Diskontierungssatz i repräsentiert ökonomisch gesehen die Rendite einer alternativen Anlage. Der Wert der Auslandsgesellschaft ergibt sich nach dem in Abbildung 4-27 dargestellten Schema, wobei hier unterstellt wird, dass zunächst für fünf Perioden diskret geplant und dann ein Endwert berechnet wird.

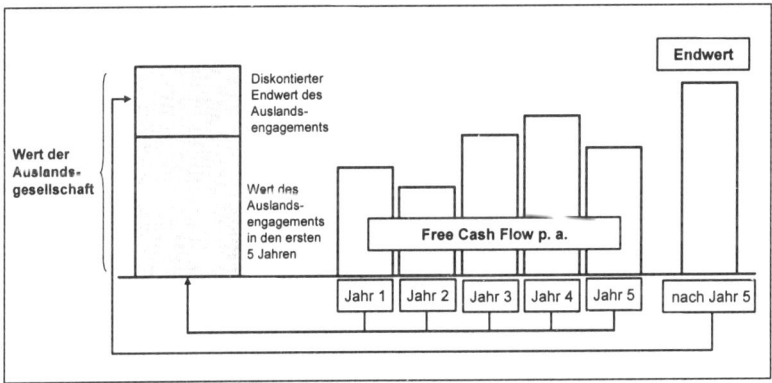

Abb. 4-27: Wertbestimmung einer Auslandsgesellschaft

Der sich ergebende Wert ist für sich genommen noch nicht sehr aussagekräftig. Zum einen müssen Sollgrößen geschaffen werden, mit denen der für eine Periode erreichte Ist-Wert verglichen wird (vgl. Pausenberger 2002, 1170). Über die Vorgabe von Sollgrößen zur Wertsteigerung ist die Planerfüllung als Basis z.B. für die Entlohnung des Managements gegeben. Betrachtet man die Wertschaffung für mehrere Perioden, führt man also eine Dynamisierung durch, so kann die Leistung des Managements in der Auslandsgesellschaft, was die Schaffung von Wert über die geforderten Kapitalkosten hinaus betrifft, auch im

Zeitablauf gemessen werden. Ein weiterer Vorteil besteht darin, dass jede strategische und operative Maßnahme bei diesem Ansatz an ihrem Beitrag zur Wertsteigerung gemessen werden kann. Auch langfristige Beiträge von Maßnahmen können berücksichtigt werden.

Die Nachteile dieses kapitalmarkttheoretisch gut fundierten Instruments liegen vor allem in der Operationalisierung der in die Berechnung eingehenden Größen. Die Prognose der Cash Flows kann nur ungenau sein und ist damit auch bewussten oder unbewussten manipulativen Tendenzen ausgesetzt. Zur Bestimmung der Höhe des Kalkulationszinssatzes gibt es inzwischen zwar ein vielfältiges Instrumentarium (vgl. z.B. Götze 2006). Allerdings bestehen gerade für Auslandsgesellschaften nach wie vor Unsicherheiten über die angemessene Höhe, was unter anderem an den Zuschlägen für mögliche Länderrisiken liegt (vgl. Richter/Gröniger 2000, 308-313).

Das vorgestellte Instrument zur Bestimmung des Wertbeitrages einer Auslandsgesellschaft setzt an den finanziellen Ergebnissen des internationalen Geschäftes an. Zur konkreten Initiierung von Verbesserungsmaßnahmen ist es aber nötig, dass das Controlling auch über Kennzahlen zur *Messung der operativen Leistungsfähigkeit der Auslandsgesellschaften* verfügt. Ein Instrument, das sich hier in den letzten Jahren etabliert hat und auch auf den internationalen Bereich angewendet werden kann, ist die *Balanced Score Card* (BSC) (vgl. allgemein dazu Kaplan/Norton 1993; 1997). Abbildung 4-28 zeigt das Grundgerüst der BSC.

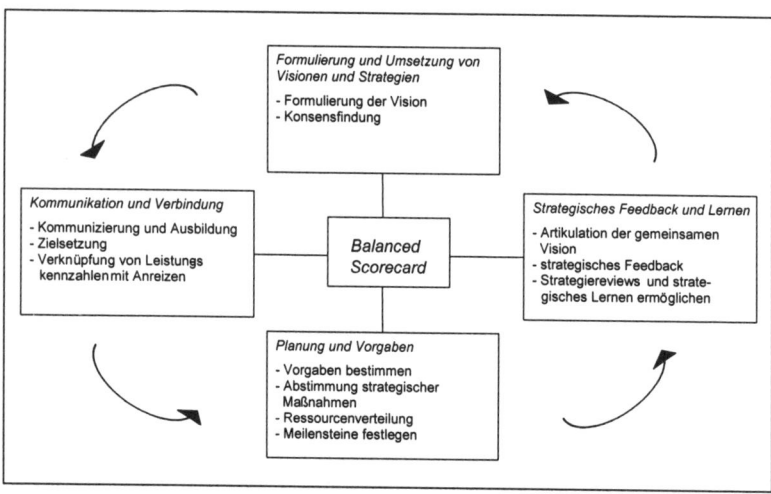

Abb. 4-28:   Die Balanced Score Card (Quelle: Kaplan/Norton 1997, 10)

Die BSC erweitert die Kriterien, die zum Controlling, in diesem Fall einer Auslandsgesellschaft, verwendet werden, über die rein finanzielle Betrachtung hinaus. Jede der vier Perspektiven wird anhand der in Abbildung 4-29 enthaltenen Kriterien operationalisiert.

Bei der Übertragung dieses Instruments auf die Steuerung von ausländischen Tochtereinheiten ergeben sich einige Probleme, die die Leistungsfähigkeit der BSC im internationalen Umfeld einschränken:

• Spezifische Umweltgegebenheiten und -beziehungen einer Auslandsgesellschaft:
  Diese Perspektive muss in der BSC noch ergänzt werden (vgl. Berens/Dörgens/Hoffjan 2000, 34). Die Rahmenbedingungen im internationalen Umfeld schaffen teilweise stark unterschiedliche Handlungsnotwendigkeiten, die mit einer undifferenziert angewendeten BSC nicht erfasst werden können.

• Kennzahlenermittlung:
  Aufwand, Messbarkeit und letztendlich die daraus entstehenden Probleme der Konsolidierung der Kennzahlen erhöhen die Komplexität der Ermittlung und vor allem der Interpretation einer Kennzahl im Rahmen der BSC im internationalen Umfeld (vgl. Perlitz 2004, 589-590).

• Implementierungsprobleme:
  Die kulturbedingte Akzeptanz von Kennzahlen ist sehr unterschiedlich. Die Implementierung der BSC hängt aber stark von der Orientierung an den ermittelten Kennzahlen und deren konsistenter Interpretation ab. In Auslandsgesellschaften, die deutliche Unterschiede in den kulturellen Haltungen zu Kennzahlen aufweisen, wirken sich die Implementierungsmaßnahmen auch unterschiedlich aus.

Angesichts dieser Grenzen ist die Verwendung der BSC als alleiniges Instrument für ein internationales Controlling ohne Ergänzungen wohl nicht empfehlenswert.

Darüber hinaus benötigt das internationale Controlling aber auch eine Reihe weiterer Instrumente zusätzlich zu diesen übergeordneten, auch im national orientierten Controlling eingesetzten Methoden. Das Problem der Veränderung von Wechselkursen im Zeitablauf z.B. verzerrt die Vergleichsmöglichkeiten, die das internationale Controlling zwischen zwei Perioden hat (vgl. allgemein zur Wechselkursproblematik und den sich daraus ergebenden Risiken Abschnitt 5.3) und ist im nationalen Rahmen in der Form nicht gegeben. Hier kann das internationale Controlling auf die Verfahren der externen Rechnungslegung zurückgreifen (vgl. zu diesen Verfahren und weiteren Methoden des internationalen Controllings z.B. Berens/Dörges/Hoffjan 2000, 32-33).

4.7.3 Träger und Organisation des internationalen Controllings

Die Ausführungen in 4.7.1 und 4.7.2 haben deutlich gemacht, dass das Controlling im internationalen Unternehmen ein wichtiges Instrument für die Unternehmensleitung zur Führung und Steuerung des Auslandsgeschäfts darstellt. Teil dieser Führungsunterstützungsaufgabe des internationalen Controllings ist immer auch die Kontrolle der Auslandsgesellschaften und gegebenenfalls die Aufdeckung von Planuntererfüllungen oder auch von Verstößen gegen die zentralen Vorgaben. Diese Konstellation lässt die Besetzung der Controllingstellen und insbesondere die organisatorische Einordnung dieser Stellen mit der damit verbundenen Festlegung der Unterstellungsverhältnisse als besonders brisant erscheinen. Abbildung 4-29 zeigt die verschiedenen möglichen Einordnungsvarianten.

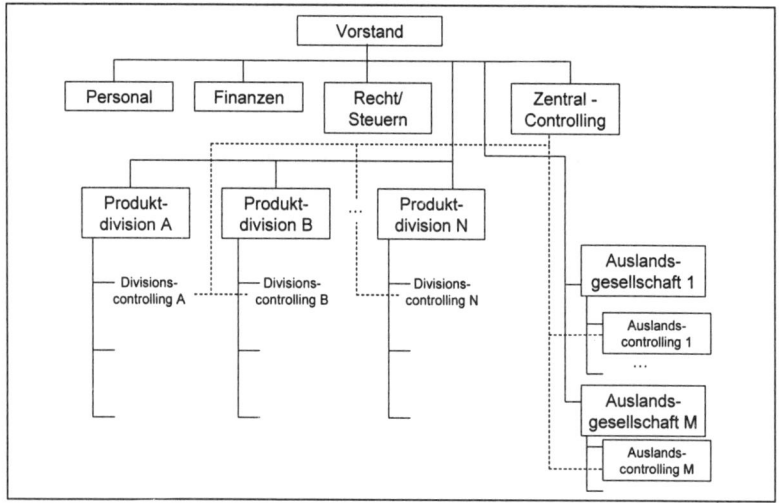

Abb. 4-29: Organisation des internationalen Controllings

Das Zentralcontrolling ist direkt der Unternehmensleitung zugeordnet und versorgt diese mit den relevanten Informationen zur Führung auch des Auslandsgeschäfts. Die Informationen zur Wahrnehmung seiner Aufgaben erhält das Zentralcontrolling einerseits durch die Controllingabteilungen in den Divisionen des Unternehmens, also durch das Divisionscontrolling A bis N in Abbildung 4-29. Andererseits hat die in der Abbildung als Organisationstyp unterstellte Divisionen-/Regionen-Matrix (vgl. dazu Abschnitt 3.3.2.2) als zweite Informationsquelle speziell für die internationalen Aspekte des Controllings die Controllingabteilungen in den Auslandsgesellschaften, die das Zentralcontrolling mit den relevanten Informationen zu den Auslandsmärkten bzw. -gesellschaften versorgen sollen.

Es stellt sich die wichtige Frage, wie die Unterstellungsverhältnisse geregelt sein sollen. Die durchgezogenen Linien in Abbildung 4-29 repräsentieren die disziplinarischen hierarchischen Zuordnungen. Demnach wären die Controller in den Divisionen und auch in den Auslandsgesellschaften ihren jeweiligen Vorständen unterstellt. Hierbei ergibt sich vor allem für den Auslandsteil des Controllings das Problem, dass die Controller „vor Ort", also in den Auslandsgesellschaften, auch solche Informationen an das zentrale Controlling weiterleiten sollen, die für die Vorstandsmitglieder der eigenen Auslandsgesellschaft von Nachteil sein können. Eine mangelnde Distanz des lokalen Controllers zu den Linieninstanzen, denen er einerseits unterstellt ist, die er aber andererseits kontrollieren soll, wird hier die Folge sein (vgl. Perlitz 2004, 575). Für den Controller vor Ort wird im Zweifel sein Unterstellungsverhältnis wichtiger sein als seine Berichtspflicht an das zentrale Controlling. Diese Probleme kann man auf zwei Arten lösen.

Zum einen wäre es möglich, den Controller in der Auslandsgesellschaft direkt dem zentralen Controller zu unterstellen. In Abbildung 4-29 müsste die direkte Verbindungslinie zwischen dem Vorstand der Auslandsgesellschaft und „seinem" Controller ersetzt werden durch eine solche Linie zwischen dem Zentralcontrolling und dem Auslandscontrolling. Das Problem liegt bei dieser Variante in der fehlenden Akzeptanz des Controllers in der Auslandsgesellschaft. Er wird als „Aufpasser" der Zentrale gesehen und von den informellen Informationsnetzwerken ausgeschlossen. Eine vertrauensvolle Zusammenarbeit mit dem Vorstand der Auslandsgesellschaft ist damit kaum möglich, so dass diese Variante in der reinen Form wohl kaum zu verwirklichen ist (vgl. Pohle 2002, 1096).

Das so genannte „dotted line-Prinzip" versucht, durch einen Mittelweg die Nachteile der beiden vorherigen Varianten zu vermeiden. Die in Abbildung 4-29 gestrichelten Linien repräsentieren ein funktionales Unterstellungs- und Weisungsverhältnis zwischen dem Zentralcontrolling und dem Divisions- bzw. dem Auslandscontrolling. Funktional bedeutet in diesem Zusammenhang, dass die zentrale Controllingabteilung Weisungen an die Auslandscontroller bezüglich der Inhalte der Aufgabenerfüllung gibt. Hier wird beispielsweise bestimmt, welche Informationen in welcher Form an die Zentrale gemeldet werden. Disziplinarisch sind die Controller aber weiter den Linieninstanzen in den Auslandsgesellschaften unterstellt. Das Problem dieses Mittelweges kann darin liegen, dass der Controller in der Auslandsgesellschaft weder von der Leitung der Auslandsgesellschaft noch vom zentralen Controlling voll akzeptiert wird, da ein Rest von Misstrauen durch die doppelte Unterstellung bestehen bleibt. Diese Variante stellt damit höchste Anforderungen insbesondere an die Auslandscontroller, die mit dieser Doppelrolle zu Recht kommen müssen.

Fragen zur Wiederholung und Selbstkontrolle

1. Erläutern Sie die Ziele, die mit der internationalen Ausweitung der Beschaffungsaktivitäten verfolgt werden, sowie die potenziellen Risiken dieser Beschaffungsstrategie!

2. Was ist „Offshore Outsourcing"? Nehmen Sie Stellung zu folgender These: „Aufgrund der hohen Kostenbelastung ist es sinnvoll für deutsche Unternehmen, ‚Offshore Outsourcing' in großem Stil durchzuführen"!

3. Nennen und erläutern Sie wichtige Gründe bzw. Motive für die Internationalisierung von Produktionsaktivitäten. Was sind „local content-Vorschriften", und inwieweit haben diese Einfluss auf die Internationalisierungsentscheidung?

4. Einige Unternehmen, die ihre Produktionsstätten in den vergangenen Jahren aus Kostengründen in Länder Mittel- und Osteuropas verlegt haben, sind nach einiger Zeit wieder zurückgekehrt. Erläutern Sie die möglichen Gründe für die Rückkehr, und gehen Sie in diesem Zusammenhang auch auf die Qualitäts-Kosten-Kurve ein!

5. Erläutern Sie anhand des Paradigmas der „globalen Standardisierung vs. lokalen Differenzierung" bzw. „Zentralisierung vs. Dezentralisierung" die grundlegenden Gestaltungsoptionen internationaler Produktionssysteme. Bei welchen Rahmenbedingungen würden Sie eine zentrale Produktion, bei welchen Bedingungen eine dezentrale Produktion bevorzugen?

6. Erläutern Sie, welche strategischen Rollen die Produktionsstätten eines internationalen Unternehmens annehmen können und wodurch die jeweilige strategische Rolle charakterisiert ist!

7. Auf der Bilanzpressekonferenz von Bosch machte Herr Fehrenbach, der Vorstandsvorsitzende des weltgrößten Kfz-Zulieferers mit Sitz in Stuttgart, folgende Aussage: „Wir würden nie daran denken, unsere Forschung und Entwicklung ins Ausland zu verlegen." Überzeugen Sie Herrn Fehrenbach, dass eine eventuell auch nur teilweise Verlegung der F&E ins Ausland Sinn machen kann!

8. Nehmen Sie unter Rückgriff auf die F&E-Modelle nach Bartlett/Ghoshal Stellung zu der These: „Aufgrund von „Economies of Scale" ist nur eine zentrale F&E sinnvoll."!

9. Beschreiben Sie die Entwicklungsszenarien der „reinen Anpassungsentwicklung", der „modifizierten Anpassungsentwicklung" und der „geozentrischen Entwicklung". Welches System würden Sie empfehlen?

10. Nennen und erläutern Sie Differenzierungsmerkmale, die im Bereich der Produktpolitik für die Anpassung an die spezifischen Gegebenheiten im Ausland relevant sind. Verdeutlichen Sie Ihre Ausführungen anhand geeigneter Beispiele!

11. Erläutern Sie, welche Determinanten die internationale Preispolitik beeinflussen und wie der internationale Preismanagementprozess idealtypisch abläuft!

12. Nehmen Sie Stellung zu folgender These: „Da alle Marketing-Maßnahmen nahe am Kunden sein müssen, muss die Kommunikationspolitik national differenziert werden."!

13. Beschreiben Sie die Gestaltungsprinzipien internationaler Distributionssysteme. Welche Faktoren beeinflussen die Wahl des Distributionssystems im Auslandsmarkt?

14. Erläutern Sie allgemeine Ziele und Einflussfaktoren eines internationalen Personalmanagements!

15. Ordnen Sie die Entsendung in das Spektrum der möglichen Formen des Auslandseinsatzes ein und beschreiben Sie den Entsendungsprozess von Mitarbeitern in das Ausland. Welche Probleme können im Rahmen des Entsendungsprozesses auftreten, und wie können diese gelöst werden?

16. Beschreiben Sie grundlegende Ziele und Aufgaben des Finanzmanagements in internationalen Unternehmen. Welche Vorteile können international tätige Unternehmen im Funktionsfeld „Finanzierung" aus ihrer internationalen Präsenz ziehen?

17. Erläutern Sie das zentrale Ziel des internationalen Cash-Managements und diskutieren Sie, inwieweit „Cash Pooling" und „Netting" zur Erreichung dieses Ziels beitragen können!

18. Was sind Transferpreise, und welche Funktionen erfüllen diese? Erläutern Sie die grundsätzlich zur Verfügung stehenden Möglichkeiten zu deren Bestimmung, und warum durch internationale Abkommen festgelegt ist, wie hoch die unternehmensinternen Transferpreise bei internationalem Austausch sein müssen!

19. Geben Sie einen Überblick über die Aufgabenschwerpunkte des Controllings in internationalen Unternehmen!

20. Diskutieren Sie die Vor- und Nachteile alternativer Organisationsformen des Controllings in internationalen Unternehmen. Welche Variante würden Sie empfehlen?

5. Risikomanagement in international tätigen Unternehmen

5.1 Geschäftsrisiko und Risikostruktur bei Auslandsgeschäft

Risiko ist die aus der Unsicherheit über die zukünftige Entwicklung resultierende Gefahr, dass eine finanzwirtschaftliche Zielgröße negativ von einem Referenzwert abweicht (vgl. ähnlich z.B. Macharzina 2003, 185). Es ist auf den ersten Blick plausibel, dass eine Tätigkeit außerhalb des vertrauten nationalen Marktes ein so verstandenes erhebliches Risikopotenzial birgt. Auf Grund der zusätzlichen, meist wenig bekannten Einflussvariablen auf die internationale Geschäftstätigkeit erhöht sich die Unsicherheit der Prognosen und damit auch die Gefahr, dass die gesetzten Ziele, insbesondere die Gewinn- bzw. Wertsteigerungsziele, nicht erreicht werden. Diese Argumentation des erhöhten Risikos aus internationaler Geschäftstätigkeit ist im Übrigen kein Widerspruch zur Hypothese der Risikosenkung durch Bearbeitung mehrerer ausländischer Märkte in der Theorie von Rugman (vgl. Abschnitt 2.6.4). Der Begründungszusammenhang in dieser Theorie geht von einer Korrelation der einzelnen Auslandsgeschäfte von kleiner eins aus, wodurch insgesamt Risiko vernichtet wird. Die einzelne Auslandsmarktbearbeitung hat nichtsdestotrotz ein höheres Risiko als die Bearbeitung des nationalen Marktes.

Diese Überlegung macht es zwingend nötig, dass die Geschäftstätigkeit und die damit verbundenen Entscheidungen gerade in einem internationalen Unternehmen in ein explizites Risikomanagement eingebunden sind. Ein solches Risikomanagement kann als koordinierte Bündelung von Maßnahmen und Instrumenten verstanden werden (vgl. Bleuel/Schmitting 2000, 91; zur Struktur eines solches Risikomanagements Bleuel/Schmitting 2000, 91-112), mit denen die Absicht verfolgt wird, den Unternehmenswert oder andere Zielgrößen des Unternehmens vor negativen, aus der Unsicherheit resultierenden Entwicklungen zu bewahren. Um dies zu erreichen, gibt es die in Tabelle 5-1 auf der folgenden Seite dargestellten grundsätzlichen Möglichkeiten.

Risikovermeidung	Risikoverminderung	Risikobesicherung	Risikoabwälzung
Risikobegründende Ursachen werden vermieden. In der extremsten Form bedeutet dies die gänzliche Vermeidung von Auslandsaktivitäten. Das Gegenstück hierzu besteht in der bewussten Hinnahme des Risikos, ohne zu versuchen, in irgendeiner Form „gegenzusteuern".	Die Risikoverminderung stellt eine weniger extreme Variante dar. Die Risikoverminderung beinhaltet die Risikoverteilung sowie die Risikokompensation.	Für eine Vielzahl von Risiken können die eventuellen negativen Folgen ganz oder zumindest teilweise durch Versicherungen, Garantien oder Bürgschaften versichert werden.	Durch Risikoab- oder Risikoüberwälzung wird das Risiko ganz oder teilweise – entgeltlich oder unentgeltlich – einem Dritten übertragen.
Beispiel: • Keine Auslandsaktivitäten • Aufstellung von K.O.-Kriterien • ...	**Beispiel:** • Diversifikation des Kundenstammes • Hedging mit Derivaten • ...	**Beispiel:** • Transportversicherung • Hedging • Exportkreditversicherung • ...	**Beispiel:** • Fakturierung in Inlandswährung, • Factoring, • Forfaitierung • ...

Tab. 5-1: Risikostrategien mit Beispielen aus der internationalen Geschäftstätigkeit (Quelle: in Anlehnung an Jahrmann 2004, 292 und Bleuel/Schmitting 2000, 105)

Einige der in der Tabelle enthaltenen Beispiele werden in den folgenden Abschnitten bei der relevanten Risikokategorie näher besprochen.

Voraussetzung für ein dezidiertes Risikomanagement mit der Auswahl der jeweils richtigen Risikostrategie ist die möglichst vollständige und exakte Identifikation der Risikokomponenten. Abbildung 5-1 gibt einen Überblick über diese Risikokomponenten aus internationaler Geschäftstätigkeit.

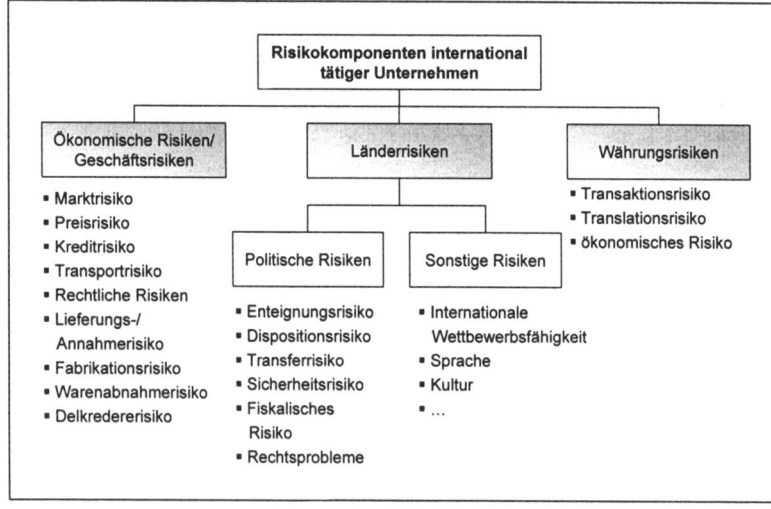

Abb. 5-1: Risikokomponenten international tätiger Unternehmen

Die Währungsrisiken und der politische Teil des Länderrisikos werden in den folgenden Abschnitten thematisiert. Das soziokulturelle Risiko und der Versuch, dieses durch ein explizites interkulturelles Management zu beherrschen, werden auf Grund der hohen Relevanz in einem eigenen Kapitel (vgl. Kapitel 6) besprochen.

In diesem Abschnitt wird selektiv auf das allgemeine Geschäftsrisiko aus internationalen Aktivitäten eingegangen. Wie in Abbildung 5-1 zu sehen, enthält diese Risikokomponente mit dem *Markt- und Preisrisiko* auch Bestandteile, die in den nationalen Märkten in ähnlicher Form auftreten. Dezidierte Planungskonzepte und Marktanalysen (vgl. dazu z.b. Abschnitt 3.2) können diese Unsicherheiten auch auf internationalen Märkten begrenzen. Im internationalen Umfeld ist in vielen Fällen die Unsicherheit über die zukünftige Entwicklung auf Grund einer schlechteren Informationslage größer. Ansonsten ergeben sich aber keine substanziellen Unterschiede. Markt- und Preisrisiko gelten sowohl bei reiner Außenhandelstätigkeit, als auch – bzw. vor allem – bei Direktinvestitionen, die im Ausland getätigt worden sind.

Beim *Transportrisiko* ist häufig eine deutlich höhere Komplexität als im nationalen Rahmen zu beobachten. Es ist im Wesentlichen beschränkt auf reine Handelsbeziehungen ins Ausland. Der häufig nötige Wechsel des Transportmittels und die Komplexität von Logistikkonzepten zur Sicherstellung der zeitgerechten und gleichzeitig kostengünstigsten Lieferung erhöhen das mit dem Transport verbundene Risiko. Allerdings steht eine ganze Bandbreite von Möglichkeiten, insbesondere aus dem Bereich der Risikobesicherung, zur Verfügung, um diese Unsicherheiten zu begrenzen. Dies ist allerdings nur durch zusätzlichen Kostenaufwand möglich (vgl. Tabelle 5-1; dazu z.b. auch Jahrmann 2004, 296).

Das *Fabrikationsrisiko* umfasst vertragswidriges Verhalten des ausländischen Kunden, an den geliefert werden soll, während der Herstellungszeit. Dieses kann z.b. bestehen in einer einseitigen Kündigung des Vertrages oder der Nichtbezahlung von Raten. Auf Grund rechtlicher Risiken (vgl. den folgenden Abschnitt 5.2 zu den Länderrisiken) kann die Durchsetzung von Forderungen aus dem Vertragsverhältnis schwierig und langwierig sein.

Ähnliches gilt für das *Warenabnahmerisiko*. Hier kommt erschwerend hinzu, dass die Produktionsaufwendungen schon getätigt und die Transportkosten ebenfalls bereits entstanden sind. Eine Rückführung der Ware kann sehr kostspielig sein. Die beiden letztgenannten Risiken, das Warenabnahme- und das Fabrikationsrisiko, gelten grundsätzlich sowohl bei Außenhandel als auch bei Direktinvestitionen, wobei sie bei der ersten Form schwerwiegender sind. Grundsätzlich stehen hier Methoden der Risikovermeidung und -verminderung, aber vor allem auch der Besicherung zur Verfügung. Der Abschluss von Versicherungen gegen diese Risiken kann auch diese Komponenten enthalten.

Das häufigste und auch am meisten behandelte Risiko im Auslandsgeschäft, natürlich insbesondere im Außenhandel, ist das *Zahlungsausfallrisiko,* auch *Delkredererisiko* genannt (vgl. hierzu auch Niehoff/Reitz 2001, 96-97). Hierunter fällt insbesondere die Verweigerung der Bezahlung der gelieferten Ware durch den ausländischen Kunden. Im Laufe der Jahrhunderte des praktizierten Außenhandels haben sich explizite Instrumente mit hohem Standardisierungsgrad herausgebildet, mit denen dieses Risiko vermindert, besichert oder abgewälzt werden kann. So gibt es Formen der Außenhandelsfinanzierung, wie das Akkreditiv (vgl. dazu im Detail z.B. Jahrmann 2004, 407), die das Bonitätsrisiko des Schuldners durch ein Zahlungsversprechen einer Bank beseitigen. Ausfuhrkreditversicherungen, wie sie auch staatlicherseits zur Exportförderung angeboten werden (vgl. zur Hermes-Kreditversicherung z.B. Häberle 2002, 947-988), übernehmen gegen Prämienzahlung das Risiko. Ein Forderungsverkauf, evtl. allerdings mit deutlichen Abschlägen auf die Ursprungsforderung, z.B. in Form eines Exportfactoring, sichert zudem eine früh verfügbare Liquidität (vgl. dazu z.B. Häberle 2002, 663-676).

Abbildung 5-2 ordnet die genannten Risiken – in diesem Fall des Exporteurs – in chronologischer Form.

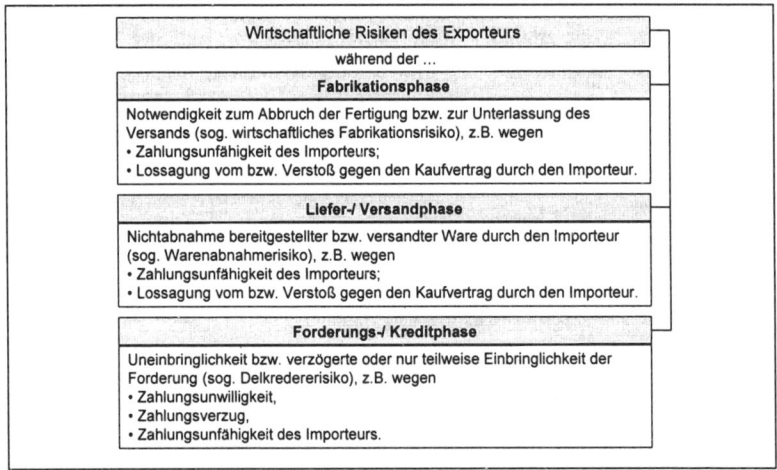

Abb. 5-2:   Chronologische Entstehung wirtschaftlicher Risiken des Exporteurs (Quelle: Häberle 2002, 14)

Zusammenfassend zeigt sich, dass sich, im Vergleich zum nationalen Umfeld, zusätzliche bzw. stärker ausgeprägte Geschäftsrisiken im Auslandsgeschäft ergeben.

5.2 Länderrisiko

5.2.1 Bestandteile des Länderrisikos

Die im Rahmen des vorangegangenen Abschnitts vorgestellten ökonomischen Risiken bzw. Geschäftsrisiken beziehen sich primär auf die mit der Außenhandelstätigkeit verbundene Verlustgefahr in Folge unternehmerischer Fehleinschätzungen oder unbeeinflussbarer wirtschaftlicher Ereignisse. Bei den so genannten Länderrisiken, deren Darstellung Gegenstand dieses Abschnitts ist, handelt es sich um Risiken, die sich aus den besonderen Rahmenbedingungen des jeweiligen Ziellandes eines Auslandsengagements ergeben. „Das Länderrisiko umfasst alle aus der gesamtwirtschaftlichen, politischen und soziokulturellen Situation eines Landes resultierenden Verlustgefahren, die einer Unternehmung durch Beeinträchtigung ihrer Aktivitäten im Zusammenhang mit diesem Land entstehen" (Engelhard 1992, 369). So zahlreich die Risiken internationaler Geschäftstätigkeit sind, so vielfältig sind auch die Systematisierungen, die zu ihrer Klassifizierung vorgeschlagen werden (vgl. z.b. Engelhard 1992, 369-371; Zimmermann 1992, 75-90; Tümpen 1987, v.a. 42-60). Im Folgenden soll in Anlehnung an die Definition von Engelhard zwischen *ökonomisch bedingten Länderrisiken, politisch-rechtlichen* sowie *soziokulturell* bedingten Länderrisiken unterschieden werden (vgl. Abbildung 5-3).

Abb. 5-3:   Bestandteile des Länderrisikos

Zu den wichtigsten *ökonomisch bedingten Länderrisiken* gesellen sich neben die als konstitutiv für das Auslandsgeschäft geltenden Währungsrisiken, die auf Grund ihrer besonderen Bedeutung im Rahmen des Abschnitts 5.3 gesondert dargestellt werden, insbesondere Inflationsrisiken sowie Risiken, die sich aus der internationalen Liquidität und Verschuldungssituation eines Landes ergeben. Zur Gruppe der *politisch-rechtlichen Risiken* zählen Enteignungsrisiken, z.b. durch teilweise oder vollständige Konfiszierung von Vermögenswerten oder durch Verstaatlichung, Dispositionsrisiken (Einschränkung der Handlungsfreiheit auf Grund von administrativen Auflagen, Unruhen, Streiks etc.), Transferrisiken (Einschränkungen beim Transfer z.b. von Gütern und Kapital), Sicherheitsrisiken (Gefährdung von Leben, Gesundheit und Freiheit der Mitarbeiter, z.b. auf Grund von Terror und Gewalt) sowie fiskalische Risiken. Letztere umfassen neben der Ungewissheit über die künftige Steuerpolitik auch die Gefahr des Wegbrechens öffentlicher Aufträge, z.b. in Folge von Sparzwängen. Neben diesen allgemeinen, d.h. die Unternehmen des In- und des Auslands gleichermaßen betreffenden Risiken, können sich spezielle Probleme auch aus Vorbehalten der Regierungen, Behörden und sonstigen Institutionen des Gastlandes gegenüber ausländischen Unternehmen und, damit verbunden, diskriminierenden rechtlichen Bestimmungen gegenüber diesen, ergeben (vgl. im Detail zum politischen Risiko, z.b. Tayeb 2000, 248-267).

Des Weiteren können Länderrisiken auch aus der *soziokulturellen Umwelt* entstehen. In diesem Zusammenhang sind neben den typischen Risiken sprachbedingter Missverständnisse und kultureller Divergenzen im engeren Sinne (vgl. dazu im Detail Abschnitt 6.2) insbesondere „weiche" Indikatoren, wie z.b. die Einkommensverteilung, das Bildungsniveau oder die Einstellung der Bevölkerung zu Arbeit und Konsum, von Bedeutung. Diese weichen Faktoren müssen bei der Marktbearbeitung richtig eingeschätzt werden, damit daraus keine Risiken entstehen.

5.2.2 Management des Länderrisikos

Auch wenn die Bedeutung der politisch-rechtlichen Risiken zumindest innerhalb der WTO-Mitgliedsstaaten in den letzten Jahren insgesamt zurückgegangen ist, spielen die Länderrisiken nach wie vor eine zentrale Rolle sowohl für die Marktauswahlentscheidung als auch für die Entwicklung, Bewertung, Auswahl und Implementierung der ländermarktspezifischen Internationalisierungsstrategie. Am Anfang einer solchen Internationalisierungsplanung steht deshalb die Bestimmung des Risikos einzelner Länder (vgl. dazu auch Abschnitt 3.2.1). Institute wie Moody's, Standard & Poor's, Fitch, BERI, Hermes-Euler oder Coface bieten deshalb Indices an, in denen Länderrisiken erfasst und in regelmäßigen Abständen als Country Ratings herausgegeben werden (vgl. für Beispiele von Indices zur Erfassung des Länderrisikos z.b. Kutschker/Schmid 2005, 929; Jahrmann 2004, 297; Niehoff/Reitz 2001, 110-116).

Grundsätzlich kann die Bestimmung des Länderrisikos sowohl anhand *qualitativer Verfahren* (z.B. Country Forecast Reports), die ein ganzheitliches Bild der Situation eines Staates anstreben, als auch anhand *quantitativer Verfahren*, die eine zahlenmäßige Bewertung des Länderrisikos vornehmen, erfolgen. Der

Vorteil der *qualitativen Verfahren* liegt vor allem in der Möglichkeit der individuellen Bewertung von Staaten anhand ausgewählter Kriterien, wie z.b. Stärke der Gewerkschaften, „Kauflust" etc. Allerdings stellt sich ein Vergleich einzelner Länder auf Grund der mangelnden Objektivierbarkeit der qualitativen Kriterien als schwierig heraus. Eine Vergleichbarkeit der betrachteten Länder herzustellen ist das Anliegen der *quantitativen Verfahren*, die das Länderrisiko als kardinale bzw. ordinale Maßzahl („Länderrating") zu quantifizieren versuchen. Eines der bekanntesten Konzepte ist der so genannte Business Environment Risk Index – kurz BERI –, der seit Beginn der siebziger Jahre dreimal jährlich vom Business Environment Risk Intelligence Institute mit Sitz in Genf für etwa 45 Länder und 5 Regionen erstellt wird und jeweils Prognosen für ein Jahr und für fünf Jahre enthält (vgl. für eine ausführliche Darstellung z.B. Tümpen 1987, v.a. 207-254; Hake 1982, 463-473). Innerhalb des BERI existieren drei Teildizes, die schließlich zum Profit Opportunity Recommendation Index (POR) zusammengefasst werden: erstens der Operations Risk Index (ORI), mit dem das Geschäftsklima von Experten aus Industrieunternehmen, Banken sowie Wirtschaftsforschungsinstituten anhand von 15 Indikatoren beurteilt werden soll (vgl. Abbildung 5-4), zweitens der Political Risk Index (PRI), mit dem die politische Stabilität anhand 10 so genannter PRI-Kriterien geprüft werden soll. Und drittens der Rückzahlungsfaktor (R-Faktor), der Aufschluss über das Rückzahlungsrisiko eines Landes hinsichtlich der Schuldzinsen und der Tilgungen sowie der fälligen Lizenzgebühren gegenüber ausländischen Kapitalgebern geben soll.

		Anzahl Punkt (1)	Gewichtung	Gesamtwertung (2)
1	Politische Stabilität	_____ (x)	3,0	(=) _____
2	Haltung gegenüber Direktinvestitionen und Gewinntransfer	_____ (x)	1,5	(=) _____
3	Nationalisierungsbestrebungen	_____ (x)	1,5	(=) _____
4	Inflation	_____ (x)	1,5	(=) _____
5	Wirtschaftswachstum	_____ (x)	2,5	(=) _____
6	Arbeitskosten / Produktivität	_____ (x)	2,0	(=) _____
7	Zahlungsbilanz	_____ (x)	1,5	(=) _____
8	Währungskonvertibilität	_____ (x)	2,5	(=) _____
9	Bürokratische Hindernisse	_____ (x)	1,0	(=) _____
10	Durchsetzbarkeit vertraglicher Vereinbarungen	_____ (x)	1,5	(=) _____
11	Qualität der Dienstleistungen und Zuverlässigkeit der Vertragspartner	_____ (x)	0,5	(=) _____
12	Qualität des einheimischen Managements un der Partner	_____ (x)	1,0	(=) _____
13	Verkehrsverbindungen	_____ (x)	1,0	(=) _____
14	Kurzfristige Kredite (Verfügbarkeit auf dem lokalen Markt)	_____ (x)	2,0	(=) _____
15	Langfristige Anleihen / Investitionskapital (Verfügbarkeit auf dem einheimischen Markt)	_____ (x)	2,0	(=) _____
	Total			(=) _____

Abb. 5-4: Die Kriterien des ORI innerhalb des BERI (Quelle: in Anlehnung an Hake 1982, 465-466)

Damit vermittelt der BERI einen guten ersten Eindruck, wie ein Land einzuschätzen ist. Der durch die Quantifizierung hergestellte Eindruck von Objektivität darf jedoch nicht über die typischen Probleme quantitativer Verfahren, wie die subjektive Variablenauswahl und -gewichtung, unzulässige Skalentransformationen, die Annahme linearer Zusammenhänge etc. hinwegtäuschen. Deswegen sollten die quantitativen Konzepte für eine unternehmensindividuelle Beurteilung des Länderrisikos in jedem Fall mit qualitativen Aspekten ergänzt werden.

Was bedeutet nun ein „hohes", „mittleres" oder „niedriges" Länderisiko für die Marktselektion und die Ausgestaltung der Markteintritts- und Marktbearbeitungsstrategie? Grundsätzlich stehen im Rahmen des Risikomanagements mehrere unterschiedliche *Risikostrategien* zur Auswahl (vgl. Tabelle 5-1). Zum einen kann ein Unternehmen versuchen, Risiko begründende Ursachen *vollständig zu vermeiden.* In der extremen Form bedeutet dies die gänzliche Einstellung der Aktivitäten in Ländern mit hohem Risiko. Das Gegenstück hierzu besteht in der bewussten Hinnahme des Risikos, ohne zu versuchen, in irgendeiner Form „gegenzusteuern". Ein Unternehmen kann aber auch versuchen, Risiken zu *mindern* bzw. zu *begrenzen* – beispielsweise durch die Wahl von Markteintritts- und Marktbearbeitungsstrategien mit geringem Eigenkapitaleinsatz – oder zu *streuen*, etwa durch Diversifikation des Länderportfolios bzw. des Kundenstammes.

Länderrisiken, wie auch die Attraktivität von Ländermärkten, sind hochgradig subjektiv und unternehmensindividuell. Es dürfte einleuchtend erscheinen, dass etwa die politische Stabilität eines Landes für ein großes, bereits stark international diversifiziertes Unternehmen der Schwer- und Rüstungsindustrie eine andere Rolle spielt als beispielsweise für einen kleinen bis mittelständischen Anbieter technischer Spezialprodukte. Zudem weisen in vielen Fällen gerade risikoreiche Länder ein besonders hohes Marktpotenzial auf. Deshalb lässt sich keine generelle Aussage zur Vorteilhaftigkeit bestimmter Strategien im Umgang mit Länderrisiken treffen.

5.3 Währungsrisiken

5.3.1 Grundlagen des Währungsmanagements

Internationale Unternehmen, die in verschiedenen Währungsräumen tätig sind, sind besonderen Risiken ausgesetzt, die sich aus dem Übergang von einer Währung auf eine andere ergeben. Wechselkurse sind das Ergebnis eines komplexen Zusammenwirkens einer Vielzahl vorwiegend makroökonomischer Einflussfaktoren, aber auch politischer und nicht zuletzt spekulativer Einflussnahmen an den internationalen Devisenmärkten. Sie stellen als solches für Unternehmen eine weitgehend exogene Einflussgröße der internationalen Geschäftstätigkeit dar (vgl. zur detaillierten Darstellung von Wechselkurssystemen und -bildung z.b. Wild/Wild/Han 2006, 270-283). Grundsätzlich stehen im Zusammenhang mit Währungsrisiken die gleichen Risikostrategien zur Verfügung wie für den Umgang mit den übrigen Länderrisiken (vgl. Abschnitt 5.2, insbesondere Tabelle 5-1):

- *Risikovermeidung:* In der extremen Form bedeutet die Vermeidung Risiko begründender Ursachen hier den vollständigen Verzicht auf Fremdwährungsgeschäfte. Ein Beispiel für diese Strategie ist die Beschränkung der internationalen Geschäftsaktivitäten auf die Teilnehmerstaaten des Eurosystems.

- *Risikoverminderung:* Die Risikoverminderung stellt eine weniger extreme Variante dar. Sie beinhaltet die Risikoverteilung (z.b. durch die internationale Diversifikation des Kundenstammes) sowie die Risikokompensation, z.b. durch Anstreben eines ausgeglichenen Verhältnisses von Forderungen und Verbindlichkeiten in einer bestimmten Fremdwährung.

- *Risikobesicherung:* Die (vollständige oder teilweise) Besicherung von Währungsrisiken zählt zu den klassischen Aufgaben des unternehmerischen Währungsmanagements. Den Schwerpunkt in diesem Zusammenhang bilden devisenmarktbezogene Kurssicherungsmaßnahmen mit dem Ziel, dass die Höhe der erwarteten zukünftigen Einzahlungen in Heimatwährung nicht durch Wechselkursschwankungen beeinflusst wird. Der Einsatz derartiger Maßnahmen zur Risikoreduktion oder -eliminierung wird auch als Hedging bezeichnet. Gleichzeitig werden durch Hedging aber auch mögliche Gewinnchancen aus einer vorteilhaften Veränderung der Kassakurse eliminiert. Damit ist Hedging als unmittelbare Reaktion eines Unternehmers auf unsichere Einzahlungen in Inlandswährung aus seiner gewöhnlichen Geschäftstätigkeit zu interpretieren.

- *Risikoabwälzung:* Durch Risikoab- oder Risikoüberwälzung wird das Risiko ganz oder teilweise – entgeltlich oder unentgeltlich – einem Dritten übertragen. Beispielsweise kann ein Exporteur das Risiko einer nachteiligen Wechselkursentwicklung während seines dem Importeur eingeräumten Zahlungsziels auf diesen abwälzen, indem eine Fakturierung in Inlandswährung vereinbart wird. Er kann eine auf Fremdwährung lautende Forderung aber auch gegen Inlandswährung an einen Dritten, beispielsweise eine Factoring- oder Forfaitierungsgesellschaft, verkaufen.

Die Aufgabe des betrieblichen Währungsrisikomanagements besteht darin, nachdem zunächst die zu besichernden *Wechselkurspositionen* (Betrag und Fristigkeiten) *ermittelt* und eine *Prognose über die zukünftige Entwicklung der Wechselkurse* (Richtung und Höhe der Veränderung) gebildet wurde, adäquate *Instrumente zum Umgang mit den identifizierten Wechselkursrisiken* auszuwählen und zum Einsatz zu bringen. Die zu wählenden Instrumente hängen von den Typen von Währungsrisiken ab, denen sich das Unternehmen gegenübersieht.

5.3.2 Typen von Währungsrisiken

5.3.2.1 Systematisierung von Währungsrisiken

Wechselkurs- bzw. Währungsrisiken beschreiben die Gefahr, dass durch den Übergang von einer Währung auf eine andere der Erfolg bzw. die Liquiditätsreserven eines Unternehmens beeinträchtigt werden. Während der Risikobegriff im engeren Sinne in aller Regel immer auf eine derartige *Verlustgefahr* hinsichtlich des Kapitaleinsatzes bzw. der erwarteten Gewinne abstellt, besteht bei einigen Risiken, so auch beim Währungsrisiko, allerdings auch eine zusätzliche *Gewinnchance*, die bei entsprechender Entwicklung des Wechselkurses auch zusätzliche Erträge bringen kann.

Zur differenzierten Analyse der Komponenten des Wechselkursrisikos hat sich eine *Systematisierung nach dem Zeitbezug* durchgesetzt (vgl. Abbildung 5-5):

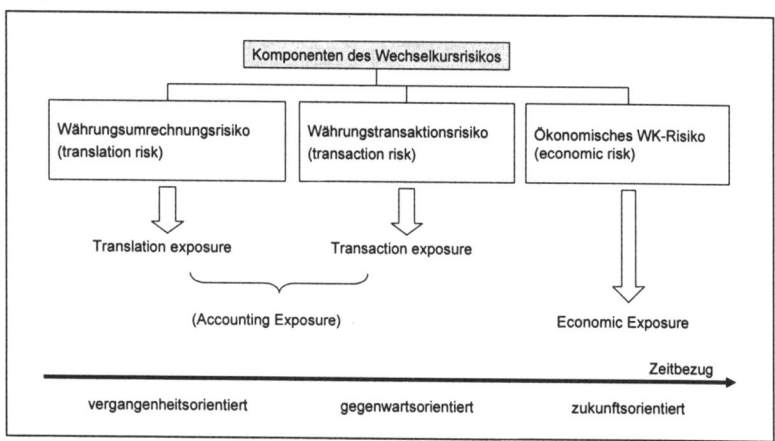

Abb. 5-5:   Komponenten des Wechselkursrisikos (Quelle: in Anlehnung an Büschgen 1997, 311)

Im Folgenden werden diese grundlegenden Typen von Wechselkurs- bzw. Währungsrisiken vorgestellt und – soweit entsprechende Maßnahmen zur Verfügung stehen – Instrumente zum „Management" derselben aufgezeigt.

5.3.2.2 Das Währungsumrechnungsrisiko (Translationsrisiko)

Das Währungsumrechnungsrisiko verkörpert die *statisch-vergangenheits-orientierte Perspektive* des Wechselkursrisikos. Es beschreibt die Gefahr, dass der Unternehmenserfolg durch die Umrechnung in Fremdwährung bilanzierter *Bilanzpositionen* in die Heimatwährung auf Grund von Abweichungen des realisierten vom erwarteten Wechselkurs negativ beeinflusst wird (vgl. Büschgen 1997, 310, 312). Derartige Probleme treten insbesondere bei der Konsolidierung von Auslandsniederlassungen im Unternehmensabschluss auf. Aber auch bei der Erstellung des Einzel- bzw. nationalen Abschlusses führt jede Transaktion des bilanzierenden Unternehmens mit ausländischen Kapital-, Beschaffungs- oder Absatzmärkten zu der Notwendigkeit, den entsprechenden auf Auslandswährung lautenden Betrag in die Inlandswährung umzurechnen (vgl. Coenenberg 2003, 555). Damit wird eine primär *abschluss- bzw. bilanzorientierte Betrachtungsweise* eingenommen, die allein auf die Einflüsse von Wechselkursänderungen auf die Umrechnung von originär in Fremdwährung ausgedrückten Bilanzpositionen abstellt.

Die Möglichkeiten des betrieblichen Währungsmanagements zum aktiven Umgang mit bzw. „Management" von derartigen Währungsumrechnungsrisiken sind beschränkt. Dies liegt zum einen daran, dass die Ergebnisse der Erfolgsermittlung letztendlich auf buchhalterischen Konventionen beruhen, wodurch die abzudeckende Fremdwährungsposition je nach verwendetem Umrechnungsverfahren in der Höhe divergiert und einmal positiv und einmal negativ sein kann (vgl. Büschgen 1997, 316). Langfristig kann ein Unternehmen versuchen, die dem Währungsumrechnungsrisiko exponierten Bilanzpositionen in Abhängigkeit der erwarteten Währungsentwicklung dergestalt umzuschichten, dass im Falle einer erwarteten Abwertung der Auslandswährung die Währungsumrechnungsverluste minimiert bzw. im Falle einer erwarteten Aufwertung der Auslandswährung die Währungsumrechnungsgewinne maximiert werden. Allerdings sind derartige Maßnahmen sehr aufwändig und bieten sich daher nur in Ausnahmefällen an, etwa im Vorfeld einer geplanten vollständigen Retransferierung der gesamten Aktiva und Passiva der Auslandsgesellschaft zur Muttergesellschaft.

Bei der Konsolidierung der Bilanzen von Mutter- und Tochtergesellschaft im internationalen Konzernabschluss übt die Wahl des zum Einsatz kommenden *Währungsumrechnungsverfahrens* einen entscheidenden Einfluss auf den bei der Obergesellschaft ausgewiesenen Translationsgewinn bzw. -verlust aus (vgl. im Detail zu Währungsumrechnungsverfahren z.B. Coenenberg 2003, 555-571). Das Kernproblem der Währungsumrechnung stellt die Bestimmung des Zeitbezugs des zu verwendenden *Umrechnungskurses* dar. Hierbei lässt sich im

Wesentlichen zwischen zwei Umrechnungskursen unterscheiden (vgl. Coenenberg 2003, 556):

• Kassakurs:
Der Kassa- oder Stichtagskurs ist der Wechselkurs am Stichtag des Konzernabschlusses.

• Historischer Kurs:
Der historische Kurs entspricht dem Wechselkurs zum Zeitpunkt der Anschaffung, Herstellung bzw. Entstehung eines Wertes oder der Abwicklung eines Geschäftes.

Welcher Umrechnungskurs für welche Bilanzposition zur Anwendung kommt, hängt vom verwendeten Umrechnungsverfahren ab. In der Literatur werden vor allem vier Verfahren zur Umrechnung von Währungen diskutiert (vgl. Coenenberg 2003, 558-566):

• Umrechnung mit dem Stichtagskurs:
Die Stichtagskursmethode tritt in zwei Varianten auf: Bei der „reinen" Stichtagskursmethode werden alle Bilanzpositionen einheitlich mit dem aktuellen Stichtags- bzw. Kassakurs umgerechnet. Der zentrale Vorteil dieser Vorgehensweise liegt in ihrer einfachen Handhabbarkeit. Währungsauf- bzw. Abwertungen kommen prozentual gleichen Zuschreibungen zu bzw. Abschreibungen auf alle Bilanzpositionen gleich. Hierdurch kommt es jedoch zu einer Verzerrung der Darstellung der tatsächlichen Wert- bzw. Erfolgsverhältnisse, da auch das residuale Eigenkapital von dieser pauschalen Wertänderung betroffen ist, womit die Veränderung desselben nun nicht mehr ausschließlich den tatsächlichen Erfolg, sondern gleichzeitig die Entwicklung des Außenwerts der Fremdwährung widerspiegelt. Diesen Mangel versucht die „modifizierte" Stichtagskursmethode zu beseitigen, indem sie das Eigenkapital zunächst zum historischen Kurs umrechnet, und die damit notwendigerweise auftretende bilanzielle Umrechnungsdifferenz erfolgsneutral als Sonderposten (z.B. „Eigenkapitaldifferenz aus Währungsumrechnung") beim Eigenkapital ausweist.

• Kursdifferenzierung nach Fristigkeit:
Hinter der im Jahre 1931 vom amerikanischen Institut der Wirtschaftsprüfer (AICPA) empfohlenen Kursdifferenzierung nach Fristigkeit (Current vs. Noncurrent) steht die Überlegung, dass die Volatilität der Wechselkurse für langfristige Vermögensgegenstände (z.B. Grundstücke) irrelevant ist, während es durchaus Sinn macht, kurzfristige Vermögensgegenstände (z.B. Lagerbestände) zu aktuellen Tages- bzw. Kassakursen zu bewerten.

- Kursdifferenzierung nach Geldcharakter:
  Zeitlich später wurde eine Differenzierung nach dem Geldcharakter (Monetary vs. Nonmonetary) der Abschlusspositionen vorgeschlagen. Nach diesem Verfahren sind Vermögensposten, die „nahe am Geld" sind, z.B. liquide Mittel, Forderungen und Verbindlichkeiten, zum Stichtagskurs, nichtmonetäre Posten, z.b. Sachanlagen und Vorräte, zum historischen Kurs umzurechnen.

- Kursdifferenzierung nach dem Zeitbezug:
  Gegenstand dieser in den USA als „temporal principle of translation" bekannten Währungsumrechnung ist eine Differenzierung des Umrechnungskurses nach dem Zeitpunkt der Anschaffung. Historische Werte, und damit in der Regel der mit Anschaffungswerten bewertete Teil des Anlage- und des Umlaufvermögens, sind demnach mit historischen Kursen, Gegenwartswerte mit dem Stichtagskurs umzurechnen.

In Tabelle 5-2 sind die dargestellten Umrechnungsmethoden mit ihren unterschiedlichen Bewertungsansätzen überblicksartig zusammengefasst. In der Praxis ist darüber hinaus die Zulässigkeit der zum Einsatz kommenden Umrechnungsmethoden und deren Vereinbarkeit mit den jeweiligen Generalnormen und Vorschriften (z.b. Realisations- und Imparitätsprinzip, Prinzip der Rechnungslegungsäquivalenz etc.) der zu Grunde liegenden nationalen Rechnungslegungsvorschriften zu prüfen.

Anzuwendender Umrechnungskurs	Stichtagskurs-verfahren	Kursdifferenzierung nach Fristigkeit	Kursdifferenzierung nach Geldcharakter	Kursdifferenzierung nach Zeitbezug
Aktiva				
AV:				
Mit Anschaffungswerten bewerteter Teil des AV	K	H	H	H
Mit (niedrigeren) Tageswerten bewerteter Teil des AV	K	H	H	K
UV:				
Vorräte, bewertet mit Anschaffungswerten	K	K	H	H
Vorräte, bewertet mit (niedrigeren) Tageswerten	K	K	H	K
Liquide Mittel	K	K	K	K
Kurzfristige Forderungen	K	K	K	K
Langfristige Forderungen	K	H	K	K
Passiva				
Eigenkapital	H	H	H	H
Fremdkapital:				
Kurzfristige Verbindlichkeiten	K	K	K	K
Langfristige Verbindlichkeiten	K	H	K	K
				K = Kassakurs H = historischer Kurs

Tab. 5-2: *Währungsumrechnungsverfahren und Bewertungsansätze (Quelle: Büschgen 1997, 313)*

Während das HGB für die Auswahl einer geeigneten Umrechnungsmethode keine verbindliche Regelung vorsieht, soweit die Grundsätze der Methodenbestimmtheit, Methodeneinheitlichkeit und Methodenstetigkeit beachtet werden und sich eine ausführliche und allgemein verständliche Erläuterung der verwendeten Umrechnungsmethode im Anhang findet (vgl. Coenenberg 2003, 567), ist das Problem der Währungsumrechnung nach IAS/IFRS und US-GAAP eindeutig geregelt (vgl. Coenenberg 2003, 568-570). IAS 21 und FAS 52 schreiben die Methode der *„funktionalen Währung"* vor. Diese Methode unterscheidet zwischen ausländischen Teileinheiten, die ein integraler Bestandteil des Geschäftsbetriebs des Mutterunternehmens sind (*foreign operations*), und wirtschaftlich selbstständigen ausländischen Teileinheiten (*foreign entities*). Handelt es sich bei der ausländischen Teileinheit um ein Unternehmen, das weitgehend selbstständig ist (*foreign entity*), dann ist dessen funktionale Währung die des wirtschaftlichen Umfelds, in dem die Gesellschaft in erster Linie tätig ist. Ist die Einheit dagegen ein verlängerter Arm des Mutterunternehmens (*foreign operation*), so ist die funktionale Währung in der Regel die Währung der Mutter. Zur Bestimmung, ob eine ausländische Teileinheit als „foreign operation" oder als „foreign entity" zu behandeln ist, enthalten sowohl die IAS/IFRS als auch die US-GAAP eine Reihe von Indikatoren, die bei der Bestimmung der funktionalen Währung behilflich sein sollen (vgl. Tabelle 5-3):

Indikator	Funktionale Währung ist die Währung der...	
	Muttergesellschaft	**Tochtergesellschaft**
Cash Flow	berührt den Cash Flow des MUs direkt	überwiegend in Fremdwährung, berührt Cash Flow des MUs nicht
Verkaufspreise	sind stark wechselkursabhängig, ändern sich mit weltweitem Wettbewerb und Preisen	kurzfristige Preisänderungen durch lokale Einflüsse, nicht durch Wechselkursschwankungen
Verkaufsmärkte	der Absatzmarkt ist hauptsächlich im Land des MUs, Verträge werden hauptsächlich in der Währung des MUs abgeschlossen	das TU hat einen aktiven lokalen Absatzmarkt, kann auch zusätzlich noch Export betreiben
Aufwendungen	HK und Kosten für das Erbringen einer Dienstleistung bestehen im Wesentlichen aus Kosten für Einkäufe im Land der Mutter	HK und Kosten für das Erbringen einer Dienstleistung sind in lokaler Währung zu bezahlen
Finanzierung	wird im Wesentlichen aus den Mitteln des MUs bestritten, die erwirtschafteten Mittel der TUs reichen nicht aus	die Finanzierung erfolgt in lokaler Währung aus den erwirtschafteten Mitteln des TUs
Interkonzernliche Transaktionen	extensive Verbindung der Geschäftstätigkeit von MU und TU mit zahlreichen innerkonzernlichen Transaktionen	sind sehr gering, jedoch kann sowohl TU wie auch MU die Wettbewerbsvorteile des anderen mit nutzen

TU – Tochterunternehmen, MU - Mutterunternehmen

Tab. 5-3:   *Kriterien für die funktionale Währung nach SFAS 52 Appendix A.*
(Quelle: Coenenberg 2003, 570)

Handelt es sich um eine „foreign operation", so ist die Währungsumrechnung als ein Bewertungsvorgang anzusehen und eine Kursdifferenzierung nach dem Zeitbezug vorzunehmen. Kursdifferenzen, die aus der Veränderung des Wechselkurses resultieren, sind nach IAS 21 und FAS 52 erfolgswirksam zu behandeln. Bei einer „foreign entity" hingegen stellt die Währungsumrechnung einen reinen Transformationsvorgang auf der Basis von Stichtagskursen dar. Demnach werden die entstehenden Umrechnungsdifferenzen auch nicht erfolgswirksam erfasst. Dieser Anforderung wird die modifizierte Stichtagskursmethode gerecht, die hier zum Einsatz kommt.

5.3.2.3 Das Transaktionsrisiko

Während das Translationsrisiko als statisch-vergangenheitsorientiertes Konzept die Gefahr beschreibt, dass durch Währungsumrechnungseffekte Bilanzpositionen verändert werden, knüpft das Währungstransaktionsrisiko an einzelnen *Zahlungstransaktionen* an, bei denen ein tatsächlicher Umtausch einer Währung in eine andere erfolgt. Damit verkörpert es die *statisch-gegenwartsorientierte, zahlungsbezogene Betrachtungsweise* des Währungsrisikos. Es entsteht durch die Möglichkeit, zukünftige Wechselkursgewinne oder -verluste bei Transaktionen zu realisieren, die bereits eingegangen und in ausländischer Währung bewertet wurden (vgl. Büschgen 1997, 310, 316-317). Damit trifft das Währungstransaktionsrisiko auch die Risikoproblematik des Währungsmanagements von Export- und Importunternehmen, während das Währungsumrechnungsrisiko primär für internationale Unternehmen mit Direktinvestitionen im Ausland relevant ist.

Da das Währungstransaktionsrisiko gewöhnlich vertraglich fixierte Fremdwährungszahlungen betrifft, ist es gut als Grundlage für die Herleitung von Sicherungsmaßnahmen geeignet. Die abzusichernde Position entspricht dabei der Differenz zwischen den vertraglich festgelegten zukünftigen Zahlungsein- und –ausgängen in jeder Währung. Das folgende Beispiel mag dies verdeutlichen: Ein Unternehmen erwartet zum 1. Oktober den Eingang einer Zahlung in Höhe von 1 Mio. US-\$ aus dem Verkauf einer Maschine. Gleichzeitig ist am selben Tag die Rückzahlung eines auf US-\$ lautenden Kredits über 800.000 US-\$ fällig. Damit beträgt die dem Wechselkursrisiko ausgesetzte Nettoposition (*net exposure*) nur 200.000 US-\$. Eine derartige Saldierung ist allerdings ausschließlich innerhalb der gleichen Währung und bei gleicher Fristigkeit möglich.

Die Instrumente, mit denen sich das Währungstransaktionsrisiko vermeiden oder dessen Auswirkungen einschränken lassen, lassen sich in *interne* und *externe* Kurssicherungsinstrumente unterteilen (vgl. Abbildung 5-6). Letztere sind durch das Hinzuziehen einer „dritten Partei", die kein Kontrahent im Rahmen des abzusichernden Grundgeschäfts ist, charakterisiert.

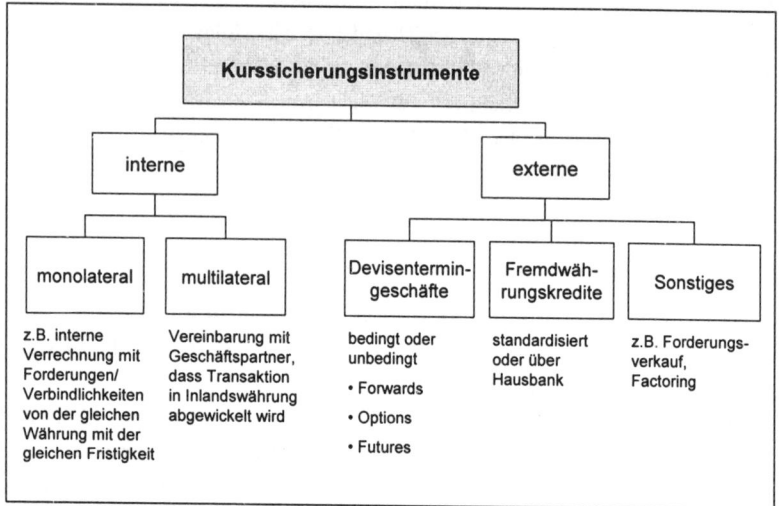

Abb. 5-6:   *Instrumente zur Absicherung des Währungstransaktionsrisikos*

Wesentlich ist, dass die verfügbaren Instrumente keineswegs für sämtliche Unternehmen, alle Sicherungszwecke und jede Risikosituation geeignet sind, sondern sich vielmehr an Einzelproblemen orientieren und von einer Vielzahl von Einflussfaktoren abhängig sind, unter anderem von (vgl. Büschgen 1997, 399-401)

- der *Risikoeinstellung des Unternehmens* und der *Bedeutung einer festen Kalkulationsbasis*,

- der *Verfügbarkeit* geeigneter (z.B. fristenkonformer) Kurssicherungsinstrumente und der *Markteffizienz* bei deren Bereitstellung,

- den *Kosten*, der *Reversibilität* und den *Sekundäreffekten* der Instrumente (z.B. Auswirkung auf die Bilanz) und

- der *Volatilität der betreffenden Währungen* sowie der zu Grunde liegenden *Wechselkurserwartung* (in Verbindung mit der Art der Position, d.h. Forderung oder Verbindlichkeit).

Im Folgenden sollen zwei in der Praxis weit verbreitete externe Kurssicherungsinstrumente, die Gruppe der Devisentermingeschäfte und der Fremdwährungskredit, in ihren Grundprinzipien vorgestellt werden.

Devisentermingeschäfte

Das *Devisenforwardgeschäft* (vgl. hierzu ausführlich Breuer/Gürtler/Schuhmacher 2003, 457-459; Priermeier/Stelzer 2001, 46-54) ist die klassische Form eines unbedingten Devisentermingeschäfts zur Absicherung von Wechselkursrisiken. *Unbedingt* bedeutet, dass es eine *Verpflichtung* zwischen einer Bank und einem Kontrahenten begründet,

- an einem bestimmten Tag
- zu einem fixen Kurs (Devisenterminkurs)
- eine definierte Summe an Währung gegen eine andere Währung

zu kaufen oder zu verkaufen.

Als so genanntes OTC-(over-the-counter-)Produkt ist es *nicht standardisiert*, d.h. die Modalitäten, z.b. Betragshöhe und Laufzeit, können individuell festgelegt werden. Abbildung 5-7 macht die grundlegenden Zusammenhänge am Beispiel der Absicherung einer offenen $-Position eines Importeurs deutlich.

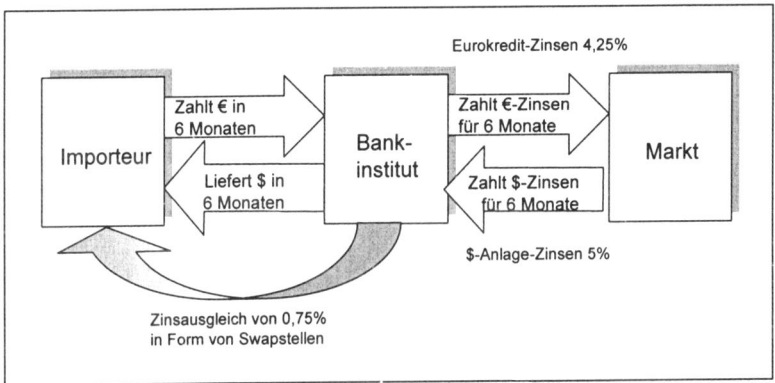

Abb. 5-7:   *Beispiel eines Devisenforwardgeschäfts (Quelle: Priermeier/Stelzer 2001, 48)*

Ein europäischer Importeur benötigt zur Bezahlung von Verbindlichkeiten an einen US-amerikanischen Exporteur in sechs Monaten einen bestimmten Betrag an US-Dollar. Um sich gegen das Risiko einer Aufwertung des US-Dollars gegenüber dem Euro abzusichern, schließt er mit einem Bankinstitut einen Vertrag über den Kauf von US-Dollar gegen Euro auf Termin in sechs Monaten. Damit gehen beide Parteien eine feste Verpflichtung ein: durch den Kauf von US-Dollar und den Verkauf von Euro verpflichtet sich das Importunternehmen, am Fälligkeitstag zum vereinbarten Tauschverhältnis Dollar abzunehmen und Euro zu zahlen. Das Kreditinstitut auf der anderen Seite hat die Verpflichtung, zum vereinbarten Terminkurs die Dollar zu liefern und erhält im Gegenzug die

Euro. Das Bankinstitut selbst kann sich nun gegen eine Änderung des Devisen-
kurses während der Laufzeit absichern, indem es die Dollar bereits am Tag des
Abschlusses kauft und, da diese noch nicht sofort, sondern erst bei Fälligkeit in
sechs Monaten benötigt werden, zu unterstellten 5% p.a. am US-Geldmarkt an-
legt. Um die Dollar kaufen zu können, muss das Kreditinstitut Euro aufwenden.
In diesem Beispiel wird unterstellt, dass es hierfür einen Kredit in Euro zu einem unterstellten Euro-Zinssatz von 4,25% p.a. aufnehmen muss. In diesem
Beispiel übersteigen die US-Anlagezinsen die Euro-Kreditzinsen. Dieser Zins-
überschuss wird nun in so genannte *Swapstellen* in Relation zum Devisen-
Kassakurs umgerechnet, und diese Stellen zu Gunsten des Importeurs als „Aufschlag" auf seinen EUR/USD-Kassa-Kurs verrechnet:

> Kassa-Kurs
> +/- Auf- bzw. Abschlag (=Swapsatz)
> = Terminkurs

Der Swapsatz errechnet sich nach folgender Formel:

$$\text{Swapsatz} = \frac{\text{Kassakurs * Zinsdifferenz * Zeit (Tage)}}{(100 * 360)}$$

Eine spezielle Variante des Devisenforwardgeschäfts stellt der *Währungs- bzw.*
Devisen-Swap (vgl. hierzu ausführlich Priermeier/Stelzer 2001, 54-62) dar. Ein
Devisen-Swap ist eine Kombination aus Kassa- und Termingeschäft. Die Kontrahenten verpflichten sich, beim *Kassa-Geschäft* in t=0 eine Währung zu kaufen bzw. zu verkaufen und beim *Termingeschäft* in t=1 das Gegengeschäft vorzunehmen. Neben der Tauschverpflichtung am Erfüllungstag (*Kassa-Teil*) wird
also zugleich für einen weiteren Erfüllungstag (*Termin-Teil*) eine Rücktausch-
verpflichtung mit fixen Kursen festgelegt. Wie beim klassischen Devisenforwardgeschäft wird auch beim Devisenswap ein Ausgleich der unterschiedlichen
Zinsniveaus in Form eines Swapsatzes vorgenommen. Der Hauptvorteil des
Devisenswaps besteht in der Möglichkeit der zeitlich flexiblen Gestaltung des
Rücktauschgeschäfts: Termingeschäfte können sowohl „vorgezogen" als auch
„verlängert" werden. Damit wird eine flexible Reaktion auf unerwartet zu frü-
hen oder zu späten Ein- bzw. Ausgang der Fremdwährung und zugleich eine
optimale Liquiditätssteuerung ermöglicht. Nicht zuletzt auf Grund dieser besonderen Flexibilität, die er den Marktteilnehmern bietet, ist der Devisenswap
ein in der Praxis beliebtes Instrument zur Währungsabsicherung.

Eine zweite Art von Devisentermingeschäften bilden *Devisenoptionsgeschäfte*.
Wie gezeigt wurde, sind Devisenforwardgeschäfte geeignet, Importeure und
Exporteure gegen jegliches Währungsänderungsrisiko abzusichern. Allerdings
entledigt sich das Unternehmen durch ihren Einsatz nicht nur des Kursrisikos,
sondern hat auf Grund der Erfüllungsverpflichtung unbedingter Termingeschäf-

te auch keine Möglichkeit mehr, von einem günstigeren Kursverlauf bei Fälligkeit zu profitieren. Als Instrumente, die ebenfalls geeignet sind, gegen ungünstige Kursentwicklungen abzusichern, darüber hinaus jedoch die Chance bieten, von einem günstigeren Kursverlauf zu profitieren, haben in den letzten Jahren Devisenoptionsgeschäfte (vgl. hierzu ausführlich Priermeier/Stelzer 2001, 63-78; Breuer/Gürtler/Schuhmacher 2003, 461-463) stark an Bedeutung gewonnen. Devisenoptionsgeschäfte werden auch als *bedingte* Termingeschäfte bezeichnet, da mit dem *Kauf* einer Option (*long position*) das *Recht*, nicht aber die Pflicht erworben wird,

- eine bestimmte Währung
- zu einem bestimmten Zeitpunkt (europäische Option) bzw. innerhalb eines bestimmten Zeitraums (amerikanische Option)
- zu einem festgelegten Kurs (Basispreis)

zu kaufen (Kauf- bzw. Call-Option) bzw. zu verkaufen (Verkaufs- bzw. Put-Option).

Anders hingegen sieht es für den *Verkäufer* der Option (*short position*), auch als Stillhalter bezeichnet, aus: er geht mit dem Verkauf der Option eine *Verpflichtung* ein,

- eine bestimmte Währung
- zu einem bestimmten Zeitpunkt bzw. innerhalb eines bestimmten Zeitraums
- zu dem festgelegten Kurs

zu liefern (im Falle des Verkaufs einer Kaufoption) bzw. abzunehmen (im Falle des Verkaufs einer Verkaufsoption). Für diese Verpflichtung erhält der Stillhalter eine Prämie. Damit wirkt der Kauf einer Option grundsätzlich wie eine Versicherung, während mit dem Verkauf einer Option Sicherheit verkauft wird.

Abbildung 5-8 zeigt exemplarisch das Chance-/Risiko-Profil einer Kaufoption („*Call-Option*") aus Sicht des Käufers und aus Sicht des Verkäufers der Option:

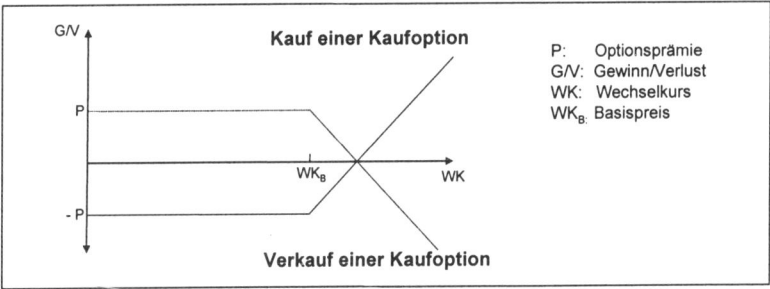

Abb. 5-8:   *Gewinn-/Verlustszenario einer Kaufoption (ohne Grundgeschäft)*
            (Quelle: in Anlehnung an Priermeier/Stelzer 2001, 65, 68)

Mit dem Erwerb einer *Call-Option* möchte sich der Käufer der Option gegen steigende Kurse absichern, indem er sich das Recht sichert, am Fälligkeitstag zum Basispreis eine bestimmte Summe einer Währung (z.B. Euro gegen Dollar) *kaufen* zu dürfen. Liegt am Fälligkeitstag der Tageskurs der Währung am Devisenmarkt über dem der Option zu Grunde liegenden Basispreis, dann wird der Käufer die Option ausüben und die Währung zum vereinbarten Basispreis beziehen. Notiert die Währung am Tag der Fälligkeit hingegen unter dem Basispreis der Option, dann wird die Option verfallen, da die Währung günstiger am Markt eingedeckt werden kann. Das Verlustrisiko ist für den Käufer der Option damit auf die Höhe der Optionsprämie p begrenzt, die er auch im Falle des Nichtausübens an den Verkäufer der Option zu entrichten hat.

Möchte man sich indes in Erwartung einer Währungsabwertung gegen fallende Kurse absichern, so bietet sich der Kauf einer Devisenverkaufsoption („*Put-Option*") an. Abbildung 5-9 zeigt das zugehörige Chance-/Risiko-Profil aus Sicht des Käufers und des Verkäufers:

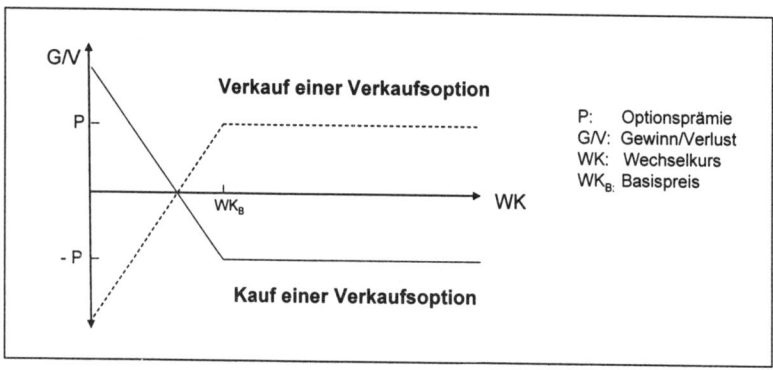

Abb. 5-9:   *Gewinn-/Verlustszenario einer Verkaufsoption (ohne Grundgeschäft) (Quelle: in Anlehnung an Priermeier/Stelzer 2001, 70, 73)*

Mit dem Erwerb der *Put-Option* sichert sich der Käufer das Recht, eine definierte Summe einer Währung am Fälligkeitstag zu einem festgelegten Kurs *verkaufen* zu dürfen. Er wird von diesem Recht dann Gebrauch machen, wenn am Fälligkeitstag der Tageskurs der Währung tatsächlich unter dem der Option zu Grunde liegenden Basispreis liegt. Übersteigt der am Devisenmarkt zu erzielende Verkaufspreis jedoch den Basispreis der Option, dann wird der Käufer das Optionsrecht verfallen lassen und die Währung stattdessen zu günstigeren Konditionen am Markt verkaufen (zu anderen Arten von Devisentermingeschäften wie z.B. futures vgl. z.B. Breuer 2000, 161-168).

Fremdwährungskredit

Bei den Devisentermingeschäften erweist sich in der Praxis häufig als problematisch, dass sie nicht immer in der gewünschten Form zur Verfügung stehen. So sind Devisenforwards mit einer Laufzeit von mehreren Jahren nicht ohne weiteres zugänglich. Häufig machen Unternehmen daher von der Möglichkeit Gebrauch, durch risikolose Verschuldung und risikolose Anlage ein Kurssicherungsinstrument *eigenständig zu konstruieren* (vgl. Breuer/Gürtler/Schuhmacher 2003, 463-465). Diese Möglichkeit soll im Folgenden am Beispiel des *Fremdwährungskredits* vorgestellt werden. Abbildung 5-10 zeigt die Grundstruktur eines derartigen Fremdwährungskredits.

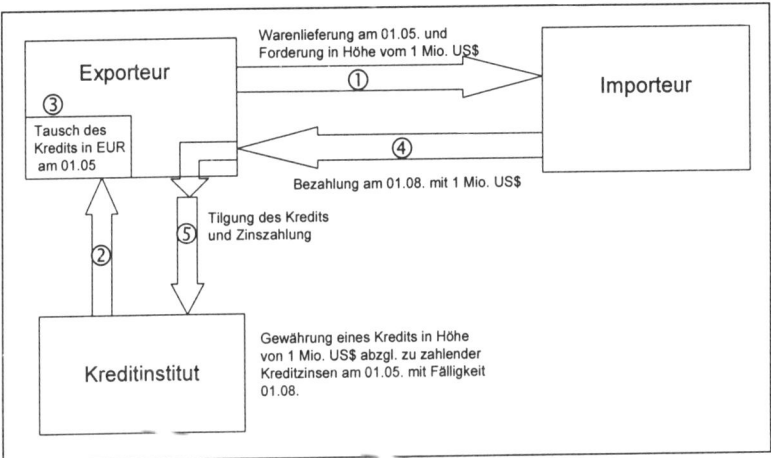

Abb. 5-10: Grundstruktur eines Fremdwährungskredits zur Wechselkurssicherung

Der Exporteur liefert am 1. Mai an einen ausländischen Importeur Waren auf Ziel (1). Die Rechnung sei in Fremdwährung ausgestellt und das dem Importeur eingeräumte Zahlungsziel betrage drei Monate, d.h. das Exportunternehmen rechnet mit dem Eingang von 1 Mio. US-$ am 1. August (4). Für das exportierende Unternehmen ergibt sich daraus eine offene Forderungsposition, die es gegen eine mögliche Abwertung des US-Dollars während der drei Monate absichern möchte. Hierzu kann sich das Unternehmen bei einem Kreditinstitut mit einem Fremdwährungskredit in Höhe von 1 Mio. US-$ verschulden (2), den es bei Fälligkeit am 1. August aus den unternehmerischen Fremdwährungseinzahlungen des Importeurs tilgen wird (4 und 5). Der Kreditauszahlungsbetrag kann unmittelbar nach der Auszahlung im 1. Mai zum aktuellen und damit sicheren Kassakurs in Inlandswährung getauscht (3) und der resultierende Betrag zum risikolosen Zins im Inland bis zum 1. August angelegt werden. Auf diese Weise kann das Unternehmen erreichen, dass die am 1. August aus dem zu Grunde liegenden Geschäft zur Verfügung stehende Summe in Euro genau vorhersagbar und ohne Währungsrisiko ist.

Die *Vorteile* eines derartigen Fremdwährungskredits liegen in seinen Möglichkeiten zum flexiblen Einsatz und der sofortigen Verfügbarkeit der Mittel. Diesen stehen allerdings die Zinsbelastung aus dem Kredit und das Risiko einer nicht fristgerechten Begleichung der Forderung, insbesondere bei einer zweifelhaften Bonität des Schuldners, gegenüber.

5.3.3 Das ökonomische Wechselkursrisiko

Als letzte Komponente des Wechselkurs- bzw. Währungsrisikos, die für die *dynamisch-zukunftsorientierte Perspektive* steht, wird abschließend das so genannte ökonomische Wechselkursrisiko dargestellt. Das ökonomische Wechselkursrisiko beschreibt die Gefahr, dass der *ökonomische Wert* der aus den Direktinvestitionen im Ausland erwarteten Rückflüsse durch Wechselkursänderungen beeinträchtigt wird. Der ökonomische Wert (*Strategiewert*) entspricht der Summe der aus dem Investitionsobjekt resultierenden, diskontierten Nettoeinzahlungen (vgl. Abbildung 5-11; allg. zur Wertbestimmung von Geschäftsfeldern und Strategien vgl. z.B. Hungenberg 2004, 76-78 und 396-400). Neben einzelnen Auslandsprojekten kann auch der Wert ganzer Niederlassungen oder Tochtergesellschaften im Ausland in dieses Konzept einbezogen werden.

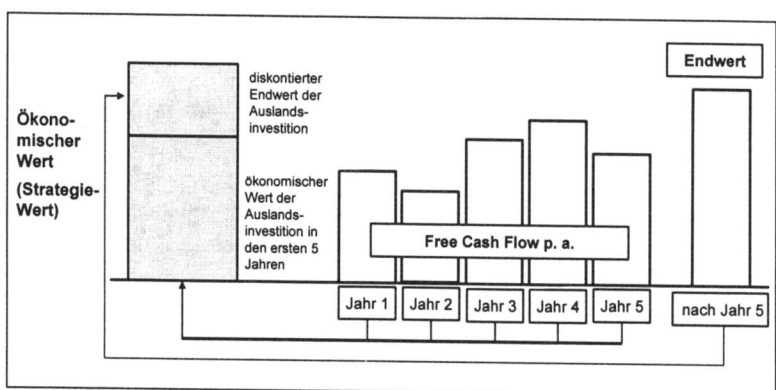

Abb. 5-11: Der ökonomische Wert als Kapitalwert der zukünftigen Free Cash Flows

Als Resultat der Untersuchung aller ökonomischen Einflussfaktoren, die sich in Folge von Wechselkursschwankungen negativ (oder auch positiv) auf den Zukunftserfolg eines Unternehmens auswirken, ist das ökonomische Wechselkursrisiko für die langfristige Betrachtungsweise von internationalen Aktivitäten von Bedeutung, da es die Free Cash Flows beeinflussen kann. Als derart umfassendes Konzept eignet es sich für die tägliche Absicherungspraxis jedoch kaum, da ein erheblicher Informationsbeschaffungs- und -verarbeitungsaufwand betrieben werden muss, um das abzusichernde „economic exposure" zu prognostizieren und Anhaltspunkte zur Konkretisierung und zeitlichen Fixierung langfristiger Maßnahmen abzuleiten.

Als strategisches, zukunftsgerichtetes Konzept kann und sollte es aber zur Konzipierung langfristiger Unternehmensentscheidungen mit direkter Managementverantwortung herangezogen werden. Die Maßnahmen im Rahmen eines derartigen strategischen Währungsmanagements umfassen beispielsweise die Gestaltung einer langfristigen, möglichst währungskongruenten (Fremd-) Finanzierungsstrategie von Auslandsinvestitionen, die Substitution von Importen durch inländische Einsatzfaktoren, die Umlenkung von Investitionsgüterbezügen und von konzerninternen Transaktionen sowie eine internationale Diversifikation der Produktions- und Absatzbasis (vgl. Büschgen 1997, 311-312). Die aufgezeigten Maßnahmen sind allesamt keine Kurssicherungsmaßnahmen im engeren Sinne, sondern generelle strukturpolitische Maßnahmen, um eine langfristige Kongruenz zwischen der Währungsstruktur der Ein- und Auszahlungen anzustreben. Sie sollten bereits dann einsetzen, wenn das langfristige Engagement in Auslandaktivitäten geplant wird und nicht erst dann, wenn internationale Operationen bereits aufgenommen worden sind (vgl. Büschgen 1997, 312).

5.3.4 Übungsaufgaben zum Währungsrisiko

Aufgabe 1 (Translationsrisiko):

Die deutsche ABC AG verfügt über eine amerikanische Tochtergesellschaft, deren Bilanz im Folgenden aufgezeigt ist:

Aktiva in US-$		Passiva in US-$	
Sachanlagen	70.000	Eigenkapital	40.000
Wertpapiere des AV	30.000	Pensionsrückstellungen	60.000
Unfertige Erzeugnisse	36.000	Lfr. Verbindlichkeiten	35.000
Liquide Mittel	14.000	Kfr. Verbindlichkeiten	15.000
Summe	150.000	Summe	150.000

Der Wechselkurs zum Zeitpunkt t_0 beträgt 1 US-$/€. Ein Jahr später (zum Zeitpunkt t_1) beträgt der Wechselkurs allerdings 1,25 US-$/€. Die Bilanz ist unverändert geblieben.

Berechnen Sie nach der Methode der funktionalen Währung den durch die Wechselkursveränderung für die ABC AG entstandenen Bilanzerfolg in Euro zum Zeitpunkt t_1 !

Gehen Sie dabei davon aus, dass die amerikanische Tochtergesellschaft

a) als „foreign operation"

b) als „foreign entity" behandelt wird.

Lösung:

Durch die Umrechnung von in Fremdwährung geführten Bilanzen, beispielsweise bei der Konsolidierung von Auslandsniederlassungen im Unternehmensabschluss, kann der in Heimatwährung ausgewiesene Bilanzerfolg allein auf Grund von Wechselkursveränderungen positiv oder negativ beeinflusst werden, ohne dass es zu tatsächlichen erfolgswirksamen Veränderungen der Bilanzpositionen aus der Geschäftstätigkeit gekommen ist. Dieser Sachverhalt wird durch das so genannte Währungsumrechnungs- bzw. Translationsrisiko beschrieben. Wie hoch der durch eine Währungsänderung verursachte Translationsgewinn bzw. -verlust ausfällt, hängt entscheidend von der Wahl des zum Einsatz kommenden Währungsumrechnungsverfahrens und damit des für die Umrechnung der einzelnen Bilanzpositionen verwendeten Umrechnungskurses (Kassa- bzw. historischer Kurs) ab. Die Zulässigkeit der unterschiedlichen Währungsumrechnungsverfahren bestimmt sich nach IAS/IFRS und US-GAAP danach, ob die zu konsolidierende ausländische Teileinheit als „verlängerter Arm" des Mutterunternehmens betrachtet und damit als „foreign operation" behandelt wird, oder ob sie als weitgehend selbstständiges Unternehmen erachtet und damit als „foreign entity" behandelt wird. In erstem Fall, der Sichtweise als „foreign operation", ist die Zeitbezugsmethode zu wählen. Historische Werte und damit in der Regel der mit Anschaffungswerten bewertete Teil des Anlage- und des Umlaufvermögens sind mit historischen Kursen, Gegenwartswerte mit dem Stichtags- bzw. Kassakurs umzurechnen. Bei der Betrachtung als „foreign entity" hingegen wird auf die modifizierte Stichtagskursmethode zurückgegriffen, d.h. alle Bilanzpositionen werden, soweit zulässig, zunächst einheitlich mit dem Stichtagskurs umgerechnet; lediglich das Eigenkapital wird mit dem historischen Kurs umgerechnet.

Im vorliegenden Beispiel sind auf der *Aktivseite der Bilanz* die Sachanlagen und die Wertpapiere des Anlagevermögens (z.B. Beteiligungen an dritten Unternehmen) als historische Werte und damit bei der Betrachtung als „foreign operation" zum historischen Kurs von 1 US-$/€ umzurechnen. Die unfertigen Erzeugnisse und die liquiden Mittel stellen Gegenwartswerte dar und sind dementsprechend zum aktuellen Kassakurs von 1,25 US-$/€ umzurechnen. Bei der Betrachtung als „foreign entity" findet eine einheitliche Umrechnung der Aktivpositionen mit dem aktuellen Kurs statt. Dies ist im hier vorliegenden Beispiel einer Abwertung der Fremdwährung auch aus Sicht des Anschaffungswerts- bzw. Realisationsprinzips unproblematisch, da durch die $-Abwertung keine Zuschreibung zu, sondern eine Abschreibung auf die Vermögensposten vorgenommen wird.

Auf der *Passivseite der Bilanz* unterscheiden sich die beiden Methoden in diesem Beispiel nicht. Hier wird in beiden Fällen das Fremdkapital, einschließlich der langfristigen Verbindlichkeiten, mit dem aktuellen Kassakurs von 1,25 US-\$/€ umgerechnet, während die Umrechnung des Eigenkapitals anhand des historischen Kurses von 1 US-\$/€ vorgenommen wird:

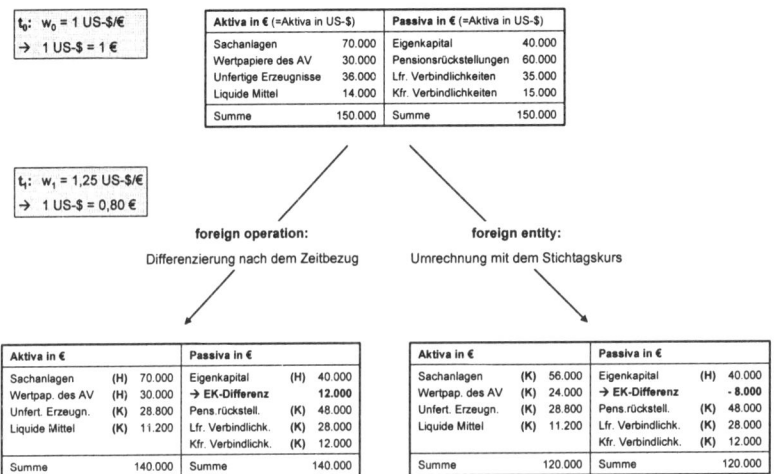

Im ersten Fall, der Behandlung der zu konsolidierenden Tochtergesellschaft als „foreign operation", führt die Wechselkursveränderung zu einem *Translationsgewinn von 12.000 €*, der auf Grund der Interpretation der Umrechnung als Bewertungsvorgang erfolgswirksam zu behandeln ist. Im zweiten Fall, der Behandlung als „foreign entity", entsteht hingegen ein *Translationsverlust in Höhe von 8.000 €*, der, da die Währungsumrechnung hier einen reinen Transformationsvorgang darstellt, erfolgsneutral über einen gesonderten Rücklageposten zu verrechnen ist.

Aufgabe 2 (Transaktionsrisiko):

Die AFDeutschland AG erhält am 01.02.2006 einen Auftrag aus den USA über Waren im Wert von 100.000 US-\$. Um dieses sehr bedeutende Geschäft realisieren zu können, wird in den Vertragsverhandlungen vereinbart, dass die Zahlung in US-\$ erfolgen kann. Überdies wird ein Zahlungsziel von drei Monaten gewährt.

Das deutsche Unternehmen bildet keine Erwartungen über den zukünftigen Wechselkurs und beschließt, das Geschäft vollständig gegen Wechselkursrisiken abzusichern. Dazu bieten sich folgende Alternativen:

- Kauf einer Verkaufsoption auf US-$ zu einem Ausübungskurs von 1,29 US-$/€ in drei Monaten und einer Optionsprämie von 0,03 €/US-$. Es handelt sich dabei um eine europäische Option.

- Verkauf der 100.000 US-$ per Termin zum 01.05.2006 zu einem Kurs von 1,27 US-$/€.

- Aufnahme eines Kredits in US-$ zu einem Zinssatz von 1,0% für drei Monate, Umtausch der US-$ zum Kassakurs von 1,26 US-$/€ und Anlage des €-Betrages zu einem Zinssatz von 1,25% für drei Monate.

Bestimmen Sie im Nachhinein, welche Strategie am effizientesten wäre, wenn am 01.05.2006 der Kurs 1,25 US-$/€ beträgt.

Hinweis: Vergleichen Sie die Einzahlungen zum 01.05.2006 und nehmen Sie an, dass die Optionsprämie erst am 01.05.2006 zu zahlen ist.

Lösung:

Zur Bestimmung, welche Strategie im Nachhinein am effizientesten wäre, ist es erforderlich, eine gemeinsame Basis für den Vergleich der Wirkung der drei zur Verfügung stehenden Instrumente herzustellen. Da sich das exportierende Unternehmen keine Erwartungen über den zukünftigen Wechselkurs bildet, ist das entscheidende Kriterium für die ex-post-Bestimmung der „Effizienz" der Instrumente die Höhe des €-Betrages, den es am 01.05.2006 mit Sicherheit aus der Gesamtheit von Grund- und dem jeweiligen Sicherungsgeschäft zur Verfügung hat.

Die hinter den einzelnen Strategien stehenden Kurssicherungsinstrumente werden zunächst einzeln vorgestellt.

Alternative 1: Kauf einer Verkaufoption auf US-$ zu einem Ausübungskurs von 1,29 US-$/€ in 3 Monaten und einer Optionsprämie von p = 0,03 €/US-$ (europäische Option):

Bei dieser ersten Strategie handelt es sich um ein klassisches Devisenoptionsgeschäft. Hierbei erwirbt das deutsche Unternehmen als Käufer (long position) der Option das Recht, am 01.05.2006 zum Kurs von 1,29 US-$/€ 100.000 US-$ gegen 77.519 € zu verkaufen (Put-Option). Dafür muss das Unternehmen eine Optionsprämie (P) in Höhe von 3.000 € (100.000 US-$ * 0,03 €/US-$) entrichten. Da diese erst bei Fälligkeit der Option, also am 01.05.2006 zu zahlen ist, kann sie ohne vorherige Auf- bzw. Abzinsung direkt mit dem aus dem Währungstausch verfügbaren Betrag verrechnet werden. Der Begriff der „europäischen Option" besagt, dass die Ausübung nicht wie bei der amerikanischen Option innerhalb eines bestimmten Zeitraumes, sondern ausschließlich zum vorher festgelegten Zeitpunkt erfolgen kann.

Das Gewinn-/Verlustszenario aus dem Optionsgeschäft stellt sich damit wie folgt dar:

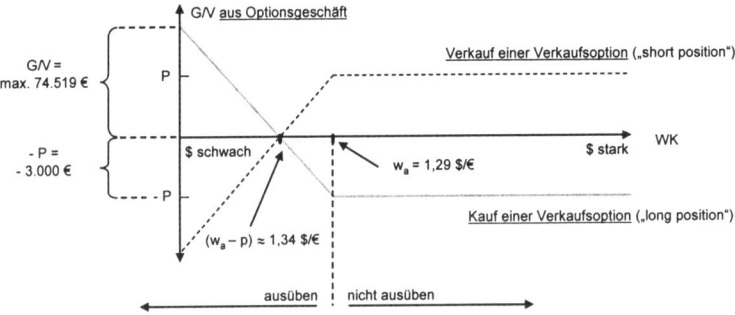

Notiert der US-$ am Ausübungstag unter dem Ausübungskurs von 1,29 $/€, so wird das Unternehmen von seinem Recht zur Ausübung der Option Gebrauch machen und die 100.000 US-$ aus der Ausfuhr seiner Waren zu diesem Ausübungskurs gegen 77.519 € tauschen. Sollte der US-Dollar am Tag der Ausübung hingegen höher notieren als der zu Grunde liegende Ausübungskurs, wird das Unternehmen sinnvollerweise von seinem Ausübungswahlrecht keinen Gebrauch machen und die 100.000 US-$ stattdessen zum aktuellen Kassakurs am Devisenmarkt umtauschen. Dies ist im vorliegenden Beispiel der Fall: Am 01.05.2006 liegt der Wechselkurs bei 1,25 US-$/€. Zu diesem Kurs kann das Unternehmen die 100.000 US-$ gegen 80.000 € am Devisenmarkt verkaufen. Die Optionsprämie von 3.000 € ist jedoch in jedem Fall zu entrichten – auch, wenn die Option nicht ausgeübt wird. Damit verbleiben dem Unternehmen aus dem Gesamtgeschäft (Grund- und Sicherungsgeschäft) insgesamt 77.000 €.

Alternative 2: Verkauf der 100.000 US-$ per Termin zum 01.05.2006 zu einem Kurs von 1,27 US-$/€:

Ein solches unbedingtes Devisentermingeschäft kann als individuell ausgehandeltes OTC-(over-the-counter-)Geschäft oder als Devisenfuturesgeschäft in standardisierter Form vorliegen. Entscheidend ist in beiden Fällen, dass es sich um eine Vereinbarung (Verpflichtung, kein Wahlrecht!) über den Tausch der Währung zu einem vorher festgelegten Kurs handelt. Das Unternehmen muss also am 01.05.2006 zum Kurs von 1,27 US-$/€ 100.000 US-$ verkaufen und erhält dafür mit Sicherheit 78.740 €.

Der Vorteil dieser Art von Termingeschäft liegt gegenüber der Option im Wegfall der Optionsprämie. Allerdings werden auf Grund der Pflicht zur Ausübung auch jegliche Gewinnchancen aus einer möglichen günstigen Entwicklung des Wechselkurses eliminiert.

Alternative 3: Aufnahme eines Kredits in US-$ zu einem Zinssatz von 1,0% für 3 Monate, Umtausch der US-$ zum Kassakurs von 1,26 US-$/€ und Anlage des €-Betrages zu einem Zinssatz von 1,25% für 3 Monate:

Durch die Aufnahme eines Fremdwährungskredits in US-$ mit gleicher Fälligkeit wie die ebenfalls in US-$ fakturierte Forderung und den sofortigen Umtausch des Kreditauszahlungsbetrages in € zum aktuellen Kassakurs kann sich das exportierende Unternehmen ein Instrument zur Absicherung der offenen Währungsposition auch selbst konstruieren.

Im vorliegenden Fall rechnet das Unternehmen mit einem Eingang von 100.000 US-$ aus seiner Forderung zum 01.05.2006 (t_1). Zur vollständigen Absicherung dieser offenen Währungsposition bietet sich die Aufnahme eines Kredites mit genau derselben Laufzeit und einer endfälligen Zins- und Tilgungszahlung in Höhe von insgesamt 100.000 US-$ an. Die während der Laufzeit anfallenden Zinsen – in der Aufgabe wurde ein Zinssatz von 1,0% für drei Monate unterstellt – werden bei derartigen Diskontkrediten in der Regel vom Auszahlungsbetrag abgezogen. Im vorliegenden Fall würde dies einer Auszahlung von 99.010 US-$ zum 01.02.2006 (t_0) entsprechen.

Dieser Auszahlungsbetrag aus dem Fremdwährungskredit wird nun unmittelbar zum aktuellen Kassakurs von 1,26 US-$/€ umgetauscht, wofür das Unternehmen 78.579 € erhält. Legt das Unternehmen diesen Betrag nun zu dem in der Aufgabe unterstellten Euro-Zinssatz von 1,25% für drei Monate an (einfacher Zinssatz ohne Zinseszins), so hat es in t_1 am 01.05.2006 mit Sicherheit 79.562 € zur Verfügung. Die fällige Rückzahlung des auf US-$ lautenden Fremdwährungskredits kann das Unternehmen aus dem Eingang 100.000 US-$ leisten. Die Skizze veranschaulicht die Abläufe noch einmal grafisch:

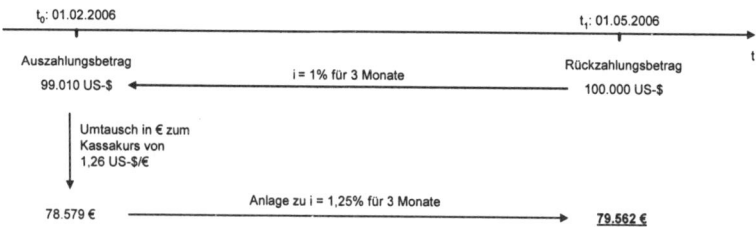

Die Frage, welche der drei zur Verfügung stehenden Alternativen ex post am effizientesten wäre, lässt sich nun durch eine Gegenüberstellung der drei Alternativen anhand der hergestellten gemeinsamen Vergleichsbasis, nämlich dem bei jedem Instrument am 01.05.2006 mit Sicherheit zur Verfügung stehenden Betrag aus dem Gesamtgeschäft in Heimatwährung, beantworten:

Alternative 1 – Devisenoptionsgeschäft:

Da der US-$ am Stichtag mit 1,25 US-$/€ über dem Ausübungskurs der Option (1,29 US-$/€) notiert, wird das Unternehmen die Option nicht ausüben und die 100.000 US-$ stattdessen zum Kassakurs gegen 80.000 € am Devisenmarkt verkaufen. Da allerdings die Optionsprämie i.H.v. 3.000 € in jedem Fall zu entrichten ist, verbleiben zum 01.05.2006 als in Heimatwährung verfügbarer Betrag aus dem Gesamtgeschäft *77.000 €*.

Alternative 2 – unbedingtes Devisentermingeschäft:

Da durch das unbedingte Devisentermingeschäft eine Tauschverpflichtung eingegangen wurde, müssen die 100.000 US-Dollar zum vereinbarten Terminkurs von 1,27 US-$/€ getauscht werden. Damit beträgt der zum 01.05.2006 in Heimatwährung verfügbare Betrag aus dem Gesamtgeschäft *78.740 €*.

Alternative 3 – Fremdwährungskredit:

Auch bei dieser Alternative besteht keine Möglichkeit mehr, von der zwischenzeitlichen Aufwertung des US-Dollars gegenüber dem Euro zu profitieren, da der Umtausch der Währungen ja bereits zum 01.02.2006 stattgefunden hat. Der zum 01.05.2006 in Heimatwährung verfügbare Betrag aus dem Gesamtgeschäft beträgt damit *80.357 €*.

Damit wäre ex post Alternative 3 – der Fremdwährungskredit – die effizienteste Strategie.

Das Beispiel zeigt zugleich, dass der Einsatz von Kurssicherungsinstrumenten nicht nur das Risiko einer ungünstigen Wechselkursentwicklung zu kompensieren vermag, sondern gleichzeitig die Chance, von einer unerwarteten positiven Wechselkursentwicklung zu profitieren, eliminiert – im Falle des unbedingten Devisentermingeschäfts oder des Fremdwährungskredites – oder zumindest schmälert – im Falle des Devisenoptionsgeschäftes. Letzteres hätte aufgrund seines Ausübungswahlrechts im Falle einer noch stärkeren unerwarteten Aufwertung des US-Dollars gegenüber dem Euro als einziges der drei Instrumente die Chance geboten, von dieser Kursaufwertung trotz der Absicherung zu profitieren.

Fragen zur Wiederholung und Selbstkontrolle

1. Erklären Sie, was betriebswirtschaftlich unter dem Begriff „Risiko" zu verstehen ist, und geben Sie einen Überblick über die Komponenten des Risikos internationaler Geschäftstätigkeit!

2. Definieren Sie den Begriff „Länderrisiko" und erläutern Sie knapp dessen Einflussfaktoren. Welche grundsätzlichen Möglichkeiten zur Bestimmung dieses Risikos gibt es? Erläutern und bewerten Sie ein Verfahren Ihrer Wahl zur Bestimmung des Länderrisikos!

3. Für international agierende Unternehmen ist das Wechselkursrisiko von großer Bedeutung. Welche Komponenten des Wechselkursrisikos können unterschieden werden? Grenzen Sie diese voneinander ab, indem Sie die Auswirkung der unterschiedlichen Konzepte auf den Unternehmenserfolg skizzieren!

4. Erläutern Sie den Begriff des „translation risk" und gehen Sie auf die Möglichkeiten und Probleme eines aktiven „Managements" dieses Risikos ein!

5. Erläutern Sie das Konzept der „funktionalen Währung". Welche Kriterien werden zur Festlegung der funktionalen Währung herangezogen?

6. Geben Sie einen Überblick über die zur Absicherung des Transaktionsrisikos zur Verfügung stehenden Instrumente und erläutern Sie ein Instrument Ihrer Wahl!

7. Erläutern Sie das Konzept des ökonomischen Wechselkursrisikos und dessen Auswirkungen auf die internationale Unternehmenstätigkeit. Inwiefern können Produktions- und Marketingmanagement zur Absicherung dieses Risikos eingesetzt werden?

6. Die regionale und kulturelle Dimension im Internationalen Management

6.1 Regionenbezogenes Internationales Management

6.1.1 Identifikation ökonomisch relevanter Regionen

Der Begriff „Region" bezeichnet in seiner grundlegenden Bedeutung die geographische Abgrenzung eines Gebietes, das sich durch Homogenität bezüglich eines gewählten Kriteriums auszeichnet. „Regionale Küche" oder „regionale Wirtschaftsentwicklung" sind nur zwei Beispiele solcher Kriterien. Übertragen auf das Internationale Management bezeichnet man mit Region dementsprechend ein Gebiet, das sich auf Grund von Ähnlichkeiten für eine standardisierte Marktbearbeitung grundsätzlich eignet.

Einen ersten Zugang zur Abgrenzung des Begriffs „Region" erhält man durch die Betrachtung der politischen Gebilde „Länder" und deren wichtigste Entwicklungskennzahlen. Tabelle 6-1 gibt einen Überblick über die nach der Bevölkerungszahl wichtigsten Länder.

Globales Einkommen und Bevölkerung	Bevölkerung (2005, in Tsd.)	In % der Weltbevölkerung	Geschätzte Bevölkerung 2010	BSP (2004 in Mio. $)	Pro-Kopf-Einkommen (2004 in $)	In % des BSP weltweit
Welt (Total)	6,446,131	100.0	7,192,935	39,800,000	6,280	100.0
1. China	1,306,313	20.0	1,438,249	1,700,000	1,290	4.3
2. Indien	1,080,264	16.8	1,220,483	674,600	620	1.7
3. USA	295,734	4.6	297,998	12,200,000	41,400	30.7
4. Indonesien	241,973	3.7	246,446	248,000	1,140	0.6
5. Brasilien	186,112	2.9	200,047	552,100	3,090	1.3
6. Pakistan	162,419	2.5	197,914	90,700	600	0.2
7. Bangladesch	144,319	2.2	159,619	61,200	440	0.2
8. Russische Föderation	143,420	2.2	156,558	487,300	3,410	1.2
9. Nigeria	128,771	2.0	133,190	54,000	390	0.1
10. Japan	127,417	2.0	169,199	4,700,000	37,180	11.8
...	...	...	...	...	...	...
Deutschland	82,431	1,3	83,066	2,500,000	30,120	6,3

Tab. 6-1: *Bevölkerungszahl und Bruttosozialprodukt großer Länder (Quelle: http://www.worldbank.org, Key Development Data & Statistics; http://www.cia.gov, The World Factbook 2005)*

Die Bevölkerung der Erde hat sich seit 1960 verdoppelt und beträgt zurzeit zirka 6,4 Milliarden Menschen. Bei der gegenwärtigen Wachstumsrate geht man von zirka 10 Milliarden in der 6. oder 7. Dekade dieses Jahrhunderts aus. Die

Tabelle zeigt, dass von der Bevölkerungszahl her China und Indien deutlich an der Spitze liegen.

Bei der wirtschaftlichen Leistungsfähigkeit zeigen sich allerdings erhebliche Unterschiede. Ungefähr ein Drittel des weltweiten Einkommens konzentriert sich auf die Triadeländer in Nordamerika, Westeuropa und Japan. Gemessen am BSP pro Kopf und dem prozentualen Anteil am BSP der Welt liegen diese Länder immer noch deutlich vor den als Schwellenländern charakterisierten Staaten wie China, Indien oder Brasilien. Allerdings zeigen bei den Wachstumsraten des BSP gerade China und Indien ein erhebliches Aufholpotenzial. Das ökonomische Wachstum dieser Länder übersteigt insbesondere die Raten in Westeuropa deutlich.

Zu beachten ist allerdings, dass sich der Begriff „Regionen" aus ökonomischer Sicht nicht automatisch mit den politischen Grenzen von Ländern gleichsetzen lässt. Eine „*Regionalstrategie*" zur Bearbeitung eines regionalen Marktes kann zum einen ein abgegrenztes Gebiet innerhalb eines politisch definierten Landes umfassen. In großen Ländern, wie den USA oder China, ist die Entwicklung solcher Regionalstrategien oftmals nötig. Zum anderen bezeichnen Regionalstrategien häufig aber auch die Marktbearbeitung für eine Gruppe von Ländern, wie z.b. eine Strategie für die Region Lateinamerika oder Süd-Ost-Asien.

Die regionale Abgrenzung erlaubt damit, im Gegensatz zur politischen Abgrenzung, eine ökonomisch orientierte Einteilung der Welt, die die Voraussetzung für eine zielorientierte Bearbeitung der einzelnen regionalen Märkte darstellt. Diese Sichtweise wird dadurch unterstützt, dass sich in den letzten Jahrzehnten in mehreren Teilen der Welt Nationalstaaten unter Aufgabe von Souveränitätsrechten zu wirtschaftlichen Regionen zusammengeschlossen haben. Tabelle 6-2 zeigt die verschiedenen Integrationsgrade solcher wirtschaftlicher Zusammenschlüsse.

Stufe der Integration	Beseitigung von Zöllen und Quoten	Gemeinsame Zoll- und Quotensysteme	Beseitigung von Beschränkungen in Bezug auf Faktorbewegungen	Harmonisierung von Wirtschaft, Sozialwesen und Legislative
Freihandelszone	Ja	Nein	Nein	Nein
Zollunion	Ja	Ja	Nein	Nein
Gemeinsamer Markt	Ja	Ja	Ja	Nein
Wirtschaftliche Union	Ja	Ja	Ja	Ja

Tab. 6-2:   *Stufen der regionalen wirtschaftlichen Integration (Quelle in Anlehnung an Keegan/Schlegelmilch/Stöttinger 2002, 70)*

Die Europäische Union (EU) ist das bekannteste Beispiel für eine (angestrebte) wirtschaftliche Union. Die Staaten der North American Free Trade Agreement (NAFTA) versuchen einen gemeinsamen Markt zu etablieren. Die Asian-Pacific Economic Cooperation (APEC) oder der Verband der Südostasiatischen Nationen (ASEAN) sind weitere Beispiele für regionale Zusammenschlüsse mit unterschiedlichen Integrationsstufen.

6.1.2 Regionenbezogene Theorien im Internationalen Management

In Kapitel 2 wurden generelle Theorien des Internationalen Managements zur Erklärung und Gestaltung von internationalen Aktivitäten erläutert. Es gibt aber auch theoretische Ansätze, die speziell den Blickwinkel der Region einnehmen und versuchen, daraus Empfehlungen für Managementmaßnahmen abzuleiten. Ein viel beachteter Ansatz in dieser Kategorie ist *Porters Diamant-Modell* (vgl. Porter 1990). Porter stellte sich die Frage, welche regionalen Faktoren die Wettbewerbsfähigkeit internationaler Unternehmen am stärksten beeinflussen. Unter regional versteht er dabei nicht supranationale Konstrukte, wie in Tabelle 6-2 im vorangehenden Abschnitt 6.1.1 skizziert, sondern lokale Gebiete innerhalb von oder auch übergreifend zwischen Ländern. Auf der Basis einer breit angelegten empirischen Untersuchung konnte Porter ein Muster nachweisen, dessen Vorliegen ein Indikator für das Vorhandensein von sehr wettbewerbsfähigen Unternehmen in einer Branche in einer spezifischen Region ist. Abbildung 6-1 zeigt die Grundstruktur dieses von Porter als „Diamant" bezeichneten Musters.

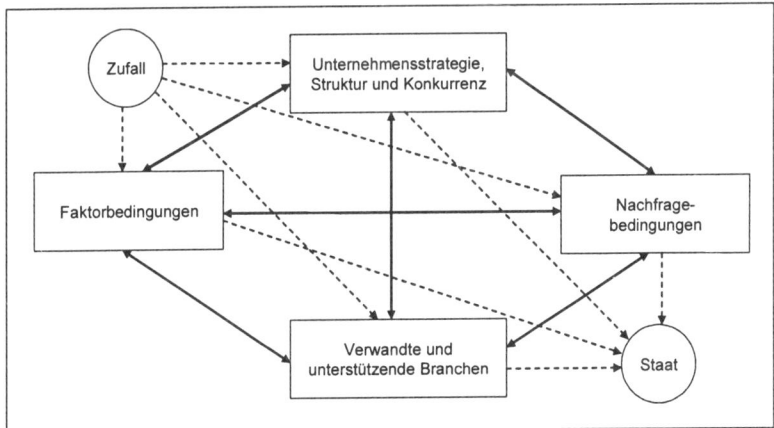

Abb. 6-1:   Das Diamant-Modell von Porter (Quelle: Porter 1990, 127)

Porter formuliert die grundlegende These, dass durch Clusterbildung, also das regionale Zusammenwirken von Unternehmen einer Branche, Netzwerke entstehen, die es den Unternehmen in diesen Clustern ermöglichen, eine hohe internationale Wettbewerbsfähigkeit zu erreichen. Erfolgreiche Cluster bezeichnet Porter dann als Diamant. Sie zeichnen sich durch folgende Konstellationen der in Abbildung 6-1 skizzierten einzelnen Komponenten aus:

- Faktorbedingungen:
  In einem Diamanten sind qualitativ und quantitativ hochwertige Human- und Kapitalressourcen vorhanden. Eine hochwertige Ausbildung in technologischer und kaufmännischer Hinsicht, die hohe Motivation der Beschäftigten und eine ausreichende Anzahl derartiger Mitarbeiter kennzeichnen den Faktor Arbeit in einem Diamanten. Differenziertes Eigenkapital, also z.b. Venture Capital, aber auch eine funktionierende Börse und professionell vergebenes Fremdkapital spielen auf der Kapitalseite eine wichtige Rolle.

- Nachfragebedingungen:
  Anspruchsvolle und innovationsfreudige Kunden fordern die Unternehmen, ständig Innovationen zu entwickeln und diese mit einem hohen Qualitätsanspruch in den Markt zu bringen. Die Möglichkeit, durch solche Innovationen Marktanteile zu gewinnen und auch Preisprämien verlangen zu können, setzt bei den Unternehmen eine hohe Dynamik in Gang.

- Verwandte und unterstützende Branchen:
  Leistungsfähige Lieferanten, die über neueste Technologien verfügen und selbst sehr wettbewerbsfähig sind, garantieren Technologie- und evtl. Kostenvorsprünge für die Unternehmen. Eine exzellente Forschungsumgebung, wie z.B. durch Universitäten oder andere öffentliche oder private Forschungsinstitute, bringen den Unternehmen den Zugriff auf wichtige Ergebnisse der Grundlagenforschung.

- Strategie und Konkurrenz:
  Durch die regionale Nähe von direkten Konkurrenten entsteht eine sehr hohe Wettbewerbsintensität, die durch persönlichen Ehrgeiz der Bessere zu sein, noch angespornt wird.

- Zufall und Staat:
  Der Staat ist in Porters Regionalmodell gefordert, die Rahmenbedingungen zur Entstehung von solchermaßen definierten Clustern zu schaffen. Der Zufall, der sich z.B. in einer grundlegenden Erfindung gerade in einer bestimmten Region zeigt, dient dazu, exogen nicht erklärbare Variablen abzubilden.

Die Ansammlung von Premium-Herstellern im Automobilbereich in Süddeutschland identifiziert Porter als einen „Diamant-Cluster", der die oben genannten Bedingungen erfüllt. Durch das positive Umfeld im Diamanten haben es BMW, Mercedes Car Group, Audi und Porsche geschafft, zu den wettbewerbsfähigsten Anbietern in diesem Segment weltweit aufzusteigen.

Welche Vorteile bringt das Regionalmodell von Porter für das Internationale Management? Es lassen sich Empfehlungen für Unternehmen zur Gestaltung ihrer internationalen Aktivitäten aus dem Ansatz ableiten. Als erstes ist es für internationale Unternehmen wichtig, dass sie genau lokalisieren, wo die Cluster/Diamanten in ihren Branchen weltweit sind. Dies hilft ihnen, die aktuellen und vor allem die potenziellen starken Wettbewerber zu identifizieren. Dann ist zu überlegen, wie das Unternehmen selbst von den günstigen Bedingungen innerhalb des jeweiligen Diamanten profitieren kann. Dabei kann es von Vorteil sein, wenn sich das Unternehmen in ausländischen Diamanten der eigenen Branche platziert, um z.b. Technologiefortschritte in diesen Diamanten frühzeitig zu erkennen und diese selbst gut nachvollziehen zu können. Ein F&E-Zentrum, das eine „Beobachterrolle" einnimmt, wäre eine Möglichkeit (vgl. dazu auch Abschnitt 4.3). Der Aufbau eines solchen Zentrums durch General Electric in München-Garching im Jahr 2005 scheint zumindest teilweise auf solche Überlegungen zurückzuführen zu sein. Die letzte Empfehlung betrifft den Versuch, sich selbst im Heimatmarkt einen solchen Diamanten zu schaffen, wobei dies einem einzelnen Unternehmen allerdings schwer fallen dürfte und wohl nur langfristig möglich ist.

Bei der Bewertung des Modells ist als Stärke zu sehen, dass die Beobachtungen, die den Schlussfolgerungen von Porter zu Grunde liegen, empirisch gut begründet sind. Es gelingt Porter, „Diamanten" in großer Anzahl weltweit nachzuweisen. Konkrete Empfehlungen für das Internationale Management sind ableitbar. Zwar sind die einzelnen Aussagen in dem Modell nicht neu. Sie werden jedoch auf sinnvolle Art und Weise integriert. Wünschenswert wäre aus Sicht des Internationalen Managements, wenn darüber hinaus auch Empfehlungen zur Markteintritts- und Marktbearbeitungsentscheidung generierbar wären, was aber nur bedingt der Fall ist.

Ein zweiter theoretischer Ansatz mit regionalem Bezug ist das *Triade-Modell von Ohmae*, das in Abschnitt 3.1.4 erläutert wurde. Dieser Mitte der 80er Jahre entwickelte Ansatz identifiziert Westeuropa, die USA und Japan als die Zentren der wirtschaftlichen Tätigkeit weltweit.

Ziel eines international tätigen Unternehmens sollte es sein, in jedem der Triade-Märkte „Insider" zu werden, also eine so starke Integration in die Märkte zu erreichen, dass die anderen Marktteilnehmer das Unternehmen nicht mehr als ausländisches Unternehmen ansehen. Aus diesen drei Zentren heraus sollen, wie in Abbildung 3-1 zu sehen, angrenzende Regionen bedient werden. So sollte z.B. die japanische Tochtergesellschaft für die Bearbeitung der restlichen asiatischen Länder verantwortlich sein.

Bei Betrachtung der Tabelle 6-1 in Abschnitt 6.1.1 zeigt sich, dass Ohmae immer noch, obwohl das Modell bereits in der 80er Jahren entstanden ist, mit der Identifikation der drei Triaderegionen die wirtschaftlichen Schwerpunkte weltweit richtig definiert. In diesen vom Volumen her wichtigen Märkten eine Insider-Position zu erlangen, ist sicherlich ein unter strategischen Gesichtspunkten wichtiges Internationalisierungsziel. Allerdings haben sich die Wachstumsraten, zumindest was Westeuropa und Japan betrifft, in den letzen Jahren verschoben. Eine Bearbeitung z.b. des chinesischen Marktes als Anhängsel der japanischen Tochtergesellschaft wird der strategischen Bedeutung dieses Marktes nicht gerecht. Bei strikter Befolgung der Empfehlungen aus dem Triade-Modelle besteht die Gefahr, dass Wachstumschancen vergeben werden (vgl. dazu auch Abschnitt 3.1.4).

Die beiden Modelle, der Porter-Ansatz und das Ohmae-Modell, zeigen, dass bei einer Fokussierung auf eine regionale Abgrenzung sinnvolle und wichtige Ergebnisse für das Internationale Management generierbar sind. Vor allem aber, und das ist beiden Modellen gemeinsam, können übergeordnete strategische Überlegungen durch diese Betrachtungsweise unterstützt werden.

6.2 Interkulturelles Management

6.2.1 Konkretisierung des theoretischen Konstrukts „Kultur"

Ein Kriterium, nach dem Regionen häufig abgegrenzt werden, wurde im vorigen Abschnitt bewusst noch nicht thematisiert. „Kultur" ist auch aus ökonomischer Sicht ein Faktor, der als Einteilungskriterium eine wichtige Rolle spielt. Dementsprechend werden Märkte auch danach charakterisiert, welche soziokulturellen Spezifika dort vorherrschen. Dabei müssen die Kulturregionen nicht mit den politischen Ländergrenzen identisch sein, da auch innerhalb von Ländern Bevölkerungsgruppen vereint sein können, die sich in ihren kulturellen - Identitäten unterscheiden. Die Schweiz ist ein gutes Beispiel dafür.

Aus Sicht des Internationalen Managements stellt sich als erstes das Problem, das theoretische Konstrukt „Kultur" fassbar zu machen. Naturgemäß liegen für einen solchen zentralen Begriff menschlichen Zusammenlebens eine unüberschaubar große Menge von Definitionen und inhaltlichen Beschreibungen vor. In einer sehr allgemeinen Fassung bezeichnet der Begriff Kultur einen „gemeinsamen Wissensvorrat", den eine Gruppe von Menschen teilt und der sie zugleich von Mitgliedern anderer Kulturen unterscheidet (Rohner 1984, 114; Tayeb 2000, 311). Eine schon etwas genauer gefasste Version bieten New-man/Nollen: „National culture is defined as the values, beliefs and assumptions learned in early childhood that distinguish one group of people from another. National culture is embedded deeply in everyday life and is relatively impervi-ous to change" (1996, 754).

Beide Definitionen identifizieren Kultur als ein Abgrenzungskriterium für eine Gruppe von Menschen. Gemeinsame Werte verbinden die Menschen einer Gruppe und grenzen sie gleichzeitig von anderen Kulturen mit anderen Werten ab. Die Entstehung des Kulturphänomens kann auch evolutionstheoretisch er-klärt werden. Geteilte kulturelle Werte in einer Gruppe von Menschen erleich-tern das Zusammenleben durch Schaffung eines von allen akzeptierten sozialen Gefüges. So kommt der Kultur z.B. eine Identitätsstiftungsfunktion zu. Sie vermittelt eine Einheit nach innen und schafft eine Grenze gegenüber anderen sozialen Gruppierungen oder Organisationen nach außen. Durch die Koordina-tions- und Integrationsfunktion hält sie soziale Einheiten zusammen und entwi-ckelt eine normative Kraft der koordinierten Verhaltenssteuerung. Auf indivi-dueller Ebene hat die Kultur eine Orientierungsfunktion, da sie Individuen zumindest indirekt vermittelt, was als richtig bzw. falsch gilt und somit auch ei-ne Motivationsbasis für Handeln darstellt.

Warum beschäftigt sich das Internationale Management mit dieser Fragestel-lung? Dazu ist zunächst die Frage zu beantworten, ob Kultur bzw. Kulturunter-schiede einen Einfluss auf die Geschäftsaktivitäten eines Unternehmens im Ausland haben. Die „culture-free-These" besagt, dass kein Einfluss vorhanden ist, Managementmaßnahmen sozusagen naturgesetzlichen Charakter haben und überall auf der Welt im Wesentlichen die gleichen Maßnahme-Wirkungs-Zusammenhänge zeigen. Die „culture-bound-These" hingegen vertritt die An-sicht, dass z.B. Führungsverhalten, Entscheidungsfindung, Besetzung von Posi-tionen oder auch Marketingmaßnahmen sich deutlich unterscheiden in ver-schiedenen Kulturkreisen (vgl. Bolten 1995, 31-32). Zwar gibt es Tendenzen, die gerade im geschäftlichen Bereich und auch in der Unternehmensführung weltweit Annäherungen von Führungs- und Managementkonzepten zumindest in den entwickelten Volkswirtschaften zeigen. Allerdings wird die „culture-bound-These" nach wie vor als die Gültige angesehen. Wenn sie aber gilt, so können Managementmaßnahmen, die den kulturellen Kontext nicht berücksich-tigen, ineffizient sein und zu einem Scheitern der Internationalisierungsstrategie führen. Das Ziel der Beschäftigung im Internationalen Management mit Kultur liegt damit in der Berücksichtigung nationaler kultureller Gegebenheiten zur Unterstützung des Erfolgs von Internationalisierungsstrategien.

Um nun gezielt Managementmaßnahmen zu entwickeln, welche die Probleme, die aus einer Divergenz zwischen der „Heimatkultur" und der Kultur des Auslandsmarkts entstehen können, zu lösen vermögen, müssen die Unterschiede in den Werten verschiedener Kulturen genau beschrieben und im Idealfall kardinal gemessen werden. Die „Eisberg-Metapher" macht die damit verbundenen Schwierigkeiten gut deutlich. In dieser Metapher wird das Kulturphänomen mit einem Eisberg verglichen, dessen größter Teil unter Wasser verborgen bleibt. Der sichtbare, explizite und manifeste Teil beinhaltet kulturelle Artefakte, wie Symbole, Rituale, Sprache, Kleidung, Essen oder Architektur. Diese geben zumindest indirekte Hinweise auf die zugrunde liegenden, meist unbewussten und internalisierten Wertvorstellungen, Normen, Denkweisen und Einstellungen (vgl. ähnlich Bittner 2002, 764-765).

Zur besseren Erfassung von Kulturen gibt es zwei grundlegende Ansätze, den deskriptiven und den dimensionsanalytischen Ansatz. Die *deskriptiven Ansätze* definieren beobachtbare Indikatoren für Kultur und beschreiben deren Ausprägung empirisch. Ein Beispiel ist die von Swift entworfene und in Tabelle 6-3 dargestellte Rangordnung von Kulturindikatoren.

1. Sprache, Kommunikation	14. Währung, Geld
2. Religion, religiöse Überzeugungen	15. Gesetze, rechtliche Belange
3. Nahrungsmittel	16. Werte, Einstellungen
4. Getränke	17. Gesundheit, Gesundheitsvorsorge
5. Politik, Regierung	18. Ethik, Moral
6. Soziale, kommunale Organisationen	19. Körperpflege
7. Bedeutung von Status	20. Essgewohnheiten, Essenszeit
8. Auftreten, Kleidung (Geschäftsleben)	21. Tradition
9. Manieren, Umgangsformen	22. Arbeitsgewohnheiten, Arbeitszeiten
10. Transport, Reisen	23. Einstellung gegenüber Frauen
11. Familie	24. Rolle der Frau im Berufsleben
12. Ausbildung	25. Geschlechtsspezifische Arbeitsteilung
13. Pünktlichkeit	

Tab. 6-3:   Die Kulturindikatoren von Swift (Quelle: Swift 1999, 188)

Diese Indikatoren müssen für die zu vergleichenden Kulturen möglichst realistisch und genau beschrieben werden, um die Basis für einen Vergleich zu schaffen.

Die *dimensionsanalytischen Ansätze* definieren übergeordnete Kulturdimensionen mit dichotomen Ausprägungen und ordnen jede Landeskultur relativ zu den Extremausprägungen ein. Kulturvergleiche auf Basis der ordinalen, empirisch gemessenen Position einer Kultur in jeder Dimension sind dadurch möglich. Das bekannteste Beispiel ist die im nächsten Abschnitt behandelte Kulturstudie von Hofstede. Ebenfalls weit verbreitet ist die Studie von Hall (vgl. 1976; Hall/Hall 1990), die den Formalisierungsgrad in einer Kultur zum Gegenstand hat. Tabelle 6-4 zeigt die Dimensionen der Studien von Hall und deren Extremausprägungen.

Faktoren/Dimensionen	Niedriger Formalisierungsgrad	Hoher Formalisierungsgrad
Anwälte	Geringe Bedeutung	Große Bedeutung
Das persönliche Wort	Er oder sie ist and das eigene Wort gebunden	Man verlässt sich nicht auf das Wort des anderen; es gilt nur das geschriebene Wort
Die Verantwortung für Fehler in der Unternehmung	... wird vom Top-Management übernommen	... wird auf die niedrigste Position abgewälzt
Persönlicher Raum	Persönlicher Raum sehr gering	Personen behalten sich eine gewisse Privatsphäre vor und schätzen es nicht, wenn jemand anderer versucht darin einzudringen
Zeit	Polychron - alles zu seiner Zeit	Monochron - Zeit ist Geld; Linear – nicht alles gleichzeitig
Verhandlungsführung	Zeitintensiv – dient u.a. dazu, sich gegenseitig kennen zu lernen	Rasches Vorgehen
Ausschreibungen	Eher selten	Weit verbreitet
Beispielhafte Länder/Regionen	Japan, Mittlerer Osten	USA, Nordeuropa

Tab. 6-4: *Das Formalisierungsgradmodell von Hall (Quelle: Hall 1976; vgl. auch Bradley 1999, 156)*

Für das interkulturelle Management weisen die dimensionsanalytischen Ansätze den grundsätzlichen Vorteil auf, dass sie durch ihre zu messenden Dimensionen und den Vergleich von Kulturen gute Voraussetzungen für den zielorientierten Einsatz von Managementinstrumenten zur Überwindung von kulturellen Divergenzproblemen bieten.

6.2.2 Die Kulturstudie von Hofstede

Die Studie von Hofstede ist die bei weitem am meisten zitierte und verwendete Kulturstudie im Rahmen des interkulturellen Managements. Hofstede führte Ende der 70er Jahre eine Befragung von IBM-Mitarbeitern aus 72 Niederlassungen in 40 verschiedenen Ländern zu arbeitsbezogenen Wertvorstellungen durch. Das zentrale und für den Erfolg der Studie maßgebliche Konstrukt waren fünf Kulturdimensionen, die die arbeitsbezogenen Wertvorstellungen innerhalb einer jeden Kultur beschreiben sollten (für Details vgl. das Hauptwerk von Hofstede 1980 oder die Erläuterungen zur Studie z.B. bei Müller/Gelbrich 2004, 107-171). *Hofstedes Kulturdimensionen* lauten im Einzelnen:

*   Machtdistanz:
    Diese Dimension beschreibt den Umgang zwischen hierarchisch unterschiedlich positionierten Mitgliedern einer Kultur. Ausgeprägte Respektsbezeugungen und eine strikte Befolgung der Anweisungen von übergeordneten Personen weisen auf eine hohe Machtdistanz hin.

- Individualismus/Kollektivismus:
  Bei dieser Dimension steht die Sichtweise des Individuums in Relation zu den anderen Mitgliedern der Kulturgruppe im Mittelpunkt. Definieren sich die Individuen in einer Kultur primär als Mitglieder von Gruppen, also z.B. eines Teams in einem Unternehmen, so ordnet Hofstede die Kultur als kollektivistisch ein. Sieht sich ein Individuum eher als „Einzelkämpfer", der seine Ziele alleine erreichen will, und ist das die vorherrschende Sichtweise in der spezifischen Kultur, so ist diese Kultur eher individualistisch geprägt. Diese Einordnung hat wesentliche Auswirkungen auf das Arbeits- und vor allem auch auf das Führungsverhalten in einer Kultur.

- Maskulinität/Femininität:
  Unter „maskulin" subsumiert Hofstede Verhaltensweisen, die eine eher aggressive Verfolgung der eigenen Ziele im Wettbewerb mit anderen Individuen oder Gruppen beinhalten. Das „sich durchsetzen" ist in maskulinen Kulturen mit einem hohen positiven Wert belegt. „Feminine" Kulturen hingegen zeichnen sich durch die Suche nach einem Kompromiss aus. Als positiv wird eingeschätzt, wenn ein von allen getragener Konsens erreicht wird.

- Ungewissheitsvermeidung:
  Die unsichere zukünftige Entwicklung z.B. von ökonomisch relevanten Größen kann als Risiko im Sinne der Gefahr einer Verschlechterung der jetzigen Position oder als Chance zur Nutzung von Möglichkeiten und zur Verbesserung der aktuellen Situation interpretiert werden. Kulturen, die primär die negative Seite der Ungewissheit sehen, versuchen, möglichst viele unsichere Komponenten auszuschließen, beispielsweise durch Versicherungen. Internationalisierungsstrategien z.B. werden in solchen Kulturen meist anders geplant als in Kulturen, die der Unsicherheit positiv gegenüberstehen.

- Langfristige vs. kurzfristige Orientierung:
  Diese später noch hinzugefügte Dimension setzt sich mit der zeitlichen Komponente in einer Kultur auseinander. Sind z.B. die Aktivitäten in einem Unternehmen stark auf die kurzfristige Erzielung von Gewinn unter Vernachlässigung der langfristigen Erfolgspotenziale ausgelegt, so liegt eine kurzfristige Orientierung in dieser Kultur vor.

Hofstede hat für die betrachteten 40 Länder empirisch Daten erhoben und sie dann auf die oben beschriebenen Dimensionen zugeordnet. Dazu war es nötig, für jede Dimension einen detaillierten Katalog von Beschreibungskriterien zu entwickeln. Tabelle 6-5 zeigt exemplarisch, wie ein solcher Katalog für die

Dimension individualistische vs. kollektivistische Kultur in Bezug auf den Umgang mit Konflikten aussieht.

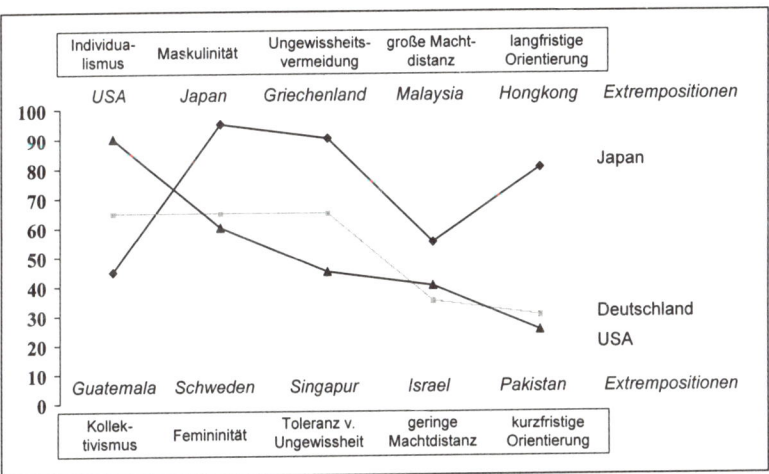

Conflicts in Individualistic and Collectivistic Cultures

INDIVIDUALISTIC	COLLECTIVISTIC
High tolerance for differences	Low tolerance for differences
Conflicts are productive and positive	Conflicts are destrutive and negative
Overt confrontation	Prevention and suppression
Conflict issue separated from the person	Conflict closely tied with the person
Individual expectations as conflict source	Collective expectations as source
Action and solution oriented	"Face" and relationship oriented
Rational, factual style and rhetoric	Intuitive, emotional style and rhetoric
Open, direct strategies	Ambiguous, indirect stategies

Tab. 6-5:   *Konflikthandhabung in individualistischen und kollektivistischen Kulturen (Quelle: Bergemann/Sourisseaux 1996, 239)*

Die Ergebnisse von Hofstede identifizieren für die betrachteten Länder die Ausprägungen der jeweiligen Dimensionen (für einen Überblick über die Ergebnisse vgl. Hofstede 1992, 312-315). Abbildung 6-2 fasst einige der Ergebnisse im graphischen Überblick für ausgewählte Länder zusammen.

Abb. 6-2:   *Kulturprofil einiger wichtiger Länder nach Hofstede (Quelle: Müller/Kornmeier 2000, 238)*

In der obersten und untersten Zeile sind die Länder mit den Extremausprägungen für jede Dimension genannt. Die Kurven zeigen die Ausprägungen für das jeweils angegebene Land. Sie zeigen einen der großen Vorteile der Hofstede-Studie: es kann auf der Basis der Kulturdimensionen und der empirischen Untersuchungen ein Vergleich der Kultur des Ziellandes einer Internationalisierungsstrategie mit der Kultur des Heimatlandes durchgeführt werden. Divergenzen werden deutlich und können einer detaillierten Analyse im Hinblick auf die Konfliktträchtigkeit der Unterschiede unterzogen werden. Davon ausgehend können anschließend gezielte Maßnahmen zur Überwindung der kulturellen Unterschiede im Rahmen eines interkulturellen Managements entwickelt werden (vgl. dazu und auch zu den Grenzen dieser Vorgehensweise Abschnitt 6.2.3 und 6.2.4).

Wie ist die Studie von Hofstede generell aus Sicht des Internationalen Managements einzuschätzen? Der große Vorteil der konzeptionellen Anwendbarkeit wurde gerade beschrieben. Eine weitere Stärke ist darin zu sehen, dass der Ansatz durch seine Kulturdimensionen ökonomisch und vom Management der Auslandsaktivitäten her, hoch relevante Einflussfaktoren abbildet. Dies kann an dem Beispiel in Abbildung 6-3 deutlich gemacht werden.

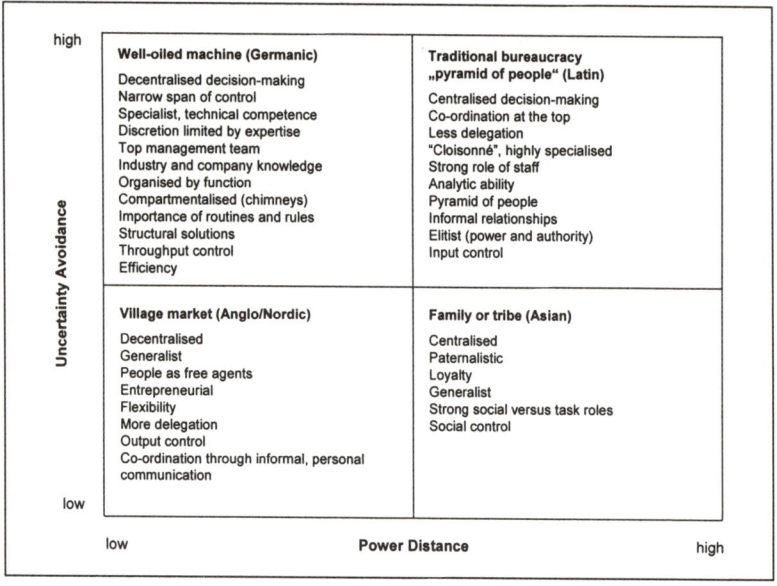

Abb. 6-3:   Exemplarische Darstellung kulturell geprägter Organisationsformen (Quelle: Kutschker/Schmid 2005, 723)

Anhand der Ausprägungen der Dimensionen „Machtdistanz" und „Unsicherheitsvermeidung" werden typische Organisationsformen für Kulturen mit jeweils hoher bzw. niedriger Ausprägung der Dimensionen entwickelt und empirisch gestützt. Diese Organisationsformen haben eine wesentliche Auswirkung auf die Effizienz der Unternehmensführung (vgl. generell zum Einfluss der Kulturdimensionen auf das Arbeits- und Sozialleben Müller/Gelbrich 2004, 114-155).

Was die Gültigkeit der Ergebnisse der empirischen Untersuchung von Hofstede betrifft, so sind inzwischen eine Vielzahl von Nachfolgeuntersuchungen durchgeführt worden (für einen Überblick der Ergebnisse vgl. z.B. Weidmann 1995; allgemein zur Diskussion des Hofstede-Modells vgl. z.b. Müller/Gelbrich 2004, 156-171; Tayeb 2000, 322-323). Allein zwischen 1980 und 1992 wurde die Studie in ähnlicher Form 61-mal wiederholt (vgl. Müller/Gelbrich 2004, 159). Das Design der Studie hat sich insbesondere durch eine hohe Operationalisierbarkeit als adäquat bestätigt. Durch die Nachfolgestudien wurde auch ein sehr hoher Detaillierungsgrad des Designs, z.b. bei der Beschreibung und Messung der Kulturdimensionen, erreicht. Die inhaltlichen Ergebnisse konnten zu einem guten Teil bestätigt und weiter detailliert werden, so dass man inzwischen von einem hohen empirischen Verifizierungsgrad ausgehen kann. Die Kulturvergleiche auf Basis der Ergebnisse haben zur Ableitung konkreter Managementmaßnahmen geführt (zum konzeptionellen und inhaltlichen Vergleich der Hofstede-Studie mit anderen Studien zum interkulturellen Management vgl. Kutschker 2004, 526).

Der Hauptkritikpunkt der ersten Studie von Hofstede liegt in der Befragung von Mitarbeitern nur eines Unternehmens, nämlich IBM. Die IBM-Unternehmenskultur überlagert die soziokulturellen Variablen, so dass nicht mehr zielgenau gemessen werden kann, wie in dem Land die Soziokultur in einer bestimmten Dimension ausgeprägt ist. Hinzu kommt, dass in dem Modell „Land" und „Kultur" gleichgesetzt werden, was insbesondere bei großen Ländern mit mehreren Kulturregionen eine starke Vereinfachung darstellt. Des Weiteren hat Hofstede im Wesentlichen Mitglieder des mittleren Managements befragt. Spezifische Werte und Normen einer sozialen Schicht sind damit wahrscheinlich überrepräsentiert. Generell können Bedenken gegen eine Befragung zu kulturellen Werten mit Hilfe von Fragebögen gefunden werden, da die Reliabilität und Validität hierbei häufig nicht gegeben sind.

Trotz dieser Einwände kann die Hofstede-Studie als der wissenschaftliche Referenzpunkt der empirischen Studien zum interkulturellen Management gesehen werden.

6.2.3 Kulturbedingte Ineffizienzen und deren Überwindung

Durch die Hofstede-Ergebnisse können die Unterschiede zwischen Kulturen gemessen und dargestellt werden. Damit ist man dem Ziel des interkulturellen Managements, der Beseitigung bzw. Überwindung von Kulturunterschieden, die zu Ineffizienzen in der operativen und strategischen Unternehmensführung führen können, ein Stück näher gekommen. Um konkrete Maßnahmen eines interkulturellen Managements zur Problemüberwindung identifizieren zu können, müssen als nächstes die Ursachen für die Ineffizienzen gefunden werden. Im Folgenden werden mögliche Quellen von solchen Ineffizienzen vorgestellt.

Negierung kultureller Unterschiede

Als grundlegende Quelle kulturbedingter Ineffizienzen ist die generelle Nichtbeachtung von zum guten Teil schon belegten kulturellen Unterschieden im Management- und Arbeitsverhalten zu sehen. Sie führt zu grundlegenden Verständnisproblemen, da die Unterschiede der individuellen Ebene des Mitarbeiters bzw. Geschäftspartners und nicht der Soziokultur zugeschrieben werden.

Kommunikationsmissverständnisse

Tieferer Grund dieses Problembereichs ist die unterschiedliche inhaltliche Deutung von Aussagen oder auch einzelnen Worten, die zwar wörtlich übersetzt werden können, aber in einer Kultur auch eine kontextbezogene Bedeutung haben können. Bestes Beispiel dafür ist die Verneinung einer Frage, die in einigen Kulturen als eine Aussage mit deklaratorischem Charakter gilt, während sie in anderen Kulturen zunächst nur ein Zeichen von Respekt oder Zurückhaltung ist und inhaltlich nicht zwangsläufig als Verneinung interpretiert werden kann. Der folgende „Erlebnisbericht" eines chinesischen Gastes anlässlich einer privaten Einladung zum Essen bei einer deutschen Familie macht dies deutlich.

Höflich, aber hungrig

„Herr *Wu*, was darf ich Ihnen zum Trinken anbieten?»Nein, danke. Das Essen ist köstlich. Gulasch und Nudeln – eines meiner Lieblingsessen.« Nach einer Weile fragt die Gastgeberin:»Wer möchte noch etwas? Wie ist es mit Ihnen, Herr *Wu*? Möchten Sie noch etwas?«»Oh, nein, danke.« Es gehört sich bei uns zu Hause nicht, schon auf die erste Aufforderung hin zuzugreifen. »Schade, ich dachte es schmeckt Ihnen.«»Ja, aber ich...«« Anschließend kommt der Nachtisch: Erdbeeren mit Sahne. Hier in Deutschland schmecken mir die Erdbeeren viel besser als bei uns. Unsere Erdbeeren sind winzig und dazu noch sauer. Ich habe nur so viel genommen, wie es die Sitte bei uns erlaubt, und genieße den Duft und die Süße der Früchte. Ich werfe verstohlen einen Blick in die Schüssel. »Darf ich Ihnen noch etwas geben?« fordert diesmal Herr *Herz* auf. »Ach ... nein, danke.« Lieber warte ich auf die zweite Aufforderung. »Schade. Sie essen das wohl nicht sehr gern, oder?«»Wie schade, dass Sie so wenig von all dem essen!« schließt sich Frau Herz ihrem Mann an. Im Nu ist die Schüssel leer. Als wir auf dem Sofa sitzen, fragt die Gastgeberin:»Wollen Sie Kaffee?«»Nein, danke.« Halb hungrig, halb durstig habe ich mich nach Hause geschleppt. Aber ich bin doch froh, dass ich nichts Unhöfliches getan habe."

Textbox 6-1: Höflich, aber hungrig (Quelle: Müller/Gelbrich 2004, 379)

Solche Missverständnisse führen im Arbeitsleben zu erheblichen Unsicherheiten bei der Entscheidungsfindung.

Organisation von Teamarbeit und Verhalten in der Gruppe

Explizite und implizite Regeln der Zusammenarbeit und bei der Entscheidungsfindung in der Gruppe können von Kultur zu Kultur sehr unterschiedlich sein, wie die Ausprägungen z.b. der Dimensionen Machtdistanz oder Individualismus/Kollektivismus bei Hofstede zeigen (vgl. Abschnitt 6.2.2). Unterschiedliche Vorgehensweisen bei der Problemlösung und ein divergierendes Rollenverständnis führen nicht nur zu Zeitverzögerungen, sondern können auch erheblichen Einfluss auf die Qualität des Ergebnisses der Gruppenarbeit haben. Das folgende Beispiel macht dies deutlich:

Mike Burgess is an operations manager from the USA who is in charge of a multicultural team in Indonesia, which includes a number of Japanese experts on production control. At a team meeting beginning at 9.00 a.m. he is surprised to find that at 9.20 a.m. three of the remaining members of the Indonesian team are still arriving, each bringing with them an additional three uninvited participants. The room has to be reorganised and an extra nine chairs brought in. Four members of the Japanese team have reorganised themselves so that they are sitting together. Mr Budi, the senior Indonesian member, is due to deliver the opening formal comments and eventually arrives at 9.45 a.m. He begins his opening address immediately but exceeds his allotted five minutes, taking ten minutes in all. The meeting itself is finally underway at 9.55 a.m.

Mike presents the agenda and outlines the objectives of the meeting and invites questions. To his surprise, no one volunteers with a first question. He then realises that Mr Budi, as senior member, is expecting to be invited to make comments. After he does so the rest of the team joins in. The meeting is going well, but Mike becomes annoyed by side conversations among the Indonesian team members – as a rule he likes his meeting to maintain their focus on achieving the final results and objectives.

Halfway through the meeting, Mike and his marketing director have a disagreement. The openness of the heated debate surprises the Indonesian and Japanese teams. By 10.30 a.m. everyone is irritated and Mike suggests a coffee break, at which point the Indonesians express surprise that Mike has not ordered any snacks. When the meeting reconvenes, Mike wants to reach a decision so he asks Mr Yamaguchi, the senior Japanese team member, to agree to a vote. Mr Yamaguchi replies by asking for a week to consult with his headquarters in Tokyo, which frustrates Mike whose project will now be delayed. Mr Yamaguchi decides this is an opportunity to vent his own frustrations and he questions Mike, who works on the upper floor, about his failure to reply directly to the e-mails he has been sent.

Mr Yamaguchi does not understand why Mike cannot meet with him personally to discuss some of the issues contained in these e-mails.

Textbox 6-2: Organisation von Teamarbeit als Quelle kulturbedingter Ineffizienzen (Quelle: Wall/Rees 2004, 179-180)

Unterschiede in den Geschäftsusancen und der Alltagsorganisation

Die Anbahnung und Abwicklung von Transaktionen, oder allgemein gesprochen, die Art und Weise, wie Geschäftsbeziehungen aufgebaut und gepflegt werden, unterliegen in starkem Ausmaß soziokulturellen Einflüssen. Bei einigen Kulturen spielen ausschließlich die „hard facts" eines geschäftlichen Ange-

bots eine Rolle; allen voran der Preis aber auch Service, Garantien oder über-
nommene Risiken bestimmen die Vergabe von Aufträgen. In anderen Kulturen
wiederum kommen zu diesen objektiven Kriterien noch „soft facts", die vor allem durch die vertrauensvolle Beziehung und die lange währende Zusammenarbeit mit Geschäftspartnern geprägt sind. In China bezeichnet man diesen Teil
der geschäftlichen Beziehungen mit Guanxi. Diese informellen Beziehungen
dürfen aber nicht gleichgesetzt werden mit Korruption oder unberechtigter Vor-
teilsannahme. Allerdings können die Grenzen fließend sein, wie das folgende
Beispiel gut deutlich macht.

„Für Choleriker ist Indien tödlich"

Gelassenheit zahlt sich aus / Managererfahrungen in einem fremden Kulturkreis

Mir. WALLDORF, 11.Oktober. Wen es beruflich nach Indien zieht, der sollte im neuen Job
reichlich Standhaftigkeit gegen Bestechungsversuche und im Privaten viel Verständnis
gegenüber einer neuen Kultur mitbringen. Das empfiehlt Clas Neumann, seit fünf Jahren
in Indien und dort Chef von 1200 Softwareentwicklern am SAP-Standort Bangalore.

In Indien gibt es „ein anderes Verständnis von Pünktlichkeit und Zuverlässigkeit," hat
Neumann erfahren. Der tägliche Stromausfall oder trockene Wasserhähne müssen einfach einkalkuliert werden. Und auch andere Abläufe im Alltag sind gewöhnungsbedürftig.
Wer einen Klempner braucht, komme telefonisch nicht weit. Am besten man schickt seinen Fahrer, der holt den Klempner aus seiner Werkstatt, bringt ihn in die Wohnung, über-
wacht die Reparatur und fährt den Handwerker wieder zurück, rät Neumann.

Dass Handwerker auch nicht immer helfen können, hat der SAP-Manager im eigenen
Haus erfahren. Seit einem Jahr tropft es im Schlafzimmer, weil das Dach undicht ist. Zunächst hat Neumann das Wasser in einem Eimer aufgefangen, jetzt steht dort eine schö-
ne indische Vase, die den gleichen Zweck erfüllt. "Es stört mich nicht mehr," sagt Neumann, der wiederholt zur Gelassenheit rät. „Für Choleriker ist Indien tödlich". Und für die
gebe es immer einen Grund, sich in Indien aufzuregen. Doch durch Rumschreien habe
sich dort noch nie etwas bewegt, Neumann, dem eine Sympathie zu Indien stets anzumerken ist, empfiehlt im Alltag etwas von der „indischen Lebensweise anzunehmen".

Ist der Alltag halbwegs bewältigt, sollten Neulinge im Unternehmen als erstes lernen, sich
von gewohnten Führungsstilen zu verabschieden. Neumann rät zum wiederholten Nach-
fragen oder erinnern. Es sei kein böser Wille, aber wer nicht nachfrage, erlebe am Ende
mitunter Überraschungen. Fehler Nummer zwei: Was Inder überhaupt nicht leiden können, sind Vergleiche nach dem Motto „In Deutschland machen wir das so", gefolgt von
weiteren Erklärungen.

Eine gewisse Beharrlichkeit muss gegen die allseits üblichen Bestechungsversuche aufgebracht werden. Egal ob Gebäude gebaut werden oder Kaffeemilch bestellt wird. „Die
Lieferanten kommen stets mit privaten zusätzlichen Leistungen um die Ecke", sagt Neumann. Das reiche von Einladungen in teuere Restaurants über Kurzurlaub auf den Male-
diven bis zum Leasingwagen zur privaten Nutzung. „Man muss schon einen festen
Standpunkt haben, sonst gerät man schnell in Abhängigkeit", sagt Neumann. In Indien
werden derartige Zusatzleistungen zum Geschäft offen offeriert, „alles ist ein Deal". SAP,
das konzernweit Antikorruptionsmanagement unterstützt, lehne diese Art von Geschäft
ab. Zahlreiche Lieferanten hat Neumann schon aussortiert. Von den Zulieferern, die zu
Beginn von Neumanns Zeit in Indien SAP bedienten, ist keiner mehr im Geschäft.

Textbox 6-3:   Geschäftsusancen in Indien (Quelle: FAZ, 18.10.2004)

Die hier ebenfalls angesprochenen Führungsunterschiede werden im folgenden Abschnitt im Detail thematisiert.

Stereotypen als Quelle kulturbedingter Ineffizienzen

Die Nichtbeachtung von Kulturunterschieden kann, wie die bisherigen Beispiele gezeigt haben, zu Problemen führen. Aber auch ein Kulturbewusstsein, das auf falschen Vorstellungen beruht, ist hinderlich. Solche Stereotypen sind in vielen Fällen falsch, provozieren damit ein falsches Verhalten und verhindern das Eingehen auf individuelle Besonderheiten beim Gesprächspartner oder Mitarbeiter aus der anderen Kultur. Das folgende Beispiel macht solche Stereotypen im Verhältnis deutsche vs. französische Besprechungskultur deutlich.

- Deutsche stellen detaillierte, ausgetüftelte Tagesordnungen vor, um ein sicheres Gerüst für Verhandlungen zu haben, Franzosen ignorieren sie weitgehend;
- Deutsche dokumentieren ihren Arbeitseifer und ihre Ernsthaftigkeit, indem sie mit schweren Aktenkoffern und dicken säuberlich geordneten Akten in die Sitzung kommen, während Franzosen allenfalls dünne Mappen, sog. „chemises" mitbringen;
- Deutsche machen sich bei Franzosen unbeliebt, indem sie sofort in die Tagesordnung einsteigen und zur Sache kommen, während Franzosen die Sitzung mit humorvollen oder höflichen Äußerungen über Wetter, Tagungsort, Teilnehmer elegant beginnen und erst einmal bemüht sind, eine angenehme, freundliche Arbeitsatmosphäre zu schaffen;
- Franzosen laden die Deutschen zu einem gepflegten, und in der Regel ausgedehnten Mittagessen ein, während Deutsche am liebsten weiterarbeiten würden und sich auch mit belegten Brötchen zufrieden gäben, um möglichst schnell die Tagesordnung erledigen zu können.

Textbox 6-4: Stereotypen deutscher vs. französischer Besprechungskultur

Oftmals wird von den beteiligten Personen auf solche „Schablonen" zur Bewältigung der Komplexität in interkulturellen Situationen zurückgegriffen. Solche stereotypen Bilder können im Rahmen von Geschäftskontakten selektive Wahrnehmungsprozesse nach sich ziehen, die dann das tatsächliche Bild vom Geschäftspartner verfestigen.

Ethnozentrische Überheblichkeit

Es ist nahezu generell beobachtbar, dass Mitglieder vieler ethnischer Gruppierungen dazu neigen, die Normen und Werte und die Leistungen ihrer Kultur denen anderer bzw. aller anderen Gruppen als überlegen einzustufen. Dies kann zu impliziten Haltungen und dann expliziten Handlungen führen, die die Beziehung zu Mitgliedern anderer Kulturen schwierig machen, da die aus deren Sicht überhebliche Haltung nicht akzeptiert wird und Abwehrreaktionen hervorruft. Besonders deutlich zeigen sich solche Muster bei Kontakten zwischen Personen, die aus Ländern mit sehr unterschiedlichen technisch-ökonomischen Standards stammen. Der höhere technische und/oder administrative Stand der eigenen Kultur wird als Beleg für die Überlegenheit gesehen.

Die genannten Quellen kulturbedingter Ineffizienzen können durch eine *Erhöhung der Kulturkompetenz* zumindest teilweise beseitigt werden. Kulturkompetenz umfasst dabei die Kenntnis über die zentralen Werte und Normen einer anderen Kultur. Dazu kommt die Beherrschung von Verhaltensweisen zur Überwindung von Unterschieden, die zu Problemen in der Zusammenarbeit auf Einzel- oder Gruppenebene oder generell zu einer Beeinträchtigung der Geschäftsaktivitäten eines Unternehmens im Ausland führen können (vgl. zu einer detaillierten Diskussion von Kulturkompetenz bzw. interkulturelle Kompetenz Stark 2005, 32-47). Dabei bedeutet Kulturkompetenz aber nicht, dass man als Unternehmen oder als im Ausland tätiger Mitarbeiter versuchen sollte, die Verhaltensweisen und Umgangsformen in der anderen Kultur möglichst perfekt nachzuahmen. Der Versuch einer solchen Imitation misslingt ohnehin in den meisten Fällen, ist häufig wenig glaubwürdig und wird auch regelmäßig nicht erwartet. Die Betonung bei Kulturkompetenz liegt im Verstehen der anderen Kultur und der Vermeidung von Verhaltensweisen und Handlungen, die in dieser Kultur als negativ angesehen werden und deshalb Ablehnungsreaktionen hervorrufen würden.

Die Verbesserung der Kulturkompetenz kann durch den gezielten Einsatz von Personalentwicklungsmaßnahmen, z.B. in Vorbereitung eines Auslandseinsatzes im Rahmen einer Entsendung (vgl. dazu Abschnitt 4.5.3) oder der Übernahme eines ausländischen Unternehmens (vgl. dazu z.B. Morosini 2005; Lucks/Meckl 2002, 264-265), erfolgen. Als einzelne Maßnahmen kommen in Frage (für einen Überblick über Trainingsmaßnahmen zur Steigerung der Kulturkompetenz vgl. Stark 2005, 73-91; zur Anwendung auf einen konkreten Fall Meng Fanchen 2003, 170-185):

- Informationsorientiertes Training:
  Hier werden Daten und Fakten über die Zielkultur vermittelt. Dies kann insbesondere an Episoden und Fallbeispielen erfolgen, die von erfahrenen Auslandsmanagern präsentiert werden.

- Kulturorientiertes Training:
  Ziel ist die Sensibilisierung für Kulturproblematik („culture-awareness"), um auf die Quelle von Ineffizienzen aufmerksam zu machen und ein Bewusstsein für diesen Problembereich zu schaffen. Als didaktische Formen haben sich hier Simulationsspiele, die die Konfrontation zwischen eigenen und fremden kulturellen Regeln zum Thema haben, bewährt.

- Interaktionsorientiertes Training:
  Der wichtigste Punkt bei dieser Stufe der Vermittlung von Kulturkompetenz liegt in der Interaktion mit Personen aus fremden Kulturen. Es soll eine Annäherung an reale Situationen erreicht werden.

- Verstehensorientiertes Training:
Diese höchste Stufe der Kulturvermittlung versucht ein tieferes Verständnis für den anderen Kulturkreis zu wecken. Es soll verstanden werden, warum die Werte in einer Kultur so ausgeprägt sind, um z.b. eine Antizipation der Reaktionen zu erleichtern. Eine detaillierte Beschäftigung mit der Geschichte und der Politik eines Landes sind hier vonnöten.

Diese Einzelmaßnahmen können in strukturierten Trainings zusammengefasst werden. Tabelle 6-6 zeigt einen Vorschlag für solch ein Training.

Empfohlene Abfolge der Aktivitäten	„Involvement" der Teilnehmer	Risikograd bzw. Intensität der Trainingsmethode	Lernbereich
Vorträge, Präsentationen, Videos	Passiv	Sehr niedrig Gewohnt	Kognitiv
Diskussionen, Gruppendiskussionen	Aktiv	Niedrig Gewohnt	Kognitiv
Workshops (Problemlösen in Gruppen)	Aktiv	Mittel Für einige ungewohnt	Kognitiv
Fallstudien	Passiv (Reflexion) Aktiv (Diskussion)	Hoch Für viele ungewohnt	Kognitiv Affektiv
Rollenspiele	Aktiv	Hoch Für viele ungewohnt	Affektiv Verhaltensorientiert
Simulationen	Aktiv	Hoch Für die meisten ungewohnt	Affektiv Verhaltensorientiert

Tab. 6-6:   *Interkulturelles Trainingsprogramm (Quelle: Kainzbauer 2002, 31; Stark 2005, 81)*

6.2.4 Personalwirtschaftliche Aspekte des interkulturellen Managements

6.2.4.1 Mitarbeiterführung im interkulturellen Kontext

Wesentliche Aufgabenfelder der internationalen Personalwirtschaft wurden in Abschnitt 4.5 bei der funktionenbezogenen Betrachtung des Internationalen Managements thematisiert. Es gibt allerdings spezifische Aspekte im internationalen Personalmanagement, die ursächlich auf die kulturellen Unterschiede der Mitarbeiter zurückführen sind. Drei zentrale Problemfelder, die Führung von Mitarbeitern mit unterschiedlichem kulturellen Hintergrund, die Arbeit in Teams mit Mitgliedern aus verschiedenen Kulturen (vgl. Abschnitt 6.2.4.2) und die kulturbezogene Konstruktion von Anreiz- und Beurteilungssystemen (vgl. Abschnitt 6.2.4.3) werden im folgenden thematisiert (zu weiteren Problemfeldern und zur Abgrenzung von interkulturellem Personalmanagement vgl. Kühlmann/Dowling 2005, 929-933). Zunächst zur Problematik der *Führung von Mitarbeitern bei kultureller Diversität*. Führung von Mitarbeitern bedeutet in ihrer grundlegendsten Form eine soziale Interaktion zwischen einem Führenden und einem Geführten (vgl. allgemein zur Personalführung z.B. Weibler 2001) mit dem Ziel, das Verhalten der Mitarbeiter in einer gewünschten Form zu beeinflussen (vgl. Scherm/Süß 2001, 330).

Die Art und Weise, wie ein Vorgesetzter führt, wird als *Führungsstil* bezeichnet. Autoritäre, kooperative oder demokratische Führungsstile unterscheiden sich im Wesentlichen nach dem Ausmaß der Partizipation der Mitarbeiter an Entscheidungen. Der Führungsstil eines Vorgesetzten ist Ausdruck seiner Vorstellung von „richtiger" Führung. Von Seiten der Mitarbeiter wiederum bestehen Führungserwartungen. In ihnen manifestiert sich die Vorstellung der Mitarbeiter, wie sich ein Vorgesetzter ihnen gegenüber verhalten sollte. Dieses Verhalten äußert sich in Form von Führungshandlungen, die z.B. in Anweisungen, dem Setzen von Zielen oder der Beurteilung einer Leistung bestehen. Bei einer grundsätzlichen Diskrepanz zwischen dem Führungsstil und den Führungserwartungen kommt es zur Führungsunzufriedenheit (vgl. Scholz 1994, 856), die zu Ineffizienzen in der Zusammenarbeit von Vorgesetztem und Mitarbeiter führt.

Dieser Zusammenhang macht deutlich, dass der *Führungserfolg kulturabhängig* zu sehen ist. In jeder Kultur gibt es spezifische Führungserwartungen und Vorstellungen darüber, wie ein adäquater Führungsstil auszusehen hat. Damit wird das potenzielle Risiko einer Führung durch Vorgesetzte aus einer anderen Kultur deutlich: stimmen die Führungserwartungen der Mitarbeiter aus der Auslandskultur nicht mit dem im Herkunftsland des Vorgesetzten als richtig erachteten Führungsstil überein, so wird es zu Führungsunzufriedenheit mit all ihren negativen Auswirkungen, wie Minderleistung oder erhöhter Fluktuation, kommen.

Eine Möglichkeit, solche Diskrepanzen konzeptionell zu identifizieren, ist der Vergleich der Werte zwischen der Heimatkultur des Vorgesetzten und der Gastlandskultur der ausländischen Mitarbeiter. Das Hofstede-Modell bildet dazu ein geeignetes Gerüst (vgl. im Detail dazu Abschnitt 6.2.2). Die fünf Kulturdimensionen können in ihren Ausprägungen auf ein erwartetes Führungsverhalten in einer Kultur konkretisiert werden. Eine hohe Machtdistanz in einer Kultur impliziert, dass erwartet wird, dass der Vorgesetzte durch Anordnungen direkten Einfluss auf die Mitarbeiter nimmt und zentral die Entscheidungen für seine Leitungsspanne trifft. Bei einem ausgeprägten Kollektivismus wird eher erwartet, dass die Gruppenleistung bewertet und nicht ein Einzelner herausgenommen wird (vgl. Kühlmann 2005a, 179). Eine solche Beschreibung des Kulturrahmens durch Identifikation der soziokulturellen Werte der Kultur, aus welcher der Mitarbeiter stammt, erlaubt eine zumindest grobe Einordnung der Orientierung der Mitarbeiter. So kann auch versucht werden, Charakteristika auf übergeordneter Basis zu identifizieren. Was den Führungsstil betrifft, so ist dieser in Industrieländern nach empirischen Ergebnissen eher partizipativ ausgeprägt, während er in Schwellenländern eher autoritäre Züge und in Entwicklungsländern häufig paternalistische Ausprägungen hat.

Wenn nun eine starke Divergenz erkannt ist, wie können die daraus resultierenden potenziellen Risiken vermindert werden? Vier grundlegende Problemlösungsstrategien kommen in Betracht (vgl. Kühlmann/Dowling 2005, 934):

- Dominanzstrategie:
  Der Führungsstil des Vorgesetzten, z.B. aus der Muttergesellschaft, wird als überlegen proklamiert und offiziell durchgesetzt. Eine Akzeptanz durch die Mitarbeiter wird als Voraussetzung zum Verbleib im Unternehmen gesehen. Dem Vorteil des einheitlichen und hoffentlich effizienten Führungsstils im Unternehmen steht hier aber die Gefahr des Verlustes von wichtigen Mitarbeitern, die sich nicht anpassen bzw. den vorgegebenen Führungsstil nicht praktizieren wollen, gegenüber.

- Anpassungsstrategie:
  Der Führungsstil wird bei dieser Variante dem kulturellen Umfeld angepasst. Dies führt tendenziell zu einer größeren Führungszufriedenheit der Mitarbeiter. Allerdings ist nicht garantiert, dass der Vorgesetzte den erwarteten Führungsstil auch richtig praktizieren kann und dass dieser kulturspezifische Führungsstil effizient im Hinblick auf die Erreichung der Abteilungs- und Unternehmensziele ist.

- Kompromissstrategie:
  Hier werden von Vorgesetzten vor allem Führungshandlungen eingesetzt, die in der Gastkultur akzeptiert werden. Allerdings werden die Ziele und Führungsgrundsätze aus der Heimatkultur übernommen, so dass die Schwierigkeit bei diesem Ansatz darin liegt, die grundlegenden Werte der Heimatkultur durch geeignete Führungsmaßnahmen in die Rahmenbedingungen der Gastkultur zu „übersetzen".

- Integrationsstrategie:
  Während bei den bisherigen Ansätzen einer der Führungsstile als bestimmend angesehen wurde, werden bei der Integrationsstrategie neue Elemente kreiert und eingesetzt. Dabei wird die Kultur des Gastlandes als prinzipiell gleichwertig zur eigenen Kultur angesehen. Dieses Neuentwickeln von

Führungsinstrumenten stellt hohe Anforderungen an die Führungserfahrung des Vorgesetzten.

Es ist nicht möglich die am besten geeignete Strategie zu identifizieren, da der Erfolg von Führungsstilen und einzelnen Führungshandlungen stark situativ beeinflusst wird. Unter anderem spielen die Qualifikation der Mitarbeiter, die fachliche Autorität und die Sanktionsmacht des Vorgesetzten sowie die ökonomischen Rahmenbedingungen eine starke Rolle bei der Akzeptanz von Führung durch Mitarbeiter aus einer anderen Kultur.

6.2.4.2 Etablierung und Führung multikultureller Gruppen

Im Zuge der Ausweitung internationaler Aktivitäten kommt es zwangsläufig zur Einrichtung von Arbeitsgruppen und Teams, die Mitglieder aus zwei, eventuell auch mehreren Kulturen zusammenfassen. Teams zur Umsetzung von neuen Marktbearbeitungsstrategien, die von der Zentrale vorgegeben sind, oder auch Entwicklungsteams, die neue, auf einen nationalen Markt angepasste Produkte entwickeln, sind häufige Beispiele für solche *kulturheterogenen Arbeitsgruppen.*

Im vorigen Abschnitt wurde deutlich, welche Risiken die Führung von Mitarbeitern aus anderen Kulturen birgt. Für Teams gelten diese Risiken in noch verschärfter Form, da zusätzlich zur vertikalen Führungsproblematik die horizontale Zusammenarbeitsthematik mit den anderen Gruppenmitgliedern kommt. Als wesentliche Risiken bzw. Nachteile werden so genannte „Prozessverluste" gesehen. Prozessverluste resultieren aus einem höheren Koordinationsaufwand, der durch unterschiedliche Erwartungen und Problemlösungsansätze entsteht und sich vor allem in einem Verlust an Zeit zeigt. Die zweite Komponente liegt in Motivationsverlusten, die sich durch Reibungsverluste in der direkten Zusammenarbeit zwischen den kulturheterogenen Mitgliedern ergeben (vgl. Stumpf 2005, 121).

Auf der anderen Seite bieten solche multikulturellen Teams aber auch einige potenzielle Vorteile, die dessen Produktivität im Vergleich zu einem kulturhomogenen Team als potenziell höher erscheinen lassen. Mehrere kulturspezifische Lösungsansätze für ein Problem, zusätzliche Erfahrungen über andersartige kulturelle Werte und deren Bedeutung für eine Managementmaßnahme, Ideenvielfalt und Perspektivenreichtum können Vorteile eines solchen Teams sein. Sie können sich insgesamt gesehen in einem erhöhten Wissensbestand, der eine effizientere Problemlösung erlaubt, zeigen. Allerdings gibt es bisher keine breit nachgewiesenen Belege für ein solches höheres Leistungsniveau der kulturheterogenen Gruppen (vgl. Kühlmann/Dowling 2005, 933).

Einen konzeptionellen Zusammenhang zwischen dem Grad der kulturellen Heterogenität einer Gruppe und dem Wissensbestand zeigt Stumpf (vgl. 2005, 123). Demnach wird bei zunehmender Heterogenität der Wissensbestand, spezifiziert als Menge und Validität des Wissens, durch die Integration zusätzlicher kulturspezifischer Sichtweisen erhöht (vgl. Kurve (1) in Abbildung 6-4).

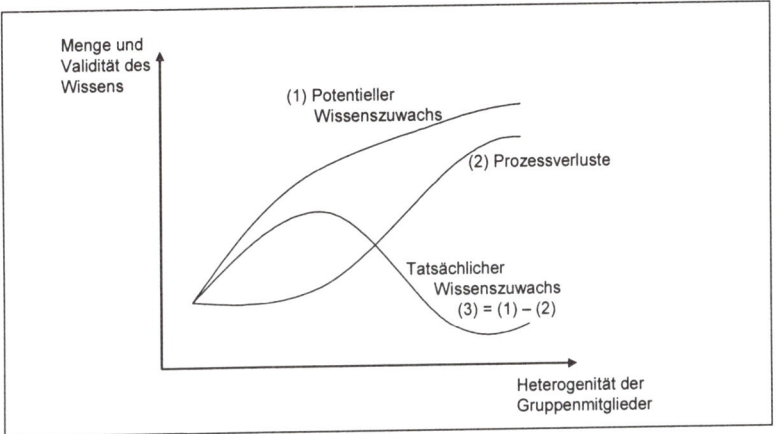

Abb. 6-4:   *Heterogenität in Gruppen und deren Auswirkung (Quelle: Stumpf 2005, 123)*

Die Prozessverluste steigen bei geringer Heterogenität und weiterem Zuwachs nur gering an. Ist allerdings der Heterogenitätsgrad hoch und wird weiter erhöht, so steigen auch die Prozessverluste deutlich an (vgl. Kurve (2) in Abbildung 6-4). Die in Abbildung 6-4 enthaltene Kurve (3) repräsentiert den potenziellen Produktivitätszuwachs, hier bezeichnet als „tatsächlicher Wissenszuwachs", der sich aus der Differenz zwischen Kurve (1) und (2) ergibt. Es wird deutlich, dass ab einem bestimmten Punkt der Produktivitätszuwachs durch die stark steigenden Prozessverluste abnimmt.

Die entscheidende Frage, ob letztendlich die Kulturheterogenität die Gruppenleistung erhöht oder eher erniedrigt, kann allgemeingültig nicht beantwortet werden. Die Antwort hängt von den situativen Bedingungen ab. Kulturheterogene Gruppen haben wohl tendenziell Vorteile, wenn (vgl. ähnlich Stumpf 2005, 123)

- die Problemlösung einen heterogenen Wissensbestand erfordert und die zusammengestellte Gruppe die Heterogenität widerspiegelt. Innovative Probleme, deren Lösung eine Vielzahl von Einflussfaktoren berücksichtigen muss und deren Lösungsweg nicht bekannt ist, scheinen demnach das fruchtbarste Einsatzfeld für kulturheterogene Teams zu sein.

- die Interaktionsnotwendigkeiten zwischen den Mitgliedern der Gruppe, z.B. durch eine gut mögliche Aufteilung der Problemlösung in Einzelbereiche, niedrig sind.

- ein Grundkonsens in der Gruppe über Modalitäten der Zusammenarbeit, wie z.B. den praktizierten Führungsstil, besteht.

Eine wichtige Möglichkeit, um die Produktivität solcher Arbeitsgruppen zu erhöhen, sind kulturspezifische Teamentwicklungsmaßnahmen, auch als „teambuilding" bezeichnet. Zentral ist die Frage, welche Maßnahmen eingesetzt werden können, um kulturheterogene Teams schneller arbeiten und eine verbesserte Leistung bringen zu lassen. Als Ergebnis der bisherigen Forschung haben sich sechs Faktoren für ein erfolgreiches „team building" herauskristallisiert (vgl. Barzantny 2005, 156):

- Auswahl der Teammitglieder:
  Auch wenn die Teammitglieder aus unterschiedlichen Kulturen stammen, so lassen sich in vielen Fällen doch bei einigen Werten Ähnlichkeiten oder gar Übereinstimmungen finden. Die Motivation zur Leistung oder das grundsätzliche Interesse an einer Problemstellung und das Bestreben, das Problem zu lösen, sind gerade bei vergleichbarem fachlichen Niveau und Ausbildungsgang häufig ähnlich bei den Mitgliedern ausgeprägt. Dies erleichtert die Zusammenarbeit, wobei die Problemlösungsvielfalt nicht verloren gehen muss. Die Teamleitung muss über herausragende fachliche Fähigkeiten verfügen, damit kein Legitimationsproblem auftritt.

- Sozialisation der Teammitglieder:
  Sozialisation bedeutet, dass die Mitglieder durch geeignete Trainingsmaßnahmen (vgl. dazu Abschnitt 6.2.3) gemeinsame Sichtweisen entwickeln, die zu einer Annäherung der Werte führen. Prozessverluste werden dadurch weiter vermindert. Es sollte vermieden werden, dass eine Kultur eine Dominanz erreicht, da dann die nicht aus diesem Kulturkreis stammenden Mitglieder benachteiligt werden.

- Art der Teamaufgabe:
  Wie oben beschrieben, sind Aufgaben, die Kreativität und Perspektivenvielfalt erfordern, besser geeignet für kulturheterogene Teams als Routineaufgaben.

- Art der Kommunikationsprozesse im Team:
  Die Kommunikation dient zur Überbrückung der Unterschiede zwischen den Teammitgliedern. Eine bei allen vorhandene Bereitschaft zur problemorientierten Kommunikation ist die Voraussetzung für einen erfolgreichen

Einsatz dieses Faktors. Daneben muss eine Sprache, die alle in ausreichendem Umfang sprechen, als gemeinsames Kommunikationsmittel festgelegt werden.

- Interaktionen zu Problemlösungsstrategien:
  Eine unvoreingenommene Diskussion andersartiger Lösungswege sowohl zwischen den Teammitgliedern als auch zur Teamleitung hin ist unerlässlich. Eine klare Zieldefinition erleichtert die inhaltliche Ausrichtung der Interaktion (vgl. Holtbrügge/Puck 2003).

- Zeit der Zusammenarbeit:
  Die oben beschriebenen Sozialisierungs- und Kommunikationsprozesse sind zeitintensiv. Sollen Mitglieder aus unterschiedlichen Kulturen nur für kurze Zeit zusammenarbeiten, so können die Teamentwicklungsmaßnahmen kaum ihre Wirkung entfalten, worunter die Leistung des Teams spürbar leidet. Kulturheterogene Teams eignen sich deswegen besser für länger laufende Projekte, bei denen aber trotzdem eine genaue Zeitvorgabe gemacht werden sollte.

- Umfeld der Teamarbeit:
  Exemplarisch ist hier die Unterstützung der Teamentwicklungsmaßnahmen aus dem Umfeld insbesondere durch die Führungskräfte und die Leitung des Unternehmens zu nennen.

Diese Art des „team building" sollte dabei nicht dem Zufall oder nur der – hoffentlich vorhandenen – Kompetenz des Teamleiters auf diesem Gebiet überlassen werden, sondern eine gezielt eingesetzte Entwicklungsmaßnahme des Personalmanagements im internationalen Unternehmen sein.

6.2.4.3 Leistungsbeurteilung und Anreizsysteme in verschiedenen Kulturen

Eine Spezialfrage aus den oben behandelten Problemfeldern, der aber in der Unternehmenspraxis regelmäßig eine hohe Relevanz und auch Brisanz zukommt, ist die Setzung von Anreizen und, damit verbunden, die Beurteilung der Leistung von Mitarbeitern in verschiedenen Kulturkreisen.

Den Rahmen für die Leistungserbringung stellt das Anreizsystem dar. Dieses System aus monetären und nicht-monetären positiven und negativen Sanktionen versucht, die Verhaltensweisen der Mitarbeiter dahingehend zu beeinflussen, dass die Ziele des Unternehmens bestmöglich erreicht werden (allgemein zu Anreizsystemen vgl. z.B. Drumm 2005, 587-664). Die Bejahung der „culture-bound-These" (vgl. Abschnitt 6.2.1) legt nahe, dass für Mitarbeiter aus verschiedenen Kulturkreisen auch unterschiedlich gestaltete Anreizsysteme und, im zweiten Schritt, auch eine differenzierende Leistungsbeurteilung eingerichtet werden sollten. Bei der Konstruktion solcher kulturspezifischer Anreizsysteme kann auf die Dimensionen des Kulturmodells von Hofstede und ihre jeweilige Ausprägung zurückgegriffen werden (vgl. Abschnitt 6.2.2). Plausible, auf dieser Basis beruhende Anreizkomponenten sind (vgl. ähnlich Scherm/Süß 2001, 339; Schanz/Klein/Wunderlich 1991, 161-167; für einen anderen Ansatz der Bestimmung kulturbezogener Entlohnungssysteme vgl. Scholz 1994, 863):

- Unsicherheitsvermeidung:
  Eine starke Ausprägung in diesem Bereich impliziert hohe Anreizwirkungen durch eine Garantie des Arbeitsplatzes. Die Aussicht auf eine sichere, langfristige Beschäftigung führt zu einer hohen Identifikation mit dem Unternehmen und zu großem Engagement.

- Kollektivismus/Individualismus:
  Bei starkem Kollektivismus sollte die Gruppenleistung Gegenstand der Leistungsbeurteilung sein. Anreize, die den Wettbewerb zwischen den einzelnen Mitarbeitern fördern, sollten zu Gunsten entsprechender Maßnahmen auf Gruppenebene substituiert werden.

- Machtdistanz:
  Eine hohe Machtdistanz macht die Motivation durch Entscheidungspartizipation schwierig. Vielmehr sollte hier das Anweisungsprinzip und die exakte Befolgung der Anweisungen Kernpunkt des Anreizsystems und der Leistungsbeurteilung sein.

- Maskulinität/Femininität:
  Eine starke Maskulinität impliziert eine hohe Anreizwirkung monetärer Komponenten. Hohe Femininität bedeutet, dass eine Verbesserung der Arbeitsbedingungen motivationsfördernd wirkt.

Dieser Kulturdifferenzierung des Anreiz- und Leistungsbeurteilungssystems im internationalen Unternehmen stehen Überlegungen zur Gleichbehandlung der Mitarbeiter gegenüber. Deutliche Unterschiede in den belohnten bzw. negativ sanktionierten Verhaltensweisen im Unternehmen führen dann zu Problemen, wenn die Mitarbeiter aus den verschiedenen Kulturen z.B. in Teams zusammenarbeiten sollen (vgl. dazu im Detail Abschnitt 6.2.4.2). Spätestens bei der Entsendung von Mitarbeitern kommt es so zu Leistungsbeurteilungsproblemen (vgl. Abschnitt 4.5.3).

Nach der Konstruktion des Rahmens der Leistungsbeurteilung in Form des Anreizsystems stellt sich die Frage nach der konkreten Durchführung der Leistungsbeurteilung. Allgemeine Ziele der Leistungsbeurteilung sind die Schaffung der Grundlage für die Entgeltfindung, die Genese von Daten über das

Potenzial der Beurteilten und darauf aufbauend von Informationen für die Personalführung (vgl. im Detail dazu z.b. Drumm 2005, 115-125). Folgende Ansätze zur Leistungsbeurteilung werden eingesetzt:

• Ergebnisorientierter Ansatz:
  Basis für die Leistungsbeurteilung ist einzig das durch zuvor festgelegte Kennzahlen gemessene Ergebnis der Arbeit des Beurteilten. Dieser Ansatz wird z.b. im Vertriebsbereich in Form von Umsatz- oder Stückzahlzielen eingesetzt.

• Verhaltensorientierter Ansatz:
  Hier werden nicht quantitative Größen, sondern gewünschtes Verhalten vorgegeben. Die Leistung wird anhand des Vergleichs des tatsächlichen Verhaltens mit dem gewünschten Verhalten vorgenommen. Dieser Ansatz wird z.b. beim Kundenservice eingesetzt.

• Eigenschaftsorientierter Ansatz:
  Hier wird das Qualifikationsniveau des Beurteilten als Maßstab verwendet. Dieser Ansatz kommt dann zum Einsatz, wenn Mess- bzw. Beobachtungsprobleme den Einsatz der beiden anderen Ansätze unmöglich machen.

Im internationalen Feld ergeben sich spezifische Aspekte der Leistungsbeurteilung nach der Kategorie der beurteilten Mitarbeiter.

• Expatriates:
  Das zentrale Problem ist hier der differierende kulturelle Hintergrund des Beurteilten im Vergleich zum Beurteilenden. Verhaltensweisen, die im Heimatland als positiv gewertet werden, weil dort z.b. ein individualistisch-maskulines kulturelles Umfeld herrscht, können bei der ausländischen Tochtergesellschaft, in die der Entsandte geschickt wurde, negativ besetzt sein, falls es sich dort um eine kollektivistisch-feminine Kultur handelt. Des Weiteren ist zu bedenken, dass die Rahmenbedingungen der Leistung des Mitarbeiters differieren, z.b. auch im privaten Bereich, was eine ähnlich gute Leistung wie im bekannten heimischen Umfeld schwierig macht.

• Mitarbeiter in Schnittstellenpositionen:
  Mitarbeiter, die auf Grund ihrer fachlichen Aufgabe ständig mit Auslandsgesellschaften in Kontakt sind, besetzen so genannte Schnittstellenpositionen. Mitarbeiter in der Zentrale, die z.b. regelmäßig die controllingrelevanten Informationen von Auslandsgesellschaften abfragen, sind ein Beispiel. Neben der rein fachlichen Evaluation ist hier ein Beurteilungskriterium, inwieweit die Zusammenarbeit mit den ausländischen Kollegen die Unternehmensziele unterstützt. Insofern ist hier insbesondere der verhaltensorientierte Ansatz von Bedeutung.

* Management von Auslandsgesellschaften:
Hier wird regelmäßig der ergebnisorientierte Ansatz gewählt. Umsatzziele, Ergebnisziele, Finanzkennzahlen oder auch eine Kennzahl zur Messung des in der Beurteilungsperiode geschaffenen Wertbeitrags der Auslandsgesellschaft für das Gesamtunternehmen sind die gängigsten Maßzahlen für die Leistungsbeurteilung bei dieser internationalen Personalkategorie. Ähnlich dem nationalen Umfeld besteht hier die größte Schwierigkeit in der Festlegung der Soll-Ausprägung der Kennzahlen, ab welcher die Leistung des Managements der Auslandsgesellschaft als Erfolg gewertet wird. Zu beachten ist hier noch, dass dem Management auch die Entscheidungskompetenz über wichtige geschäftspolitische Fragen der Auslandsgesellschaft gegeben werden muss, da ansonsten, bei einer hohen Entscheidungskompetenz der Muttergesellschaft, der Erfolg nicht mehr maßgeblich von den Beurteilten beeinflusst werden kann. Des Weiteren muss darauf geachtet werden, dass die Transferpreise, also die der Auslandsgesellschaft in Rechung gestellten Preise für Lieferungen und Leistungen anderer Konzerngesellschaften, Marktpreisen entsprechen, um hier keine Ergebnisverzerrung zuzulassen (vgl. zu Transferpreisen im Detail Abschnitt 4.6.3).

Fragen zur Wiederholung und Selbstkontrolle

1. Charakterisieren Sie den Begriff „Region" als Analyseebene im Internationalen Management und diskutieren Sie die Sinnhaftigkeit einer regionenbezogenen Betrachtungsweise im Internationalen Management!

2. Erläutern Sie die Grundidee von Porters „Diamant-Modell" und nennen Sie Beispiele für eine empirische Unterstützung dieses Modells. Wo liegen die Stärken dieses Ansatzes, und wie kann er im Internationalen Management angewandt werden?

3. Nehmen Sie Stellung zu der These: „Die Tatsache, dass die Mehrzahl der großen internationalen Unternehmen ihren Tätigkeitsschwerpunkt in den USA, Europa und Japan haben, ist Beleg für die immer noch große Aktualität und Relevanz des Triademodells von Ohmae für das Internationale Management"!

4. Was ist „Kultur"? Vergleichen Sie deskriptive mit dimensionalanalytischen Ansätzen zur Kulturanalyse. Welche von beiden sind für das Internationale Management besser einsetzbar?

5. Beschreiben Sie Hofstedes Kulturdimensionen. Welchen Beitrag hat die Studie von Hofstede zur Kulturdiskussion im Internationalen Management geliefert? Geben Sie Beispiele für Anwendungsfelder der Hofstede-Studie und ihrer Ergebnisse im Internationalen Management!

6. Geben Sie Beispiele für kulturbedingte Ineffizienzen und deren Ursachen im Internationalen Management und erläutern Sie mögliche Maßnahmen zu deren Überwindung!

7. Was besagt die „culture-free"-These, was die „culture-bound"-These des Internationalen Managements in Bezug auf die Ausgestaltung der Leistungsbeurteilungs- und Anreizsysteme in verschiedenen Kulturen?

8. Nennen Sie verschiedene Ansätze zur Leistungsbeurteilung und beurteilen Sie diese im Hinblick auf ihre Eignung für die unterschiedlichen Personalkategorien im internationalen Umfeld.

Schlusswort

Die vorangegangenen Kapitel haben die Vielfalt der Problemstellungen und Herausforderungen im Internationalen Management gezeigt. Auf dem aktuellen Entwicklungsstand der theoretischen und anwendungsorientierten Forschung im Internationalen Management liegt inzwischen eine große Zahl von Erkenntnissen inhaltlicher und instrumenteller Art vor. Sie bieten Empfehlungen zur Internationalisierung von Geschäftsaktivitäten und zur Bearbeitung von Auslandsmärkten, die die Erfolgsträchtigkeit des Auslandsgeschäfts erhöhen und das Risikoprofil senken können. Ziel dieses Lehrbuchs ist die Vermittlung dieser Kenntnisse. Aufbauend auf den wichtigsten Theorien des Internationalen Managements wurden Führungsthemen für internationale Unternehmen besprochen, für die betriebswirtschaftlichen Funktionsfelder die internationalen Spezifika erläutert, einige Aspekte des Risikomanagements in internationalen Unternehmen verdeutlicht und das regionenbezogene bzw. interkulturelle Management als originäres Thema des Internationalen Managements skizziert. Aufgrund der Seitenbeschränkung mussten einige Spezialthemen ausgespart werden. Ich hoffe aber, dass durch das Studium dieses Lehrbuchs eine solide Basis an Kenntnissen gelegt werden kann und vor allem „Lust auf mehr" geweckt worden ist.

Literaturverzeichnis

AGARWAL, S./RAMASWAMI, S. N. (1992): Choice of foreign market entry mode: Impact of ownership, location and internalization factors. In: Journal of International Business Studies, 23. Jg., Nr. 1, 1992, S. 1-27.

AHARONI, Y. (1966): The foreign investment decisions process. Boston 1966.

ALBACH, H. (1988): Kosten, Transaktion und externe Effekte im betrieblichen Rechnungswesen. In: Zeitschrift für Betriebswirtschaft (ZfB), 58. Jg., Nr. 11, 1988, S. 1143-1169.

ALCHIAN, A./DEMSETZ, H. (1972): Production, information costs and economic organization. In: The American Economic Review (AER), 62. Jg., 1972, S. 777-795.

ALIBER, R. Z. (1970): A theory of direct foreign investment. In: The International Corporation, hrsg. v. C. Kindleberger, Cambridge und London 1970, S. 17-34.

ALIBER, R. Z. (1971): The multinational enterprise in a multiple currency world. In: The Multinational Enterprise, hrsg. v. J. H. Dunning, London 1971.

ALIBER, R. Z. (1993): The multinational paradigm. Cambridge und London 1993.

ALMEIDA, P./GRANT, R. M. (1998): International corporations and cross-border knowledge transfer in the semiconductor industry. Working Paper No. 98-13, Carnegie Bosch Institute, Pittsburgh.

ANDREWS, K. R. (1987): The concept of corporate strategy. New York 1987.

ARNOLD, U. (1989): Internationale Logistik. In: Handwörterbuch Export und Internationale Unternehmung, hrsg. v. K. Macharzina und M. K. Welge, Stuttgart 1989, Sp. 1340ff.

ARNOLD, U. (1990): Global Sourcing: Ein Konzept zur Neuorientierung des Supply Management von Unternehmen. In: Globales Management, hrsg. v. M. K. Welge, Stuttgart 1990, S. 49-71.

AUDRETSCH, D. B. (2003): SMEs in the age of globalization. Cheltenham und Northampton, Mass. 2003.

BACKHAUS, K./BÜSCHKEN, J./VOETH, M. (2003): Internationales Marketing. 5. Aufl., Stuttgart 2003.

BÄURLE, I. (1996): Internationalisierung als Prozessphänomen: Konzepte – Besonderheiten – Handhabung. In: Management International Review, hrsg. v. K. Macharzina, M. K. Welge, M. Kutschker und J. Engelhard, Wiesbaden 1996, S. 1-365. Zugl. Diss. Eichstätt, Kath. Univ., 1996.

BAIN, J. (1968): Industrial organization. New York 1968.

BARNEY, J./OUCHI, W. (1986): Organizational economics. Serie The Jossey-Bass Management Series, San Francisco, 1986.

BARTLETT, C. A./GHOSHAL, S. (1987): Managing across borders: New organized responses. In: Sloan Management Review, H. 1, 1987, Vol. 29, S. 43-54.

BARTLETT, C. A./GHOSHAL, S. (1989): Managing across borders: The transnational solution. Boston, Mass. 1989.

BARTLETT, C. A./GHOSHAL, S. (1990a): Internationale Unternehmensführung: Innovation, globale Effizienz, differenziertes Marketing. Frankfurt (Main) und New York 1990.

BARTLETT, C. A./GHOSHAL, S. (1990b): Managing innovation in the transnational corporation. In: Managing the global firm, hrsg. v. C. A. Bartlett, Y. Doz and G. Hedlund, New York 1990, S. 215-255.

BARZANTNY, C. (2005): Ansätze des internationalen Teambuildings. In: Internationales Personalmanagement, hrsg. v. G. K. Stahl, W. Mayrhofer und T. M. Kühlmann, München und Mering 2005, S. 145-174.

BAUER, E. (1995): Internationale Marktforschung, München und Wien 1995.

BAUSCH, A. (1996): Planung von integrierten Geschäfts-, Funktions- und Regionalstrategien im Industriekonzern. Gießen 1996.

BECKER, M. (2002): Personalentwicklung: Bildung, Förderung und Organisationsentwicklung in Theorie und Praxis. 3. Aufl., Stuttgart 2002.

BECKER, M. (2005): Controlling von Internationalisierungsprozessen. Wiesbaden 2005.

BEHRENDT, I. (2002): Herausforderung an Kommunikationsformen und -infrastruktur. In: Handbuch Internationalisierung, hrsg. v. U. Krystek und E. Zur, 2. Aufl., Berlin u.a. 2002, S. 683-700.

BENDT, A. (2000): Wissenstransfer in multinationalen Unternehmen, Wiesbaden 2000. Zugl. Diss. Eichstätt, Kath. Univ., 1999.

BERENS, W./DÖRGES. C./HOFFJAN, A. (2000): Fundierung eines Verständnisses des internationalen Controlling. In: Controlling international tätiger Unternehmen, hrsg. v. W. Berens, A. Born und A. Hoffjan, Stuttgart 2000, S. 13-41.

BERGEMANN, N./SOURISSEAUX, A. L. J. (1996): Interkulturelles Management. 2. Aufl., Heidelberg 1996.

BERNDT, R./FANTAPIÉ ALTOBELLI, C./SANDER, M. (2003): Internationales Marketing-Management. Berlin u.a. 2003.

BEUERMANN, G. (1992): Zentralisation und Dezentralisation. In: Handwörterbuch der Organisation, 3. Aufl., hrsg. v. E. Frese, Stuttgart 1992, Sp. 2611-2625.

BITTNER, A. (2002): Interkulturelle Kompetenz und internationales Denken. In: Handbuch Internationalisierung, hrsg. v. U. Krystek und E. Zur, 2. Aufl., Berlin u.a. 2002, S. 763-776.

BLEUEL, H. H./SCHMITTING, W. (2000): Konzeptionen eines Risikomanagements im Rahmen der internationalen Geschäftstätigkeit. In: Controlling international tätiger Unternehmen, hrsg. v. W. Berens, A. Born und A. Hoffjan, Stuttgart 2000, S. 65-122.

BLÖDORN, N. (1998): Internationales Controlling: Die ergebnisorientierte Steuerung von Geschäftsbereichen einer multinationalen Unternehmung. In: Kompendium der Internationalen Betriebswirtschaftslehre, hrsg. v. S. G. Schoppe, München u.a. 1998, S. 295ff.

BÖCKER, F./HELM, R. (2003): Marketing. Stuttgart 2003.

BÖHLER, H. (2004): Marktforschung. 3. Aufl., Stuttgart 2004.

BÖHLER, H./SCIGLIANO, D. (2005): Marketing-Management. Wiesbaden 2005.

BOHR, K. (1993): Effizienz und Effektivität. In: HWB, hrsg. v. W. Wittmann et al., 5. Aufl., Stuttgart 1993, S. 855-869.

BOLTEN, J. (1995): Cross Culture: Interkulturelles Handeln in der Wirtschaft. Sternenfels 1995.

BOUNCKEN, R. (2000): Dem Kern des Erfolgs auf der Spur? State of the Art zur Identifikation von Kernkompetenzen. In: Zeitschrift für Betriebswirtschaft, H. 7/8, 2000, S. 865-885.

BRACH, M. (2003): Real options in practice. Hoboken 2003.

BRADLEY, F. (1999): International marketing strategy. 3. Aufl., London u.a. 1999.

BREUER, W. (2000): Unternehmerisches Währungsmanagement. 2. Aufl., Wiesbaden 2000.

BREUER, W./GÜRTLER, M./SCHUHMACHER, F. (2003): Risikomanagement. In: Internationales Management, hrsg. v. W. Breuer und M. Gürtler, Wiesbaden 2003, S. 449-492.

BROUTHERS, L. E./BROUTHERS, K. D./ WERNER, S. (1999): Is Dunning's eclectic framework descriptive or normative? In: Journal of International Business Studies, 30. Jg., Nr. 4, 1999, S. 831-844.

BUCKLEY, P. J. (1981): A critical review of theories of the multinational enterprise. In: Außenwirtschaft, 36. Jg., Nr. 1, 1981, S. 70-87.

BUCKLEY, P. J./CASSON, M. C. (1976/1991): The future of the multinational enterprise. 2. Aufl., Houndsmills, Basingstoke, London 1991.

BUCKLEY, P. J./CASSON, M. C. (1985): The economic theory of the multinational enterprise: selected papers. Houndsmills, Basingstoke, London 1985.

BÜHNER, R. (1996): Gestaltung von Konzernzentralen – die Benchmarking-Studie. Wiesbaden 1996.

BÜSCHGEN, H. E. (1997): Internationales Finanzmanagement. 3. Aufl., Frankfurt (Main) 1997.

BURR, W./MUSIL, A./STEPHAN, M./WERKMEISTER, C. (2005): Unternehmensführung: Strategien der Gestaltung und des Wachstums von Unternehmen. München 2005.

CASSON, M. C. (1992): Internalization theory and beyond. In: New directions in international business: research priorities for the 1990s, hrsg. v. P. J. Buckley, Aldershot, Brookfield 1992, S. 4-27.

CHANDLER, A. D. (1962): Strategy and structure. Cambridge 1962.

COASE, R. H. (1937): The nature of the firm. In: Economica, 4. Jg., o. Nr., 1937, S. 386-405.

COENENBERG, A. G. (2003): Jahresabschluss und Jahresabschlussanalyse: Betriebswirtschaftliche, handelsrechtliche, steuerrechtliche und internationale Grundsätze – HGB, IAS/IFRS, US-GAAP, DRS. 19. Aufl., Stuttgart 2003.

COPELAND, T./KOLLER, T. (2000): Value-Based Management. In: Controlling international tätiger Unternehmen, hrsg. v. W. Berens, A. Born und A. Hoffjan, Stuttgart 2000, S. 259-287.

CORSTEN, H. (2002): Herausforderungen an das Supply Chain Management im internationalen Unternehmensverbund. In: Handbuch internationales Management, hrsg. v. K. Macharzina und M. J. Oesterle, 2. Aufl., Wiesbaden 2002, S. 943-968.

CYERT, R. M./MARCH, J. G. (1963): A behavioural theory of the firm. Englewood Cliffs 1963.

CZINKOTA, M. R./RONKAINEN, I. A./MOFFET, M. H. (2002): International business. 6. Aufl., London u.a. 2002.

DEALOGIC M&A GLOBAL DATENBANK. In: Brühl, V./Dzedzeck, D. (2006): M&A-Markt. In: M&A Review, Nr. 1, 2006, S. 27.

DIXIT, A. K./NORMAN, V. (1998): Außenhandelstheorie. 4. Aufl., München u.a. 1998.

DRUKARCZYK, J. (2003): Finanzierung. 9. Aufl., Stuttgart 2003.

DRUMM, H. J. (1979): Zum Aufbau internationaler Unternehmungen mit Geschäftsbereichsorganisation. In: ZfbF, H. 1, 1979, S. 38-56.

DRUMM, H. J. (2005): Personalwirtschaft. 5. Aufl., Berlin u.a. 2005.

DUNNING, J. H. (1977): Trade, location of economic activity and the MNE: a search for an eclectic approach. In: The International Allocation of Economic Activity. Proceedings of a Nobel Symposium held at Stockholm, hrsg. v. B. Ohlin, P.-O. Hesselborn und P. M. Wijkman. London u.a. 1977, S. 395-418.

DUNNING, J. H. (1979): Explaining changing patterns of international production: In defence of the eclectic theory. In: Oxford Bulletin of Economics and Statistics, 41. Jg., 1979, S. 269–295.

DUNNING. J. H. (1980): Toward an eclectic theory of international production: Some empirical tests. In: Journal of International Business Studies, 11. Jg., 1980, S. 9-31.

DUNNING, J. H. (1988): The eclectic paradigm of international production: A restatement and some possible extensions. In: Journal of International Business Studies, 19. Jg., Nr. 1, 1988, S. 1-31.

DUNNING, J. H. (1995): Reappraising the eclectic paradigm in an age of alliance capitalism. In: Journal of International Business Studies, 26. Jg., Nr. 3, 1995, S. 461–492.

DUNNING, J. H. (2000): The eclectic paradigm as an envelope for economic and business theories of MNE activity. In: International Business Review, 9. Jg., Nr. 2, 2000, S. 163–190.

DUNNING, J. H./KUNDU, S. K. (1995): The internationalization of the hotel industry – Some new findings from a field study. In: Management International Review, 35. Jg., Nr. 2, 1995, S. 101–134.

DUNNING, J. H./MCQUEEN, M. (1981): The eclectic theory of international production: a case study of the international hotel industry. In: Managerial & Decision Economics, 2. Jg., Nr. 4, 1981, S. 197–210.

EBERS, M./GOTSCH, W. (1995): Institutionenökonomische Theorien der Organisation. In: Organisationstheorien, hrsg. v. A. Kieser, 2. Aufl., Stuttgart u.a. 1995, S. 185-236.

EBNER, M./WALTI, A. (1996): Innovationsmanagement als Antwort auf den zunehmenden Wettbewerbsdruck. In: Internationales Innovationsmanagement, hrsg. v. O. Gassmann und M. v. Zedtwitz, München 1996, S. 17-33.

ECKERT, S. (1997): Strategien zur Gestaltung der Kapitalstruktur von Auslandsgesellschaften. Theoretische Handlungsempfehlungen und empirische Anwendung. In: Wirtschaftswissenschaftliches Studium, Bd. 26 (1997), 8, S. 392-395.

EGELHOFF, W.G. (1988): Organizing the multinational enterprise. Cambridge, Mass. 1988.

EIGLER, J. (1996): Transaktionskosten als Steuerungsinstrument für die Personalwirtschaft. Frankfurt (Main) u.a. 1996.

EIGLER, J. (2002): Dezentrale Organisation und interne Unternehmensrechnung. Wiesbaden 2002.

EMMRICH, V. (2002): Globale Produktionsstandortstrategien. In: Handbuch Internationalisierung, hrsg. v. U. Krystek und E. Zur, 2. Aufl., Berlin u.a. 2002, S. 331-348.

ENGELHARD, J. (1992): Bewertung von Länderrisiken bei Auslandsinvestitionen: Möglichkeiten, Ansätze, Grenzen. In: Handbuch der internationalen Unternehmenstätigkeit: Erfolgs- und Risikofaktoren, Märkte, Export-, Kooperations- und Niederlassungs-Management, hrsg. v. B. N. Kumar und H. Haussman, München 2002, S. 367-383.

ERLEI, M./LESCHKE, M./SAUERLAND, D. (1999): Neue Institutionenökonomik. Stuttgart 1999.

FERDOWS, K. (1989): Mapping international factory networks. In: Managing international manufacturing, hrsg. v. K. Ferdows, Amsterdam u.a. 1989, S. 3-21.

FISCHER, L./KLEINEIDAM, H. J./WARNEKE, P. (2005): Internationale Betriebs-wirtschaftliche Steuerlehre, 5. Aufl., Berlin 2005.

FÖHR, S. (1991): Ökonomische Analyse der internen Organisation. Berlin 1991.

FRANKE, G./HAX, H. (2004): Finanzwirtschaft des Unternehmens und Kapital-markt, 5. Aufl., Berlin u.a. 2004.

FRANKFURTER ALLGEMEINE ZEITUNG (FAZ): Geschäftsusuancen in Indien, 18.10.2004.

FRANKFURTER ALLGEMEINE ZEITUNG (FAZ): Lohnkostenentwicklung im Ver-gleich, Berechnung lt. Deutsches Institut für Wirtschaftsforschung, 10.02.2005.

FREIDANK, C./MAYER, E. (2003): Controlling-Konzepte. Wiesbaden 2003.

FRESE, E. (2005): Grundlagen der Organisation. Entscheidungsorientiertes Kon-zept der Organisationsgestaltung. 9. Aufl., Wiesbaden 2005.

FRESE, E./V. WERDER, A./MALY, W. (1993): Zentralbereiche. Theoretische Grundlagen und praktische Erfahrungen. Stuttgart 1993.

FREUDENBERG, T. (1988): Aufbau und Management internationaler Forschungs-und Entwicklungssysteme, Zürich 1988. Zugl. Diss. St. Gallen, Univ., 1988.

FROST, J. (2004): Aufbau- und Ablauforganisation. In: Handwörterbuch Unter-nehmensführung und Organisation, hrsg. v. G. Schreyögg und A. v. Wer-der, 4. Aufl., Stuttgart 2004, S. 45-53.

FUCHS, M./APFELTHALER, G. (2002): Management internationaler Geschäftstä-tigkeit. Wien und New York 2002.

GASSMANN, O./V. ZEDTWITZ, M. (1996): Internationales Innovationsmanage-ment – ein Referenzrahmen. In: Internationales Innovationsmanagement, hrsg. v. O. Gassmann und M. v. Zedtwitz, München 1996, S. 3-15.

GEMÜNDEN, H. G./RITTER, T./WALTER, A. (1997): Relationships and networks in international markets. Oxford u.a. 1997.

GERPOTT, T. J. (1991): Globales F&E-Management: Bausteine eines Gesamt-konzeptes zur Gestaltung eines weltweiten F&E-Standortsystems. In: Integ-riertes Technologie- und Innovationsmanagement: Konzepte zur Stärkung der Wettbewerbskraft von High-Tech- Unternehmen, hrsg. v. Booz Allen Hamilton, Berlin 1991, S. 49-73.

GERTSEN, M. C./SØDERBERG, A. M./TORP, J. E. (1998): Cultural dimensions of international mergers and acquisitions. Berlin und New York 1998.

GERYBADZE, A. (1997): Globalisierung von Forschung und wesentliche Veränderungen im F&E-Management internationaler Konzerne. In: Globales Management von Forschung und Innovation, hrsg. v. A. Gerybadze, F. Meyer-Krahmer und G. Reger, Stuttgart 1997, S. 17-32.

GESCHKA, H. (1999): Die Szenariotechnik in der strategischen Unternehmensplanung. In: Strategische Unternehmungsplanung – Strategische Unternehmungsführung, hrsg. v. D. Hahn, B. Taylor, 8. Aufl., Heidelberg 1999, S. 518 ff.

GHAURI, P./BUCKLEY, P. (2002): Globalisation and the end of competition: a critical review of rent-seeking multinationals. In: Critical perspectives on internationalisation, hrsg. v. V. Havila et al., Amsterdam 2002, S. 7-28.

GHOSHAL, S./NORIAH, N. (1993): Horses of courses: Organizational forms for multinational corporations. In: Sloan Management Review, 34. Jg., Nr. 2, 1993, S. 23-35.

GLADEN, W. (2005): Performance measurement. Wiesbaden 2005.

GLAUM, M. (1996): Internationalisierung und Unternehmenserfolg. Wiesbaden 1996.

GOETZE, U. (2006): Modelle und Analysen zur Beurteilung von Investitionsvorhaben. 5. Aufl., Berlin u.a. 2006.

GOOLD, M./CAMPBELL, A./ALEXANDER, M. (1994): Corporate level strategy. New York u.a. 1994.

GRAHAM, E. M. (1978): Transatlantic investment by multinational firms: a rivalistic phenomenon? In: Journal of Post Keynesian Economics, 1. Jg., Nr. 1, 1978, S. 82-99.

GRANT, R. M. (1991): The resource-based theory of competitive advantage: Implications for strategy formulation. In: California Management Review, 33. Jg., Nr. 3, 1991, S. 114-135.

GÜLDENBERG, S. (2003): Wissensmanagement und Wissenscontrolling in lernenden Organisationen. 4. Aufl., Wien 2003.

HÄBERLE, S. (2002): Handbuch der Außenhandelsfinanzierung. 3. Aufl., München, Wien 2002.

HADAMITZKY, M. C./MAYER, S. (2002): E-Logistik – Management im e-Business-Zeitalter. In: Handbuch Internationalisierung, hrsg. v. U. Krystek und E. Zur, 2. Aufl., Berlin 2002, S. 723-740.

HAHN, D./HUNGENBERG, H. (2001): PuK Wertorientierte Controllingkonzepte. Wiesbaden 2001.

HAHN, D./TAYLOR, B. (1999): Strategische Unternehmungsplanung, strategische Unternehmungsführung. Heidelberg 1999.

HAKE, B. (1982): Der Beri-Index, ein Hilfsmittel zur Beurteilung des wirtschaftspolitischen Risikos von Auslandsinvestitionen. In: Internationalisierung der Unternehmung als Probleme der Betriebswirtschaftslehre, hrsg. v. W. Lück und V. Trommsdorf, Berlin 1982, S. 463-473.

HALL, E. T. (1976): Beyond culture. New York u.a. 1976.

HALL, E.T./HALL, M.R. (1990): Understanding cultural differences. Yarmouth 1990.

HAMMES, M./POSER, G. (1992): Die Messung von Transaktionskosten. In: Das Wirtschaftsstudium (WISU), 21. Jg., 1992, Nr. 11, S. 885-889.

HANKE, J. (1993): Hybride Koordinationsstrukturen: Liefer- und Leistungsbeziehungen kleiner und mittlerer Unternehmen der Automobilzulieferindustrie aus transaktionskostentheoretischer Sicht. Bergisch-Gladbach und Köln 1993.

HARDOCK, P. (2000): Produktionsverlagerung von Industrieunternehmen ins Ausland: Formen, Determinanten, Wirkung. Wiesbaden 2000.

HARTMANN-WENDELS, T. (1992): Agency-Theorie. In: Handwörterbuch der Organisation (HWO), hrsg. v. E. Frese, 3. Aufl., Stuttgart 1992, Sp. 72-79.

HARTUNG, N. (1997): Selbständigkeit und Herrschaft. Bayreuth 1997.

HAX, H. (1991): Theorie der Unternehmung: Information, Anreize und Vertragsgestaltung. In: Betriebswirtschaftslehre und ökonomische Theorie, hrsg. v. D. Ordelheide, B. Rudolph und E. Büsselmann, Stuttgart 1991, S. 51-72.

HEENAN, D. A./PERLMUTTER, H. V. (1979): Multinational organization development. Reading 1979.

HEINEN, E. (1976): Grundlagen betriebswirtschaftlicher Entscheidungen – Das Zielsystem der Unternehmung. 3. Aufl., Wiesbaden 1976.

HEINRICH, M./RICHTER B. (2002): Standortkonkurrenz in internationalen Unternehmen – Betriebswirtschaftliche und normative Aspekte. In: Handbuch Internationalisierung, hrsg. v. U. Krystek und E. Zur, 2. Aufl., Berlin 2002, S. 249-261.

HELM, R. (1997): Internationale Markteintrittsstrategien. Lohmar und Köln 1997.

HENNART, J. F. (1982): A theory of multinational enterprise. Ann Arbor 1982.

HENNART, J. F. (1993a): Explaining the swollen middle: why most transactions are a mix of „market" and „hierarchy". In: Organization Science, 4. Jg., Nr. 4, 1993, S. 529-547.

HENNART, J.F. (1993b): Control in multinational firms: the role of price and hierarchy. In: Organization theory and the multinational corporation, hrsg. v. S. Ghoshal und E. D. Westney, New York 1993, S. 157-181.

HENSELEK, H. (1996): Das Management von Unternehmungskonfigurationen. Wiesbaden 1996.

HERTER, R. (1994): Unternehmensorientiertes Management. München 1994.

HILL, C. (1994): International business, Burr Ridge 1994.

HILL, C. W. L. (2005): International business: competing in the global marketplace. 5. Aufl., Boston, Mass. u.a. 2005.

HOFSTEDE, G. (1980): Culture' s consequences. International differences in work-related values. Beverly Hills 1980.

HOFSTEDE, G. (1992): Die Bedeutung von Kultur und ihren Dimensionen im Internationalen Management. In: Handbuch der Internationalen Unternehmenstätigkeit: Erfolgs- und Risikofaktoren, Märkte, Export-, Kooperations- und Niederlassungs-Management, hrsg. v. B. Kumar und H. Haussmann, München 1992, S. 303-324.

HOLTBRÜGGE, D. (2004): Organisation der Internationalen Unternehmen. In: Handwörterbuch Unternehmensführung und Organisation, hrsg. v. G. Schreyögg und A. v. Werder. Stuttgart 2004. S. 542-551.

HOLTBRÜGGE, D. (2005): Configuration and co-ordination of value activities in German multinational corporations. In: European Management Journal, 23. Jg., Nr. 5, S. 564-575.

HOLTBRÜGGE, D./PUCK, J. (2003): Interkulturelle Teams. Chancen, Risiken und Erfolgsfaktoren. In: Personal, 55. Jg., 8, 2003, S. 46-49.

HOLLAND, K. J. (1995): Die Gründung von Unternehmen im Ausland. Informationen, Entscheidungshilfen und Tips aus der Praxis. Bielefeld 1995.

HORVÁTH, P. (2003): Controlling. 9. Aufl., München 2003.

HUNGENBERG, H. (1995): Zentralisation und Dezentralisation. Strategische Entscheidungsverteilung in Konzernen. Wiesbaden 1995.

HUNGENBERG, H. (2004): Strategisches Management in Unternehmen: Ziele - Prozesse - Verfahren. Wiesbaden 2004.

HUNGENBERG, H./WULF, T. (2004): Grundlagen der Unternehmensführung. Berlin u.a. 2004.

HYMER, S. H. (1976): On multinational corporation and foreign direct investment. Cambridge, Mass. 1976.

IETTO-GILLIES, G. (2005): Transnational corporations and international production: concepts, theories and effects. Cheltenham u.a. 2005.

INSTITUT DER DEUTSCHEN WIRTSCHAFT (2004): Arbeitskosten in Europa. Köln 2004.

ITAKI, M. (1991): A critical assessment of the eclectic theory of the multinational enterprise. In: Journal of International Business Studies, 22. Jg., Nr. 3, 1991, S. 445-460.

JAHRMANN, F.-U. (2004): Außenhandel. 11. Aufl., Ludwigshafen (Rhein) 2004.

JENSEN, M. C./MECKLING, W. H. (1976): Theory of the firm – managerial behavior, agency costs and ownership structure. In: Journal of Financial Economics, 3. Jg., Nr. 3, 1976, S. 305-360.

JOHANSON, J./VAHLNE, J. E. (1977): The internationalization process of the firm – a model of knowledge development and increasing foreign market commitments. In: Journal of International Business Studies, 8. Jg., Nr. 1, 1977, S. 23-32.

JOHANSON, J./VAHLNE, J. E. (1990): The mechanism of internationalisation. In: International Marketing Review, Bd. 7, Nr. 4, 1990, S. 11-24.

JOHN R. ET AL. (1997): Global business strategy. London u.a. 1997.

JUNG, H. (2005): Personalwirtschaft. 6. Aufl., München 2005.

KAINZBAUER, A. (2002): Kultur im Interkulturellen Training: der Einfluss von kulturellen Unterschieden in Lehr- und Lernprozessen an den Beispielen Deutschland und Großbritannien. Frankfurt (Main) 2002.

KAISER, K. H. (1989): Standortplanung. In: Handwörterbuch der Planung, hrsg. v. N. Szyperski und U. Wienand, Stuttgart 1989, Sp. 1839-1850.

KAPLAN, R. S./NORTON, D.P. (1993): Putting the Balance Scorecard to work. In: Harvard Business Review, Jg. 71, Nr. 5, 1993, S. 134ff.

KAPLAN, R. S./NORTON, D.P. (1997): Balanced Scorecard. Stuttgart 1997.

KEEGAN, W. J./SCHLEGELMILCH, B. B./STÖTTINGER, B. (2002): Globales Marketing-Management: eine europäische Perspektive. München u.a. 2002.

KIESER, A./WALGENBACH, P. (2003): Organisation. 4. Aufl., Stuttgart 2003.

KINDLEBERGER, C. P. (1969): American business abroad. Six lectures on direct investment. New Haven und London 1969.

KNICKERBOCKER, F. T. (1973): Oligopolistic reaction and multinational enterprise. Boston, Mass. 1973.

KNYPHAUSEN-AUFSEß, ZU, D. (2004): Strategisches Management. In: Handwörterbuch Unternehmensführung und Organisation, hrsg. v. G. Schreyögg und A. v. Werder, 4. Aufl., Stuttgart 2004, S. 1383-1392.

KOGUT, B./ZANDER, U.: (1993): Knowledge of the firm and the evolutionary theory of the multinational corporation. In: Journal of International Business Studies, H. 4, 1993, S. 625-645.

KREIKEBAUM, H./GILBERT, D. U./REINHARDT, G. O. (2003): Organisationsmanagement internationaler Unternehmen: Grundlagen und moderne Netzwerkstrukturen. Wiesbaden 2003.

KRÜGER, W./V. WERDER, A. (1993): Zentralbereiche – Gestaltungsmuster und Entwicklungstrends in der Unternehmungspraxis. In: Zentralbereiche. Theoretische Grundlagen und praktische Erfahrungen., hrsg. v. E. Frese, A. v. Werder und W. Maly, Stuttgart 1993, S. 235-285.

KRÜGER, W./V. WERDER, A. (1995): Zentralbereiche als Auslaufmodell? Gestaltungsmuster und Entwicklungstrends der Organisation von Teilfunktionen in der Unternehmungspraxis. In: Zeitschrift Führung und Organisation, 64. Jg., Nr. 1, 1995, S. 6-17.

KRUGMAN, P./OBSTFELD, M. (2003): Internationale Wirtschaft - Theorie und Politik der Außenwirtschaft. 6. Aufl., München 2003.

KUBITSCHEK, C./MECKL, R. (2000): Die ökonomischen Aspekte des Wissensmanagements – Anreize und Instrumente zur Entwicklung und Offenlegung von Wissen. In: Zeitschrift für Betriebswirtschaftliche Forschung, Jg. 52, Dezember 2000, S. 742-761.

KÜHLMANN, T. M. (2004): Auslandseinsatz von Mitarbeitern. Göttingen 2004.

KÜHLMANN, T. M. (2005a): Mitarbeiterführung und kulturelle Diversität. In: Internationales Personalmanagement, hrsg. v. G. K. Stahl, W. Mayrhofer und T. M. Kühlmann. München und Mering 2005, S. 175-192.

KÜHLMANN, T. M. (2005b): Auslandseinsatz von Mitarbeitern. In: Handbuch des Personalwesens, hrsg. v. E. Gaugler et al., 3. Aufl., Stuttgart 2005, S. 492-502.

KÜHLMANN, T. M./DOWLING, P. J. (2005): Interkulturelles Personalmanagement. In: Handwörterbuch des Personalwesens, hrsg. v. E. Gaugler, W. A. Oechsler und W. Weber, 3. Aufl., Stuttgart 2005, S. 928-937.

KUTSCHKER, M. (2004): Interkulturelles Management. In: Handwörterbuch der Unternehmensführung und Organisation, hrsg. v. G. Schreyögg und A. v. Werder, Stuttgart 2004, S. 522-530.

KUTSCHKER, M./SCHMID, S. (2005): Internationales Management. 4. Aufl., München und Wien 2005.

LAAS, T. (2004): Steuerung internationaler Konzerne: Eine integrierte Betrachtung von Wert und Risiko. Frankfurt (Main) 2004. Zugl. Diss. Mannheim, Univ., 2003.

LAUX, H. (1990): Risiko, Anreiz und Kontrolle: Principal-Agent-Theorie. Berlin 1990.

LAUX, H. (1995): Erfolgssteuerung und Organisation, Bd. 1: Anreizkompatible Erfolgsrechnung, Erfolgsbeteiligung und Erfolgskontrolle. Berlin u.a. 1995.

LEONTIADES, J. C. (2005): Managing the global enterprise: Competing in the information age, Harlow u.a. 2005.

LESSARD, D. R. (1974): International diversification and direct foreign investment. In: Multinational Business Finance, hrsg. v. D. Eitman und A. Stonehill, Reading, Mass. 1974, S. 274-287.

LESSARD, D. R. (1979): Frontiers of international financial management, New York 1979.

LEVITT, T. (1983): The globalisation of markets. In: Harvard Business Reviews, Mai-Juni 1983, S. 92-102.

LIKERT (1967): The human organization: Ist management and organization. New York 1967.

LUCKS, K./MECKL, R. (2002): Internationale Mergers & Acquisitions. Berlin u.a. 2002.

LYNCH, R. (2003): Corporate strategy. 3. Aufl., Harlow u.a. 2003.

MACHARZINA, K. (1999): Unternehmensführung. Das internationale Managementwissen. Konzepte – Methoden – Praxis. 3. Aufl., Wiesbaden 1999.

MACHARZINA, K. (2003): Unternehmensführung: Das internationale Managementwissen. 4. Aufl., Wiesbaden 2003.

MACHARZINA, K./ENGELHARD, J. (1991): Paradigm shift in international business research: from partist and eclectic approaches to the GAINS paradigm. In: Management International Review, Special Issue, 1991, S. 23-43.

MACHARZINA, K./WOLF, J. (2005): Unternehmensführung: Das internationale Managementwissen: Konzepte – Methoden – Kulturen. 5. Aufl., Wiesbaden 2005.

MAGEE, S. P. (1981): The appropriability theory of the multinational corporation. In: Annals of the American Academy of Political and Social Science, 458. Jg., November 1981, S. 123-135.

MARKOWITZ, H. (1952): Portfolio selection. In: Journal of finance, Bd. 7, Nr. 3, 1952, S. 77-91.

MATJE, A. (1996): Kostenorientiertes Transaktionscontrolling. Konzeptioneller Rahmen und Grundlagen für die Umsetzung. Wiesbaden 1996.

MAYRHOFER, W./KÜHLMANN, T. M./STAHL, G. K. (2005): Internationales Personalmanagement: Anspruch und Wirklichkeit. In: Internationales Personalmanagement, hrsg. v. G. K. Stahl, W. Mayrhofer und T. M. Kühlmann, München und Mering 2005, S. 1-13.

MECKL, R. (1993): Unternehmenskooperationen im EG-Binnenmarkt. Wiesbaden 1993.

MECKL, R. (1997): Orientierung an Kernkompetenzen. In: Personalwirtschaft, Heft 1, 1997, S. 16-20.

MECKL, R. (2000): Controlling im internationalen Unternehmen: Erfolgsorientiertes Management internationaler Organisationsstrukturen. München 2000.

MECKL, R. (2001): Outsourcing von Personaldienstleistungen - Ein kernkompetenzorientiertes Entscheidungsverfahren. In: Strategisches Personalmanagement in Globalen Unternehmen, hrsg. v. A. Clement, W. Schmeisser und D. Krimphove, München 2001, S. 291-312.

MECKL, R. (2002): Probleme der Gründung von Auslandsgesellschaften. In: Handbuch Internationales Management, hrsg. v. K. Macharzina und M.-J. Oesterle, Wiesbaden 2002, S. 654-676.

MECKL, R. (2004a): Organizing and Leading M&A projects. In: International journal of project management, H. 22, 2004, S. 455-462.

MECKL, R. (2004b): Regionalorganisation. In: Handwörterbuch Unternehmensführung und Organisation, hrsg. v. G. Schreyögg und A. v. Werder, 4. Aufl., Stuttgart 2004, S. 1253-1262.

MECKL, R./BEIER, A./HELM, R. (2004): Wissensmanagement und Kundenbeziehungen in internationalen Dienstleistungsunternehmen. In: Zeitschrift für Planung & Unternehmenssteuerung. Jg. 15, H. 4, 2004, S. 359-375.

MECKL, R./EIGLER (1998): Gefahren des Outsourcing personalwirtschaftlicher Leistungen – eine empirisch gestützte Analyse. In: Journal für Betriebswirtschaft (JfB), H. 3, 1998, S. 100-112.

MECKL, R./KUBITSCHEK, C. (2000): Organisation von Unternehmensnetzwerken – Eine verfügungsrechtstheoretische Analyse. In: Zeitschrift für Betriebswirtschaft, 70. Jg., H. 3, 2000, S. 289-307.

MECKL, R./SODEIK, N./FISCHER, L. (2006): Erfolgsfaktoren bei M&A-Transaktionen – eine Querschnittsanalyse empirischer Studien. In: Prozessorientiertes M&A-Management: Strategien – Prozesse – Erfolgsfaktoren, hrsg. v. W. Seidenschwarz, München 2006, S. 195-217

MEFFERT, H. (1989): Globalisierungsstrategien und ihre Umsetzung im Internationalen Wettbewerb. In: Die Betriebswirtschaft, 49. Jg., Nr. 4, 1989, S. 445-463.

MEFFERT, H./BOLZ, J. (1998): Internationales Marketing-Management. 3. Aufl., Stuttgart 1998.

MEISSNER, H. G. (1995): Strategisches internationales Marketing. 2. Aufl., München und Wien 1995.

MENG, FANCHEN (2003): Interkulturelle Konflikte in deutsch-chinesischen Joint Ventures Lösungsstrategien. Göttingen 2003.

MEYER, J./TSUI, A./HININGS, C. (1993): Configurational approaches to organizational analysis. In: AMJ, H. 6. 1993, S. 1175-1195.

MICHAELIS, E. (1985): Organisation unternehmerischer Aufgaben: Transaktionskosten als Beurteilungskriterium. Frankfurt (Main) u.a. 1985.

MILLER, D./FRIESEN, P. H. (1984): Organizations. A quantum view. Englewood Cliffs 1984.

MINTZBERG, H. (1992): Die Mintzberg-Struktur: Organisationen effektiver gestalten. Landsberg am Lech 1992.

MOROSINI, P. (2005): Managing cultural differences: Effective strategy and execution across cultures in global corporate alliances. 4. Aufl., Oxford 2005.

MÜLLER, S./GELBRICH, K. (2004): Interkulturelles Marketing. München 2004.

MÜLLER, S./KORNMEIER, M. (2002): Strategisches internationales Management. München 2002.

NEUBERT, M. (2006): Internationale Markterschliessung: Vier Schritte zum Aufbau neuer Auslandsmärkte. Landsberg am Lech 2006.

NEWMAN, K. L./NOLLEN, S. D. (1996): Culture and congruence: The fit between management practices and national culture. In: Journal of International Business Studies, Band 27, Nr. 4, 1996, S. 753-779.

NIEHOFF, W./REITZ, G. (2001): Going Global – Strategien, Methoden und Techniken des Auslandsgeschäfts. Berlin u.a. 2001.

NORIAH, N./ECCLES, R. (1992): Face-to-face: Making network organizations work. In: Networks and organizations, hrsg. v. N. Noriah und R. Eccles, Boston, Mass. 1992, S. 288-308.

NORIAH, N./GHOSHAL, S. (1994): Differentiated fit and shared values: alternatives for managing headquarter-subsidiary relations. In: Strategic Management Journal (SMJ), 15. Jg., Nr. 6, 1994, S. 491-502.

Noriah, N./Ghoshal, S. (1997): The differentiated network: Organizing multinational corporations for value creation. San Francisco 1997.

O'DONNELL, S. W. (2000): Managing foreign subsidiaries: Agents of headquarters, or an interdependent network? In: Strategic Management Journal, 21. Jg., 2000, S. 525-548.

OHMAE, K. (1985): Macht der Triade. Die neue Form weltweiten Wettbewerbs. Wiesbaden 1985.

PAUSENBERGER, E. (1982): Die internationale Unternehmung: Begriff, Bedeutung und Entstehungsgründe (Zweiter Teil). In: Das Wirtschaftsstudium, 11. Jg., Nr. 7, 1982, S. 332-337.

PAUSENBERGER, E. (1992): Internationalisierungsstrategien industrieller Unternehmungen. In: Exportnation Deutschland, hrsg. v. E. Dichtl und O. Issing. 2. Aufl., München 1992, S. 199-220.

PAUSENBERGER, E. (2002): Ansätze zur situationsgerechten Erfolgsbeurteilung von Auslandsgesellschaften. In: Handbuch Internationales Management, hrsg. v. K. Macharzina und M. J. Oesterle, 2. Aufl., Wiesbaden 2002, S. 1163-1175.

PELLENS, B./FÜLBIER, R. U./GASSEN, J. (2004): Internationale Rechnungslegung. Stuttgart 2004.

PERLITZ, M. (2004): Internationales Management. 5. Aufl., Stuttgart 2004.

PERLMUTTER, H. V. (1969): The tortuous evolution of the multinational corporation. In: Columbia Journal of World Business, 4. Jg., Nr. 1, 1969, S. 9-18.

PFOHL, H. (2000): Logistiksysteme. Betriebswirtschaftliche Grundlagen. 6. Aufl., Berlin 2000.

PICOT, A. (1981): Theorie der Verfügungsrechte und Unternehmungsverfassung. In: Unternehmungsverfassung als Problem der Betriebswirtschaftslehre, hrsg. v. K. Bohr et al., Berlin 1981, S. 153-197.

PICOT, A. (1982): Transaktionskostenansatz in der Organisationstheorie: Stand der Diskussion und Aussagewert. In: Unternehmungsverfassung als Problem der Betriebswirtschaftslehre. In: Die Betriebswirtschaft (DBW), 42. Jg., Nr. 2, 1982, S. 267-284.

PICOT, A./DIETL, H./FRANCK, E. (1997): Organisation: eine ökonomische Perspektive. Stuttgart 1997.

PICOT, A./REICHWALD, R./WIGAND, R. T. (2003): Die grenzenlose Unternehmung: Information, Organisation und Management. 5. Aufl., Wiesbaden 2003.

PIONTEK, J. (1998): Internationales Beschaffungsmarketing. In: Kompendium der internationalen Betriebswirtschaftlehre, hrsg. v. S. G. Schoppe, 4. Aufl., München und Wien 1998, S. 483-502.

POHLE, K. (2002): Gegenstand und Inhalte des Controllings bei internationaler Unternehmenstätigkeit. In: Handbuch internationales Management, hrsg. v. K. Macharzina und M. J. Oesterle, 2. Aufl., Wiesbaden 2002, S. 1085-1097.

PORTER, M. E. (1980): Competitive Strategy. Techniques for analyzing industries and competitors. New York 1980.

PORTER, M. E. (1989): Wettbewerb auf globalen Märkten: Ein Rahmenkonzept. In: Globaler Wettbewerb: Strategien der neuen Internationalisierung, hrsg. E. M. Porter, Wiesbaden 1989, S. 17-68.

PORTER, M. E. (1990): The competitive advantage of nations. London und Basingstoke 1990.

PORTER, M. E. (1998): Competitive strategy. New York 1998.

POSNER, M. V. (1961): International trade and technical change. In: Oxford Economic Papers, 13. Jg., 1961, S. 323ff.

PRAHALAD, C./HAMEL, G. (1990): The core competence of the corporation. In: Harvard Business Review, Mai/Juni 1990, S. 79-91.

PRECHTL, E./KÜHLMANN, T. (2004): Experten für den Auslandseinsatz auswählen. In: Personalmanager, H. 6, 2004. S. 34-35.

PRIERMEIER, T./STELZER, A. (2001): Zins- und Währungsmanagement in der Unternehmenspraxis. München 2001.

PROBST, G. J. B./RAUB S./ROMHARDT, K. (2003): Wissen managen. Wie Unternehmen ihre wertvollste Ressource optimal nutzen. 4. Aufl., Wiesbaden 2003.

RAFFÉE, H. (1974): Grundprobleme der Betriebswirtschaftslehre, Stuttgart u.a. 1974.

RAFFÉE, H./ABEL, B. (1979): Wissenschaftstheoretische Grundfragen der Wirtschaftswissenschaften. München 1979.

RAFFÉE, H./EISELE, J. (1993): Erfolgsfaktoren des Joint Venture-Management – Grundlagen und erste Ergebnisse einer empirischen Untersuchung. Mannheim 1993.

RALL, W. (1986): Globalisierung von Industrien und ihre Konsequenzen für die Wirtschaftspolitik. In: Probleme der Stabilitätspolitik. Festgabe zum 60. Geburtstag von Norbert Kloten, hrsg. v. H. Kuhn, Göttingen 1986, S. 152-174.

RANDØY, T./DIBRELL, C. C. (2002): How and why Norwegian MNCs commit resources abroad: beyond choice of entry mode. In: Management International Review, 42. Jg., Nr. 2, 2002, S. 119-140.

RAPPAPORT, A. (1998): Creating shareholder value: The new standard for business performance. 2. Aufl., New York 1998.

RECKENFELDERBÄUMER, M. (2004): Zentralbereiche. In: Handwörterbuch Unternehmensführung und Organisation, hrsg. v. G. Schreyögg und A. v. Werder, Stuttgart 2004, S. 1666-1673.

REICHMANN, T. (2006): Controlling mit Kennzahlen und Managementberichten. 7. Aufl., München 2006.

REMER, A. (2004): Management – System und Konzepte. 2. Aufl., Bayreuth 2004.

RENZ, T. (1998): Management in internationalen Unternehmensnetzwerken. Wiesbaden 1998.

REPPEGATHER, S. (2002): Internationalisierung von Unternehmen. Aktiv durch e-Commerce. In: Handbuch Internationalisierung, hrsg. v. U. Krystek und E. Zur, 2. Aufl., Berlin u.a. 2002, S. 703-740.

REUTER, N. (1994): Institutionalismus, Neo-Institutionalismus, Neue Institutionelle Ökonomie und andere „Institutionalismen": eine Differenzierung konträrer Konzepte. In: Zeitschrift für Wirtschafts- und Sozialwissenschaften (ZWS), 114. Jg., Nr. 1, 1994, S. 5-23.

RICHTER, F./GRÖNINGER, B. (2000): Kapitalmarktorientierte Steuerung mit Rendite- und Wachstumszielen. In: Controlling international tätiger Unternehmen, hrsg. v. W. Berens, A. Born und A. Hoffjan, Stuttgart 2000, S. 289-320.

RINGLSTETTER, M./SKROBARCZYK, P. (1994): Die Entwicklung internationaler Strategien – Ein integrierter Bezugsrahmen. In: Zeitschrift für Betriebswirtschaft, 64. Jg., H. 3, 1994, S. 333-357.

ROBINSON, M./KALAKOTA, R. (2005): Offshore outsourcing. 2. Aufl., Alpharetta 2005.

ROHNER, P. M. (1984): Die Entwicklung eines schweizerischen Sprachbewusstseins bei Johann Jacob Bodmer, Zürich 1984.

RUGMAN, A. M. (1975): Motives for Foreign Investment: The Market Imperfections and Risk Diversification Hypotheses. In: Journal of World Trade Law, 9. Jg., o. Nr. 1975, S. 567-573.

RUGMAN, A. M. (1977): International diversification by financial and direct investment. In: Journal of Economics and Business, 30. Jg, 1977, S. 31-37.

RUGMAN, A. M. (1979): International diversification and the multinational enterprise. Lexington und Toronto 1979.

RUGMAN, A. M. (1980): Internalization as a general theory of foreign direct investment. A re-appraisal of the literature. In: Weltwirtschaftliches Archiv, 116. Jg., o. Nr., 1980, S. 365-379.

RUGMAN, A. M. (1997): The theory of multinational enterprises. The selected scientific papers of Alan M. Rugman, Volume one. Cheltenham und Brookfield 1997.

RUGMAN, A. M./HODGETTS, R. M. (2004): International business. 3. Aufl., New York u.a. 2004.

RUGMAN, A. M./VERBEKE, A. (2004): A perspective on regional and global strategies of multinational enterprises. In: Journal of International Business Studies, Jg. 35, S. 3-18.

SACHVERSTÄNDIGENRAT ZUR BEGUTACHTUNG DER GESAMTWIRTSCHAFTLICHEN ENTWICKLUNG (2005): Jahresgutachten des Sachverständigenrates 2005/06. Wiesbaden 2005.

SANVAL, R. S. (2001): International management. A strategic perspective. Upper Saddle River 2001.

SCHANZ, G. (1988): Methodologie für Betriebswirte. 2. Aufl., Tübingen 1988.

SCHANZ, G./KLEIN, M./WUNDERLICH, L. (1991): Europäisierung der Unternehmenstätigkeit und Gestaltung von Anreizsystemen. In: Handbuch Anreizsysteme, hrsg. v. G. Schanz, Stuttgart 1991, S. 149-170.

SCHENK, K. E. (1998): Internationale Kooperationen und Joint Ventures. In: Kompendium der internationalen Betriebswirtschaftslehre, hrsg. v. S. G. Schoppe. München und Wien 1998, S. 155-195.

SCHERM, E. (1995): Internationales Personalmanagement. München 1995.

SCHERM, E. (1999): Internationales Personalmanagement. 2. Aufl., München und Wien 1999.

SCHERM, E./SÜß, S. (2001): Internationales Management. München 2001.

SCHMID, S./KUTSCHKER, M. (2003): Rollentypologien für ausländische Tochtergesellschaften in Multinationalen Unternehmungen. In: Management Multinationaler Unternehmungen, hrsg. v. D. Holtbrügge, Heidelberg 2003, S. 161-182.

SCHMIDT, L./SIGLOCH, J./HENSELMANN, K. (2005): Internationale Steuerlehre: Steuerplanung bei grenzüberschreitenden Transaktionen. Wiesbaden 2005.

SCHOBERT, R./TIETZ, W. (1998): Entwicklungsprognosen. In: Marketingplanung, hrsg, v. H.. Diller, 2. Aufl., München 1998, S. 119ff.

SCHOLZ, C. (1994): Personalmanagement. München 1994.

SCHREYÖGG, G. (1988): Die Theorie der Verfügungsrechte als allgemeine Organisationstheorie. In: Betriebswirtschaftslehre und Theorie der Verfügungsrechte, hrsg. v. D. Budäus, E. Gerum und G. Zimmermann, Wiesbaden 1988, S. 149-170.

SCHREYÖGG, G./STEINMANN, H. (2000): Management: Grundlagen der Unternehmensführung. Wiesbaden 2000.

SIMON, H./DOLAN, R. (1997): Profit durch Power Pricing. Frankfurt (Main) 1997.

STAHL, G. K. (2002): Internationaler Einsatz von Führungskräften: Probleme, Bewältigung, Erfolg. In: Handbuch Internationalisierung, hrsg. v. U. Krystek und E. Zur, 2. Aufl., Berlin u.a. 2002, S. 263-275.

STARK, O. (2005): Interkulturelle Kompetenz als Wettbewerbsfaktor international agierender Unternehmen. Frankfurt (Main) u.a. 2005.

STEHN, J. (1992): Ausländische Direktinvestitionen in Industrieländern: theoretische Erklärungsansätze und empirische Evidenz. J.C.B. Mohr, Tübingen 1992. Aus der Reihe Kieler Studien am Institut für Weltwirtschaft, Bd. 245.

STEIN, I. (1998): Die Theorien der Multinationalen Unternehmung. In: Kompendium der Internationalen Betriebswirtschaftslehre, hrsg. v. S. G. Schoppe, München und Wien 1998, S. 33-153.

STOPFORD, J. M./WELLS, L. T. (1972): Managing the multinational enterprise. Organization of the firm and ownership of the subsidiaries. New York 1972.

STUMPF, S. (2005): Synergie in multikulturellen Arbeitsgruppen. In: Internationales Personalmanagement, hrsg. v. G. K. Stahl, W. Mayrhofer und T. M. Kühlmann. München und Mering 2005, S. 115-144.

SWIFT, J. S. (1999): Cultural closeness as a facet of cultural affinity: A contribution to the theory of psychic distance. In: International Marketing Review, Band 16, Nr. 3, S. 182-210.

SYDOW, J. (1992): Strategische Netzwerke. Wiesbaden 1992.

SYDOW, J. ET AL. (1995): Organisation von Netzwerken. Opladen 1995.

TAYEB, M. H. (2000): International business: Theories, policies and practices. Harlow u.a. 2000.

TEECE, D. J. (1981): The multinational enterprise: market failure and market power considerations. In: Sloan Management Review (SMR), 22. Jg., spring 1981, S. 3-17.

TEECE, D. (1986): Transaction cost economics and the multinational enterprise. In: Journal of Economic Behavior and Organization, 7. Jg., o. Nr., 1986, S. 21-45.

THEUVSEN, L. (1997): Interne Organisation und Transaktionskostenansatz: Entwicklungsstand – weiterführende Überlegungen – Perspektiven. In: Zeitschrift für Betriebswirtschaft, 67. Jg., H. 9., S. 971-995.

TÜMPEN, M. (1987): Strategische Frühwarnsysteme für politische Auslandsrisiken. Beiträge zur betriebswirtschaftlichen Forschung, Bd. 62. Wiesbaden 1987.

UNCTAD (2005): World Investment Report 2005.

VAHLNE, J. E./NORDSTRÖM, K. A. (1993): The internationalization process. In: International Trade Journal, Bd. 7, 1993, Nr. 5, S. 529–548.

VERNON, R. (1966): International investment and international trade in the product cycle. In: Quarterly Journal of Economics, 80. Jg., Nr. 2, 1966, S. 190-207.

310   *Literaturverzeichnis*

VERNON, R. (1979): The product cycle hypothesis in a new international environment. In: Oxford Bulletin of Economics and Statistics, 41. Jg., Nr. 4, 1979, S. 255-267.

VIEWEG, H. G. (2002): Der mittelständische Maschinenbau am Standort Deutschland. München 2002.

WAGNER, D. (2002): Grundsatzfragen der Auslandsentsendung. In: Handbuch Internationalisierung, hrsg. v. U. Krystek und E. Zur, 2. Aufl., Berlin u. a. 2002, S. 263-275.

WALL, S./REES, B. (2004): International business. Harlow u.a. 2004.

WEBER, J. (2004): Einführung in das Controlling. 10. Aufl., Stuttgart 2004.

WEBER, J./BRAMSEMANN, U./HEINEKE, C./HIRSCH, B. (2004): Wertorientierte Unternehmenssteuerung. Wiesbaden 2004.

WEBER, W./FESTING, M./DOWLING, P.J./SCHULER, R.S. (2001): Internationales Personalmanagement. 2. Aufl., Wiesbaden 2001.

WEIBLER, J. (2001): Personalführung. München 2001.

WEIDEMANN, W. F. (1995): Interkulturelle Kommunikation und nationale Kulturunterschiede in der Managementpraxis. In: Internationales Change-Management, hrsg. v. J. M. Scholz. Stuttgart 1995, S. 39-65.

WELGE, M. K./HOLTBRÜGGE, D. (2003): Internationales Management: Theorien, Funktionen, Fallstudien. 3. Aufl., Stuttgart 2003.

WILD, J. J./WILD, K. L./HAN, J. C. Y. (2006): International Business: The Challenge of Globalization. 3. Aufl., Upper Saddle River 2006.

WILKINS, M. (1999): Two literatures, two storylines. Is a general paradigm of foreign portfolio and foreign direct investment feasible? In: Transnational corporations, 8. Jg., Nr. 1, 1999, S. 53-117.

WILLIAMSON, O. E. (1975): Markets and hierarchies: analysis and antitrust implications. New York 1975.

WILLIAMSON, O. E. (1985): The economic institutions of capitalism: firms, markets, relational contracting. New York u.a. 1985.

WILLIAMSON, O. E. (1990a): Die ökonomischen Institutionen des Kapitalismus. Tübingen 1990.

WILLIAMSON, O. E. (1990b): Organization theory. Oxford 1990.

WIND, Y./DOUGLAS, S./PERLMUTTER, H. V. (1973): Guidelines for developing international marketing strategies. In: Journal of Marketing, 37 (April), 1973, S. 14-23.

WOLF, J. (2000): Strategie und Struktur 1955-1995: Ein Kapitel der Geschichte deutscher nationaler und internationaler Unternehmen. Wiesbaden 2000.

WOLF, J. (2005): Organisation, Management, Unternehmensführung: Theorien und Kritik. 2. Aufl., Wiesbaden 2005.

YIP, G. S. (2003): Total global strategy II. 2. Aufl., Upper Saddle River 2003.

ZELEWSKI, S. (1999): Grundlagen. In: Betriebswirtschaftslehre, hrsg. v. H. Corsten und M. Reiß, 3. Aufl., München 1999, S. 1-125.

ZENTES, J./SWOBODA, B./MORSCHETT, D. (2004): Internationales Wertschöpfungsmanagement. München 2004.

ZIMMERMANN, A. (1992): Spezifische Risiken des Auslandsgeschäfts. In: Exportnation Deutschland, hrsg. v. E. Dichtl und O. Issing, 2. Aufl., München 1992, S. 71-100

Elektronische Quellen:

WWW.CIA.GOV: CENTRAL INTELLIGENCE AGENCY, The World Factbook 2005. http://www.cia.gov/cia/publications/factbook. Abfragedatum: 18.05.2006.

WWW.DESTATIS.DE: STATISTISCHES BUNDESAMT DEUTSCHLAND, Deutsche Exporte und Handelsbilanzüberschüsse. In: http://www.destatis.de/download/ d/aussh/gesamtentwicklung.pdf. Abfragedatum: 18.05.2006.

WWW.WORLDBANK.ORG: THE WORLDBANK, Key Development Data & Statistics. In: http://www.worldbank.org/data/countrydata/countrydata.html. Abfragedatum: 18.05.2006.

WWW.WTO.ORG: WORLD TRADE ORGANIZATION, International trade statistics. In: www.wto.org, Resources Gateway/Trade Statistics. Abfragedatum: 18.05.2006

Stichwortverzeichnis